수학쌤의 책꽂이 3

다면체도 배우고 공간도 알고

한인기 지음

이 책은 내용적으로 보면 크게 두 가지 활동에 초점을 두었다. 첫째는 기하학적 대상인 공간도형, 다면체를 생생하게 머릿속에 상상하고 작도하는 것이다. 입체도형을 머릿속에 잘 떠올리고 싶지만, 이것은 저절로 되지는 않는다. 이를 위해서는 입체도형을 가지고 무언가를 직접 해야 한다. 많이 보는 것만으로는 부족하다. 연필을 들고 직접 도형을 그리고, 입체도형에 관련된 무언가를 해야 한다. 이 책에서는 입체도형에 대해 무언가 해야 할 것을 제시하고 있다. 둘째는 사물의 이치를 하나 하나 따져가면서 증명하는 것이다. 증명을 잘 하려면 수식을 잘 변형하고, 수학을 잘 알아야 한다고 생각할 수 있다. 물론 수식에도 익숙하고 수학도 잘 알면 좋겠지만, 이것이 꼭 필수적인 것은 아니다. 일상 생활에서처럼 문제 상황을 하나씩 따져가면서 아닌 것을 하나씩 하나씩 버려가면서 타당한 생각을 향해 나갈 수 있는 상식과 인내를 가지면 충분히 수학적인 증명을 할 수 있다. 특히, 이 책에서 다루는 기하학이 더욱 그렇다. 그래서 기하학은 자연과학이 아니라 인문과학이라고 말하는 경우가 있다.

KYOWOO

머릿글

기하학은 수학의 가장 오래된 영역이며, 수학의 뿌리라고 할 수 있다. 수학은 오랜 시간을 걸쳐 발전을 거듭하여 지금의 모습을 가지고 있다. 그렇기 때문에, 지금의 중등학교에서 가르치고 배우는 수학의 모습은 옛날의 모습과는 많이 다르다. 단편적으로 말하면, 옛날의 수학은 기하학 중심의 수학이었고, 지금의 수학은 대수 중심의 수학이라고 할 수 있을 것이다.

지금은 수학을 생각하면 많은 사람의 머릿속에 복잡한 수식과 계산, 문제풀이와 정답을 떠올릴 가능성이 많다. 그러나 옛날의 수학, 발생기의 수학은 다른 모습을 하고 있었다. 지금은 수학적 활동이 문제상황을 수식으로 바꾸고, 수식을 원하는 형태로 변형시켜 주어진 문제에 대한 대수적인 해답을 찾는 것에 초점이 맞추어져 있다고 해도 과언이 아닐 것이다.

수학의 발생기에는 주변의 대상들을 머릿속에 기하학적으로 상상하는 것이 중요한 문제였고, 이 대상들의 기하학적 관계나 사물의 이치를 하나 하나 따져가는 것이 지극히 중요했다. 그래서 수학을 하는 것은 기하학적 대상을 머릿속에 생생하게 떠올리고, 사물의 이치를 하나 하나 따지는 것이었다. 소박하고 인간적인 수학의 모습이라는 생각이 든다.

주변의 현상이나 대상들을 생생하게 떠올릴 수 있는 능력은 현대인의 일상 생활에도 중요할 것이다. 예를 들어, 차량을 운전을 하거나 운동을 할 때에도 주변의 사물, 대상을 머릿속에 떠올리며 순간마다 발생하는 문제상황에 빠르게 대처하는 것은 현대의 모든 사람에게 필요한 능력이 될 것이다.

이 책은 내용적으로 보면 크게 두 가지 활동에 초점을 두었다. 첫째는 기하학적 대상인 공간도형, 다면체를 생생하게 머릿속에 상상하고 작도하는 것이다. 입체도형을 머릿속에 잘 떠올리고 싶지만, 이것은 저절로 되지는 않는다. 이를 위해서는 입체도형을 가지고 무언가를 직접 해야 한다. 많이 보는 것만으로는 부족하다. 연필을 들고 직접 도형을 그리고, 입체도형에 관련된 무언가를 해야 한다. 이 책에서는 입체도형에 대해 무언가 해야 할 것을 제시하고 있다.

둘째는 사물의 이치를 하나 하나 따져가면서 증명하는 것이다. 증명을 잘 하려면 수식을 잘 변형하고, 수학을 잘 알아야 한다고 생각할 수 있다. 물론 수식에도 익숙하고 수학도 잘 알면 좋겠지만, 이것이 꼭 필수적인 것은 아니다. 일상 생활에서처럼 문제 상황을 하나씩 따져가면서 아닌 것을 하나씩 하나씩 버려가면서 타당한 생각을 향해 나갈 수 있는 상식과 인내를 가지면 충분히 수학적인 증명을 할 수 있다. 특히, 이 책에서 다루는 기하학이 더욱 그렇다. 그래서 기하학은 자연과학이 아니라 인문과학이라고 말하는 경우가 있다.

이 책에서는 공간기하학에서 중요한 관계인 평행과 수직을 중심으로 전체 내용을 구성하였고, 다면체에 관련된 성질들을 조직하고 증명하였다. 아직 증명에 익숙하지 않은 독자들은 증명을 잠시 미루어 두고, 이 책에 소개된 다양한 예제들, 작도문제들을 중심으로 다면체와 친숙해지는 것도 좋을 것이다. 실제로, 고등학교에서 배우는 수학적 지식으로도 다양한 다면체들의 성질을 추측하고 확인할 수 있다.

이 책의 제 1장과 4장에는 공간기하학의 다양한 정리들이 증명되어 있고, 이 정리들이 다면체의 탐구에 어떻게 활용되는지를 자세하게 소개하였다. 제 1장에서는 공간에서 직선들의 평행, 직선과 평면의 평행, 평면들의 평행을 중심으로 이론적인 내용을 기술하였고, 제 4장에서는 공간에서 직선과 평면의 수직, 평면들의 수직을 중심으로 기술하였다. 특히, 제 4장에서는 다면체의 탐구에서 중요한 수선의 작도 방법을 설명하였고, 다양한 다면체의 주어진 평면에 수선을 작도하는 풍부한 예들을 소개하였다.

제 2장과 3장에서는 다면체의 절단면을 작도하는 문제들을 다루었다. 제 2장에서는

정육면체의 절단면을 작도하는 문제를 다루었으며, 절단면 작도를 통해 수학적 추측을 만들고 이를 증명하는 활동을 제시하였다. 제 3장에서는 각뿔과 각기둥의 절단면을 작도하는 다양한 예들을 제시하였고, 특히 절단면 작도에 관련된 수학적 방법들을 정리하여 제시하였다. 이를 통해, 독자들이 다양한 다면체의 절단면 작도문제를 혼자 힘으로 해결할 수 있는 가능성을 제시하였다.

제 5장과 6장에서는 다면체에 관련된 거리와 각을 논증적인 방법으로 구하는 다양한 방법과 예들을 제시하였다. 제 5장에서는 공간에서 거리를 정의하고, 이를 바탕으로 다면체에서 점과 직선사이의 거리, 점과 평면사이의 거리, 직선과 평면사이의 거리, 평행한 두 평면사이의 거리를 다루었으며, 특히 꼬인 위치에 있는 직선사이의 거리를 구하는 다양한 방법과 이에 관련된 이론, 문제해결의 예를 제시하였다. 제 6장에서는 다면체에서 꼬인 위치에 있는 직선사이의 각, 직선과 평면이 이루는 각, 평면과 평면이 이루는 이면각을 구하는 방법과 관련 이론을 다루었다. 특히, 정다면체, 준정다면체 등 다양한 다면체에 대해 각을 구하는 방법과 예를 소개하였다.

제 7장과 8장에서는 벡터와 좌표의 방법을 이용하여 다면체에서 각과 거리를 구하였다. 이 책에서 가장 대수적인 분위기를 풍기는 부분이 될 것이다. 벡터, 좌표를 이용한 대수적인 방법으로 문제를 해결하면 문제해결이 쉬워지기는 하지만, 수학을 탐구하는 인간적인 맛은 좀 떨어진다고 할 수 있을 것이다. 그렇지만, 우리나라의 고등학교 수학교과서에서 벡터나 좌표 방법을 다루기 때문에, 고등학교 수준의 수학적 지식으로 다면체의 거리와 각을 구하려고 시도하였다.

이 책을 통해 독자들이 기하학에 익숙해지고, 다면체를 직접 그려보면서 기하학에 대한 사랑을 느껴보기를 바란다. 특히, 이 책에서 다루는 작도문제들을 그냥 눈으로 보면서 넘기지 말고, 다면체를 하나씩 그려보면서 해결해 보기를 부탁드린다.

마지막으로 출판에 도움을 주신 교우사 사장님과 직원들께 감사드립니다.

2022년 저자

차례

제 1 장.

공간에서 도형의 위치관계, 평행

1. 공간기하학의 공리와 증명

공간기하학을 배우고, 공간도형의 성질을 증명하는데 논리적 바탕이 되는 것이 공리이다. 공간기하학의 공리계에 대해 간략하게 살펴보자. Pogorelov는 중등학교 기하 교과서에 평면기하학의 공리 9개, 공간기하학의 공리 3개를 제시하였다. 다음은 공간기하학의 공리로, 평면기하학의 공리들과 함께 Pogorelov 기하 교과서의 공리계를 구성한다.[1]

A1. 임의의 평면에 대해, 이 평면에 속하는 점들이 존재하고, 이 평면에 속하지 않는 점들이 존재한다.
A2. 만약 서로 다른 두 평면이 공유점을 가지면, 두 평면은 이 점을 지나는 직선을 따라 만난다.
A3. 만약 서로 다른 두 직선이 공유점을 가지면, 두 직선을 지나는 평면을 만들 수 있으며, 이 평면은 유일하다.

공리 A3에서 직선 l, m이 공유점을 가진다고 했는데, 이것은 두 직선이 만난다는

[1]Pogorelov A.V.(1996). Geometry 7-11, St.Petersburg: Hardford. (In Russian)

것을 의미한다. 직선 l, m이 만나는 것은 직선 l, m이 공유점을 가지는 것으로 정의된다. 그리고 공리 A3은 평면의 존재성에 대해 이야기를 하고 있다. 직선 l, m이 만나면, 직선 l, m을 지나는 평면이 유일하게 존재한다는 것을 의미한다.

이 공리계를 이용하여 공간기하학의 기본적인 정리들을 증명할 수 있다. 평면의 존재성에 대한 정리를 살펴보자.

정리 1.1. 직선과 이 직선에 속하지 않는 한 점을 지나는 평면을 만들 수 있으며, 이 평면은 유일하다.

직선 PQ가 주어졌고, 직선 PQ에 속하지 않는 점 R이 주어졌다고 하자. 우선, 직선 PQ와 점 R을 지나는 평면을 만들자. 이를 위해, 직선 PR을 긋자. 그러면 직선 PQ와 PR은 공유점 P를 가지므로, 공리 A3에 의해 직선 PQ, PR을 지나는 평면 α를 만들 수 있다. 그리고 이 평면 α는 직선 PQ와 점 R을 지난다(그림 1.1).

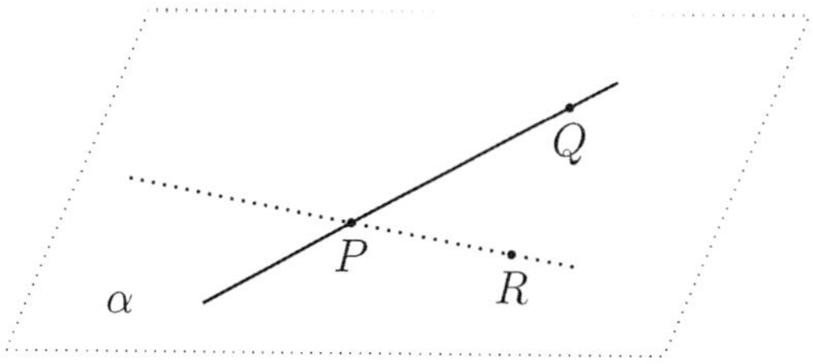

그림 1.1

이제, 직선 PQ와 점 R을 지나는 평면이 유일하다는 것을 보이자. 귀류법으로, 직선 PQ와 점 R을 지나는 다른 평면 β가 존재한다고 가정하자. 평면 α와 β는 공유점 P, Q, R을 가지는데, 공리 A2에 의해 평면 α와 β는 점 P, Q, R을 지나는 직선을 따라 만난다. 결국, 점 P, Q, R이 한 직선에 속하게 된다. 그런데, 점 R은 직선 PQ에 속하지 않으므로, 모순이 발생한다. 이로부터, 직선 PQ와 점 R을 지나는 평면이 유일하다는 것이 증명된다. □

정리 1.2. 직선의 두 점이 평면에 속하면, 직선의 모든 점은 이 평면에 속한다.

직선 l의 두 점 P, Q가 주어졌고, 점 P, Q는 평면 α에 속한다고 하자. 직선 l에

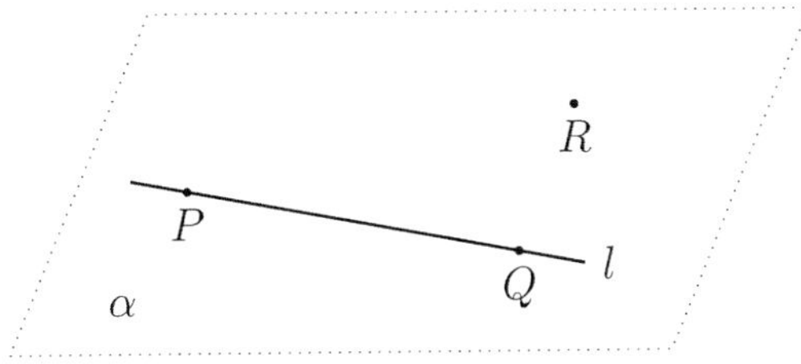

그림 1.2

속하지 않는 점 R을 생각하자(그림 1.2). 그러면, 정리 1.1에 의해 직선 l과 점 R을 포함하는 평면 β를 유일하게 만들 수 있다. 이때, α와 β가 일치하거나, 일치하지 않을 수 있다. 우선, α와 β가 일치하는 경우를 생각하자. 직선 l이 평면 β에 속하므로, 직선 l은 평면 α에도 속하게 된다. 이것으로 정리가 증명된다.

이제, α와 β가 일치하지 않는 경우를 생각하자. α와 β는 공유점 P, Q를 가지고 있다. 공리 A2에 의해, α와 β는 점 P, Q를 지나는 직선 m을 따라 만난다. 그런데, 두 점 P, Q를 지나는 직선은 유일하므로, l과 m은 일치한다. 즉, 직선 l이 두 평면 α와 β의 교선이다. 이것은 직선 l이 α에 속한다는 것을 의미한다. □

정리 1.1에서는 주어진 직선과 직선 밖의 한 점을 지나는 평면이 유일하게 존재한다는 것을 보였다. 평면의 존재성과 유일성은 점 P, Q, R이 주어진 경우에도 증명될 수 있다.

정리 1.3. 한 직선에 속하지 않는 세 점을 지나는 평면을 만들 수 있으며, 이 평면은 유일하다.

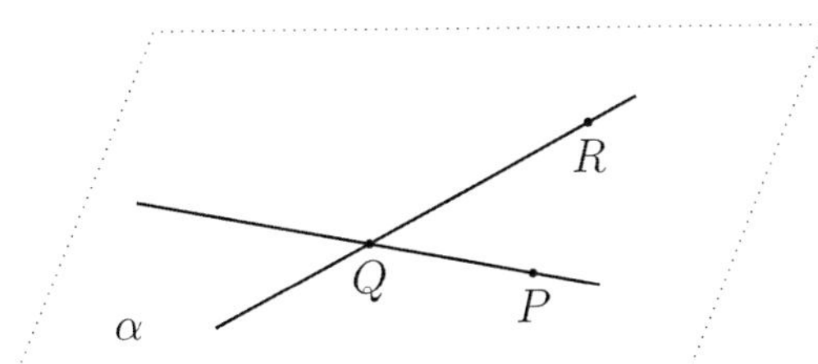

그림 1.3

한 직선에 속하지 않는 점 P, Q, R이 주어졌다고 하자. 점 P, Q를 지나는 직선

PQ, 점 Q, R을 지나는 직선 QR을 작도하자(그림 1.3). 그러면, 공리 A3에 의해 직선 PQ, QR을 지나는 평면 α를 만들 수 있다. 이때 평면 α는 점 P, Q, R을 지난다.

이제, 점 P, Q, R을 지나는 평면 α가 유일하다는 것을 증명하자. 귀류법으로, 점 P, Q, R을 지나는 다른 평면 β가 존재한다고 가정하자. 그러면, 정리 1.2에 의해 직선 PQ, QR도 평면 β에 속한다. 그런데, 공리 A3에 의하면 공유점을 가지는 두 직선 PQ, QR을 지나는 평면은 유일하다. 이로부터 모순이 유도되고, 점 P, Q, R을 지나는 평면의 유일성이 증명된다. □

정리 1.3은 한 직선에 속하지 않는 세 점이 주어지면, 이 세 점을 지나는 평면이 유일하게 결정된다는 것을 의미한다.

작도문제 1.1. 정육면체 $ABCDA_1B_1C_1D_1$이 주어졌고, 모서리 DD_1, AA_1, B_1C_1에 점 P, Q, R이 그림 1.4(a)와 같이 주어졌다. 점 P, Q, R을 지나는 평면과 점 A_1, B_1, C_1을 지나는 평면의 교선을 작도하여라.

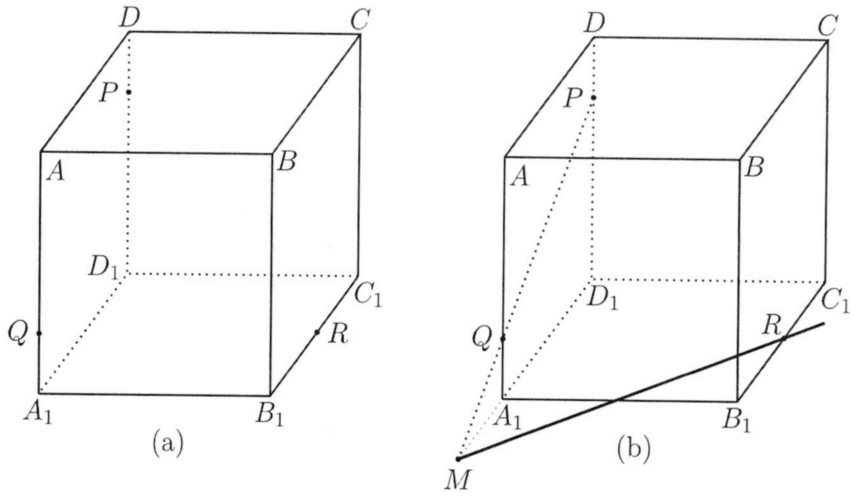

그림 1.4

정리 1.3에 의해 점 A_1, B_1, C_1을 지나는 평면은 밑면 $A_1B_1C_1D_1$의 평면이며, 점 P, Q, R을 지나는 평면(이 평면을 α라 하자)도 유일하게 작도할 수 있다. 한편, 공리

A2에 의해, 평면 AA_1D_1D와 밑면 $A_1B_1C_1D_1$의 교선은 직선 A_1D_1이며, 평면 α와 평면 $A_1B_1C_1D_1$의 교선 l은 점 R을 지나는 직선이라는 것을 알 수 있다.

이제, 교선 l을 작도하기 위해 l에 속한 다른 점을 찾자. 이 점은 평면 α와 평면 $A_1B_1C_1D_1$의 교점이다. 점 P, Q가 평면 α에 속하므로, 정리 1.2에 의해 직선 PQ의 모든 점은 평면 α에 속한다. 그러므로, 직선 PQ와 평면 $A_1B_1C_1D_1$의 교점은 평면 α와 평면 $A_1B_1C_1D_1$의 교점이 된다.

직선 A_1D_1과 직선 PQ는 평면 AA_1D_1D에 속하므로, 이들의 교점 M을 작도할 수 있다(그림 1.4(b)). 이때, 직선 A_1D_1은 평면 $A_1B_1C_1D_1$에 속하므로, 점 M은 직선 PQ와 평면 $A_1B_1C_1D_1$의 교점이다. 이제, 점 M, R을 지나는 직선 MR을 작도하면, 평면 α와 평면 $A_1B_1C_1D_1$의 교선을 얻을 수 있다. □

2. 공간에서 두 직선의 위치 관계, 평행

평면에서 두 직선은 평행하거나 만난다(교차한다). 즉, 평면에서는 두 직선이 평행하지 않으면 서로 만나게 되며, 만나지 않으면 평행하게 된다. 그러나 공간에서 두 직선은 (1) 만나거나 (2) 평행하거나 (3) 꼬인 위치에 있다.

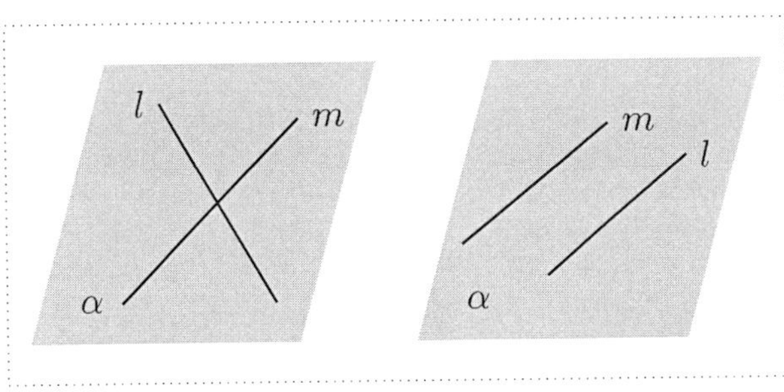

(a)

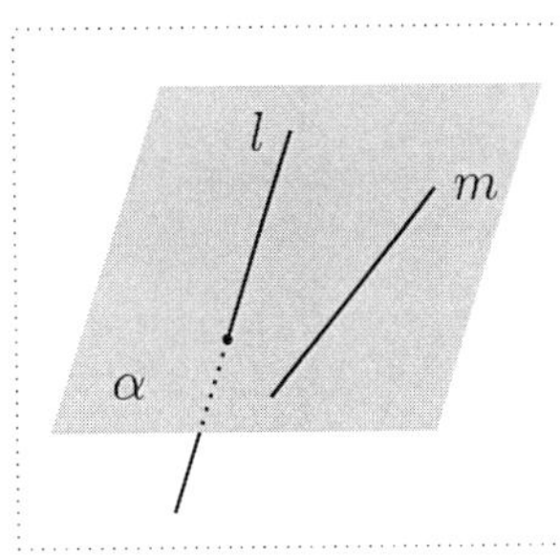

(b)

그림 1.5

공간에서 두 직선 l, m의 위치 관계를 생각할 때에는 직선 l, m이 같은 평면에 속하는지, 그렇지 않은지를 먼저 고려해야 한다. 두 직선 l, m이 같은 평면에 속하는 경우(그림 1.5(a))에는 (1) l, m이 만나거나, (2) 만나지 않는다. 한편, 직선 l, m이 같은 평면에 속하지 않으면(그림 1.5(b)), l, m은 꼬인 위치에 있다.

공간에서도 직선 l, m이 만나는 것을 직선 l, m이 공유점을 가지는 것으로 정의한다. 그림 1.5(b)에서 직선 l, m은 꼬인 위치에 있다. 공간에서 직선 l, m이 꼬인 위치에 있다는 것은 직선 l, m이 한 평면에 속하지 않는 것으로 정의된다. 두 직선이 꼬인 위치에 있을 조건을 살펴보자.

정리 1.4. 직선 l에 속하는 두 점, 직선 m에 속하는 두 점이 주어졌으며, 이 네 점은 한 평면에 속하지 않는다. 그러면, 직선 l, m은 꼬인 위치에 있다.

직선 l이 점 P, Q를 지나며 직선 m은 점 R, S를 지나는데, 점 P, Q, R, S가 한 평면에 속하지 않는다고 하자. 이제, 귀류법으로 직선 l, m을 포함하는 평면 α가 존재한다고 가정하자. 그러면, 점 P, Q, R, S는 평면 α에 속한다. 이것은 가정에 모순된다. 이로부터, 직선 l, m을 포함하는 평면이 존재하지 않으며, 직선 l, m은 꼬인 위치에 있다는 것이 증명된다. □

정리 1.5. 직선 l은 평면 α에 속하며, 직선 m은 평면 α와 점 P에서 만나며 P는 l에 속하지 않는다. 그러면, 직선 l, m은 꼬인 위치에 있다.

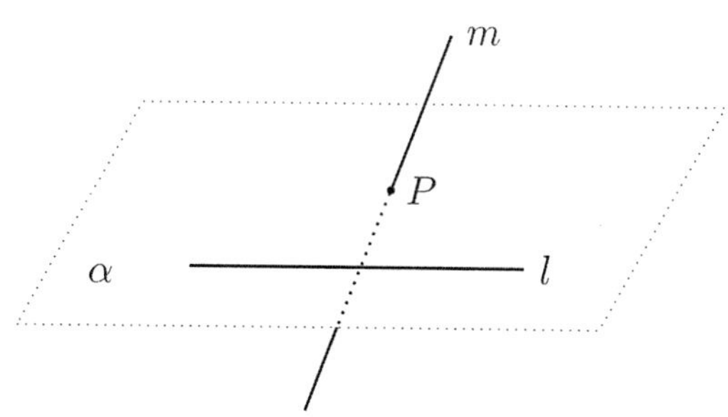

그림 1.6

그림 1.6에서 직선 l은 평면 α에 속하며, 직선 m은 평면 α와 점 P에서 만나며 P는 직선 l에 속하지 않는다. 이제, 귀류법으로 직선 l과 m을 포함하는 평면 β가 존재한다고 가정하자. 그러면, 점 P는 β에 속하므로, β는 직선 l과 점 P를 포함하게 된다. 그런데, 정리 1.1에 의해 직선 l과 점 P를 지나는 평면은 유일하므로, 평면 β는 평면 α

와 일치한다. 이것은 직선 m이 평면 α와 만난다는 것에 모순된다. 그러므로, 직선 l과 m을 포함하는 평면 β는 존재하지 않는다. 결국, 직선 l, m은 한 평면에 속하지 않으며, 직선 l, m은 꼬인 위치에 있다. □

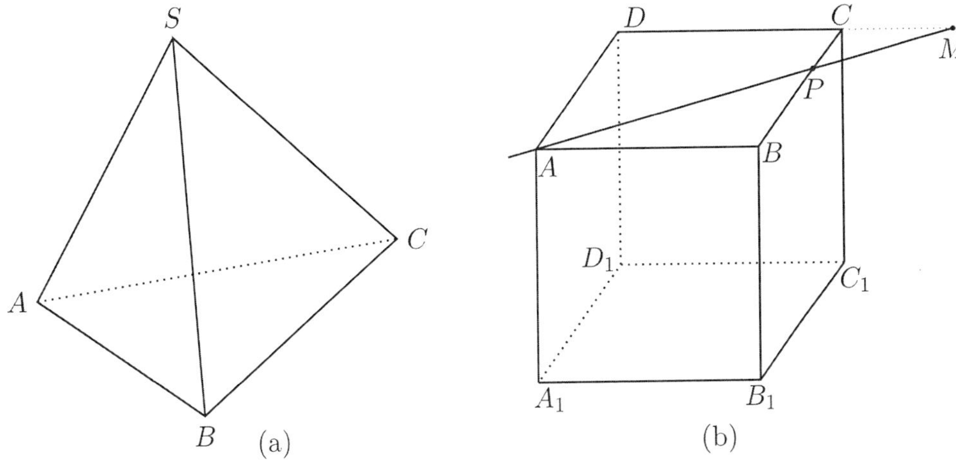

그림 1.7

그림 1.7에 정사면체와 정육면체가 있다. 정리 1.4에 의하면, 정사면체에서 꼭짓점을 공유하지 않는, 즉 만나지 않는 모서리들은 꼬인 위치에 있다는 것을 알 수 있다. 예를 들어, 모서리 AB, SC를 생각하자. 네 점 S, A, B, C는 한 평면에 속하지 않으므로, 모서리 AB, SC는 꼬인 위치에 있게 된다.

그림 1.7(b)에서 정육면체 $ABCDA_1B_1C_1D_1$의 모서리 BC의 점 P를 잡았다. 이때, 직선 AP와 CC_1을 생각하자. 직선 CC_1은 평면 DD_1C_1C에 속한다. 그리고 직선 AP는 평면 $ABCD$에 속하며 직선 CD와 점 M에서 만난다. 즉, 직선 AP는 평면 DD_1C_1C와 점 M에서 만난다. 점 M이 직선 CC_1에 속하지 않으므로, 정리 1.5에 의해 직선 AP와 CC_1은 꼬인 위치에 있다.

작도문제 1.2. 직선 l, m은 꼬인 위치에 있으며, 직선 l, m에 속하지 않는 점 P가 주어졌다. 점 P를 지나며 직선 l, m과 만나는 직선을 작도하여라.

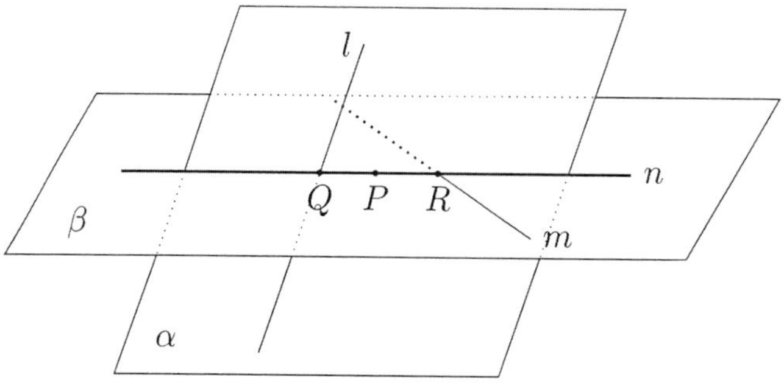

그림 1.8

작도문제를 해결하기 위해 분석을 하자.[2] 즉, 점 P를 지나며 직선 l, m과 만나는 직선 n이 작도되었다고 가정하자. 점 P와 직선 l을 지나는 평면을 α, 점 P와 직선 m을 지나는 평면을 β라 하자(그림 1.8). 직선 n은 점 P를 지나며, 직선 l과 점 Q에서 만나고 직선 m과 점 R에서 만난다. 그러면, Q는 평면 α에 속하며, 점 R은 평면 β에 속한다.

직선 n은 평면 α의 점 P, Q를 지나므로, 정리 1.2에 의해 직선 n은 평면 α에 속한다. 그리고 n은 평면 β의 점 P, R을 지나므로, 정리 1.2에 의해 n은 평면 β에도 속한다. 결국, 직선 n은 평면 α와 β의 교선이다.

이로부터, 점 P를 지나며 직선 l, m과 만나는 직선 n을 다음과 같은 순서로 작도할 수 있다. (1) 직선 l과 점 P를 지나는 평면 α를 작도한다. (2) 직선 m과 점 P를 지나는 평면 β를 작도한다. (3) 평면 α와 β는 교점 P를 가지므로, 공리 A2에 의해 평면 α, β는 교선을 가진다. 이 교선이 구하는 직선 n이다.

작도문제의 해결에서 주의할 것은 주어진 작도문제가 항상 해를 가지는가를 조사해야 한다는 것이다. 이것은 작도문제 해결 단계에서 '탐구' 단계에 해당한다. 기술한 작도 순서에 의한 작도에서 직선 n이 항상 직선 l 또는 m과 만나는가를 생각해야 한다. 가령, 직선 l과 n이 평행할 수는 없는지를 조사하자.

---

[2]작도문제는 분석-작도-증명-탐구의 4단계를 거쳐 해결된다. 작도문제 해결에서 '분석' 단계는 작도하려는 도형이 작도되었다고 가정하는 것으로 시작된다. 분석은 작도문제의 조건과 구하는 것을 모두 포함하는 개략적인 스케치를 한 다음, 구하는 도형의 작도 순서에 관련된 정보를 찾는 단계를 말한다.

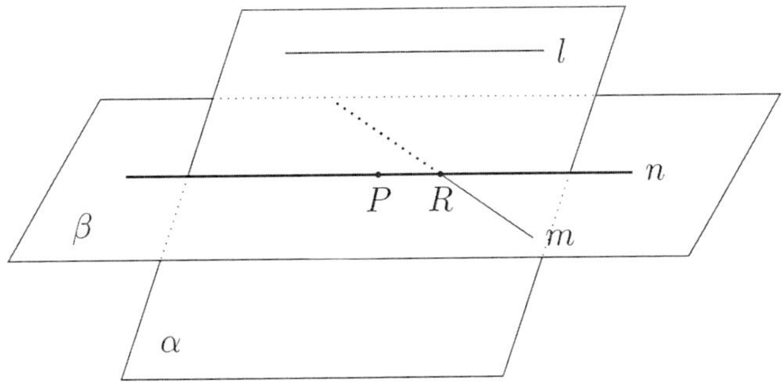

그림 1.9

그림 1.9에서 평면 α는 직선 l과 점 P를 지나며, 평면 β는 직선 m과 점 P를 지난다. 그리고 평면 α와 β의 교선 n은 직선 l과 평행이다. 이러한 경우에는 작도문제가 해를 가지지 않는다. 결국, 이 작도문제는 평면 α와 β의 교선 n이 직선 l, m과 평행하지 않는 경우에만 해를 가진다. □

공간에서 두 직선이 만나는 것을 살펴보자. 공간에서 두 직선 l, m이 만나는 것을 직선 l, m이 공유점을 가지는 것으로 정의하였다. 가령, 정육면체 $ABCDA_1B_1C_1D_1$에서 모서리 CC_1의 중점을 S, 모서리 B_1C_1의 중점을 P라 하자. 직선 DS와 A_1P가 만나는지를 확인하자.

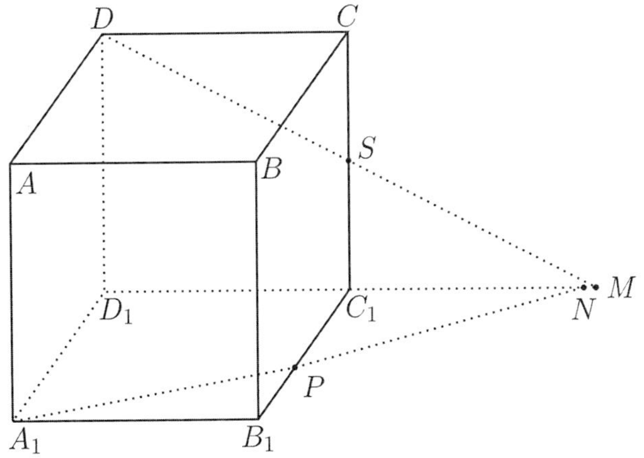

그림 1.10

직선 DS는 같은 평면에 놓인 직선 D_1C_1과 만난다. 이 교점을 M이라 하자(그림

1.10). 한편, 밑면 $A_1B_1C_1D_1$에 속한 직선 A_1P와 D_1C_1도 만나며, 교점을 N이라 하자. 점 M, N이 일치한다는 것을 보이면, 직선 DS와 A_1P가 만난다는 것이 증명된다.

직각삼각형 CDS와 C_1MS는 $\overline{CS} = \overline{SC_1}, \angle CSD = \angle C_1SM$이므로 합동이다. 그리고 직각삼각형 B_1A_1P와 C_1NP는 $\overline{C_1P} = \overline{B_1P}, \angle B_1PA_1 = \angle C_1PN$이므로 합동이다. 그런데, 직각삼각형 CDS와 B_1A_1P는 $\overline{CD} = \overline{A_1B_1}, \overline{CS} = \overline{B_1P}$이므로 합동이다. 결국, 삼각형 C_1MS와 C_1NP는 합동이며, $\overline{C_1M} = \overline{C_1N}$이다. 이로부터 점 M, N은 일치한다는 것을 알 수 있고, 직선 DS와 A_1P는 만난다는 것이 증명된다.

이제, 공간에서 두 직선의 평행에 대해 살펴보자. 공간에서 두 직선의 평행은 평면에서의 평행과 유사한 방법으로 접근할 수 있다. 평면에서 두 직선 l, m의 평행을 말할 때는 직선 l, m이 같은 평면에 속해있다는 것을 전제로 하기 때문에, 두 직선 l, m이 만나지 않는 것만으로도 평행을 정의할 수 있었다.

공간에서는 두 직선 l, m이 같은 평면에 속하지 않을 수도 있기 때문에, 공간에서 두 직선 l, m이 평행하다는 것은 직선 l, m이 같은 평면에 속하며, 직선 l, m이 만나지 않는 것으로 정의된다. 공간에서 평행한 직선을 작도하는 문제를 살펴보자.

작도문제 1.3. 정육면체 $ABCDA_1B_1C_1D_1$이 주어졌고, 모서리 AA_1, A_1B_1에 점 P, Q가 그림 1.11(a)와 같이 주어졌다. 점 D를 지나 직선 PQ에 평행한 직선을 작도하여라.

점 D를 지나며 직선 PQ에 평행한 직선을 작도하려면, 직선 PQ와 점 D를 지나는 평면을 생각해야 한다. 점 D, P, Q를 지나는 평면을 작도하자. 점 D, P는 평면 AA_1D_1D에 속하므로, 직선 DP를 작도하자.

점 Q가 평면 $A_1B_1C_1D_1$에 속하므로, 직선 DP와 평면 $A_1B_1C_1D_1$의 교점을 구하자. 이를 위해, 직선 DP와 모서리 D_1A_1의 연장선의 교점을 M이라 하자. 그러면 M, Q는 평면 $A_1B_1C_1D_1$에 속하므로, 직선 MQ를 작도하자(그림 1.11(b)).

공리 A3에 의해 직선 MD, MQ는 평면을 유일하게 만든다. 이 평면을 β라 하면, 직선 MD, MQ는 평면 β에 속한다. 이제, 평면 β에서 점 D를 지나며 직선 PQ에 평행한 직선 DN을 작도하면 된다. □

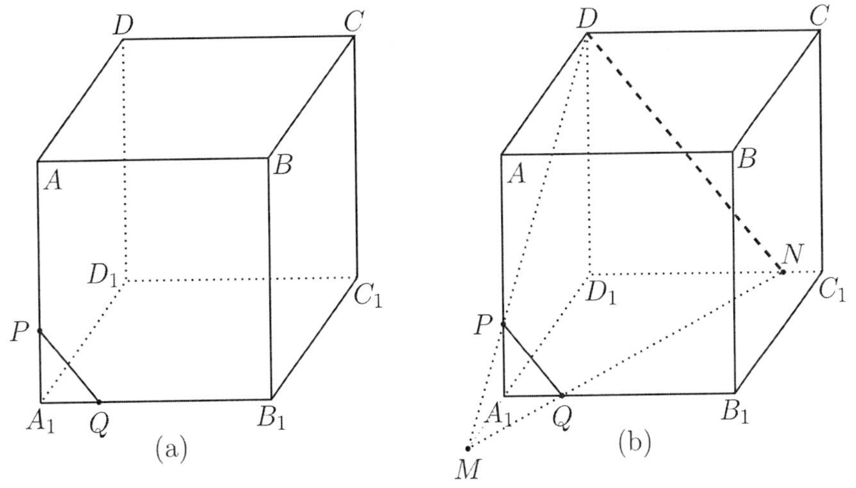

그림 1.11

이제, 공간에서 직선의 평행에 관한 다음 정리를 살펴보자.

정리 1.6. 평행인 두 직선을 지나는 평면을 만들 수 있으며, 이 평면은 유일하다.

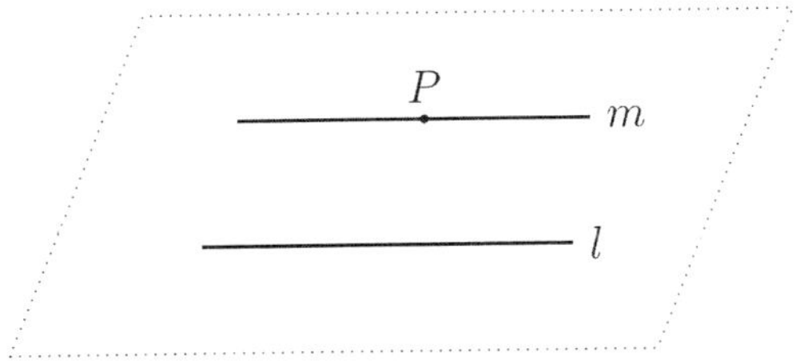

그림 1.12

평행인 직선 l, m이 주어졌다고 하자. 직선 l과 m이 평행이면, 공간에서 두 직선의 평행의 정의에 의해 이들은 같은 평면에 속한다.

이제, 그러한 평면이 유일하다는 것을 보이자. 직선 m에 속하는 점 P를 잡자(그림 1.12). 그러면, 정리 1.1에 의하면 직선 l과 점 P를 지나는 평면은 유일하다. 그러므로, 직선 l과 m을 지나는 평면은 유일하다. □

정리 1.7. 공간에 직선과 이 직선에 속하지 않는 점이 주어졌다. 이 점을 지나 주어진 직선에 평행인 직선을 만들 수 있으며, 이 직선은 유일하다.

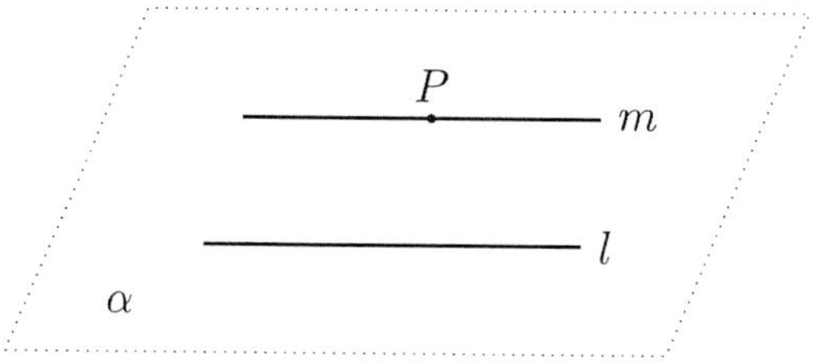

그림 1.13

공간에서 주어진 직선을 l이라 하고, l에 속하지 않는 점을 P라 하자(그림 1.13). 정리 1.1에 의해, 직선 l과 점 P를 지나는 평면 α를 유일하게 만들 수 있다. 평면기하학의 평행선 공준에 의해, 평면 α에서 점 P를 지나며 직선 l에 평행인 직선 m을 유일하게 만들 수 있다. 즉, 공간의 점 P를 지나 직선 l에 평행한 직선을 만들 수 있다.

이제, 그러한 직선이 유일하다는 것을 보이자. 이를 위해, 공간에 직선 l과 평행이며 점 P를 지나는 직선 n이 존재한다고 가정하자. 정리 1.6에 의하면, 평행인 직선 l과 n을 지나는 평면 β를 유일하게 만들 수 있다.

평면 β는 직선 l과 점 P를 포함하므로, 정리 1.1에 의해 평면 β는 평면 α와 일치한다. 결국, 직선 m과 n은 직선 l과 같은 평면에 속한다. 그리고 평행선 공준에 의해 m과 n은 일치하며, 공간에서 점 P를 지나며 직선 l에 평행인 직선은 유일하다. □

정리 1.8. 평행한 두 직선 l, m, 평면 α가 주어졌다. 평면 α가 직선 l과 만나면, α는 m과 만난다.

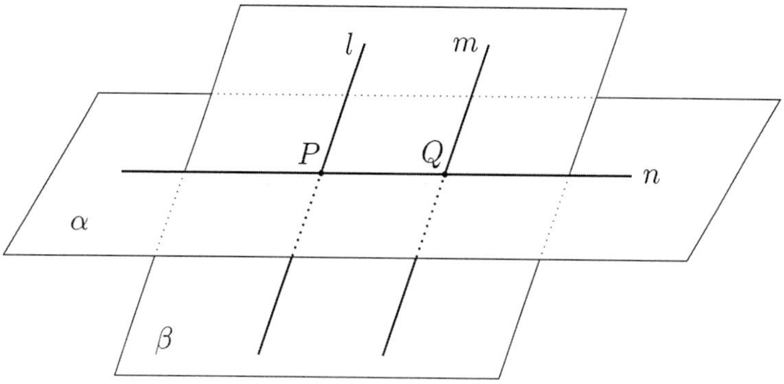

그림 1.14

평면 α가 직선 l과 점 P에서 만난다고 하자. 정리 1.6에 의해, 평행인 직선 l, m을 지나는 평면 β를 유일하게 만들 수 있다. 평면 α와 β는 공유점 P를 가지므로, 공리 A2에 의해 평면 α와 β는 점 P를 지나는 직선 n을 교선으로 가진다(그림 1.14).

이제, 교선 n과 직선 m이 만난다는 것을 보이자. 정리 1.7에 의해, 직선 m에 속하지 않는 점 P를 지나 직선 m에 평행한 직선은 유일하게 존재한다. 그런데, 점 P를 지나는 직선 l은 $l \parallel m$이므로, 점 P를 지나는 직선 n은 m과 평행할 수 없다. 그리고 직선 n과 m은 평면 β에 속하므로, 직선 m, n은 만나게 된다.

직선 m, n의 교점을 Q이라 하자. 그러면, 교점 Q는 n에 속하며 n은 α에 속하므로, 교점 Q도 α에 속한다. 이로부터, 평면 α와 직선 m은 공유점 Q를 가지며, 평면 α와 직선 m은 만난다. □

정리 1.9 (직선의 평행 조건). 공간에서 두 직선이 다른 한 직선에 평행하면, 두 직선은 평행하다.

직선 l, m이 다른 직선 n에 평행하면, 즉 $l \parallel n$, $m \parallel n$이면 $l \parallel m$이 성립하다는 것을 증명하자. 이를 위해, 직선 l, m이 한 평면에 속하며, 만나지 않는다는 것을 보여야 한다.

직선 l, m이 한 평면에 속한다는 것을 보이자. 직선 l에 점 P를 잡으면, 정리 1.1에 의해 직선 m과 직선 밖의 점 P를 지나는 평면 α가 유일하게 존재한다(그림 1.15).

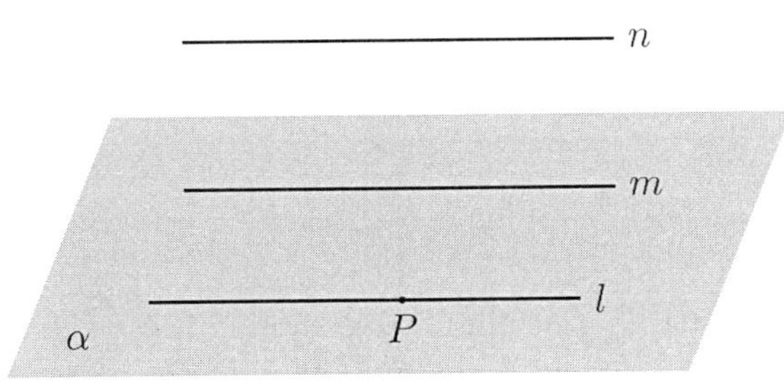

그림 1.15

이제, l이 평면 α에 속한다는 것을 보이자. 귀류법으로, 직선 l이 평면 α에 속하지 않는다고, 즉 직선 l이 평면 α와 한 점에서 만난다고 가정하자. 그러면 정리 1.8에 의해, $n \parallel l$이므로 직선 n도 평면 α와 만난다. 그리고 $n \parallel m$이므로, 직선 m도 평면 α와 만나게 된다. 이것은 직선 m이 평면 α에 속한다는 것에 모순된다. 이로부터 직선 l은 평면 α에 속하며, l, m은 한 평면에 속한다는 것이 증명된다.

이제, l, m이 만나지 않는다는 것을 보이자. 귀류법으로, 직선 l과 m이 점 M에서 만난다고 가정하자. 그러면, 직선 l과 m은 직선 n과 평행하며 직선 n에 속하지 않는 점 M을 지나게 된다. 그런데, 정리 1.7에 의해 직선 n에 속하지 않는 점 M을 지나 직선 n과 평행한 직선은 유일하게 존재하므로, 모순이 발생한다. 결국, 직선 l, m은 만나지 않는다. □

다면체에서 직선의 평행에 대해 살펴보자. 가령, 정사면체 $SABC$가 주어졌다고 하자. 모서리 SA, SC의 중점을 P, Q라 하고, 모서리 AB, BC의 중점을 U, V라 하자 (그림 1.16). 이때, 직선 PQ, UV가 평행이라는 것을 증명하자.

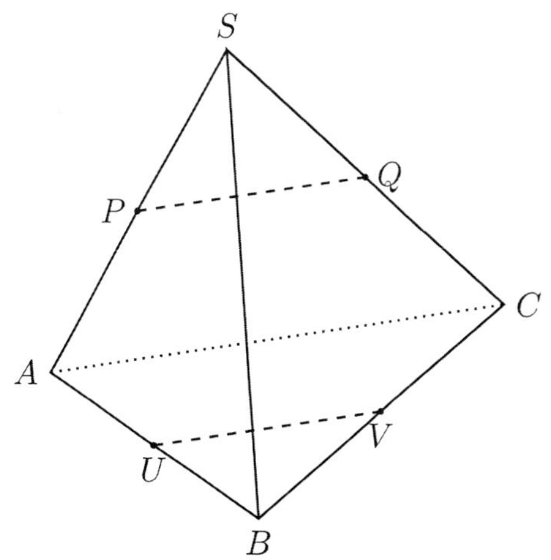

그림 1.16

삼각형 SAC에서 점 P, Q는 변 SA, SC의 중점이므로, $\overleftrightarrow{PQ} \parallel \overleftrightarrow{AC}$이다. 그리고 삼각형 BAC에서 점 U, V는 변 BA, BC의 중점이므로, $\overleftrightarrow{UV} \parallel \overleftrightarrow{AC}$이다. 정리 1.9에 의해 $\overleftrightarrow{PQ} \parallel \overleftrightarrow{UV}$가 된다.

정육면체에서 직선들의 평행에 대해 살펴보자.

예제 1.1. 정육면체 $ABCDA_1B_1C_1D_1$이 주어졌다(그림 1.17(a)).

(1) 모서리 AD, CD의 중점을 P, Q, 모서리 A_1B_1, B_1C_1의 중점을 T, U라 하자. 직선 PQ와 TU가 평행이라는 것을 증명하여라.

(2) 모서리 AD, CD의 중점을 P, Q, 모서리 AA_1, CC_1의 중점을 S, R이라 하자. 직선 PQ와 SR이 평행이라는 것을 증명하여라.

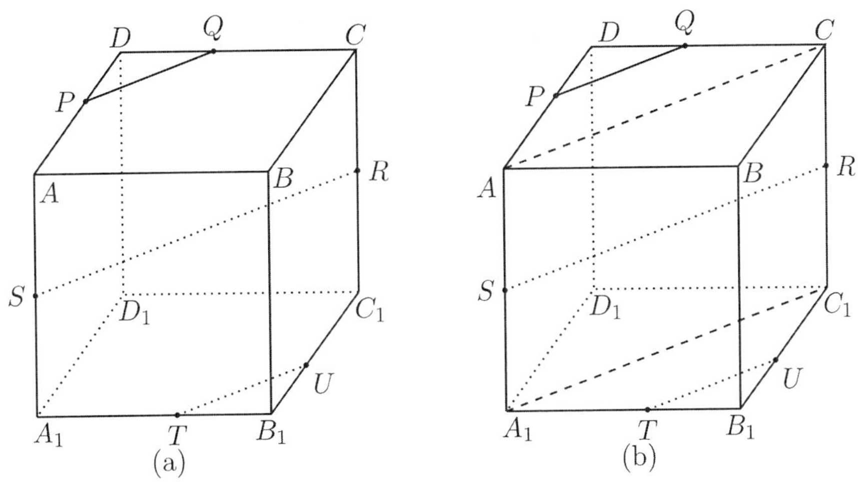

그림 1.17

정육면체 $ABCDA_1B_1C_1D_1$의 꼭짓점 A와 C, A_1과 C_1을 연결하자. 그러면, 사각형 ACC_1A_1을 얻을 수 있다(그림 1.17(b)). 이때, $\overline{AC} = \overline{A_1C_1}, \overline{AA_1} = \overline{CC_1}$이므로, 사각형 ACC_1A_1은 평행사변형이다. 즉, $\overleftrightarrow{AC} \parallel \overleftrightarrow{A_1C_1}, \overleftrightarrow{AA_1} \parallel \overleftrightarrow{CC_1}$이다.

삼각형 DAC에서 선분 PQ는 중점을 연결한 선분이므로, $\overleftrightarrow{PQ} \parallel \overleftrightarrow{AC}$이다. 그리고 $\overleftrightarrow{AC} \parallel \overleftrightarrow{A_1C_1}$이므로, 정리 1.9에 의해 $\overleftrightarrow{PQ} \parallel \overleftrightarrow{A_1C_1}$이다. 한편 삼각형 $B_1A_1C_1$에서 $\overleftrightarrow{A_1C_1} \parallel \overleftrightarrow{TU}$이므로, 정리 1.9에 의해 $\overleftrightarrow{PQ} \parallel \overleftrightarrow{TU}$가 성립한다.

한편, 사각형 $ASRC$에서 $\overline{AS} \parallel \overline{CR}$이고 $\overline{AS} = \overline{CR}$이므로, 사각형 $ASRC$는 평행사변형이다. 즉, $\overleftrightarrow{AC} \parallel \overleftrightarrow{SR}$이다. $\overleftrightarrow{PQ} \parallel \overleftrightarrow{AC}$이므로, 정리 1.9에 의해 $\overleftrightarrow{PQ} \parallel \overleftrightarrow{SR}$이 성립한다. □

작도문제 1.4. 삼각기둥 $ABCA_1B_1C_1$의 모서리 AB, BC, BB_1에 점 P, Q, R이 주어

졌다(그림 1.18(a)). 점 R을 지나 직선 PQ에 평행인 직선을 작도하여라.

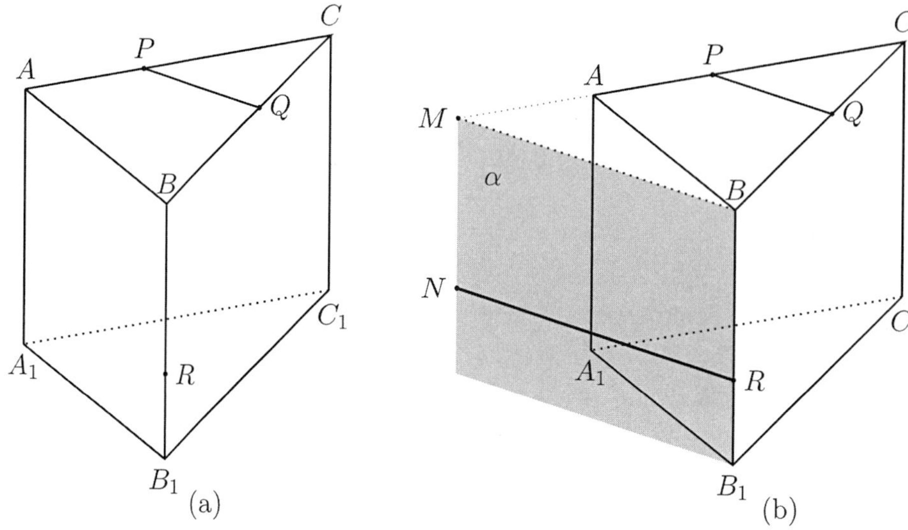

그림 1.18

직선 PQ와 점 R은 평면을 하나 결정하지만, 그림 1.18(a)에는 직선 PQ와 점 R에 의한 평면이 보이지 않는다. 여기서는 정리 1.9를 이용하자.

우선, 평면 ABC에 점 B를 지나 직선 PQ에 평행인 직선을 작도할 수 있다. 정리 1.7에 의해 평면 ABC에서 점 B를 지나 직선 PQ에 평행인 직선을 그을 수 있으며, 이 직선과 모서리 AC의 연장선과의 교점을 M이라 하자.

정리 1.1에 의하면, 직선 BM과 점 R을 지나는 평면 α를 만들 수 있다(그림 1.18(b)). 이제, 정리 1.7에 의해 평면 α에서 점 R을 지나 직선 BM과 평행인 직선 RN을 작도할 수 있다. 그러면, 정리 1.9에 의해 $\overleftrightarrow{PQ} \parallel \overleftrightarrow{BM}$, $\overleftrightarrow{BM} \parallel \overleftrightarrow{RN}$으로부터 $\overleftrightarrow{PQ} \parallel \overleftrightarrow{RN}$이 된다. □

참고로, 공간기하학에서 두 밑면은 평행이고 합동인 다각형이며 옆면은 평행사변형인 다면체를 각기둥이라 한다. 특히 옆면이 직사각형이면 직각기둥이라 말하며, 이때 옆모서리는 밑면에 수직이 된다. 직육면체나 정육면체는 직각기둥의 예이다. 직각기둥 중에서 밑면이 정다각형이면 정각기둥이라고 부른다. 이 책에서는 특별한 언급이

없으면, 각기둥은 직각기둥을 의미한다. 앞의 작도문제에서 삼각기둥은 직삼각기둥을 말한 것이다.

3. 공간에서 직선과 평면의 위치 관계, 평행

공간에서 직선 l과 평면 α는 (1) 공유점을 가지거나(그림 1.19(a)), (2) 공유점을 가지지 않는(그림 1.19(b)) 것으로 나누어 생각할 수 있다. 공유점을 가지는 경우는 직선 l과 평면 α가 한 개의 공유점을 가지거나, 한 개보다 많은 공유점을 가질 수 있다.

직선 l과 평면 α가 한 개의 공유점 P를 가지면 직선 l과 평면 α가 만난다고 말한다. 직선 l과 평면 α가 한 개보다 많은 공유점을 가지면(가령, 점 Q, R), 정리 1.2에 의해 직선 l이 평면 α에 속한다. 그리고 직선 l과 평면 α가 공유점을 가지지 않는 경우에는 직선 l과 평면 α가 평행이라고 말한다.

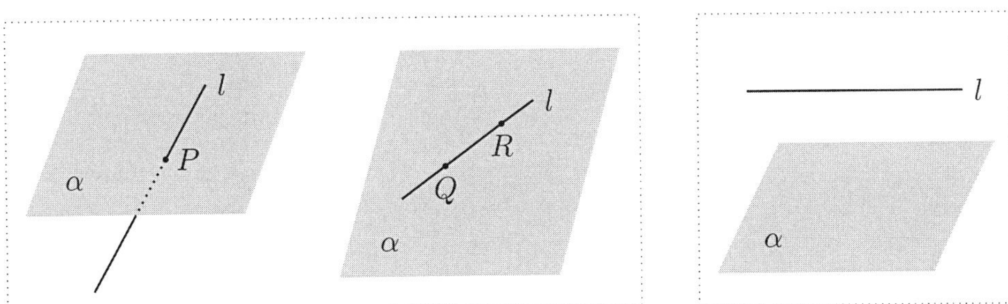

(a) (b)

그림 1.19

작도문제 1.5. 평면 α와 직선 l이 주어졌다. 평면 α와 직선 l이 만날 때, 평면 α와 직선 l의 교점을 작도하여라.

공리 A1에 의해 평면 α에 속하는 점 P를 잡을 수 있다. 정리 1.1에 의해 직선 l과 점 P를 지나는 평면 β를 만들 수 있다. 평면 α와 β는 공유점 P를 가지므로, 공리 A2에 의해 평면 α와 β는 점 P를 지나는 교선 m을 가진다. 이때, 직선 l, m은 평면 β에 속하므로, 직선 l, m의 교점을 구할 수 있다(그림 1.20). 이 교점을 Q라 하면, 점 Q가

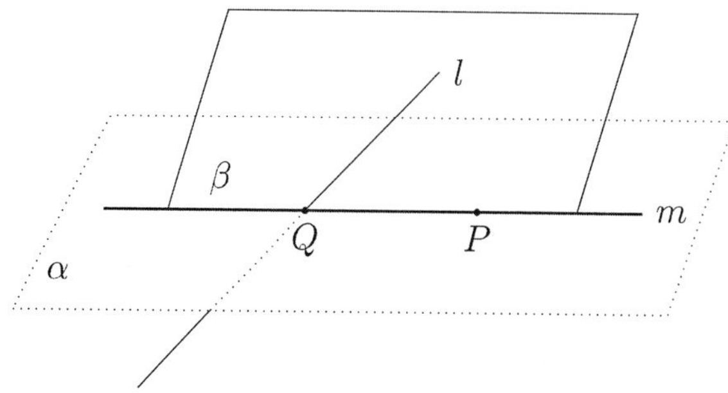

그림 1.20

평면 α와 직선 l의 교점이다. □

직선과 평면의 교점을 작도하는 문제를 더 살펴보자.

작도문제 1.6. 평면 α와 만나는 직선 l이 주어졌다. 주어진 점 P, Q를 직선 l과 평행하게 평면 α에 사영시켜 점 R, S를 얻었다(그림 1.21(a)). 점 P, Q를 지나는 직선과 평면 α의 교점을 작도하여라.

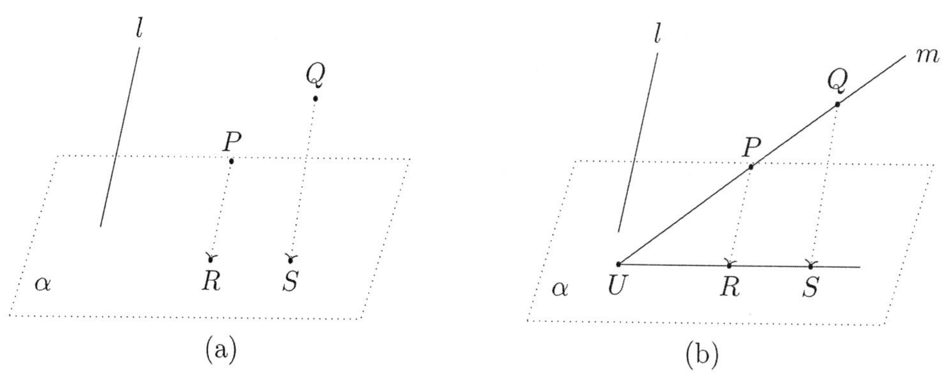

그림 1.21

직선 PR과 QS는 직선 l과 평행하므로, 정리 1.9에 의해 직선 PR과 QS는 평행이다. 그리고 정리 1.6에 의해 평행한 직선 PR과 QS를 지나는 평면 β를 유일하게 만들 수 있다.

점 P와 Q, R과 S가 평면 β에 속하므로, 정리 1.2에 의해 점 P, Q를 지나는 직선 m과 직선 RS는 평면 β에 속한다. 그러므로 평면 β에서 직선 m과 RS의 교점 U를 작도할 수 있다(그림 1.21(b)).

한편, 점 R, S는 평면 α에 속하므로, 정리 1.2에 의해 직선 RS는 평면 α에 속하며 점 U도 평면 α에 속한다. 즉, 점 U가 직선 m과 평면 α의 교점이다. □

작도문제 1.6의 조건에서는 그림 1.21(a)와 같이 점 P, Q를 직선 l과 평행하게 평면 α에 사영시켜 얻어진 점 R, S가 주어졌다. 그러나 작도문제 1.6에서 점 R, S의 위치가 주어지지 않아도 문제를 해결할 수 있다. 정리 1.7에 의해, 점 P, Q를 지나며 직선 l에 평행한 직선 k_1, k_2를 작도할 수 있다. 그리고 작도문제 1.5에 의해 직선 k_1, k_2와 평면 α의 교점 R, S를 작도할 수 있다.

작도문제 1.7. 오각뿔 $SABCDE$와 오각기둥 $ABCDEA_1B_1C_1D_1E_1$이 주어졌고, 오각뿔에 점 P, Q, R, 오각기둥에 점 U, V, W가 주어졌다(그림 1.22). 다음을 작도하여라.

(1) 오각뿔에서 점 P, Q를 지나는 직선과 밑면 $ABCDE$의 교점

(2) 오각뿔에서 점 P, Q, R을 지나는 평면과 밑면 $ABCDE$의 교선

(3) 오각기둥에서 점 U, V를 지나는 직선과 밑면 $A_1B_1C_1D_1E_1$의 교점

(4) 오각기둥에서 점 U, V, W를 지나는 평면과 밑면 $A_1B_1C_1D_1E_1$의 교선

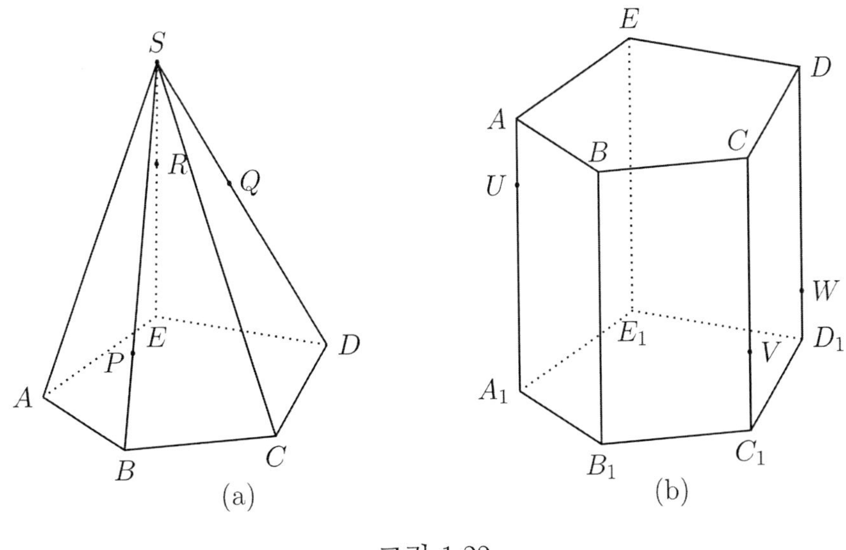

그림 1.22

(1) 오각뿔 $SABCDE$에서 직선 PQ와 밑면 $ABCDE$의 교점을 구하자. 작도문제 1.6에서는 점 P, Q를 직선 l과 평행하게 평면 α에 사영시킨 점 R, S를 이용하여 직선 PQ와 평면 α의 교점을 구했다. 그런데, 이 문제에서는 그러한 직선 l이 주어지지 않았다. 어떻게 문제를 해결할까?

작도문제 1.6의 해결 과정을 자세히 살펴보자. 점 P, Q를 직선 l과 평행하게 사영시켜 얻어진 점 R, S를 포함하는 평면 $PQRS$(평면 β)를 생각하여, 평면 β에서 직선 PQ와 RS의 교점을 구했다. 즉, 점 P, Q를 사영시킨 점 R, S를 생각한 것을 점 P, Q, R, S가 한 평면에 속하도록 하기 위한 것이었다.

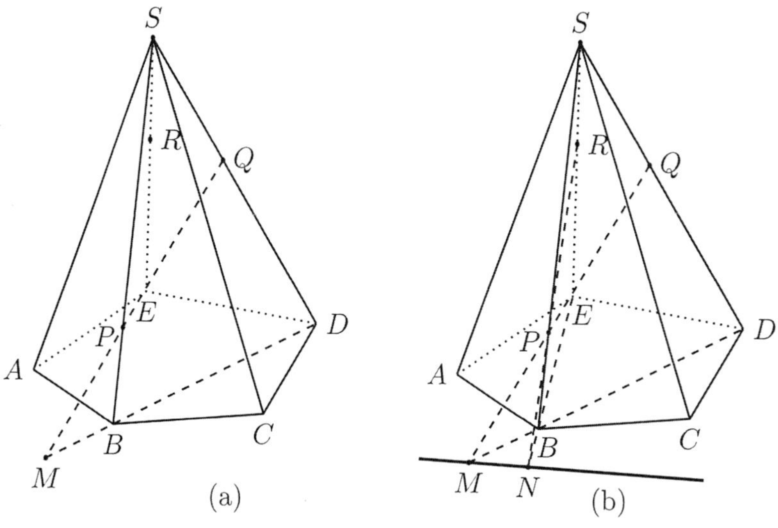

그림 1.23

직선 PQ와 밑면 $ABCDE$의 교점을 구하는 것도 유사하게 생각할 수 있다. 점 P를 모서리 SB를 따라 밑면에 사영시키면 점 B가 되고, 점 Q를 모서리 SD를 따라 밑면에 사영시키면 점 D가 된다. 이때, 점 P, Q, B, D는 같은 평면 SBD에 속하며, B, D는 밑면 $ABCDE$에 속한다. 결국, 평면 SBD에서 직선 PQ와 BD의 교점 M을 찾으면, 점 M이 직선 PQ와 밑면 $ABCDE$의 교점이다(그림 1.23(a)).

(2) 평면 PQR과 밑면 $ABCDE$의 교선을 작도하기 위해, 직선 PR(또는 직선 RQ)과 밑면의 교점을 구하자. 이것도 직선 PQ와 밑면의 교점을 구했던 것과 같은

방법으로 구할 수 있다. 직선 PR과 직선 BE의 교점 N을 작도하면, 점 N이 직선 PR과 밑면의 교점이다. 이제, 점 M, N을 지나는 직선 MN을 작도하면, 이 직선이 평면 PQR과 밑면 $ABCDE$의 교선이다(그림 1.23(b)).

(3) 점 U를 모서리 AA_1을 따라 밑면 $A_1B_1C_1D_1E_1$으로 사영시키면 A_1이 되고, 점 V를 사영시키면 C_1이 된다. 점 U, A_1, C_1, V를 지나는 평면은 평면 AA_1C_1C이며, 점 A_1, C_1은 밑면에 속한다. 평면 AA_1C_1C에서 직선 UV와 A_1C_1의 교점을 작도하여 점 S라 하자. 그러면, 점 S가 직선 UV와 밑면 $A_1B_1C_1D_1E_1$의 교점이다(그림 1.24(a)).

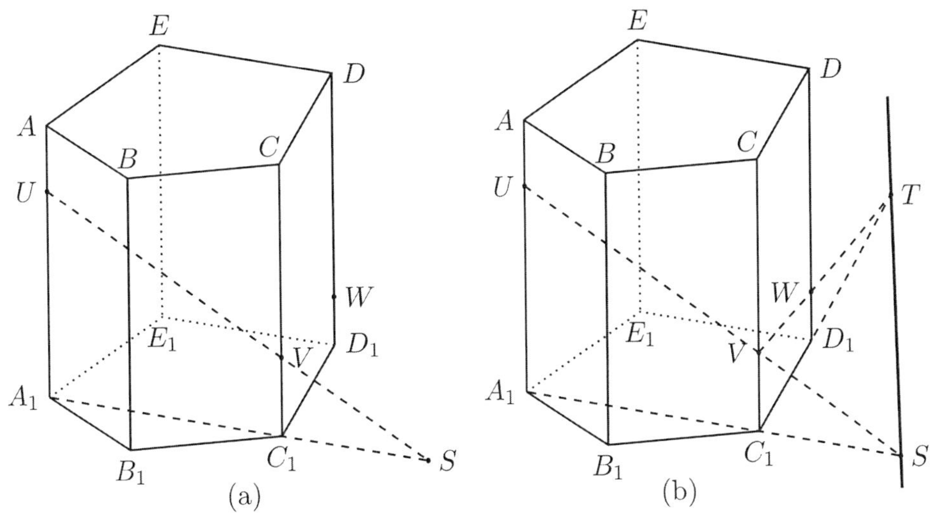

그림 1.24

(4) 평면 UVW와 밑면 $A_1B_1C_1D_1E_1$의 교선을 작도하자. 이를 위해, 직선 VW(또는 직선 UW)와 밑면의 교점을 구하자. 여기서는 직선 VW와 밑면의 교점 T를 구하자. 점 V를 모서리 CC_1을 따라 밑면에 사영시키면 C_1이 되고, 점 W를 모서리 DD_1을 따라 밑면에 사영시키면 D_1이 된다. 그러므로, 교점 T를 구하기 위해 직선 VW와 직선 C_1D_1의 교점을 구하면 된다(직선 VW와 직선 C_1D_1은 평면 CC_1D_1D에 속하므로, 두 직선의 교점을 구할 수 있다).

이제, 점 S, T를 지나는 직선 ST를 작도하면, 이 직선이 평면 UVW와 오각기둥의 밑면 $A_1B_1C_1D_1E_1$의 교선이다(그림 1.24(b)). □

정리 1.10 (직선과 평면의 평행 조건)**.** 평면 α에 속하지 않는 직선 l이 평면 α의 직선 m과 평행하면, 직선 l은 평면 α와 평행하다.

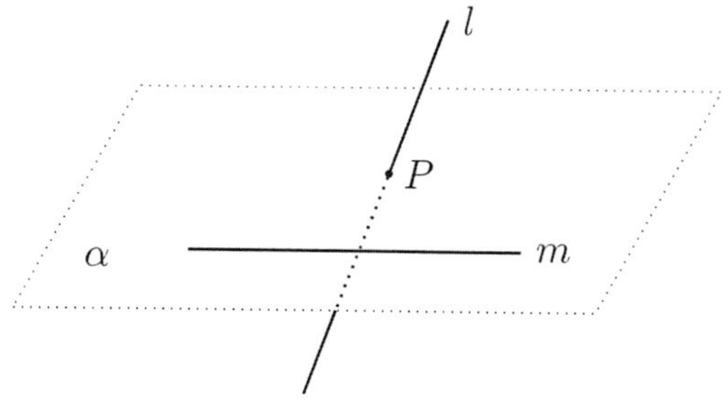

그림 1.25

귀류법으로, 직선 l은 평면 α와 점 P에서 만난다고 가정하자(그림 1.25). 이때, 정리의 가정에 의해 $l \parallel m$이므로, 점 P는 직선 m에 속하지 않는다. 그러면, 정리 1.5에 의해 직선 l과 m은 꼬인 위치에 있다. 이것은 $l \parallel m$에 모순된다. 결국, 직선 l은 평면 α와 만나지 않으며, 직선 l은 평면 α와 평행하다. □

정리 1.11. 평면 α와 평행인 직선 l에 대해, 평면 α에 l과 평행한 직선이 존재한다.

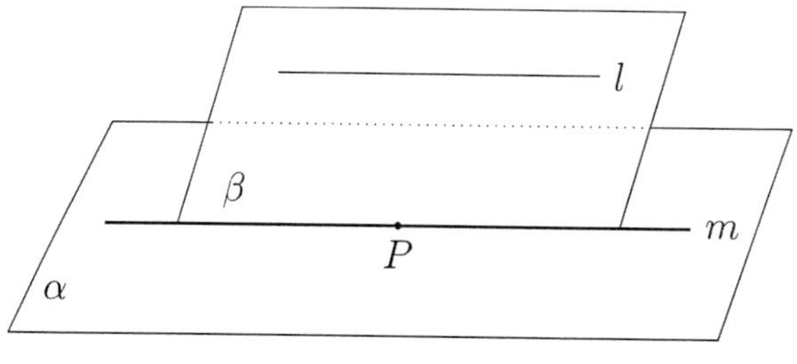

그림 1.26

직선 l이 평면 α와 평행이라 하자(그림 1.26). 이제, 평면 α에서 l과 평행인 직선을 찾아보자. 이를 위해, 평면 α에 속하는 점 P를 잡자. 그러면 직선 l과 점 P를 지나는 평면 β가 존재한다. 그리고 공리 A2에 의해 평면 α, β는 점 P를 지나는 교선 m을 따라 만난다.

교선 m은 α에 속하므로, l과 m은 만나지 않는다. 한편, 교선 m은 β에도 속하므로,

l, m은 같은 평면 β에 속하며 평행이다. 이로부터 직선 l과 평행한 직선 m이 평면 α에 존재한다는 것이 증명된다. □

실제로, 평면 α와 평행인 직선 l에 대해 평면 α에 l과 평행한 직선이 무수히 많이 존재한다. 정리 1.11에 의하면, 평면 α의 점 P를 지나며 직선 l과 평행한 직선 m이 평면 α에 존재한다. 평면 α에서 다른 점 $Q, R, S, \cdots$ 등을 잡으면, 평면 α에 직선 l과 평행한 직선 $q, r, s, \cdots$ 등을 작도할 수 있다.

특히, 정리 1.11의 증명 과정에서 교선이 m인 두 평면 α, β에 대해 β에 속하는 직선 l이 평면 α와 평행이면, 직선 l은 α와 β의 교선 m에 평행하다는 것을 알 수 있다. 이것을 다음과 같은 정리로 기술할 수 있다.

정리 1.12. 평면 β에 속하는 직선 l이 평면 α와 평행이며, 평면 α와 β는 만난다. 그러면, 평면 α와 β의 교선은 직선 l과 평행하다.

정리 1.12의 증명은 정리 1.11의 증명 과정에서 얻어지므로, 생략한다.

작도문제 1.8. 평면 α, α에 속하지 않는 점 P가 주어졌다. 점 P를 지나며 평면 α에 평행한 직선을 작도하여라.

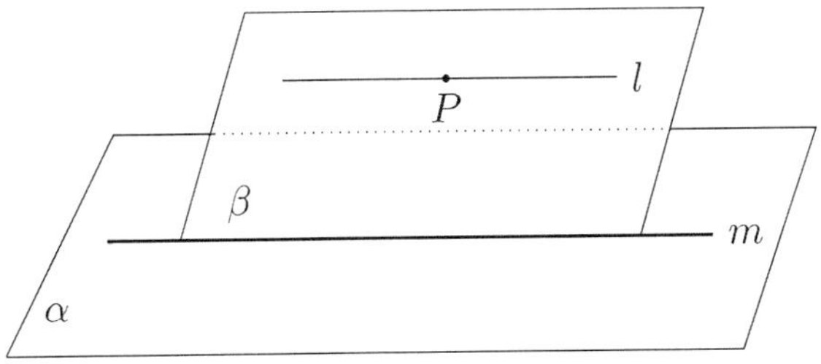

그림 1.27

평면 α에 임의의 직선 m을 작도하자. 그러면, 정리 1.1에 의해 직선 m과 점 P를 지나는 평면 β를 만들 수 있다. 이제, 평면 β에서 점 P를 지나며 직선 m에 평행인 직선 l을 작도할 수 있다(그림 1.27). 그러면, 정리 1.10에 의해 직선 l은 평면 α에 평행하다. □

작도문제 1.9. 공간에 직선 l, m이 주어졌다. 직선 l을 지나며 m에 평행한 평면 α를 작도하여라.

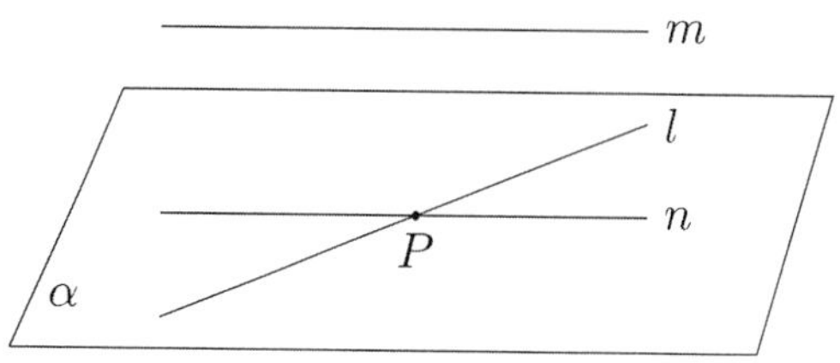

그림 1.28

주어진 직선 l, m은 두 가지 경우가 가능하다. 첫 번째는 직선 l, m이 평행하지 않는 경우이다. 직선 l에 속하는 점 P를 잡자. 이제, 정리 1.7에 의해 점 P를 지나며 직선 m과 평행한 직선 n을 작도할 수 있다. 그러면, 공리 A3에 의해 직선 l, n을 지나는 평면을 작도할 수 있다(그림 1.28). 정리 1.10에 의해 이 평면은 직선 m과 평행하다. 그리고 이 평면은 직선 l을 지나므로, 이 평면이 구하는 평면 α이다.

두 번째는 직선 l, m이 평행한 경우이다. 이때는 정리 1.10에 의해 직선 l을 지나는 모든 평면이 직선 m과 평행하므로, 직선 l을 지나는 모든 평면이 α가 된다. □

이제, 다면체의 절단면 작도문제를 살펴보자.

작도문제 1.10. 삼각뿔 $SABC$에서 P는 모서리 SA, Q는 모서리 BC에 속한다(그림 1.29(a)). 직선 BP에 평행하며 점 A, Q를 지나는 절단평면 α에 의한 삼각뿔의 절단면을 작도하여라.

절단평면 α에 대해 생각하자. 평면 α는 점 A, Q를 지난다. 그리고 정리 1.10에 의하면, 직선 BP와 평행하도록 절단평면 α를 작도하려면, 직선 BP가 평면 α에 속한 어떤 직선에 평행하도록 해야 한다. 실제로, 정리 1.7에 의하면 평면 α의 한 점을 지나 직선 BP에 평행한 직선은 유일하게 작도할 수 있다.

그림 1.29(b)에서 평면 α에 속한 점 A 또는 Q를 지나며 직선 BP에 평행한 직선을 작도해 보자. 여기서는 점 Q를 지나며 직선 BP에 평행한 직선을 작도하자. 삼각형

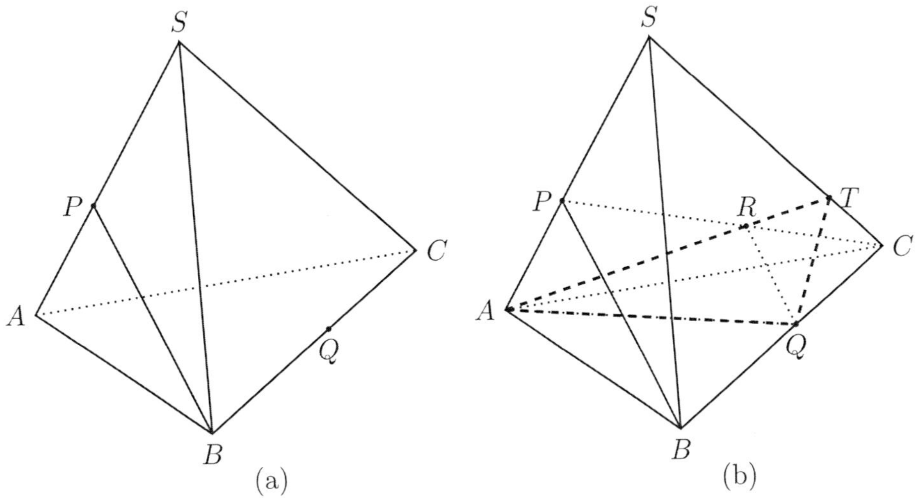

그림 1.29

CBP를 생각하자. 점 Q를 지나 변 BP에 평행한 선분 QR을 작도하면, 직선 BP와 평행한 직선 QR을 얻을 수 있다.

정리 1.10에 의하면, 만약 직선 QR이 절단평면 α에 속하면 평면 α는 직선 BP와 평행하게 된다. 결국, 평면 α는 점 A, Q, R을 지나야 한다.

주어진 문제는 꼭짓점 A, 모서리 BC의 점 Q, 면 SAC의 점 R을 지나는 절단평면 α에 의한 삼각뿔의 절단면을 작도하는 문제가 된다. 점 A, R이 면 SAC에 속하므로, 직선 AR을 그어 모서리 SC와의 교점을 T라 하자. 이제, 점 T, Q도 면 SBC에 속하므로 선분 TQ를 그을 수 있다. 이로부터 절단면 AQT를 얻을 수 있다. □

작도문제 1.11. 오각기둥 $ABCDEA_1B_1C_1D_1E_1$에서 모서리 B_1C_1, D_1E_1에 점 P, Q가 주어졌다(그림 1.30(a)). 직선 PQ에 평행하며 직선 AC_1을 지나는 절단평면 α에 의한 오각기둥의 절단면을 작도하여라.

절단평면 α와 밑면 $A_1B_1C_1D_1E_1$은 공유점으로 C_1을 가지므로, 공리 A2에 의해 절단평면 α와 밑면 $A_1B_1C_1D_1E_1$의 교선은 점 C_1을 지나는 직선이다. 그리고 정리 1.12에 의해 평면 α와 밑면 $A_1B_1C_1D_1E_1$의 교선은 직선 PQ와 평행이다. 결국, α와 밑면 $A_1B_1C_1D_1E_1$의 교선은 점 C_1을 지나며 직선 PQ와 평행인 직선이다.

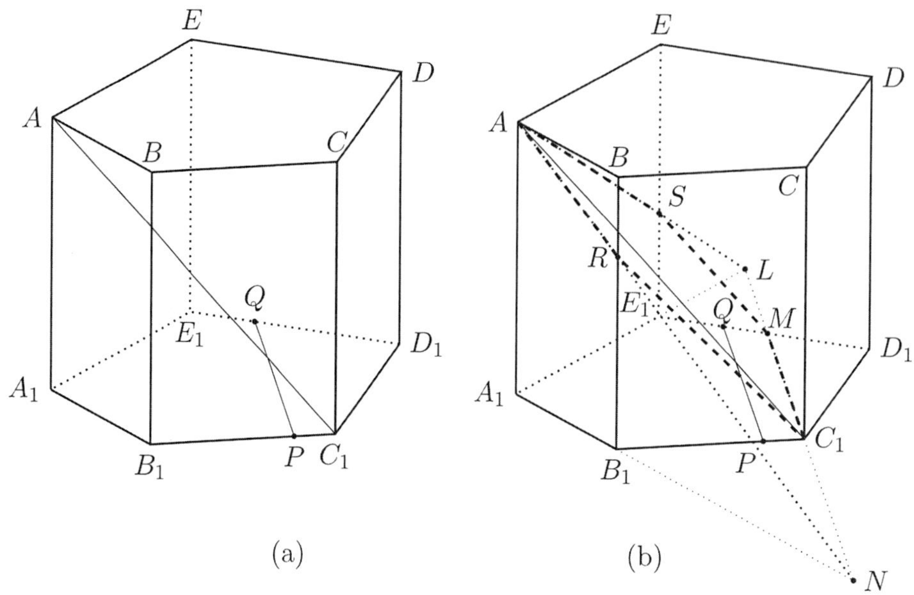

그림 1.30

이제, 밑면 $A_1B_1C_1D_1E_1$에 점 C_1을 지나며 직선 PQ와 평행인 직선 C_1M을 작도하자. 그러면, 직선 C_1M은 절단평면 α와 밑면 $A_1B_1C_1D_1E_1$의 교선이 되며, 평면 α는 직선 C_1M과 꼭짓점 A를 지나는 평면이다.

직선 C_1M과 모서리 A_1B_1의 연장선의 교점 N을 작도하자. 이때, 점 N은 직선 A_1B_1에 속하므로 평면 AA_1B_1B에 속한다. 평면 AA_1B_1B에 속하는 직선 AN과 모서리 BB_1의 교점 R이 절단평면 α와 모서리 BB_1의 교점이다(그림 1.30(b)).

한편, 직선 C_1M과 모서리 A_1E_1의 연장선의 교점 L을 생각하면, 점 L은 평면 AA_1E_1E에 속한다. 직선 AL을 작도하면, 직선 AL과 모서리 E_1E의 교점 S가 절단평면 α와 모서리 EE_1의 교점이다. 이제, 점 A, R, C_1, M, S를 연결하면, 절단면인 오각형 ARC_1MS가 얻어진다. □

살펴본 것과 같이, 주어진 직선에 평행한 평면 α를 작도하는 작도문제의 해결에 정리 1.10이 중요한 역할을 하였다. 예를 들어, 그림 1.30(b)에서 직선 AC_1을 지나며 직선 PQ에 평행한 평면 α를 작도하기 위해, 점 C_1을 지나 직선 PQ에 평행한 직선

C_1M을 작도하였다. 직선 AC_1과 C_1M으로 결정되는 평면이 평면 α이다.

정리 1.13. 평면 α에 속하지 않은 직선 l, m이 평행이며, 직선 l은 평면 α와 평행이다. 그러면, 직선 m도 평면 α와 평행이다.

직선 l이 평면 α와 평행이므로, 평면 α에 직선 l과 평행인 직선 n이 존재한다(정리 1.11). 즉 $l \parallel n$, $l \parallel m$이므로, 정리 1.9에 의해 $m \parallel n$이다. 이제, 정리 1.10에 의해, $n \parallel \alpha$가 된다. □

4. 공간에서 평면들의 위치 관계, 평행

공간에서 두 평면 α, β는 공유점을 가지거나 공유점을 가지지 않는 경우로 나누어 생각할 수 있다. 공리 A2에 의해 평면 α, β가 공유점을 가지면, 이 평면들은 공유점을 지나는 직선을 따라 만나게 된다. 결국, 공간에서 두 평면은 교선을 따라 만나거나(그림 1.31(a)), 만나지 않는다(그림 1.31(b)). 이때, 만나지 않는 평면 α, β는 평행하다고 말한다.

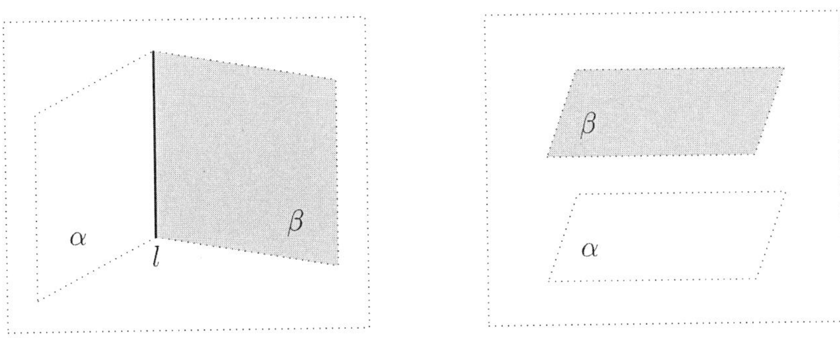

(a) (b)

그림 1.31

정리 1.14 (평면의 평행 조건). 한 평면에 속하는 만나는 두 직선이 다른 평면의 두 직선과 평행하면, 두 평면은 평행하다.

평면 α에 만나는 직선 l, m이 주어졌고, 평면 β에 $l \parallel n$, $m \parallel k$인 직선 n, k가 주어졌다고 하자.

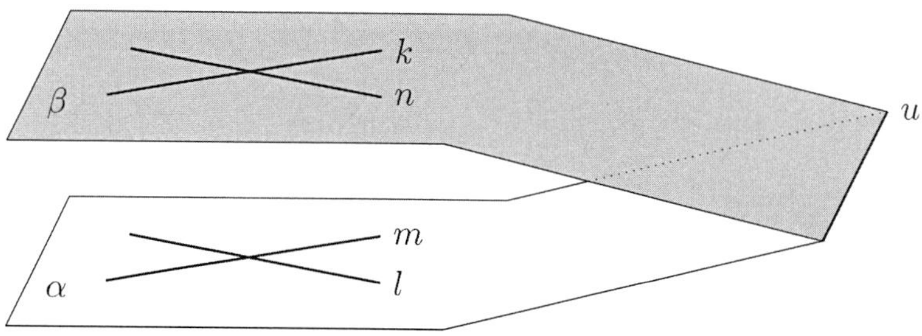

그림 1.32

이제, 평면 α, β가 평행하다는 것, 즉 공유점을 가지지 않는다는 것을 증명하자. 귀류법으로, 평면 α, β가 공유점을 가진다고 가정하자. 그러면 공리 A2에 의해, 평면 α, β는 직선 u를 따라 만난다(그림 1.32).

$l \parallel n$이므로, 정리 1.10에 의해 직선 l은 평면 β와 평행이며, 정리 1.12로부터 직선 l은 평면 α, β의 교선 u와 평행하다는 것을 알 수 있다. 유사한 방법으로, $m \parallel u$임을 알 수 있다. $l \parallel u$, $m \parallel u$로부터 $l \parallel m$이 성립하며, 이것은 l, m이 만난다는 것에 모순이다. 이로부터, α, β는 평행하다는 것이 증명된다. □

정리 1.15. 평행한 평면 α, β가 평면 γ와 만나면, 평면 α와 γ의 교선은 평면 β와 γ의 교선과 평행하다.

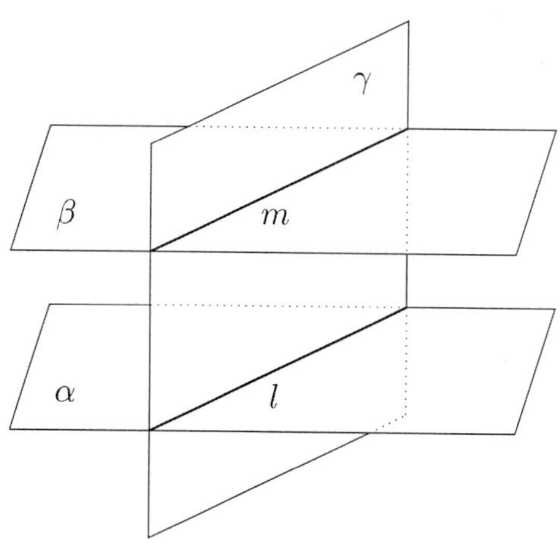

그림 1.33

평행한 평면 α, β가 γ와 교선 l, m을 따라 만난다고 하자(그림 1.33). 평면 α, β가

만나지 않으므로, 직선 l, m은 만나지 않는다. 그리고 직선 l, m은 평면 γ에 속하므로, l, m은 평행하다. □

작도문제 1.12. 평면 α, α에 속하지 않는 점 P가 주어졌다. 점 P를 지나며 평면 α에 평행한 평면을 작도하여라.

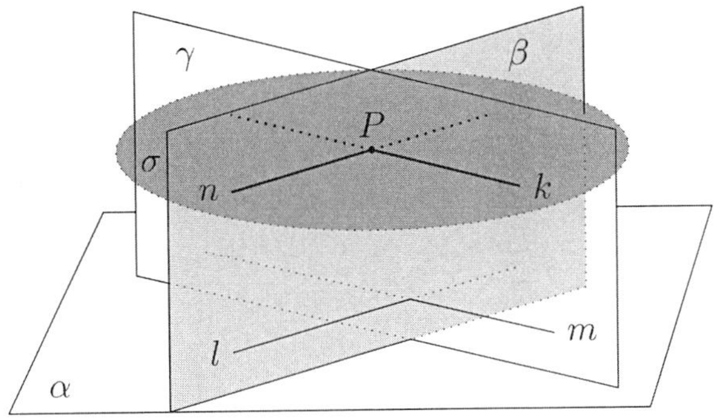

그림 1.34

직선 l, m은 평면 α에 속하며 만난다고 하자. 정리 1.1에 의해 직선 l과 점 P, 직선 m과 점 P를 지나는 평면 β, γ를 각각 만들 수 있다.

정리 1.7에 의해, 평면 β에 점 P를 지나며 직선 l에 평행한 직선 n을 작도할 수 있다. 같은 이유로, 평면 γ에 점 P를 지나며 직선 m에 평행한 직선 k를 작도할 수 있다. 이때, 직선 n, k는 점 P에서 만난다.

공리 A3에 의해 점 P에서 만나는 직선 n, k를 지나는 평면 σ를 작도할 수 있다 (그림 1.34). 그리고 $n \parallel l, k \parallel m$이므로, 정리 1.14에 의해 평면 α와 σ는 평행하다. 즉, 평면 σ가 점 P를 지나며 평면 α에 평행인 구하는 평면이다. □

작도문제 1.13. 사각뿔 $SABCD$의 모서리 SB, SC에 점 P, Q가 그림 1.35(a)와 같이 주어졌다. 평면 QAB에 평행하며 점 P를 지나는 절단평면 α에 의한 사각뿔의 절단면을 작도하여라.

점 P와 선분 AB, QB가 면 SAB, SBC에 속하기 때문에, 점 P를 지나 선분 AB, QB에 평행한 직선을 각각 작도하여 모서리 SA, SC와의 교점을 T, R이라 하자.

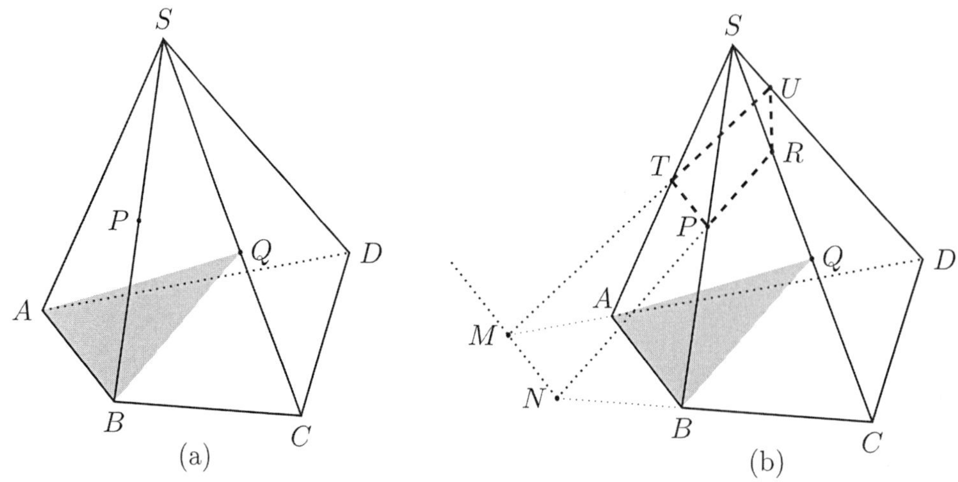

그림 1.35

직선 PT, PR이 평면 QAB의 직선 AB, QB와 평행하므로, 정리 1.14에 의하면 평면 QAB와 직선 PT, PR을 지나는 평면은 평행하다. 공리 A3에 의하면 직선 PT, PR을 지나는 평면은 유일하므로, 직선 PT, PR을 지나는 평면이 절단평면 α이다.

이제, 절단평면 α에 의한 사각뿔의 절단면을 작도하자. 이를 위해, 평면 α와 모서리 SD의 교점을 구하면 된다. 우선, 절단평면 α와 평면 $ABCD$와의 교선을 작도하자.

정리 1.15에 의하면, 평면 QAB와 평면 $ABCD$의 교선은 절단평면 α와 평면 $ABCD$의 교선과 평행하다. 평면 QAB와 $ABCD$의 교선인 직선 AB가 그림 1.35(a)에 있기 때문에, 평면 α와 $ABCD$의 한 교점을 구하면 평면 α와 $ABCD$의 교선을 작도할 수 있다.

직선 PR과 BC는 평면 SBC에 속하므로, 직선 PR과 BC의 교점을 구할 수 있으며 이 교점은 평면 $ABCD$에 속한다. 이 교점을 N이라 하면, N은 평면 α와 $ABCD$의 교점이다. 이제, 점 N을 지나 직선 AB에 평행한 직선을 그으면, 이 직선이 평면 α와 $ABCD$의 교선이다.

이제, 평면 α, 평면 $ABCD$의 교선과 직선 AD의 교점을 M이라 하자(그림 1.35(b)). 그러면 점 M은 평면 SAD에 속하는데, 절단평면의 점 T도 평면 SAD에 속한다. 직선 MT를 그어 모서리 SD와의 교점을 U라 하자. 점 T, P, R, U를 연결하면, 절단면인

사각형 $TPRU$를 얻게 된다. □

정리 1.16. 직선 l, 평행인 평면 α, β에 대해, $l \parallel \alpha$이면 $l \parallel \beta$이다.

$l \parallel \alpha$이므로, 정리 1.11에 의해 $l \parallel m$인 직선 m이 α에 존재한다. 그리고 $\alpha \parallel \beta$이므로, 직선 m은 평면 β와 만나지 않는다(평행이다). 그러면 정리 1.11에 의해 β에 $n \parallel m$인 n이 존재한다. 직선들의 평행 조건인 정리 1.9에 의해, $n \parallel l$이 성립한다. 그러므로, 정리 1.10에 의해 $l \parallel \beta$이다. □

정리 1.13에서는 직선 l, m에서 $l \parallel m$이고 $l \parallel \alpha$이면, $m \parallel \alpha$라는 것을 보였는데, 정리 1.16에서는 평면 α, β에서 $\alpha \parallel \beta$이고 $l \parallel \alpha$이면, $l \parallel \beta$임을 보였다.

정리 1.17. 공간에서 평면 α, β가 평면 γ에 평행이면, $\alpha \parallel \beta$이다.

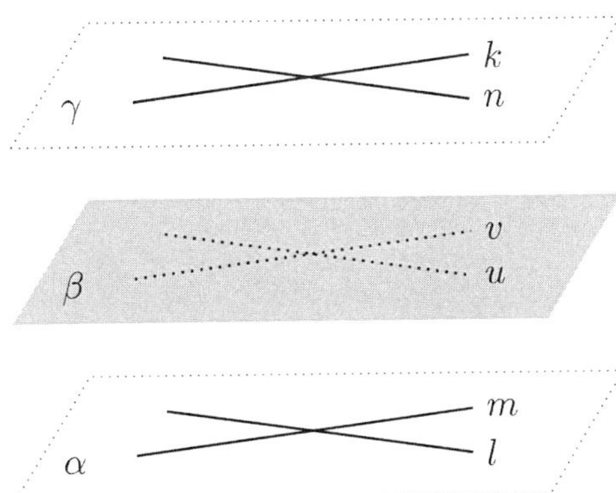

그림 1.36

평면 α에 속하며 만나는 직선 l, m을 생각하자(그림 1.36). $\alpha \parallel \gamma$이므로, $l \parallel \gamma$, $m \parallel \gamma$이다. 이로부터, 정리 1.11에 의해 직선 l, m에 평행인 직선 n, k가 평면 γ에 존재한다.

한편, $\beta \parallel \gamma$이므로, $n \parallel \beta$, $k \parallel \beta$이다. 즉 n은 평면 β와 평행이며, 정리 1.11에 의해 β에 $n \parallel u$인 직선 u가 존재한다. 이제, $n \parallel l$을 생각하면, 정리 1.9에 의해 $l \parallel u$가 성립한다. 즉, 평면 β에 직선 l과 평행한 직선 u가 존재하므로, 정리 1.10에 의해 $l \parallel \beta$이다. 유사한 방법으로, $m \parallel \beta$를 알 수 있다.

이제, $m \parallel \beta$이므로 정리 1.11에 의해 평면 β에 $m \parallel v$인 직선 v를 생각할 수 있다. 결국, $l \parallel u$, $m \parallel v$이므로, 정리 1.14에 의해 $\alpha \parallel \beta$가 성립한다. □

작도문제 1.13에서는 점 P를 지나는 절단평면 α의 직선 PR, PT가 평면 QAB의 직선 QB, BA와 같은 면에 속해있기 때문에, 어렵지 않게 절단평면 α를 결정하는 세 점 P, R, T를 찾을 수 있었다. 만약, 절단평면 α의 점 P를 지나며 직선 QA, QB와 평행인 직선을 작도하기 어렵다면, 그러한 경우에는 문제를 어떻게 해결해야 할까? 다음 작도문제를 살펴보자.

작도문제 1.14. 오각기둥 $ABCDEA_1B_1C_1D_1E_1$의 모서리 DD_1, D_1C_1, D_1E_1에 점 P, Q, R이 주어졌고, 모서리 BB_1에 점 T가 주어졌다(그림 1.37(a)). 평면 PQR에 평행하며 점 T를 지나는 절단평면 α에 의한 오각기둥의 절단면을 작도하여라.

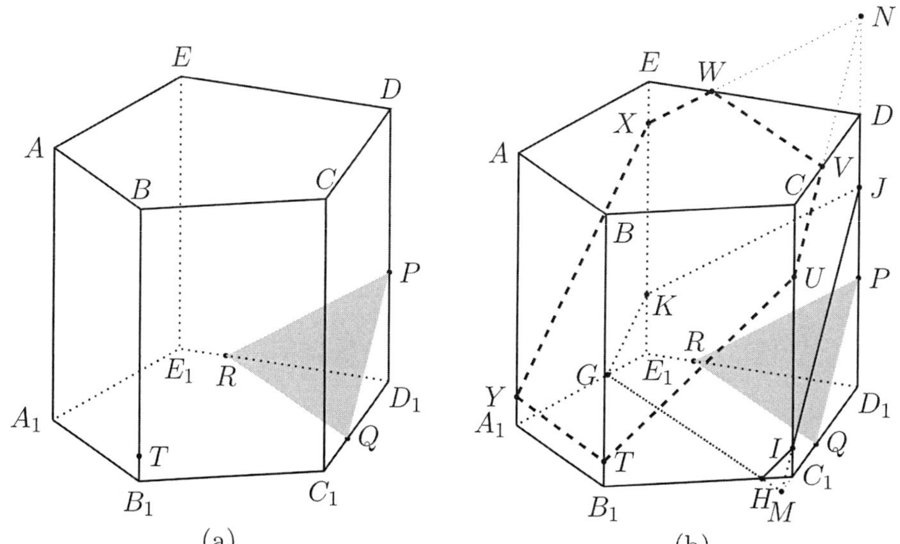

그림 1.37

점 T를 포함하는 모서리 BB_1이 직선 PQ, QR, PR을 포함하는 어느 평면(평면 CC_1D_1D, $A_1B_1C_1D_1E_1$, DD_1E_1E)에도 속하지 않기 때문에, 점 T를 지나며 직선 PQ, QR, PR에 평행한 직선을 작도하는 것이 쉽지 않다. 여기서는 직선 PQ, QR, PR

을 포함하는 평면 중의 하나에 보조적인 점 J를 모서리 DD_1에 잡을 것이다.

점 J를 지나며 평면 PQR에 평행인 평면을 작도하자. 평면 CC_1D_1D에 점 J를 지나며 직선 PQ에 평행한 직선을 그어, 모서리 CC_1과의 교점을 I라 하자. 그리고 직선 JI와 평면 $A_1B_1C_1D_1E_1$의 교점을 구하기 위해, 직선 JI와 모서리 C_1D_1의 연장선의 교점을 M이라 하자. 그러면 점 M은 직선 JI에도 속하고 평면 $A_1B_1C_1D_1E_1$에도 속하는 점이다.

이제, 평면 $A_1B_1C_1D_1E_1$의 점 M을 지나 직선 QR에 평행인 직선을 그어 모서리 B_1C_1, A_1E_1과의 교점을 H, G라 하자. 그러면, 정리 1.14에 의해 직선 JM, MG를 포함하는 평면은 평면 PQR과 평행이다.

평면 DD_1E_1E에서 점 J를 지나 직선 PR에 평행인 직선을 그어 모서리 EE_1과의 교점을 K라 하자. 이제, 점 G, H, I, J, K를 연결하면, 점 J를 지나며 평면 PQR에 평행한 평면에 의한 절단면 $GHIJK$를 얻게 된다(그림 1.37(b)).

마지막으로, 점 T를 지나 오각형 $GHIJK$에 평행인 절단면을 작도하자. 이를 위해, 평면 BB_1C_1C에서 점 T를 지나 직선 HI에 평행인 직선을 작도하여 모서리 CC_1과의 교점을 U라 하자. 그리고 평면 CC_1D_1D에서 점 U를 지나 직선 JI에 평행인 직선을 그어 모서리 CD와의 교점을 V라 하자. 그러면, 정리 1.14에 의해 직선 UT, UV를 포함하는 평면(이 평면이 평면 α이다)은 오각형 $GHIJK$의 평면과 평행하게 된다. 그리고 정리 1.17에 의해 평면 α는 평면 PQR과 평행이다.

평면 DD_1E_1E에서 직선 JK와 평행인 직선을 작도하자. 그런데, 아직 평면 DD_1E_1E에서 평면 α에 속한 점을 찾지 못했다. 평면 DD_1E_1E에 속한 평면 α의 점을 찾기 위해, 직선 UV와 모서리 DD_1의 연장선의 교점 N을 작도하자. 그러면 점 N은 면 DD_1E_1E에도 속하고 평면 α에도 속한 점이 된다.

점 N을 지나 직선 JK와 평행한 직선을 그어 모서리 DE, EE_1과의 교점을 W, X라 하자. 그리고 평면 EE_1A_1A에서 점 X를 지나 직선 KG와 평행한 직선을 그어 모서리 AA_1과의 교점을 Y라 하자. 그러면 평면 α와 오각기둥의 모서리와의 교점 Y, T, U, V, W, X가 얻어지며, 이들을 연결하면 점 T를 지나며 평면 PQR에 평행한

평면 α에 의한 오각기둥의 절단면 $YTUVWX$가 얻어진다. □

정리 1.18. 평면 α와 β가 평행하며, 직선 l이 평면 α와 만난다. 그러면, 직선 l은 평면 β와 만난다.

귀류법으로, 직선 l이 평면 β와 만나지 않는다고 가정하자. 그러면, $l \parallel \beta$라고 할 수 있다. 정리 1.16에 의해, 직선 l은 β와 평행인 평면 α와도 평행하다. 이것은 가정에 모순된다. 결국, l은 β와 만난다. □

예제 1.2. 직선 l, m이 꼬인 위치에 있다. 직선 l, m을 각각 지나며 서로 평행인 평면 α, β가 존재한다는 것을 증명하여라.

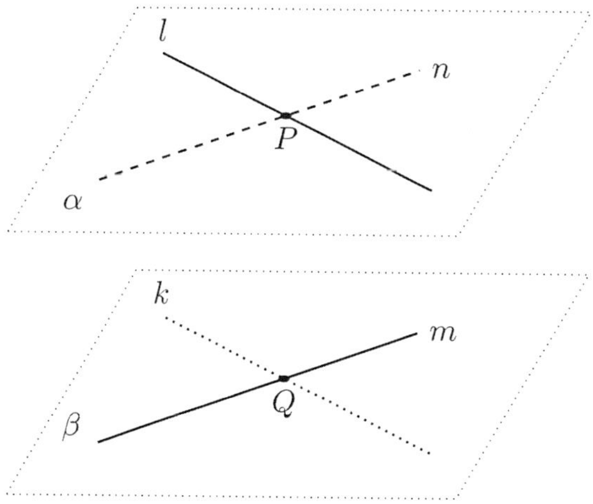

그림 1.38

직선 l의 한 점 P를 지나 직선 m에 평행인 직선 n을 생각하자. 그리고 m의 한 점 Q를 지나 l에 평행인 직선 k를 생각하자(그림 1.38).

이제, 공리 A3에 의해 l과 n, m과 k를 지나는 평면 α와 β를 유일하게 작도할 수 있다. 직선 l과 k, m과 n이 평행이므로, 정리 1.14에 의해 $\alpha \parallel \beta$가 된다. □

예제 1.2에서 꼬인 위치에 있는 직선 l, m에 대해 l, m을 지나며 서로 평행인 평면 α, β의 작도 방법을 알 수 있다. 꼬인 위치에 있는 직선 중 하나(예를 들어, 직선 l)에 속하는 점 P를 잡고, 점 P를 지나며 다른 직선 m에 평행한 직선 n을 작도하면, 직선

l, n은 평면을 하나 결정하게 된다. 이와 같이 작도된 평면은 직선 l과 꼬인 위치에 있는 직선 m과 평행인 평면이다.

작도문제 1.15. 삼각기둥 $ABCA_1B_1C_1$의 모서리 A_1B_1, AC, AB에 점 P, Q, R이 주어졌다(그림 1.39(a)). 꼬인 위치에 있는 직선 PQ, AB_1에 평행하며 점 R을 지나는 절단평면 α에 의한 절단면을 작도하여라.

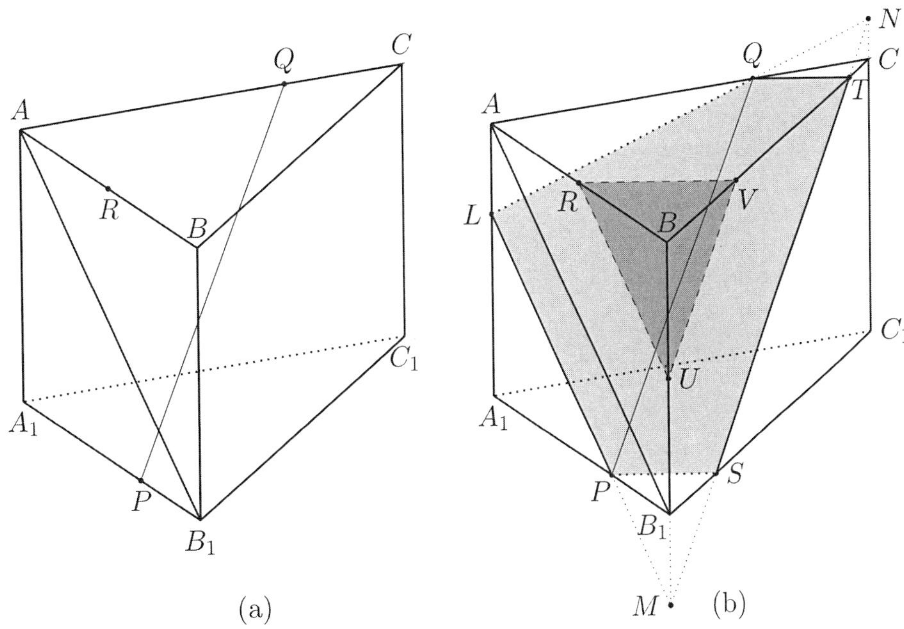

그림 1.39

예제 1.2에서와 같은 방법으로 직선 PQ, AB_1을 지나면서 서로 평행인 평면 β, γ를 만들 수 있다. 이 평면들과 평행이면서 점 R을 지나는 절단평면 α를 작도하자. 가령, 직선 PQ를 지나는 평면 β를 생각하자. 예제 1.2와 같이, 평면 β로 직선 PQ와 직선 PQ의 한 점 P를 지나 직선 AB_1에 평행인 직선 PL을 지나는 평면을 생각하자(그림 1.39(b)). 그러면, 평면 β는 직선 AB_1과 평행이다.

실제로, 삼각기둥에서 평면 β를 작도하자. 즉 점 P, L, Q에 의한 삼각기둥의 절단면 β를 작도하자. 점 L과 Q는 같은 평면에 속하므로, 직선 LQ를 작도하여 모서리 CC_1의 연장선과의 교점을 N이라 하자. 한편, 직선 PL과 모서리 BB_1의 연장선과의 교점을

M이라 하면, 점 M, N은 모두 평면 BB_1C_1C에 속한다. 그러므로 직선 MN을 그어 모서리 B_1C_1, BC와의 교점을 구할 수 있으며, 이를 S, T라 하자. 점 P, S, T, Q, L을 연결하면 평면 β인 오각형 $PSTQL$을 얻을 수 있다.

이제, 점 R을 지나며 평면 β에 평행한 절단평면 α를 작도하자. 이를 위해, 면 AA_1B_1B에서 점 R을 지나 직선 PL과 평행한 직선을 작도하여 모서리 BB_1과의 교점을 U라 하자. 그리고 면 BB_1C_1C에서 점 U를 지나 직선 ST와 평행한 직선을 그어 모서리 BC와의 교점을 V라 하자. 그러면, 절단평면 α는 직선 RU, UV를 지나는 평면이다.

평면 α와 β는 평행하므로, 정리 1.16에 의해 직선 AB_1은 평면 α와 평행이다. 결국, 평면 α는 꼬인 위치의 직선 PQ, AB_1과 평행이다. 그리고 평면 α에 의한 삼각기둥의 절단면은 RUV이다. □

제 2 장.

정육면체의 절단면

정육면체를 평면으로 절단하면 그 절단면으로 어떤 도형이 만들어질까? 그림 2.1과 같이 정육면체 $ABCDA_1B_1C_1D_1$과 절단평면 α가 만난다고 하자[1]. 그러면, 정육면체 $ABCDA_1B_1C_1D_1$에 절단면으로 다각형이 얻어진다. 이때 절단면인 다각형 $PQRS$의 꼭짓점은 정육면체 $ABCDA_1B_1C_1D_1$의 모서리와 평면 α가 만나서 생기며, 변은 정육면체 $ABCDA_1B_1C_1D_1$의 면과 평면 α가 만나서 만들어진다.

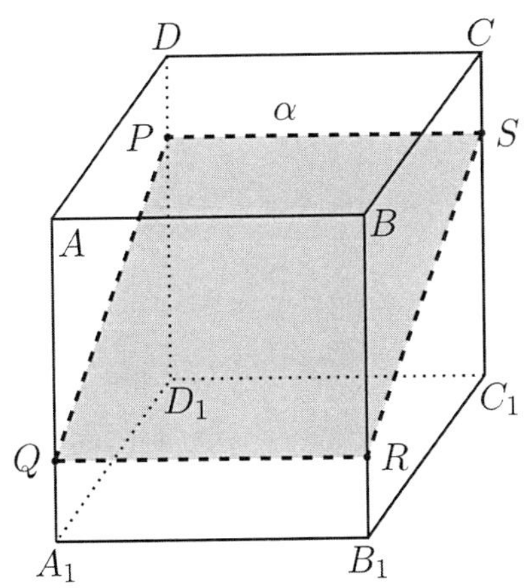

그림 2.1

정육면체 $ABCDA_1B_1C_1D_1$과 평면 α가 만나면, 어떤 다각형이 만들어질 수 있

[1]이 장에서 평면 α는 정육면체를 절단하는 절단평면을 의미한다

을까? 정육면체의 면이 6개이므로, 절단면인 다각형은 변이 6개까지 얻어질 수 있다. 즉 절단면인 다각형은 삼각형, 사각형, 오각형, 육각형이 될 수 있다.

삼각형이 되는 경우는 쉽게 생각할 수 있다. 그림 2.2(a)에서 점 D, A_1, B를 지나는 평면은 정육면체 $ABCDA_1B_1C_1D_1$과 만나 절단면으로 삼각형 DA_1B를 만든다. 이때 삼각형 DA_1B에서 $\overline{DA_1} = \overline{A_1B} = \overline{DB}$이므로, 정삼각형이 된다.

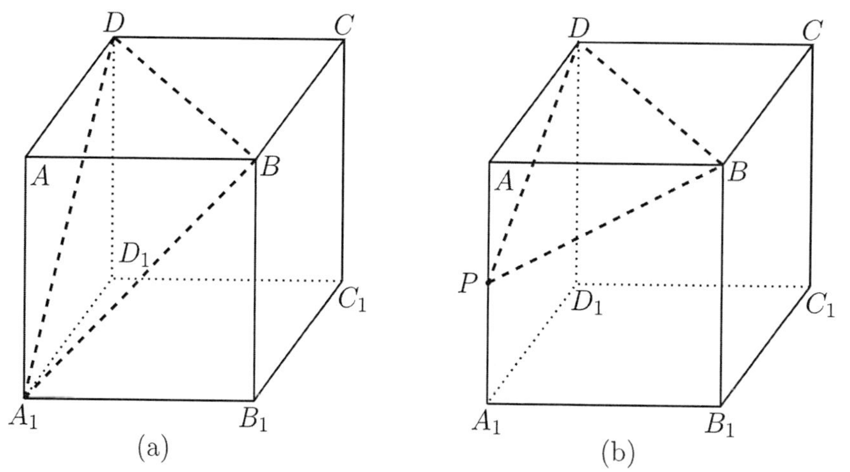

그림 2.2

만약 정육면체의 모서리 AA_1의 중점 P를 잡으면(그림 2.2(b)), 점 D, B, P를 지나는 평면은 정육면체 $ABCDA_1B_1C_1D_1$과 만나 절단면으로 이등변삼각형 DBP를 만든다.

1. 사각형 절단면

정육면체를 절단하여 사각형이 얻어지는 경우를 살펴보자. 그림 2.3(a)에서 모서리 AB, CD, A_1B_1, C_1D_1의 중점을 각각 P, Q, R, S라 하면, 이 네 점을 지나는 평면 α에 의한 정육면체의 절단면은 정사각형 $PRSQ$가 된다. 그림 2.3(b)에서는 점 P, Q를 모서리 AB, BC의 중점에, 점 R, S를 모서리 A_1B_1, B_1C_1의 중점에 잡았다. 그러면, 네 점 P, Q, R, S를 지나는 평면 α는 정육면체에 절단면으로 직사각형 $PRSQ$를 만든다.

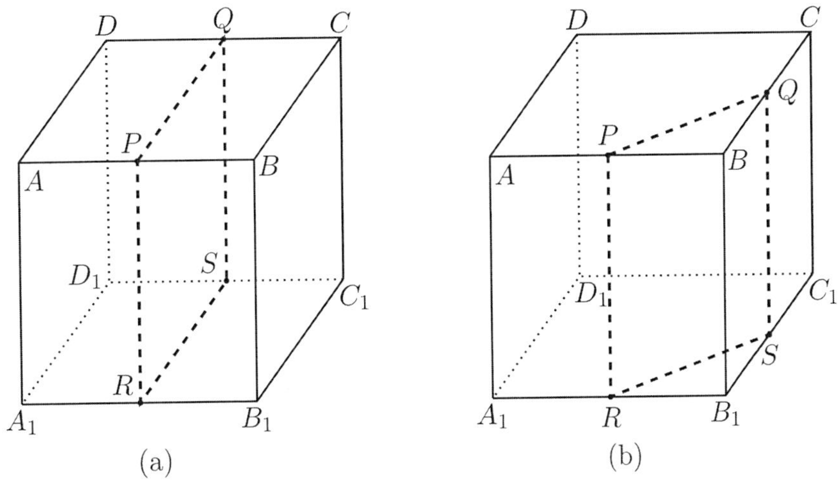

그림 2.3

한편, 그림 2.4(a)에서는 점 P, Q를 모서리 BC, A_1D_1의 중점에 잡았다. 그러면, 점 A, Q, C_1, P를 지나는 평면 α는 정육면체에 절단면으로 마름모 AQC_1P를 만든다. 사각형 AQC_1P가 마름모가 된다는 것은 어렵지 않게 확인할 수 있다. 가령, 정육면체의 한 모서리의 길이를 a라 하면, $\overline{AP}^2 = \overline{AB}^2 + \overline{BP}^2$이므로 $\overline{AP} = \sqrt{a^2 + (\frac{a}{2})^2} = \frac{\sqrt{5}}{2}a$이다. 같은 방법으로 $\overline{AQ} = \overline{QC_1} = \overline{C_1P} = \frac{\sqrt{5}}{2}a$가 된다는 것을 알 수 있다.

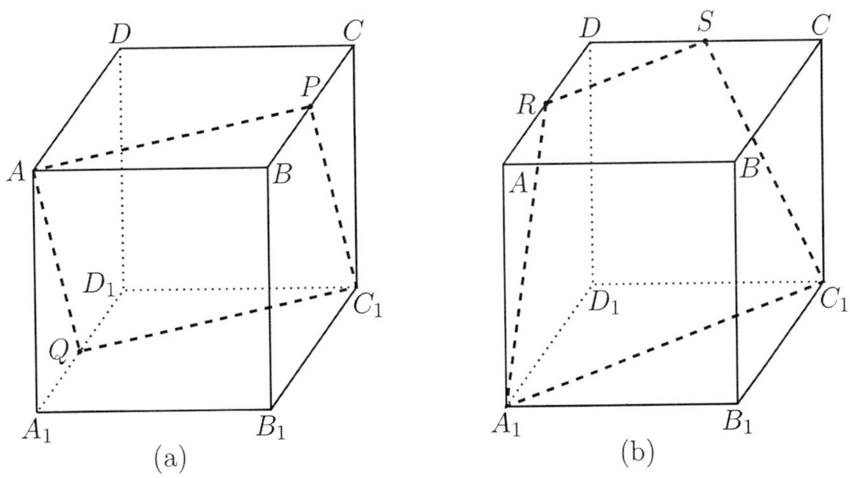

그림 2.4

한편, 그림 2.4(b)에서는 점 R, S를 모서리 AD, CD의 중점에 잡았다. 이때, 점

R, A_1, C_1, S를 지나는 평면 α에 의한 절단면은 사다리꼴 RA_1C_1S이다.

이제, 정육면체에서 세 점이 주어진 경우에 절단면을 작도하는, 즉 절단면을 작도하는 작도순서를 찾는 문제를 풀어보자.

작도문제 2.1. 정육면체 $ABCDA_1B_1C_1D_1$이 주어졌고, 모서리 BB_1, AD의 중점 P, Q가 주어졌다(그림 2.5(a)). 점 A_1, P, Q에 의해 결정된 절단평면 α에 의한 정육면체 $ABCDA_1B_1C_1D_1$의 절단면을 작도하여라.

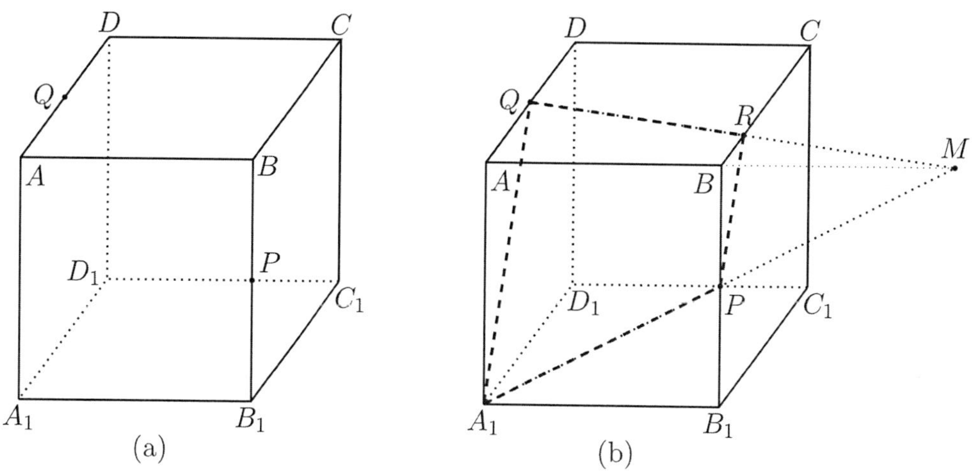

그림 2.5

우선, 주어진 세 점 A_1, P, Q에 의해 결정되는 절단평면 α로 정육면체를 자른 절단면을 상상해 보자. 성공적으로 상상할 수 있다면, 문제해결이 쉬워질 수 있다.

점 A_1, P가 같은 평면에 놓여있기 때문에, 점 A_1, P를 지나는 직선 A_1P를 작도하자. 직선 A_1P는 같은 평면에 놓인 직선 AB와 만나는데, 교점을 M이라 하자. 점 M은 평면 $ABCD$에 속하며, 점 Q와도 같은 평면에 속해있다. 이제, 직선 MQ를 긋자. 그러면, 직선 MQ는 모서리 BC와 만나며 교점을 R이라 하자(그림 2.5(b)). 이제, 점 A_1, P, R, Q를 연결하면, 절단면인 사각형 A_1PRQ를 얻을 수 있다. □

얻어진 사각형 A_1PRQ는 사다리꼴이다. 평행한 두 평면 AA_1D_1D와 BB_1C_1C가 평면 α와 만나 생기는 교선들은 서로 평행하기 때문이다. 한편, 평면 α에 의해 정육면체는 두 개의 입체도형인 삼각뿔대와 사각뿔대로 분할된다.

그림 2.5(b)에서 삼각뿔대의 부피를 구해보자. 정육면체의 한 모서리의 길이를 a라 하면, 삼각형 AA_1Q의 넓이는 $\frac{1}{2} \times a \times \frac{a}{2} = \frac{a^2}{4}$이다. 이제, $\overline{AM}$을 구하자. 이를 위해, 삼각형 MAA_1과 MBP를 보자. 삼각형 MAA_1과 MBP는 닮음이며, $\overline{MB} : \overline{MA} = \overline{BP} : \overline{AA_1}$이다. $\overline{BP} = \frac{1}{2}\overline{AA_1}$이므로, $\overline{MB} = \frac{1}{2}\overline{MA}$이다. 이로부터 $\overline{MB} = \overline{AB}$이고, $\overline{AM} = 2a$가 된다. 결국, 삼각뿔 MAA_1Q의 부피는 $\frac{1}{3} \times \frac{a^2}{4} \times 2a = \frac{a^3}{6}$이다.

이제, 삼각뿔 $MBPR$의 부피를 구하자. 우선, $\overline{BR}$을 구하자. 닮음인 삼각형 MBR과 MAQ를 생각하면, $\overline{BR} = \frac{1}{2}\overline{AQ} = \frac{a}{4}$가 된다. 삼각형 BPR의 넓이는 $\frac{1}{2} \times \frac{a}{2} \times \frac{a}{4} = \frac{a^2}{16}$이다. 그러므로, 삼각뿔 $MBPR$의 부피는 $\frac{1}{3} \times \frac{a^2}{16} \times a = \frac{a^3}{48}$이 된다.

결국, 구하는 삼각뿔대의 부피는 $\frac{7a^3}{48}$이다. 이로부터 정육면체의 나머지 부분인 사각뿔대의 부피도 구할 수 있다. 이와 같이, 정육면체의 절단은 절단면을 작도하는 문제, 얻어진 절단면의 성질, 입체도형의 탐구 문제로 확장될 수 있다.

작도문제 2.2. 정육면체 $ABCDA_1B_1C_1D_1$이 주어졌고, 모서리 CC_1에 점 P가 그림 2.6(a)와 같이 주어졌다. 점 D, P, B_1에 의해 결정된 절단평면 α에 의한 정육면체 $ABCDA_1B_1C_1D_1$의 절단면을 작도하여라.

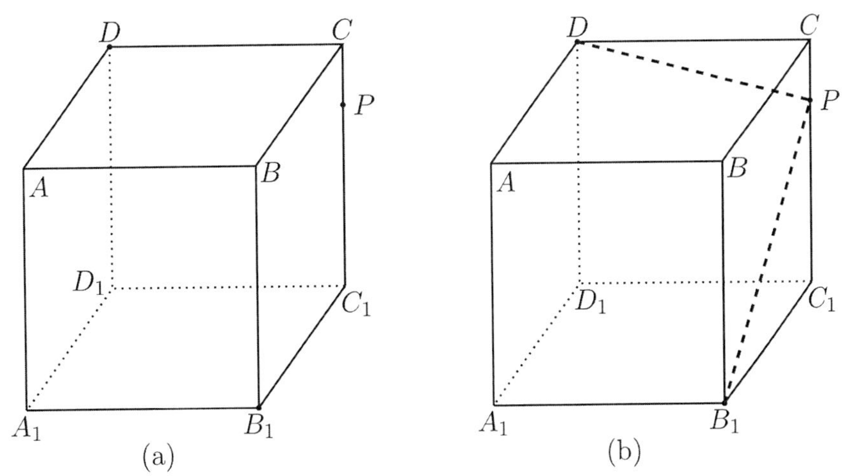

그림 2.6

절단면을 작도하기 위해, 점 D, P, B_1을 연결할 수 있다(그림 2.6(b)). 이제, 절단면이 모서리 AA_1, A_1D_1, A_1B_1의 일부와 만나는지, 그렇지 않은지를 생각해야 한다. 만약, 세 점 D, P, B_1에 의한 평면과 정육면체의 절단면을 상상할 수 있다면 어렵지 않게 문제를 해결할 수 있지만, 이러한 공간도형 상상력은 쉬운 일은 아니다.

이 문제를 해결하기 위해, 절단평면 α에 대해 살펴보자. 먼저, 평면 α가 어느 모서리의 연장선과 만나는가를 조사하면, 절단평면에 대한 정보를 더 찾을 수 있다.

평면 α는 모서리 BC의 연장선과 만나며, 직선 B_1P와 모서리 BC의 연장선의 교점이 평면 α와 모서리 BC의 연장선의 교점이다. 이 교점을 M이라 하자. 점 M은 평면 $ABCD$에 속하며, 평면 α에 속한 점 D와 M을 연결하여 직선 MD를 작도하자 (그림 2.7). 이제, 직선 MD와 만날 수 있는 정육면체의 모서리의 연장선을 생각하자. 직선 MD는 평면 $ABCD$에 속하며, 이 평면에 속한 모서리 AB의 연장선과 만나게 된다. 그 교점을 N이라 하자.

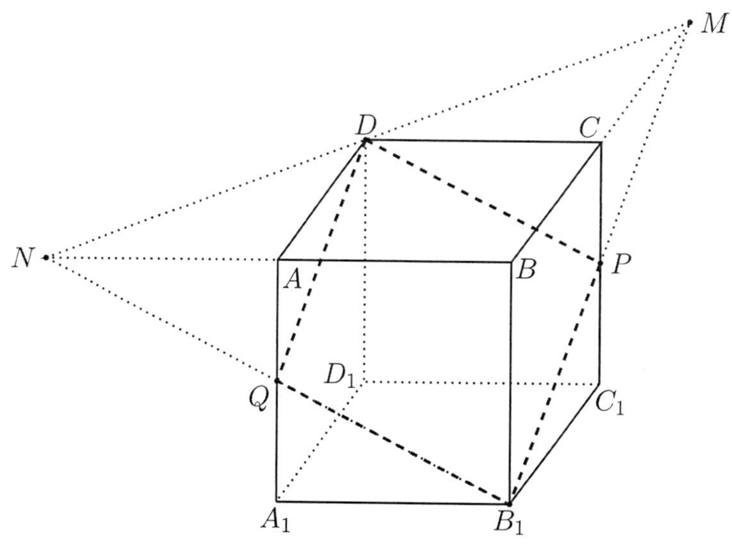

그림 2.7

점 N은 주어진 점 D, P, B_1 중에서 점 B_1과 같은 평면에 속한다. 즉, 점 N을 정육면체의 꼭짓점 B_1과 연결하면, 절단평면 α와 모서리 AA_1의 교점 Q를 얻을 수 있다. 결국, 사각형 QB_1PD가 구하는 절단면이 된다. □

이 문제에서는 문제해결을 위해 보조선으로 직선 B_1P, BC, MD, AB, NB_1을 작도해야 했다. 이 보조선을 작도하는 방법을 살펴보자. 보조선은 평면 α와 정육면체의 면을 포함하는 평면의 교선을 찾는 과정에서 작도되었다. 이와 같이, 절단평면과 다면체의 면을 포함하는 평면의 교선을 이용하여 작도문제를 해결하는 방법을 절단평면의 교선 방법이라 부르자. 이때, 평면 α와 정육면체의 면을 포함하는 평면의 교선을 구하기 위해, 평면 α에 속한 직선과 정육면체의 모서리의 연장선의 교점을 구했다.

한편, 두 평면의 교선은 직선이다. 이 문제에서 평면 α와 정육면체의 면 $ABCD$를 포함하는 평면의 교선은 MD이다. 직선 MD와 모서리 AB의 연장선의 교점 N은 평면 α와 평면 AA_1B_1B의 교점이다. 이로부터 직선 NB_1은 평면 α와 평면 AA_1B_1B의 교선이며, 이 교선과 모서리 AA_1의 교점이 절단면인 다각형의 꼭짓점이 된다.

작도문제 2.3. 정육면체 $ABCDA_1B_1C_1D_1$이 주어졌다. 절단평면 α에 속하는 점 P, Q는 모서리 DA, BB_1에, 점 R은 그림 2.8과 같이 평면 $A_1B_1C_1D_1$에 주어졌다. 평면 α에 의한 정육면체 $ABCDA_1B_1C_1D_1$의 절단면을 작도하여라.

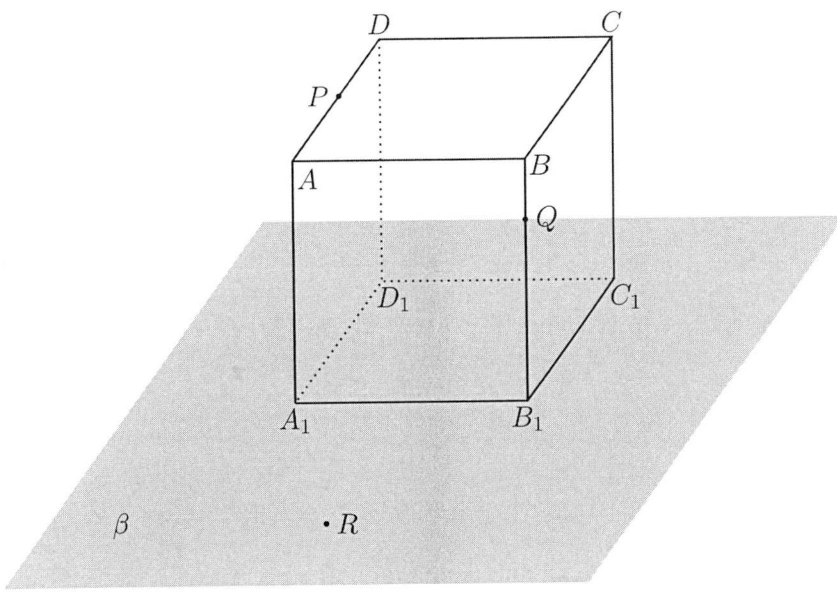

그림 2.8

점 P와 Q는 정육면체의 같은 면에 놓여있지 않기 때문에, 직선 PQ와 면 $A_1B_1C_1D_1$

을 포함하는 평면 β와의 교점을 구하려면 앞에서와는 다른 방법으로 접근해야 한다.

모서리 DD_1과 평행하게 점 P를 평면 β에 사영시켜 W라 하자. 같은 방법으로, Q를 평면 β에 사영시키면 점 B_1이 된다. 직선 PW, QB_1은 평행하며 하나의 평면을 결정하게 된다. 즉, 선분 PW, QB_1은 같은 평면에 놓여있다. 이제, 직선 PQ와 WB_1을 작도하면 이들은 한 점 M에서 만난다. 이로부터 M은 평면 α, β에 모두 속한다는 것을 알 수 있다. 결국, 점 M이 직선 PQ와 평면 β의 교점이다.

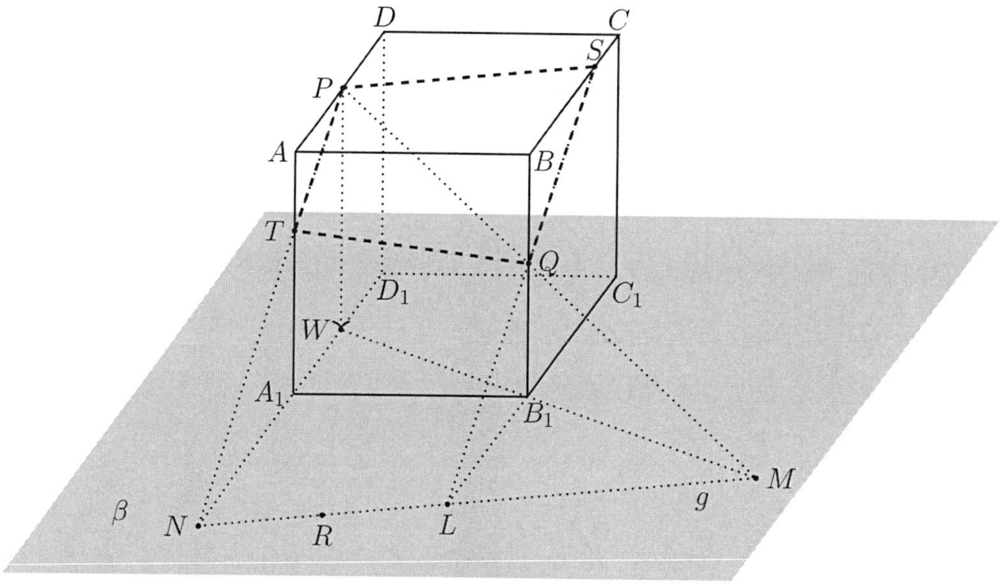

그림 2.9

이제, 평면 α에 속한 점 R을 M과 연결하면, 평면 α와 β의 교선 g를 얻을 수 있다. 교선 g와 평면 BB_1C_1C의 교점을 찾기 위해, 모서리 B_1C_1의 연장선을 긋자. 이때 얻어진 교점 L은 평면 α에도 속하게 된다. 이로부터 직선 LQ를 그을 수 있으며, 직선 LQ와 모서리 BC의 교점 S를 얻을 수 있다(그림 2.9).

같은 방법으로, 모서리 A_1D_1의 연장선과 직선 g의 교점 N을 잡아, 직선 NP를 긋자. 그러면, 직선 NP와 모서리 AA_1과의 교점 T를 구할 수 있다. 이제, 점 P, T, Q, S를 연결하면 절단면인 사각형 $PTQS$를 얻게 된다. □

정육면체의 다른 면에 속한 두 점 P, Q를 지나는 직선 PQ와 평면 $A_1B_1C_1D_1$의 교점을 작도하는 방법을 자세히 살펴보자. 두 점이 정육면체의 같은 면에 놓인 경우에는 두 점을 지나는 직선과 정육면체의 면을 지나는 평면과의 교점을 어렵지 않게 구할 수 있다. 예를 들어, 작도문제 2.2에서 두 점 B_1, P는 같은 면 BB_1C_1C에 속하는데, 직선 B_1P와 평면 $ABCD$의 교점은 직선 B_1P와 모서리 BC의 연장선의 교점이다.

그러나 작도문제 2.3에서는 점 P, Q가 정육면체의 같은 면에 놓여있지 않다. 그래서 직선 PQ와 평면 $A_1B_1C_1D_1$의 교점을 찾기 위해, 점 P, Q를 정육면체의 모서리와 평행하게 밑면에 사영시켰다. 그림 2.9에서는 점 P를 사영시킨 점이 W, 점 Q를 사영시킨 점이 B_1이다. 그리고 직선 PQ와 직선 WB_1의 교점을 구했는데, 이 교점이 바로 직선 PQ와 평면 $A_1B_1C_1D_1$의 교점이다.

만약, 정육면체가 아니라 다른 각기둥이나 각뿔의 경우에는 그러한 교점을 어떻게 찾을까? 그림 2.10(a)에 삼각기둥 $ABCA_1B_1C_1$이 주어졌고, 모서리 AA_1에 점 P가, 면 BB_1C_1C에 점 Q가 주어졌다. 이때, 직선 PQ와 평면 $A_1B_1C_1$의 교점을 구한다고 하자.

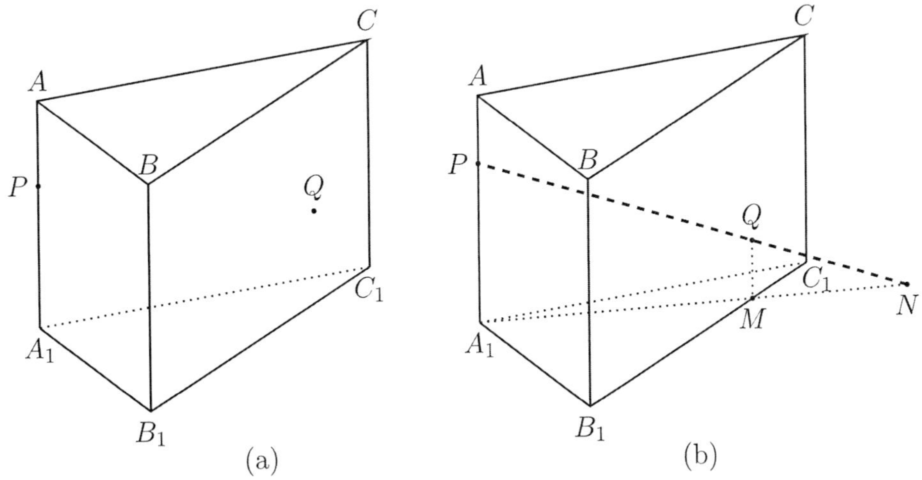

그림 2.10

점 P를 모서리 AA_1을 따라 평면 $A_1B_1C_1$에 사영시키면 A_1이 되고, 점 Q를 모서리 CC_1과 평행하게 사영시키면 M이 된다. 이제, 직선 PQ와 직선 A_1M을 그어 교점을 N이라 하자. 그러면, 점 N이 직선 PQ와 평면 $A_1B_1C_1$의 교점이다(그림 2.10(b)).

이제, 각뿔에서 같은 면에 속하지 않은 점들과 밑면의 교점, 교선을 찾는 방법을 살펴보자. 가령 오각뿔 $SABCDE$가 주어졌고, 그림 2.11(a)와 같이 모서리 SA, SD에 점 P, Q가, 면 SBC에 점 R이 주어졌다고 하자. 평면 PQR과 평면 $ABCDE$의 교선을 작도하자.

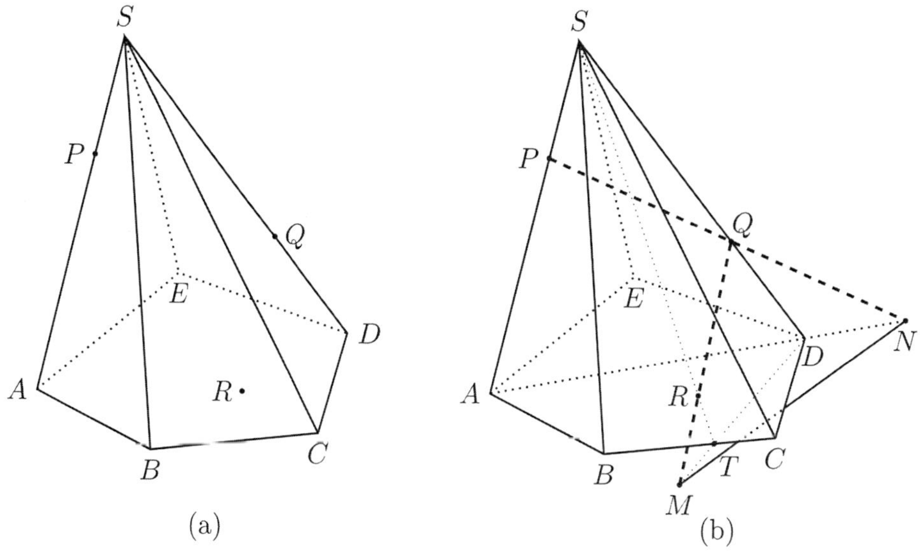

그림 2.11

직선 PQ, QR과 평면 $ABCDE$의 교점을 각각 구해보자. 우선, 직선 PQ와 평면 $ABCDE$의 교점을 살펴보자. 꼭짓점 S로부터 점 P, Q를 밑면 $ABCDE$에 사영시키자. 그러면, 점 P는 꼭짓점 A로, 점 Q는 꼭짓점 D로 보내진다(그림 2.11(b)). 이때, 점 S, P, A, Q, D는 같은 평면 SAD에 속하며 직선 PQ와 AD는 점 N에서 만난다. 직선 AD는 평면 $ABCDE$에 속하므로, 점 N은 직선 PQ와 평면 $ABCDE$의 교점이다.

직선 QR과 평면 $ABCDE$의 교점을 구하자. 오각뿔의 꼭짓점 S로부터 점 R을 밑면 $ABCDE$에 사영시키자. 그러면 모서리 BC에 속하는 점 T가 얻어진다. 직선 QR과 DT의 교점 M은 직선 QR과 밑면 $ABCDE$의 교점이다. 그러므로, 직선 MN이 평면 PQR과 평면 $ABCDE$의 교선이다.

이제, 한 직선과 두 점이 주어진 경우의 작도문제를 살펴보자.

작도문제 2.4. 정육면체 $ABCDA_1B_1C_1D_1$과 절단평면 α에 속하는 점 P, Q가 모서리 A_1B_1, BC에 그림 2.12와 같이 주어졌다. 평면 α는 주어진 직선 l과 평행이다. 평면 α에 의한 정육면체 $ABCDA_1B_1C_1D_1$의 절단면을 작도하여라.

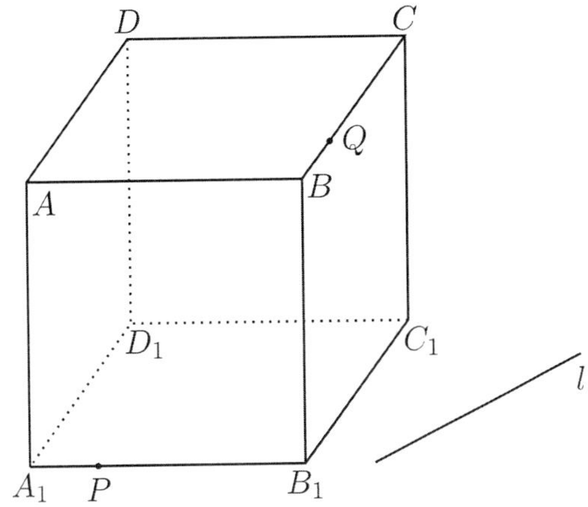

그림 2.12

평면 α가 직선 l과 평행하므로, 평면 α와 $A_1B_1C_1D_1$의 교선은 직선 l과 만나지 않아야 한다. 즉, 두 평면의 교선은 l과 평행이 된다. 점 P를 지나며 직선 l과 평행한 직선을 그어, 모서리 B_1C_1과의 교점을 R이라 하자(그림 2.13).

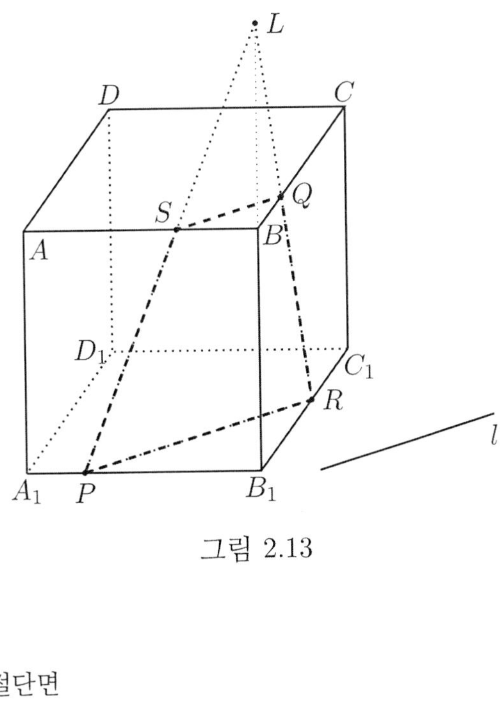

그림 2.13

점 R은 주어진 점 Q와 같은 평면에 속하므로, 직선 RQ를 그을 수 있다. 이제, 모서리 BB_1의 연장선을 그어 직선 RQ와의 교점을 L이라 하자. 점 L은 평면 AA_1B_1B에 속하므로, 직선 PL과 모서리 AB의 교점을 S를 얻을 수 있다. 이로부터, 절단면인 사각형 $PRQS$가 작도된다. □

이 작도문제에서는 절단평면 α에 속하는 두 점과 α에 평행한 직선 l에 의해 α가 주어졌다. 이때, l이 놓여있는 평면 $A_1B_1C_1D_1$이 α와 만나므로, α와 평면 $A_1B_1C_1D_1$의 교선이 직선 l과 평행이라는 사실을 이용하여 문제를 해결하였다.

2. 오각형 절단면

정육면체의 면이 6개인데, 절단평면 α가 정육면체의 면들 중 5개와 만나면 절단면으로 오각형이 얻어지게 된다. 절단면이 사각형인 경우에 여러 가지 사각형이 얻어졌던 것과 마찬가지로, 정육면체의 절단면으로 여러 가지 형태의 오각형이 얻어질 수 있다.

작도문제 2.5. 정육면체 $ABCDA_1B_1C_1D_1$이 주어졌고, 모서리 DD_1, AA_1, CC_1에 점 P, Q, R이 그림 2.14와 같이 주어졌다. 점 P, Q, R에 의해 결정된 절단평면 α에 의한 정육면체 $ABCDA_1B_1C_1D_1$의 절단면을 작도하여라.

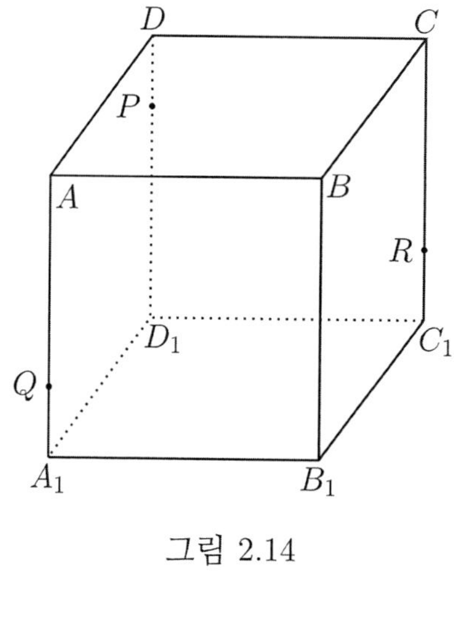

그림 2.14

직선 PQ, PR이 절단평면 α를 결정한다. 평면 α와 정육면체의 어떤 모서리들이 만나는지를 생각하자. 공간적으로 생각하면, 평면 α가 모서리 A_1B_1, B_1C_1과 만날 가능성을 추측할 수 있다. 실제로, 평면 α와 모서리 A_1B_1, B_1C_1의 교점을 찾아보자. 모서리 A_1B_1, B_1C_1은 평면 $A_1B_1C_1D_1$을 결정하므로, 평면 α와 정육면체의 밑면 $A_1B_1C_1D_1$을 포함하는 평면의 교선을 찾자.

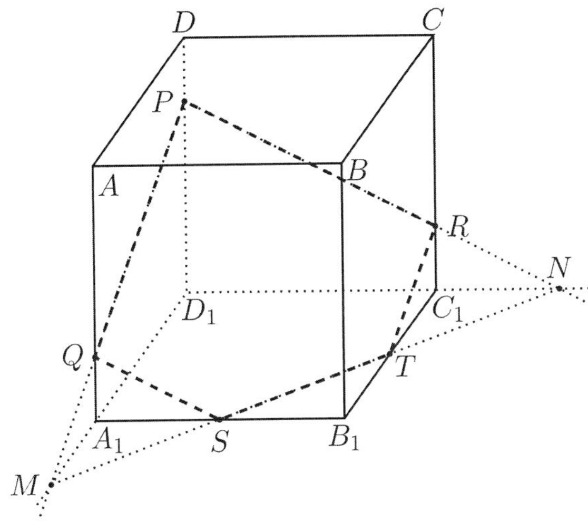

그림 2.15

이것은 어렵지 않다. 점 P, Q를 평면 $A_1B_1C_1D_1$에 사영시킨 점 D_1, A_1에 대해 직선 PQ와 D_1A_1의 교점을 M이라 하자. 같은 방법으로, 점 P, R을 평면 $A_1B_1C_1D_1$에 사영시킨 점 D_1, C_1을 생각하여 직선 PR과 D_1C_1의 교점을 N이라 하자. 그러면, 직선 MN이 평면 α와 평면 $A_1B_1C_1D_1$의 교선이다(그림 2.15).

이제, 직선 MN을 그어 정육면체의 밑면 $A_1B_1C_1D_1$과의 교점을 S, T라 하면, 절단면인 오각형 $PQSTR$을 얻을 수 있다. □

세 점 P, Q, R이 정육면체의 모서리 DD_1, AA_1, CC_1에 주어지는 경우를 살펴보았다. 이 작도문제에서 조건을 바꾸어 다음과 같은 작도문제로 변형시킬 수 있다.

작도문제 2.6. 정육면체 $ABCDA_1B_1C_1D_1$이 주어졌고, 밑면 $A_1B_1C_1D_1$을 포함하는 평면에 직선 l이 주어졌다. 점 P, Q가 다음과 같이 정육면체의 모서리에 주어졌을 때,

점 P, Q를 지나며 직선 l에 평행한 절단평면 α에 의한 정육면체 $ABCDA_1B_1C_1D_1$의 절단면을 작도하여라.

(1) $P \in \overline{DD_1}$, $Q \in \overline{AA_1}$

(2) $P \in \overline{DD_1}$, $Q \in \overline{A_1B_1}$

(3) $P \in \overline{AA_1}$, $Q \in \overline{A_1B_1}$

(4) $P \in \overline{AA_1}$, $Q \in \overline{CC_1}$

(4) $P \in \overline{AA_1}$, $Q \in \overline{CC_1}$인 경우에 대해 살펴보자. 가령, P, Q, l이 그림 2.16과 같이 주어졌다고 하자.

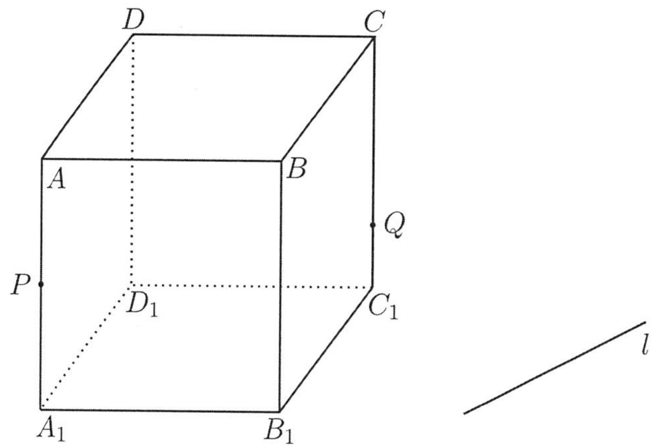

그림 2.16

이 문제는 문제해결의 출발이 어려운 문제라 할 수 있다. 점 P, Q가 정육면체의 같은 면에 속하지 않기 때문에, 지금까지의 접근 방법으로는 해결할 수 없다. 절단평면 α와 밑면 $A_1B_1C_1D_1$의 교선으로 직선 l과 평행한 직선을 찾을 수도 없는 상황이다.

우선, 직선 PQ와 평면 $A_1B_1C_1D_1$의 교점을 찾아보자. 이를 위해, 점 P를 밑면에 사영시킨 점 A_1, 점 Q를 밑면에 사영시킨 점 C_1을 생각하자. 직선 A_1C_1은 평면 $A_1B_1C_1D_1$에 속하며, 직선 PA_1, QC_1은 평행하므로 하나의 평면을 결정한다. 즉, 직선 PQ와 직선 A_1C_1의 교점이 바로 직선 PQ와 평면 $A_1B_1C_1D_1$의 교점이다. 이 점을 M이라 하자. 그리고 점 M을 지나 직선 l과 평행인 직선을 그어, 모서리 A_1B_1, B_1C_1

과의 교점을 R, S라 하자(그림 2.17).

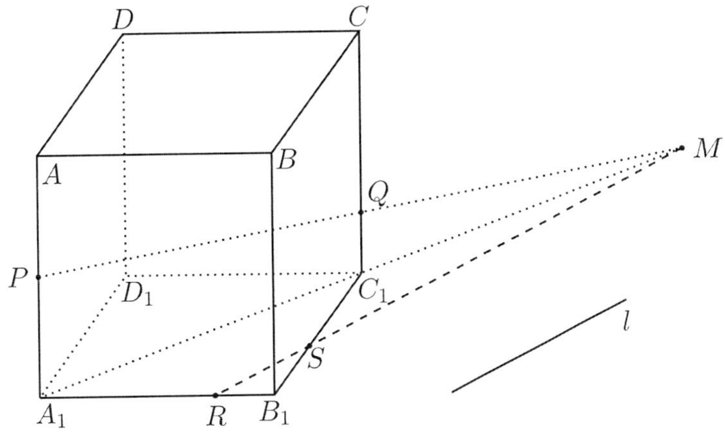

그림 2.17

이제, 다른 모서리와 절단평면 α의 교점을 구하자. 이를 위해, 직선 RS와 모서리 D_1C_1의 연장선의 교점을 N이라 하자. 직선 NQ와 모서리 DD_1은 평면 DD_1C_1C에 속하므로, 이들은 서로 만나며 교점을 T라 하자(그림 2.18). 이로부터 절단면인 오각형 $PRSQT$가 얻어진다. □

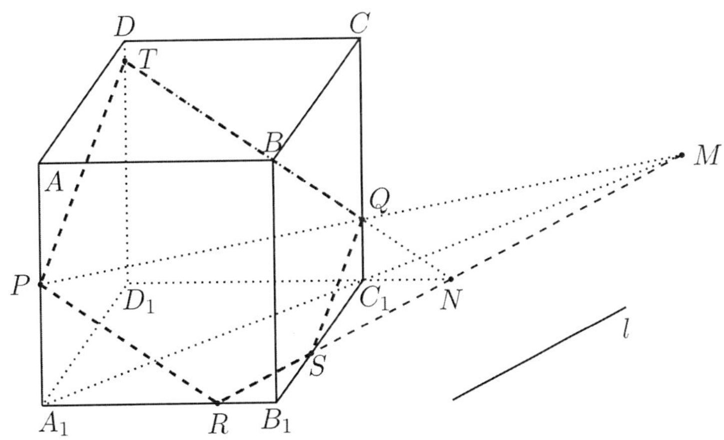

그림 2.18

이제, 정육면체를 절단평면 α로 절단하여 절단면으로 오각형이 얻어지는 다른 경우(조건들)를 살펴보자. 가령, 점 P가 그림 2.19(a)처럼 모서리 DD_1의 연장선에,

점 Q는 모서리 AA_1에, 점 R은 면 DD_1C_1C에 주어지는 경우의 절단면을 작도하자 (절단평면 α를 결정하는 점들 중 하나가 정육면체의 면에 속해있다).

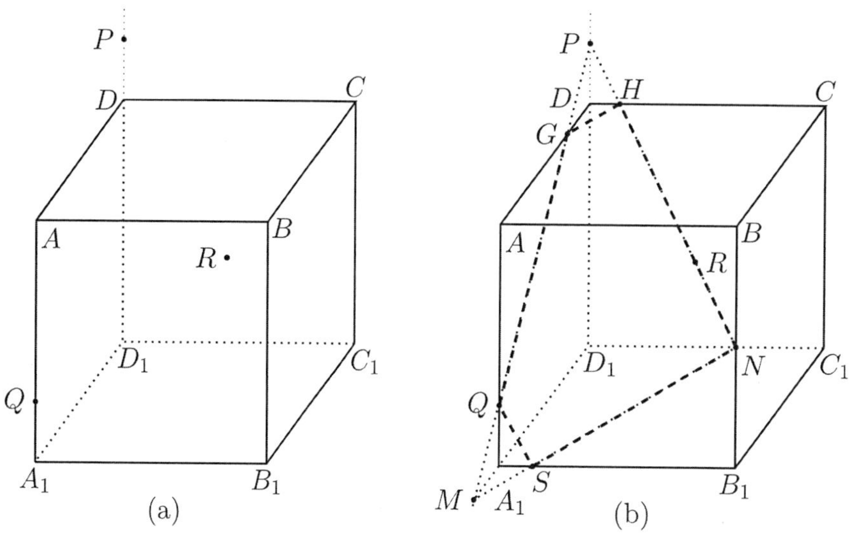

그림 2.19

절단면을 작도해 보자. 직선 PQ를 그어 모서리 DA와의 교점을 G, 직선 D_1A_1과의 교점을 M이라 하자. 이제, 직선 PR을 그어, 모서리 DC, D_1C_1과의 교점을 H, N이라 하자. 직선 MN을 그어 모서리 A_1B_1과의 교점을 S라 하면, 절단면인 오각형 $GQSNH$가 얻어진다(그림 2.19(b)).

그림 2.19(b)에서 점 P와 Q는 평면 AA_1D_1D, 점 P와 R은 평면 DD_1C_1C에 속한다. 그래서, 이 점들을 연결하면 어렵지 않게 절단평면 α와 정육면체의 교선을 작도할 수 있었다. 결국, 절단면을 작도하는 문제에서 절단평면 α를 결정하는 점 P, Q, R이 정육면체의 모서리에 있는지 면에 있는지도 중요하지만, 점들이 같은 평면에 속하는지 확인하는 것이 선행되어야 할 것이다.

다른 경우로, 절단평면을 결정하기 위해 주어진 세 점이 모두 정육면체의 면 $ABCD$, $A_1B_1C_1D_1$에 놓여있는 문제를 살펴보자.

작도문제 2.7. 정육면체 $ABCDA_1B_1C_1D_1$이 주어졌고, 모서리 A_1B_1, B_1C_1, BC에

점 P, Q, R이 그림 2.20(a)와 같이 주어졌다. 점 P, Q, R에 의해 결정된 절단평면 α에 의한 정육면체 $ABCDA_1B_1C_1D_1$의 절단면을 작도하여라.

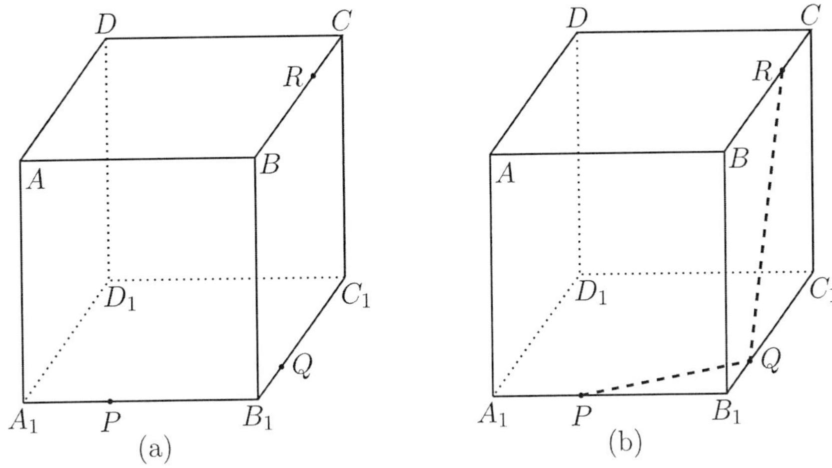

그림 2.20

두 점 P와 Q, Q와 R은 각각 같은 평면에 속하므로, 이들을 연결하자(그림 2.20(b)). 이제, 평면 α가 정육면체의 남은 모서리들 중에서 어느 모서리와 만나는지 상상할 수 있다면, 어렵지 않게 절단면의 작도문제를 해결할 수 있을 것이다. 이 문제에서는 쉽지 않다.

이러한 경우에는 다음 물음이 문제해결에 도움을 줄 수 있다: 작도된 직선 PQ, QR은 정육면체의 어느 모서리의 연장선과 만나는가? 이에 대한 대답으로, 직선 RQ는 모서리 BB_1의 연장선과 점 L에서 만나며, 점 L은 점 P와 같은 평면에 놓여있다는 것을 생각할 수 있다. 즉 직선 LP를 작도할 수 있으며, 이 직선과 모서리 AA_1의 교점을 S라 하자(그림 2.21).

이제, 직선 LS와 모서리 AB의 연장선과의 교점을 M이라 하면, 점 M은 점 R과 같은 평면에 놓여있다. 직선 MR과 모서리 DA의 교점을 T라 하자. 이로부터 절단면인 오각형 $TSPQR$이 얻어진다. □

지금까지 절단평면 α를 결정하는 세 점이 정육면체의 모서리(또는 모서리의 연장

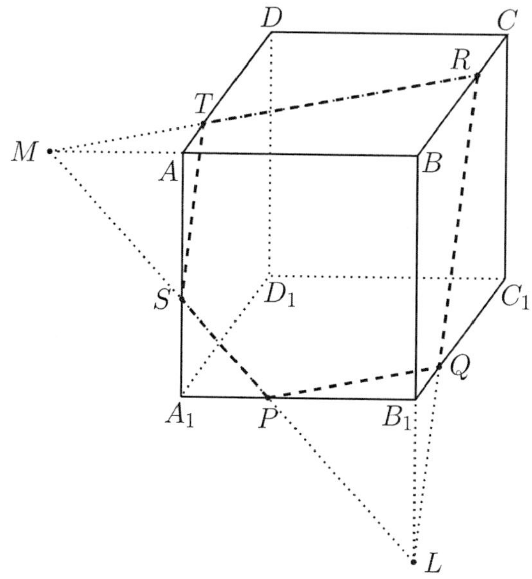

그림 2.21

선)에 또는 성육면체의 면에 주어지는 경우, 두 점이 정육면체에 속하며 절단평면이 주어진 직선과 평행한 경우를 살펴보았다. 이러한 경우 이외에도 절단평면 α가 주어진 한 점을 지나며 주어진 다른 평면에 평행하다는 조건에 의해 주어질 수도 있다. 다음 작도문제를 살펴보자.

작도문제 2.8. 정육면체 $ABCDA_1B_1C_1D_1$이 주어졌고, 모서리 A_1B_1에 점 P, 평면 LMN이 그림 2.22(a)와 같이 주어졌다. 점 P를 지나 평면 LMN에 평행인 절단평면 α에 의한 정육면체 $ABCDA_1B_1C_1D_1$의 절단면을 작도하여라.

절단평면 α가 평면 LMN과 평행하므로, 평면 α, LMN과 평면 $A_1B_1C_1D_1$의 교선은 서로 평행하다. 그러므로, 평면 α와 평면 $A_1B_1C_1D_1$의 교선은 점 P를 지나며 직선 MN과 평행한 직선이다. 이 교선과 모서리 B_1C_1의 교점을 Q라 하자.

이제, 평면 α와 다른 모서리들의 교점을 찾아보자. 평면 α와 모서리 CC_1, DD_1과의 교점을 구하기 위해, 평면 LMN과 평면 DD_1C_1C의 교선을 작도해야 한다. 직선 MN과 모서리 D_1C_1의 연장선의 교점을 K라 하면, 직선 KL이 평면 LMN과 평면

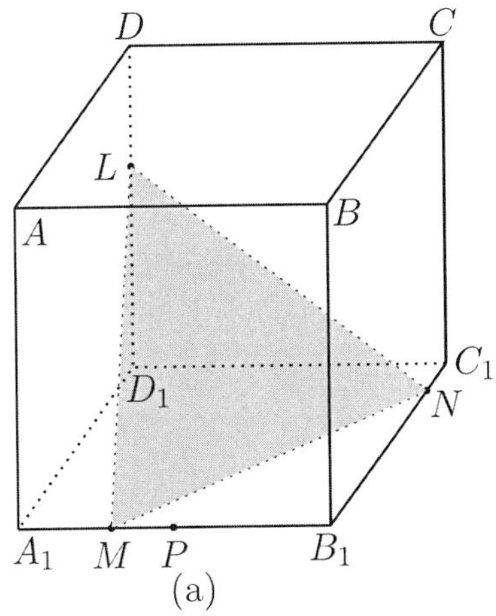

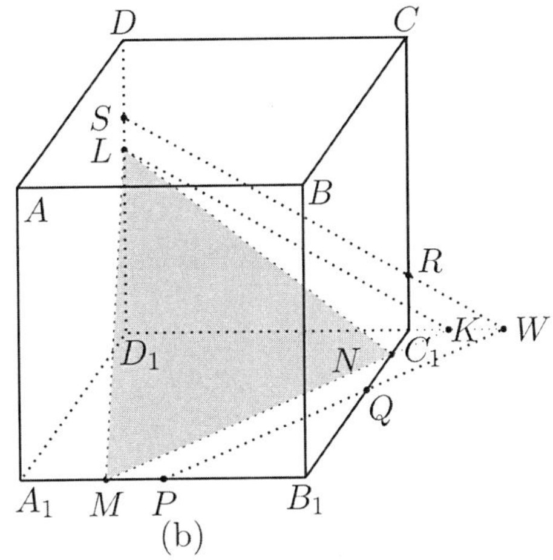

그림 2.22

DD_1C_1C의 교선이다(그림 2.22(b)).

직선 PQ와 모서리 D_1C_1의 연장선의 교점을 W라 하자. 점 W를 지나며 직선 KL에 평행한 직선을 그으면, 평면 α와 모서리 CC_1, DD_1과의 교점 R, S를 얻을 수 있다.

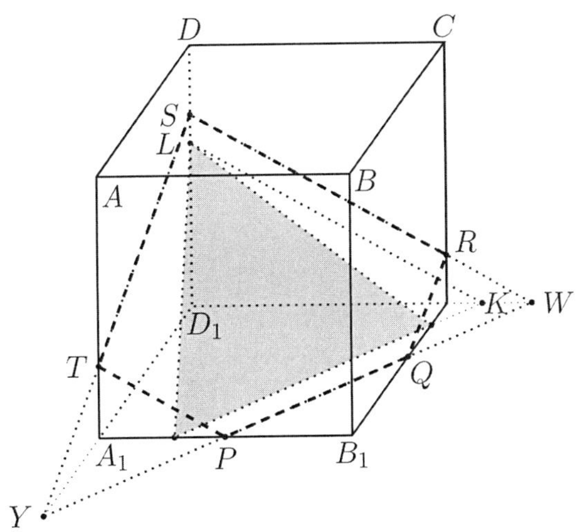

그림 2.23

절단평면 α와 모서리 AA_1의 교점 T는 어렵지 않게 찾을 수 있다. 이를 위해, 직선 PW와 모서리 A_1D_1의 연장선의 교점 Y라 하고, 직선 SY를 작도한다. 이때, 직선 SY와 모서리 AA_1의 교점이 T가 된다(그림 2.23). 이제, 얻어진 점 P, Q, R, S, T를

연결하면, 평면 α에 의한 정육면체의 절단면인 오각형 $PQRST$를 얻을 수 있다. □

살펴본 작도문제를 해결하는 과정에서 '평행한 두 평면이 세 번째 평면과 만나 생기는 교선들은 서로 평행하다'는 공간기하학의 지식을 이용하였다. 작도문제도 다른 기하문제와 마찬가지로, 문제해결 과정에서 기하학적 지식을 필요로 하며, 이미 학습한 기하학적 지식을 체계화, 조직화하는데 중요한 역할을 할 수 있다.

정육면체를 평면으로 절단하여 그림 2.15, 2.18, 2.19(b), 2.21, 2.23과 같은 다양한 모양의 오각형을 얻었다. 그러면, 절단면으로 정오각형이 얻어지도록 정육면체를 절단할 수 있는가? 이 물음에 대한 대답은 쉽지 않다. 여러 번에 걸쳐 절단평면으로 정육면체를 절단하였고, 정오각형을 얻는데 성공하지 못했다고 하자. 그렇지만, 이것으로 정오각형의 가능성에 대한 결론을 내리기는 어려울 것이다.

가령, 시행착오 끝에 '정육면체를 절단평면으로 잘라 절단면으로 정오각형을 얻지 못한다'는 추측을 얻었다고 하자. 이를 귀류법으로 증명해 보자.

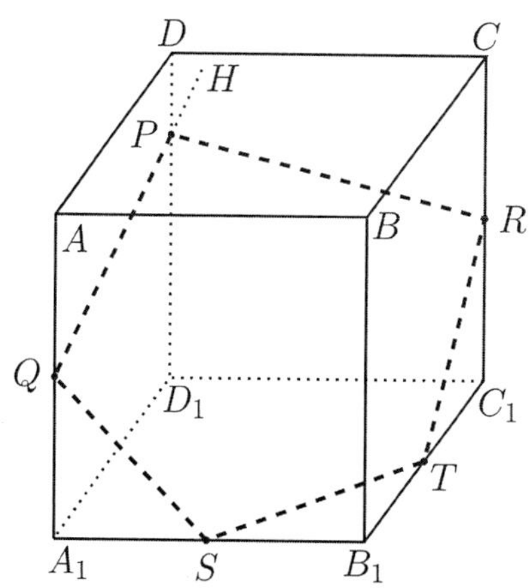

그림 2.24

정육면체를 절단평면 α로 절단하여 절단면으로 정오각형을 얻었다고 가정하자(그림 2.24). 절단면인 정오각형의 각 변은 정육면체의 각 면에 놓여있으며, 정육면체는 3쌍의 평행한 면들 AA_1D_1D와 BB_1C_1C, DCC_1D_1과 ABB_1A_1, $ABCD$와 $A_1B_1C_1D_1$으로 구성되어 있다. 정오각형의 5개의 변은 정육면체의 평행한 면들 3쌍에 놓여있다.

그러므로 정오각형의 변들 중 적어도 두 변은 평행한 면들의 쌍에 속하게 된다(비둘기집의 원리에 의해, 5마리의 비둘기가 3개의 집에 들어가면 적어도 두 마리는 같은 집에 들어간다).

그림 2.24에서 정오각형 $PQSTR$의 변 PQ과 RT가 정육면체의 평행인 면들의 쌍 AA_1D_1D와 BB_1C_1C에 속한다고 하자. 평행한 평면 AA_1D_1D, BB_1C_1C와 절단평면 α가 만나 생기는 교선은 평행하므로, 직선 PQ과 RT는 평행이다.

평행인 직선에서 엇각의 성질에 의해, $\angle PRT = \angle RPH = 108°$이다. 정오각형의 한 내각의 크기는 $108°$이므로, $\angle RPQ + \angle RPH = 216°$이며, 이로부터 모순이 유도된다. 결국, '정육면체를 절단평면 α로 잘라 절단면으로 정오각형을 얻지 못한다'는 추측이 증명된다.

이제, 정육면체의 절단면의 작도에 관련된 탐구문제를 살펴보자.

작도문제 2.9. 정육면체 $ABCDA_1B_1C_1D_1$이 주어졌고, 모서리 AD, CD의 중점 P, Q가 그림 2.25와 같이 주어졌다.

(1) 점 B_1, P, Q에 의해 결정된 절단평면 α에 의한 정육면체 $ABCDA_1B_1C_1D_1$의 절단면을 작도하여라.

(2) 정육면체의 한 모서리의 길이를 a라 할 때, 얻어진 절단면의 넓이를 구하여라.

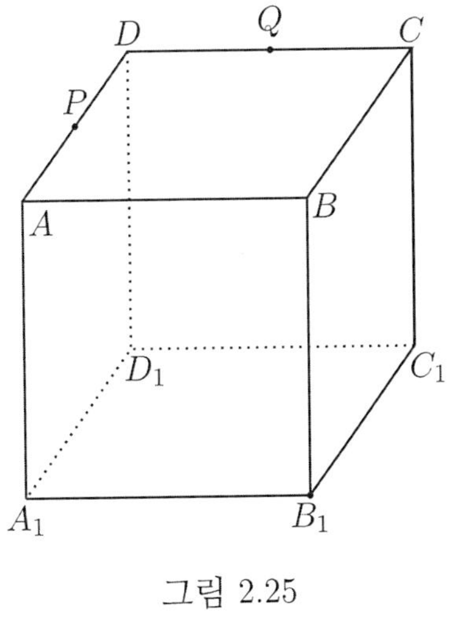

그림 2.25

(1) 점 P, Q가 평면 $ABCD$에 속해있기 때문에, 어렵지 않게 문제해결을 시작할 수 있다. 직선 PQ를 긋자. 이 직선과 모서리 AB의 연장선의 교점을 M이라 하면, 직선 B_1M을 작도할 수 있다. 직선 B_1M과 모서리 AA_1의 교점을 R이라 하자.

유사한 방법으로, 직선 PQ와 모서리 BC의 연장선의 교점을 N이라 하자. 직선 B_1N과 모서리 CC_1의 교점을 S라 하면, 절단면인 오각형 PRB_1SQ를 얻을 수 있다 (그림 2.26(a)).

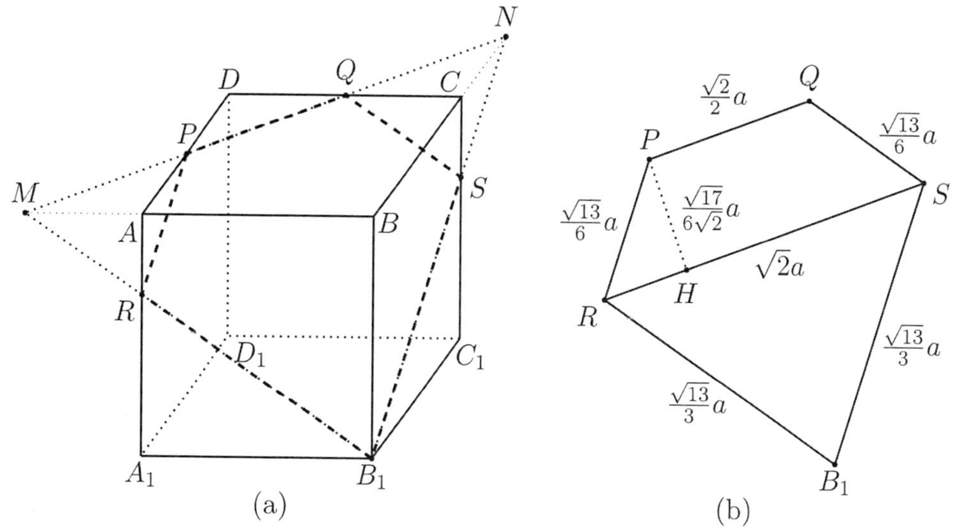

그림 2.26

(2) 오각형 PRB_1SQ에 대해 조사하자. 그림 2.26(a)에서 직각삼각형 MAP, QDP는 $\overline{AP} = \overline{PD}$이고 $\angle MPA = \angle QPD$이므로 서로 합동이다. 그리고 직각삼각형 QDP, QCN은 $\overline{QD} = \overline{QC}$이고 $\angle DQP = \angle CQN$이므로 서로 합동이다. 결국, 삼각형 MAP, QDP, QCN은 서로 합동이고, $\overline{MP} = \overline{PQ} = \overline{QN}$이며 $\overline{MA} = \overline{QD} = \overline{CN}$이다. 이때, $\overline{MA} = \overline{CN} = \frac{1}{2}\overline{CD} = \frac{1}{2}a$이다.

삼각형 MAR, MBB_1의 닮음을 생각하자. $\overline{MA} : \overline{MB} = 1 : 3$이므로, $\overline{AR} : \overline{BB_1} = 1 : 3$이다. 이로부터 $\overline{AR} = \frac{1}{3}\overline{BB_1} = \frac{1}{3}a$가 된다. 직각삼각형 MAR에서 $\overline{MA} = \frac{1}{2}a$, $\overline{AR} = \frac{1}{3}a$이므로, $\overline{MR} = \frac{\sqrt{13}}{6}a$이다. 한편, 직각삼각형 MBB_1에서 $\overline{MB} = \overline{MA} + \overline{AB} = \frac{3}{2}a$이고 $\overline{BB_1} = a$이므로, $\overline{MB_1} = \frac{\sqrt{13}a}{2}$이다. 즉 $\overline{RB_1} = \overline{MB_1} - \overline{MR} =$

$\frac{\sqrt{13}a}{2} - \frac{\sqrt{13}}{6}a = \frac{\sqrt{13}a}{3}$이다. 같은 방법으로 $\overline{CS} = \frac{1}{3}a$, $\overline{SB_1} = \frac{\sqrt{13}a}{3}$임을 알 수 있고, 삼각형 B_1RS는 이등변삼각형이다.

$\overline{AR} = \overline{CS} = \frac{1}{3}a$이다. 사각형 $ARSC$에서 대변 AR과 CS가 평행하고 같으므로, 사각형 $ARSC$는 평행사변형이다. 이로부터 $\overline{AC} \parallel \overline{RS}$이다. 그리고 삼각형 DAC에서 점 P, Q는 변 DA, DC의 중점이므로, $\overline{PQ} \parallel \overline{AC}$이다. 결국, $\overline{PQ} \parallel \overline{RS}$이며, 사각형 $PRSQ$는 사다리꼴이다.

사다리꼴 $PRSQ$를 살펴보자. 그림 2.26(a)의 직각삼각형 APR에서 $\overline{AP} = \frac{1}{2}a$이고 $\overline{AR} = \frac{1}{3}a$이므로, $\overline{PR} = \frac{\sqrt{13}}{6}a$이다. 같은 방법으로 $\overline{QS} = \frac{\sqrt{13}}{6}a$이며, 사다리꼴 $PRSQ$는 등변사다리꼴이 된다(그림 2.26(b)). 그리고 선분 PQ의 길이는 선분 AC의 절반이므로, $\overline{PQ} = \frac{1}{2}\overline{AC} = \frac{\sqrt{2}}{2}a$이다. 한편, 점 P에서 변 RS에 수선의 발을 내려 H라 하자. 그러면, $\overline{RH} = \frac{\overline{RS}-\overline{PQ}}{2} = \frac{\sqrt{2}}{4}a$이다. 직각삼각형 PRH에서 피타고라스 정리에 의해, $\overline{PH} = \frac{\sqrt{17}}{6\sqrt{2}}a$가 된다.

이제, 등변사다리꼴 $PRSQ$의 넓이 S_1을 구하면, $S_1 = \frac{\frac{\sqrt{2}}{2}a+\sqrt{2}a}{2} \times \frac{\sqrt{17}}{6\sqrt{2}}a = \frac{\sqrt{17}}{8}a^2$이다. 이등변삼각형 B_1RS에서 세 변의 길이를 알기 때문에, 꼭짓점 B_1에서 변 RS에 수선을 긋고, 피타고라스 정리를 이용하면 이등변삼각형의 높이 $\frac{\sqrt{17}}{3\sqrt{2}}a$를 구할 수 있다. 이로부터, 이등변삼각형의 넓이 S_2를 구하면, $S_2 = \frac{\sqrt{2}a \times \frac{\sqrt{17}}{3\sqrt{2}}a}{2} = \frac{\sqrt{17}}{6}a^2$이다. 결국, 구하는 절단면의 넓이는 $S_1 + S_2 = \frac{\sqrt{17}}{8}a^2 + \frac{\sqrt{17}}{6}a^2 = \frac{7\sqrt{17}}{24}a^2$이다. □

3. 육각형 절단면

정육면체의 절단면으로 육각형이 얻어지는 경우를 살펴보자. 앞에서 살펴본 그림 2.14에서 점 P의 위치를 모서리 D_1D의 D방향 연장선에 그림 2.27(a)와 같이 잡으면, 절단면으로 육각형이 얻어질 수 있다.

이를 위해, (1) 직선 PQ를 그어, 직선 PQ와 모서리 AD와의 교점을 S, 모서리 D_1A_1의 연장선과의 교점을 M이라 하자. (2) 직선 PR을 그어, 직선 PR과 모서리 DC와의 교점을 T, 모서리 D_1C_1의 연장선과의 교점을 N이라 하자. (3) 직선 MN을

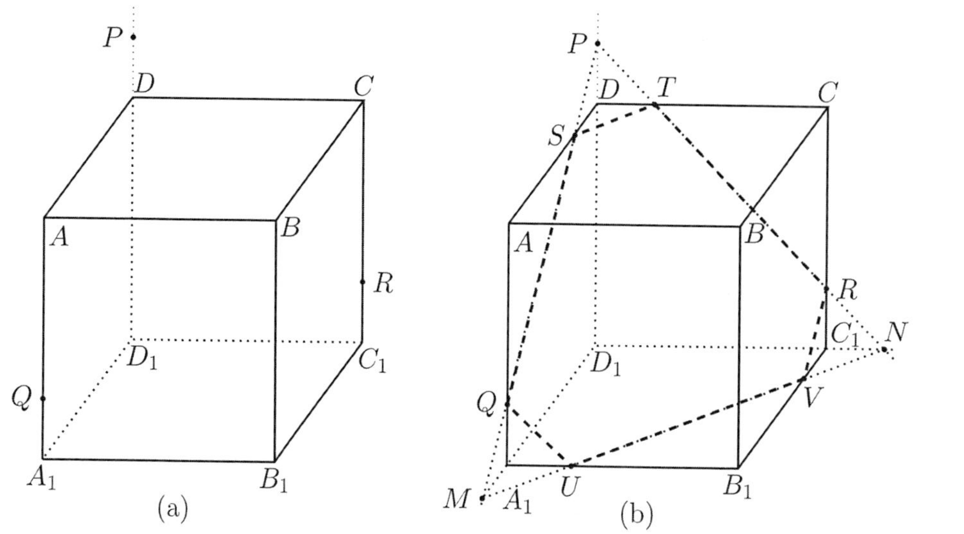

그림 2.27

그어, 직선 MN과 모서리 A_1B_1, B_1C_1의 교점을 U, V라 하자. (4) 점 S, Q, U, V, R, T를 연결하면, 절단면인 육각형 $SQUVRT$를 얻는다(그림 2.27(b)).

이제, 정육면체 $ABCDA_1B_1C_1D_1$에서 점 P, Q, R이 모서리 AD, AA_1, CD의 중점이라 하자. 평면 PQR에 의한 정육면체의 절단면을 작도해 보자. 이것은 방금 전에 살펴본 것과 유사한 방법으로 작도할 수 있다. 이것은 독자에게 남긴다.

작도문제 2.10. 정육면체 $ABCDA_1B_1C_1D_1$이 주어졌고, 모서리 AB, BB_1의 중점을 P, Q라 하자. 모서리 AD의 중점을 R이라 할 때, 꼬인 위치에 있는 직선 PQ와 B_1C에 평행하며 점 R을 지나는 절단평면 α에 의한 정육면체의 절단면을 작도하여라.

우선, 직선 PQ를 지나며 직선 B_1C에 평행인 평면 β를 작도하자. 이를 위해, 평면 BB_1C_1C에서 점 Q를 지나며 직선 B_1C에 평행인 직선을 작도하여, 이 직선과 모서리 BC의 교점을 S라 하자(그림 2.28(a)). 이때, 점 S는 모서리 BC의 중점이다. 왜냐하면, 삼각형 BB_1C에서 점 Q는 변 BB_1의 중점이고, 직선 QS와 B_1C가 평행이기 때문이다. 이로부터, 평면 β는 평면 PQS이며 직선 B_1C와 평행이다.

이제, 점 R을 지나며 평면 PQS에 평행인 절단평면 α를 생각하자. 점 R과 직선 PS는 같은 평면 $ABCD$에 속한다. 그러므로, 평면 $ABCD$에서 점 R을 지나며 직선 PS

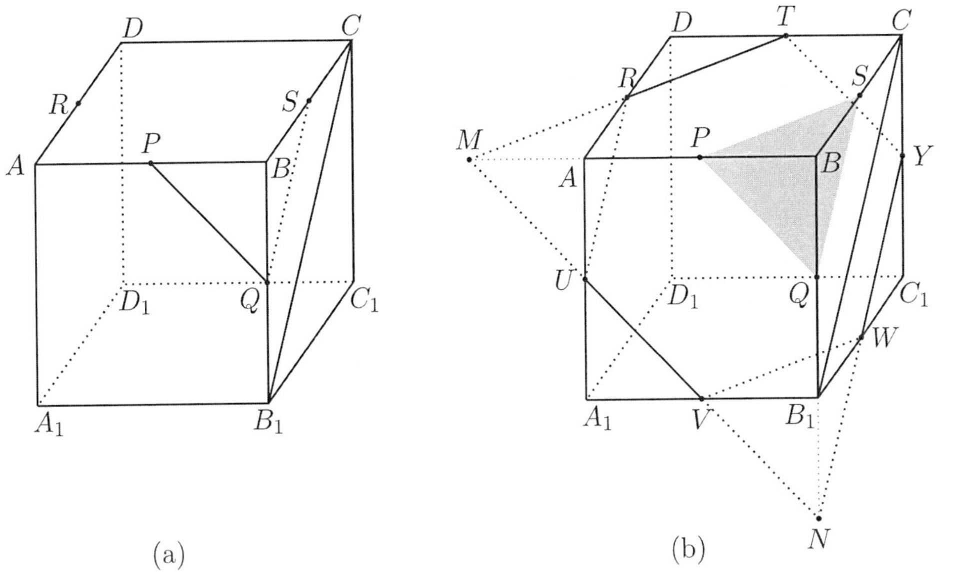

그림 2.28

에 평행인 직선을 작도할 수 있으며, 이 직선과 모서리 CD의 교점을 T라 하자. 이때, 점 T는 모서리 CD의 중점이다. 왜냐 하면, 삼각형 BAC에서 점 P, S는 변 BA, BC의 중점이므로 $\overleftrightarrow{PS} \parallel \overleftrightarrow{AC}$이다. 그리고 $\overleftrightarrow{RT} \parallel \overleftrightarrow{PS}$이므로 $\overleftrightarrow{RT} \parallel \overleftrightarrow{AC}$이며, 점 R은 모서리 AD의 중점이므로 점 T는 모서리 CD의 중점이다.

직선 RT와 모서리 AB의 연장선의 교점을 M이라 하자. 이제, 점 M을 지나 직선 PQ에 평행한 직선을 작도하여 모서리 AA_1, A_1B_1의 교점을 U, V라 하자. 그리고 직선 UV와 모서리 BB_1의 연장선의 교점을 N이라 하자.

점 N을 지나 직선 QS에 평행한 직선을 그어, 모서리 B_1C_1, CC_1과의 교점을 W, Y라 하자. 그러면, 절단평면 α에 의한 정육면체의 절단면 $RUVWYT$를 얻게 된다. □

얻어진 절단면 $RUVWYT$에 대해 살펴보자. 이미 점 R, T가 정육면체의 모서리 AD, CD의 중점이라는 것을 확인하였다. 이제, 점 U, V, W, Y가 정육면체의 모서리의 중점이 되는지를 조사하자.

그림 2.29에서 직선 RT와 모서리 BC의 연장선의 교점을 L이라 하자. 직각삼각형 DRT, ARM, CLT를 살펴보자. $\overline{DR} = \overline{RA} = \overline{DT} = \overline{TC}$이며, $\angle DRT =$

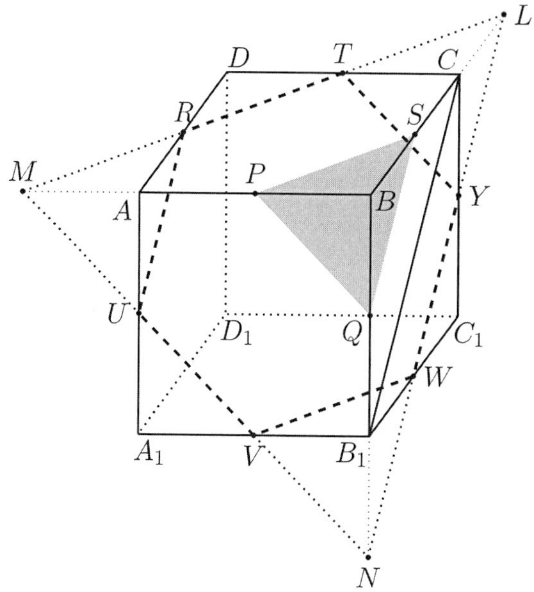

그림 2.29

$\angle ARM, \angle AMR = 90° - \angle ARM = 90° - \angle DRT = \angle DTR = \angle CTL$이 성립한다. 이로부터 $\angle CLT = \angle DRT = \angle ARM$이라는 것을 알 수 있다. 그리고 직각삼각형 DRT가 이등변삼각형이라는 것을 생각하면, $\angle DRT = \angle DTR = \angle ARM = \angle AMR = \angle CTL = \angle CLT = 45°$가 된다. 그리고 직각삼각형 DRT, ARM, CLT는 합동이다.

이제, 삼각형 BMN을 살펴보자. 삼각형 AMR이 직각이등변삼각형이므로, $\overline{AM} = \overline{AR} = \frac{1}{2}\overline{AD}$이다. 그리고 $\overline{MA} = \overline{AP} = \overline{PB}$이다. 점 P, Q가 모서리 BA, BB_1의 중점이므로, $\overleftrightarrow{PQ} \parallel \overleftrightarrow{AB_1}$이다. 그리고 $\overleftrightarrow{MN} \parallel \overleftrightarrow{PQ}$이므로, $\overleftrightarrow{MN} \parallel \overleftrightarrow{AB_1}$이다. 그러므로, $\overline{BQ} = \overline{QB_1} = \overline{B_1N} = \frac{1}{2}\overline{BB_1}$이다. 이로부터 $\overline{MA} = \overline{B_1N}$이며, 삼각형 BMN은 직각이등변삼각형이고 $\angle BMN = \angle BNM = 45°$이다.

직각삼각형 ARM, AUM에서 변 AM은 공통이고 $\angle AMR = \angle AMU$이므로, 직각삼각형 ARM, AUM은 합동이며 $\overline{AR} = \overline{AU}$이다. 즉, 점 U는 모서리 AA_1의 중점이다. 이로부터 $\overline{UA_1} = \overline{NB_1}$임을 알 수 있고, 삼각형 UA_1V와 NB_1V가 합동임을 증명할 수 있다. 그러므로, 점 V는 모서리 A_1B_1의 중점이다.

$\overline{BQ} = \overline{QB_1} = \overline{B_1N}$이며 $\overline{BS} = \overline{SC} = \overline{CL}$이라는 것과 $\overleftrightarrow{QS} \parallel \overleftrightarrow{B_1C} \parallel \overleftrightarrow{NY}$인 것을

생각하면, 직선 NY가 점 L을 지난다는 것을 알 수 있다. 그리고 직각삼각형 BNL이 이등변삼각형이므로, $\angle BNL = \angle BLN = 45°$이다. 이로부터 $\angle NWB_1 = 45°$이며, 삼각형 B_1NW는 직각이등변삼각형이고 $\overline{B_1N} = \overline{B_1W} = \frac{1}{2}\overline{BB_1}$이다. 결국, 점 W는 모서리 B_1C_1의 중점이다. 그리고 점 Y가 모서리 CC_1의 중점이라는 것도 유사한 방법으로 증명할 수 있다.

결국, 작도문제 2.10에서 작도한 육각형 $RUVWYT$의 꼭짓점은 모두 정육면체의 모서리의 중점에 놓여있다는 것을 알 수 있다. 육각형 $RUVWYT$가 정육각형이라는 것은 어렵지 않게 추측할 수 있는데, 이것은 뒤에서 증명하기로 하자.

이제, 정육면체의 절단면을 작도하는 다른 문제를 살펴보자.

작도문제 2.11. 정육면체 $ABCDA_1B_1C_1D_1$이 주어졌고, 모서리 CD, AA_1, B_1C_1의 중점 P, Q, R이 주어졌다. 점 P, Q, R에 의해 결정된 절단평면 α에 의한 정육면체 $ABCDA_1B_1C_1D_1$의 절단면을 작도하여라.

점 P, Q, R 중의 어느 두 점도 같은 평면에 속하지 않기 때문에, 여기서는 절단평면 α와 평면 $A_1B_1C_1D_1$의 교선을 찾기 위해 다른 접근을 해야 한다.

우선, 직선 PQ와 밑면 $A_1B_1C_1D_1$의 교점을 작도하자. 이를 위해, 점 P에서 모서리 C_1D_1에 수선의 발 P_1을 내리고, 점 Q에서 모서리 A_1B_1에 수선의 발을 내리면 점 A_1이 된다. 이때 직선 P_1A_1은 밑면 $A_1B_1C_1D_1$에 속하면서, 직선 PQ와 만나게 된다. 이 교점을 M이라 하자(그림 2.30). 그러면, 직선 MR이 절단평면 α와 평면 $A_1B_1C_1D_1$의 교선이다.

직선 MR을 그어 모서리 A_1B_1과의 교점을 S, 모서리 C_1D_1의 연장선과의 교점을 N이라 하자. 그리고 직선 PN을 그어 모서리 CC_1과의 교점을 T라 하자.

절단평면과 모서리 DA의 교점을 구하자. 이를 위해, 직선 NP와 모서리 D_1D의 연장선의 교점을 G라고 하자. 직선 GQ와 모서리 DA의 교점을 U라 하면, 절단면의 모든 꼭짓점 P, U, Q, S, R, T를 구하게 된다. 이들을 연결하면 육각형 $PUQSRT$를 얻는다. □

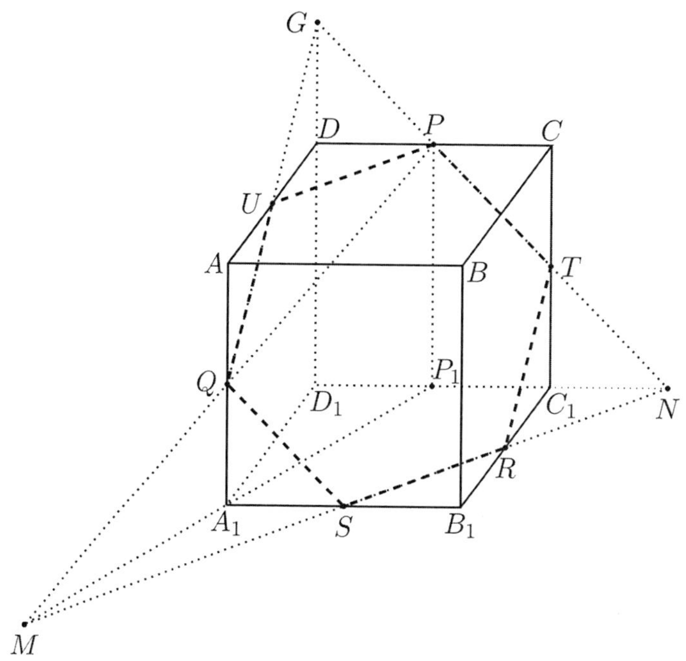

그림 2.30

그림 2.29와 그림 2.30에서 얻어진 육각형을 살펴보자. 작도문제 2.11에서는 정육면체의 모서리 CD, AA_1, B_1C_1의 중점 P, Q, R을 지나는 절단평면 α에 의한 절단면 $PUQSRT$를 작도하였다. 한편, 작도문제 2.10에서 얻어진 육각형 $RUVWYT$의 꼭짓점 R, U, V, W, Y, T는 모두 정육면체의 모서리의 중점에 놓여있다.

공간에서 세 점 P, Q, R은 평면을 유일하게 결정하므로, 작도문제 2.11의 절단평면 α와 작도문제 2.10에서 얻어진 절단면 $RUVWYT$의 평면은 일치하게 된다. 결국, 작도문제 2.11의 절단면 $PUQSRT$의 나머지 꼭짓점 U, S, T도 정육면체의 모서리 AD, A_1B_1, CC_1의 중점이라는 것을 알 수 있다.

그림 2.29와 그림 2.30에서 얻어진 육각형이 정육각형이라는 것을 증명하자. 그림 2.30의 육각형 $PUQSRT$를 살펴보자. 정육면체의 한 모서리의 길이를 a라 하자. 그러면, 그림 2.31(a)에서 삼각형 AQU는 직각삼각형이고 $\overline{AQ} = \overline{AU} = \frac{a}{2}$이므로 $\overline{QU} = \sqrt{\left(\frac{a}{2}\right)^2 + \left(\frac{a}{2}\right)^2} = \frac{\sqrt{2}}{2}a$가 된다. 같은 방법으로 $\overline{UP} = \overline{PT} = \overline{RT} = \overline{SR} = \overline{QS} = \frac{\sqrt{2}}{2}a$가 됨을 알 수 있다.

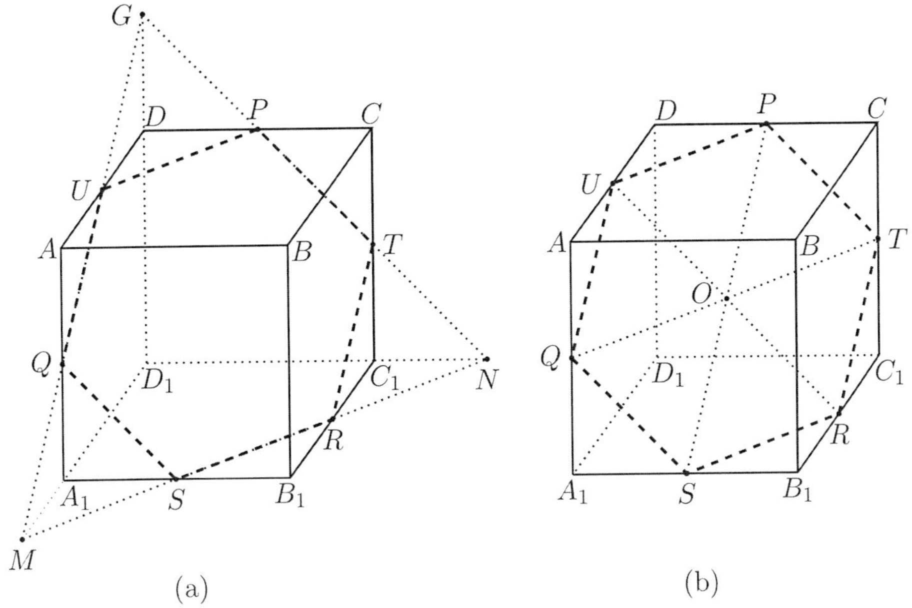

그림 2.31

한편, 삼각형 GUD와 QUA에서 $\angle QUA = \angle GUD$이고 $\overline{AU} = \overline{UD}$, $\angle UAQ = \angle UDG = 90°$이므로, 삼각형 GUD와 QUA는 합동이다. 이로부터 $\overline{GU} = \overline{QU}$이다. 그리고 삼각형 AQU와 DUP가 합동이므로 $\overline{QU} = \overline{UP}$이다. 이로부터 $\overline{GU} = \overline{QU} = \overline{UP}$이다. 같은 방법으로 $\overline{GP} = \overline{UP}$임을 알 수 있고, 삼각형 GUP는 정삼각형이 된다. 즉, $\angle GUP = \angle GPU = 60°$이고, $\angle PUQ = \angle UPT = 120°$가 된다. 육각형 $PUQSRT$의 나머지 각들도 비슷한 방법으로 $120°$가 된다는 것을 확인할 수 있다. 결국, 육각형 $PUQSRT$는 변의 길이가 모두 같고 각의 크기도 모두 같으므로, 정육각형이라는 것이 증명된다.

한편, 정육각형 $PUQSRT$의 넓이도 구할 수 있다. 이를 위해, 그림 2.31(b)를 생각하자. 정육각형 $PUQSRT$는 중심이 O인 원에 내접하므로, $\overline{OU} = \overline{OQ} = \overline{OS} = \overline{OR} = \overline{OT} = \overline{OP}$이며 $\angle POU = \angle UOQ = \angle QOS = \angle SOR = \angle ROT = \angle TOP = 60°$이다. 결국, 삼각형 $POU, UOQ, QOS, SOR, ROT, TOP$는 정삼각형이다.

한 변의 길이가 $\frac{\sqrt{2}}{2}a$인 정삼각형의 넓이는 $\frac{\sqrt{3}a^2}{8}$이므로, 정육각형 $PUQSRT$의

넓이는 $\frac{3\sqrt{3}a^2}{4}$이다.

이제, 정육면체를 절단평면으로 절단하여 얻어지는 절단면이 정육각형이 되는 다른 방법을 살펴보자.

작도문제 2.12. 정육면체 $ABCDA_1B_1C_1D_1$에서 선분 BD_1에 수직이며 BD_1의 중점 M을 지나는 평면으로 정육면체 $ABCDA_1B_1C_1D_1$을 절단하였다(그림 2.32(a)). 이때, 얻어지는 절단면을 작도하여라.

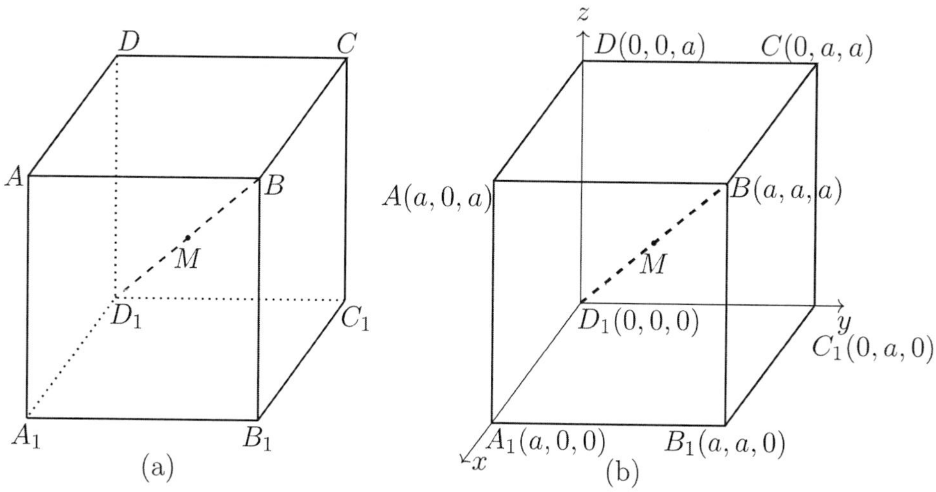

그림 2.32

정육면체 $ABCDA_1B_1C_1D_1$에 점 D_1을 원점으로 하는 직교좌표계를 도입하여 각 꼭짓점의 좌표를 구하자. 정육면체의 한 모서리의 길이를 a라 하면, $A_1(a,0,0)$, $B_1(a,a,0)$, $C_1(0,a,0)$, $D_1(0,0,0)$이고 $A(a,0,a)$, $B(a,a,a)$, $C(0,a,a)$, $D(0,0,a)$이다(그림 2.32(b)). 이때, 선분 BD_1의 중점 M의 좌표는 $(\frac{a}{2}, \frac{a}{2}, \frac{a}{2})$이고 $\overrightarrow{D_1B} = (a,a,a)$이다.

$\overrightarrow{D_1B}$와 수직이며 $M\left(\frac{a}{2}, \frac{a}{2}, \frac{a}{2}\right)$를 지나는 평면의 방정식은 $a\left(x-\frac{a}{2}\right)+a\left(y-\frac{a}{2}\right)+a\left(z-\frac{a}{2}\right)=0$, $x+y+z-\frac{3a}{2}=0$이다. 이 평면을 평면 α라 하자.

이제, 평면 α와 정육면체의 모서리의 교점을 찾아보자. 이때, 평면 α가 정육면체의 어느 모서리와 만나는지 상상하는 것은 문제해결에서 중요한 역할을 한다.

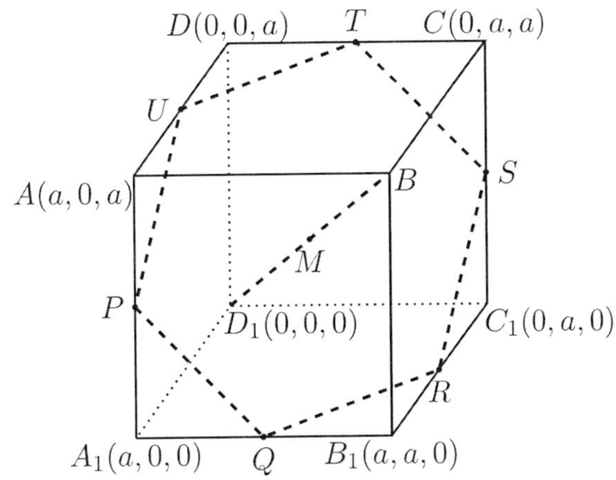

그림 2.33

평면 α와 모서리 AA_1의 교점 P를 구하자(그림 2.33). 교점 P를 구하기 위해 $x = a, y = 0$을 대입하자. 그러면, $z = \frac{a}{2}$가 되며, $P\left(a, 0, \frac{a}{2}\right)$가 얻어진다. 평면 α와 모서리 A_1B_1의 교점 Q를 구하자. 교점 Q를 구하기 위해 $x = a, z = 0$을 대입하자. 그러면, $y = \frac{a}{2}$가 되며, $Q\left(a, \frac{a}{2}, 0\right)$이 얻어진다.

평면 α와 모서리 B_1C_1의 교점 R을 구하기 위해, $y = a, z = 0$을 대입하자. 그러면 교점 R의 좌표는 $R\left(\frac{a}{2}, a, 0\right)$이 된다. 같은 방법으로, 평면 α와 모서리 CC_1의 교점 S를 구하기 위해 $x = 0, y = a$를 대입하면, $S\left(0, a, \frac{a}{2}\right)$이다.

평면 α와 모서리 CD의 교점 T를 구하기 위해 $x = 0, z = a$를 대입하면, $T\left(0, \frac{a}{2}, a\right)$가 된다. 그리고 평면 α와 모서리 AD의 교점 U를 구하기 위해 $y = 0, z = a$를 대입하면, $U\left(\frac{a}{2}, 0, a\right)$가 된다. 결국, 평면 α에 의한 정육면체의 절단면은 육각형 $PQRSTU$이며, 이 육각형은 정육각형이다. □

이 작도문제에서는 정육면체에 공간좌표계를 도입하여, 정육면체의 꼭짓점들과 선분 BD_1의 중점 M의 좌표를 구하였다. 그리고 좌표계를 이용하여 절단평면의 방정식을 구해 문제를 해결하였다.

작도문제 2.12에서는 정육면체의 대각선 BD_1에 수직인 절단평면으로 정육면체를 절단하였다. 이때, 얻어지는 절단면인 정육각형 $PQRSTU$는 절단평면에 속하므로,

정육각형 $PQRSTU$가 정육면체의 대각선 BD_1에 수직이라는 것을 알 수 있다.

이제, 정육면체 $ABCDA_1B_1C_1D_1$의 모서리의 중점들을 지나는 절단면 $PQRSTU$가 직선 BD_1과 수직이라는 것을 논증적인 방법으로 증명해 보자. 직선 BD_1과 평면 $PQRSTU$가 수직을 이룬다는 것을 보이려면, 직선 BD_1과 평면 $PQRSTU$에 속한 두 직선이 수직을 이룬다는 것을 보이면 된다.[2] 그림 2.34는 정육면체 $ABCDA_1B_1C_1D_1$의 각 모서리를 2등분하여, 정육면체 $ABCDA_1B_1C_1D_1$을 8개의 정육면체로 분할하고 절단면을 나타낸 것이다.

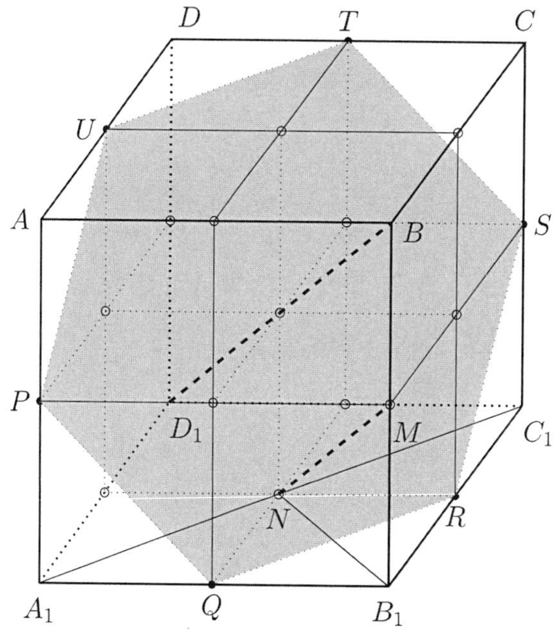

그림 2.34

이제, 직선 BD_1과 평면 $PQRSTU$에 속한 직선 UT가 수직을 이룬다는 것을 증명하자. 직선 BD_1과 UT는 꼬인 위치에 있으므로, 이들과 평행한 직선들을 이용하여 두 직선이 이루는 각을 구해야 한다. 직선 UT는 직선 A_1C_1과 평행하며, 직선 BD_1은 직선 MN과 평행이다. 그리고 직선 A_1C_1과 MN은 서로 만난다. 직선 A_1C_1과 MN

[2]직선과 평면이 수직을 이룰 조건은 이 책의 4장에서 정리 4.3으로 소개하였고, 자세한 증명도 함께 제시하였다. 참고하기 바란다.

이 수직을 이루는지 조사하자.

삼수선의 정리를 이용할 수 있다. 직선 MB_1은 밑면 $A_1B_1C_1D_1$과 수직을 이루므로, 직선 MB_1은 직선 B_1N과 수직을 이룬다. 그리고 직선 B_1N은 밑면인 정사각형 $A_1B_1C_1D_1$의 대각선이므로, 다른 대각선인 A_1C_1과 수직을 이룬다. 그러므로 삼수선의 정리에 의해, 직선 MN은 직선 A_1C_1과 수직을 이룬다. 이로부터, 직선 BD_1과 UT가 수직을 이룬다는 것이 증명된다.

유사한 방법으로, 직선 BD_1과 TS가 수직을 이룬다는 것을 증명할 수 있다. 결국, 직선 BD_1은 평면 $PQRSTU$에 속한 두 직선과 수직을 이루므로, 직선 BD_1과 평면 $PQRSTU$는 수직을 이룬다는 것이 증명된다.

이제, 정육면체의 절단면의 넓이를 구하는 문제를 살펴보자.

작도문제 2.13. 정육면체 $ABCDA_1B_1C_1D_1$이 주어졌고, 모서리 AD, CD에 점 P, Q가 $\overline{DP} = \frac{2}{5}\overline{AD}, \overline{DQ} = \frac{2}{5}\overline{CD}$로 주어졌다. 그리고 점 R은 모서리 CC_1의 중점이다.
(1) 점 P, Q, R에 의해 결정된 절단평면 α에 의한 정육면체 $ABCDA_1B_1C_1D_1$의 절단면을 작도하여라.
(2) 정육면체의 한 모서리의 길이를 a라 할 때, 얻어진 절단면의 넓이를 구하여라.

(1) 이 문제를 해결하기 위해, 문제의 조건에 맞게 점들을 표시하자(그림 2.35(a)). 점 Q, R이 같은 평면에 놓여있기 때문에, 절단면을 작도하는 것은 어렵지 않다. 직선 QR을 작도하여, 모서리 D_1C_1의 연장선과의 교점을 M이라 하고, 모서리 DD_1의 연장선과의 교점을 N이라 하자.

이제, 직선 NP를 그어 모서리 AA_1과의 교점을 S, 모서리 D_1A_1의 연장선과의 교점을 L이라 하자. 점 L, M은 평면 $A_1B_1C_1D_1$에 속하므로, 직선 LM을 그어 모서리 A_1B_1과의 교점을 T, 모서리 B_1C_1과의 교점을 U라 하자. 그러면, 점 P, S, T, U, R, Q를 연결하면, 절단면인 육각형 $PSTURQ$를 얻을 수 있다(그림 2.35(b)).

(2) 얻어진 육각형 $PSTURQ$의 넓이를 구하자. $\overline{DP} = \overline{DQ} = \frac{2}{5}a$이므로, 직각삼각형 DQP에서 $\overline{PQ} = \frac{2\sqrt{2}}{5}a$가 된다. 그리고 직각삼각형 CQR에서 $\overline{CQ} = \frac{3}{5}a, \overline{CR} = \frac{1}{2}a$

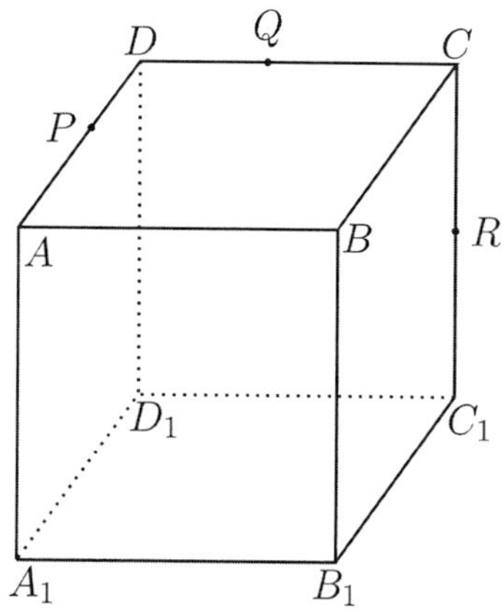

(a)

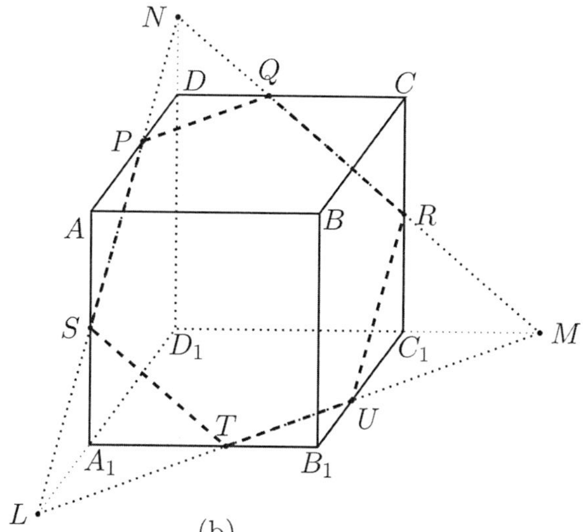

(b)

그림 2.35

이므로, 피타고라스 정리에 의해 $\overline{QR} = \frac{\sqrt{61}}{10}a$이다.

이제, $\overline{PS}$의 길이를 구하자. 우선, 직각삼각형 NDP와 SAP에서 $\angle NPD = \angle SPA$이므로, 이 삼각형들은 닮음이며 닮음비는 $2:3$이다. 그리고 직각삼각형 NDQ와 RCQ도 닮음이며 닮음비가 $2:3$이다. 이때, 직각삼각형 NDP, NDQ는 합동이므로, $\overline{AS} = \overline{CR}$임을 알 수 있다. 즉, 점 S는 모서리 AA_1의 중점이며, $\overline{PS} = \frac{\sqrt{61}}{10}a$이다. 그리고 $\overline{PQ} \parallel \overline{AC}$, $\overline{AC} \parallel \overline{SR}$이므로, $\overline{PQ} \parallel \overline{SR}$이 된다. 결국, 사각형 $PSRQ$는 등변사다리꼴이다.

사각형 $STUR$에 대해 살펴보자. 직각삼각형 ASP와 A_1SL은 합동이므로, $\overline{A_1L} = \overline{AP} = \frac{3}{5}a$이다. 같은 이유로, $\overline{C_1M} = \overline{CQ} = \frac{3}{5}a$이다. 이제, 닮음인 삼각형 LA_1T와 LD_1M을 생각하자. $\overline{LA_1} : \overline{A_1T} = \overline{LD_1} : \overline{D_1M}$인데, $\overline{LD_1} = \overline{LA_1} + \overline{A_1D_1} = \frac{8}{5}a$, $\overline{D_1M} = \overline{D_1C_1} + \overline{C_1M} = \frac{8}{5}a$이다. 결국, $\overline{A_1T} = \frac{3}{5}a$가 된다. 같은 방법으로, $\overline{C_1U} = \frac{3}{5}a$가 됨을 알 수 있다. 그러므로, 사각형 $STUR$에서 $\overline{ST} = \overline{UR} = \frac{\sqrt{61}}{10}a$, $\overline{TU} = \frac{2\sqrt{2}}{5}a$이며, 사각형 $STUR$은 등변사다리꼴이다.

등변사다리꼴 $PSRQ$의 넓이를 구하여 두 배를 하면, 육각형 $PSTURQ$의 넓이가 얻어진다. 등변사다리꼴 $PSRQ$의 넓이를 구하자(그림 2.36).

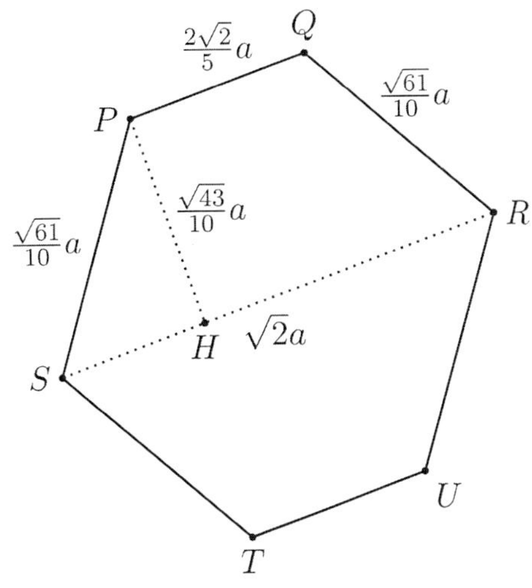

그림 2.36

점 P에서 선분 SR에 수선의 발을 내려 H라 하자. 그러면, $\overline{SH} = \frac{\overline{SR}-\overline{PQ}}{2} = \frac{3\sqrt{2}a}{10}$가 된다. 직각삼각형 SPH에서 피타고라스 정리에 의해 $\overline{PH} = \frac{\sqrt{43}}{10}a$가 얻어진다. 이로부터, 등변사다리꼴 $PSRQ$의 넓이는 $\frac{7\sqrt{86}}{100}a^2$이 되고, 구하는 육각형 $PSTURQ$의 넓이는 $\frac{7\sqrt{86}}{50}a^2$이다. □

제 3 장.

각뿔과 각기둥의 절단면

1. 삼각뿔의 절단면

삼각뿔은 4개의 면으로 이루어진 입체도형이다. 절단평면 α로 삼각뿔을 자르면, 절단평면 α는 삼각뿔의 면들 중 3개 또는 4개의 면과 만나서 교선을 만들게 된다. 즉, 삼각뿔을 절단평면 α로 자르면, 절단면으로 삼각형, 사각형이 얻어질 수 있다.

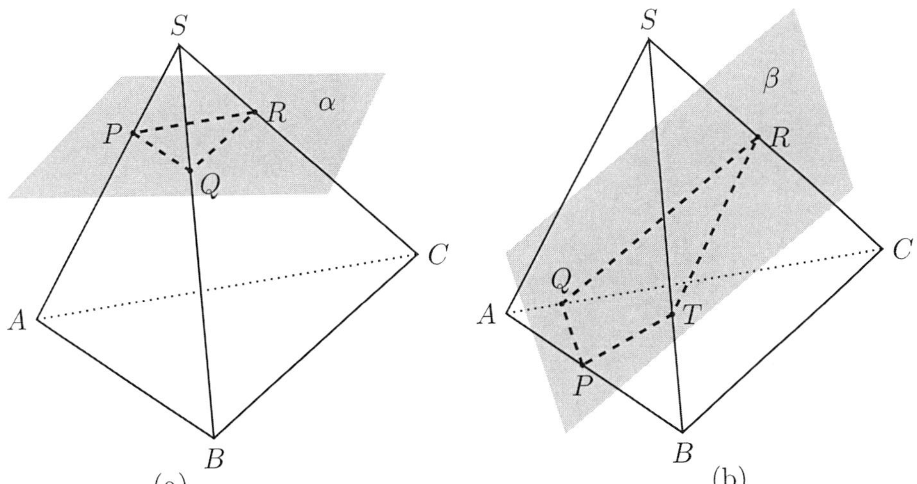

그림 3.1

그림 3.1(a)에서 삼각뿔 $SABC$는 절단평면 α와 만나 절단면으로 삼각형 PQR을

만들었고, 그림 3.1(b)에서는 절단평면 β와 만나 절단면으로 사각형 $PTRQ$를 만들었다. 다음 문제를 풀어보자.

작도문제 3.1. 삼각뿔 $SABC$의 모서리 SA, SB, BC에 그림 3.2(a)와 같이 점 P, Q, R이 주어졌다. 세 점 P, Q, R을 지나는 절단평면 α에 의한 삼각뿔의 절단면을 작도하여라.

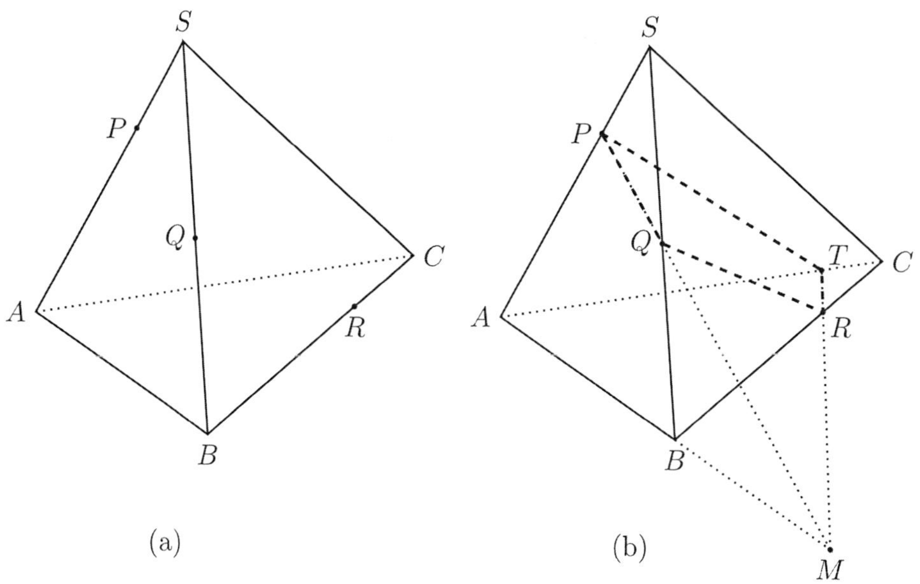

그림 3.2

점 P, Q가 같은 평면에 속하기 때문에, 직선 PQ를 긋자. 직선 PQ와 평면 ABC의 교점을 구하기 위해, 직선 PQ와 모서리 AB의 연장선의 교점 M을 생각하자. 교점 M은 점 R과 같은 평면에 속하므로, 직선 MR을 그어 모서리 AC와의 교점을 T라 하자(그림 3.2(b)). 이제 점 P, Q, R, T를 연결하면, 절단면인 사각형 $PQRT$를 작도할 수 있다. □

이 문제에서는 $P \in \overline{SA}, Q \in \overline{SB}, R \in \overline{BC}$인 경우를 살펴보았는데, 삼각뿔 $SABC$에서 $P \in \overline{SA}, Q \in \overline{SC}, R \in \overline{BC}$를 생각할 수 있다. 이러한 경우에는 그림 3.3에서와 같이, 직선 PQ와 모서리 AC의 연장선의 교점 M을 작도한다. 그리고 직선 MR과

모서리 AB의 교점을 T라 하면, 절단면인 사각형 $PQRT$를 얻을 수 있다.

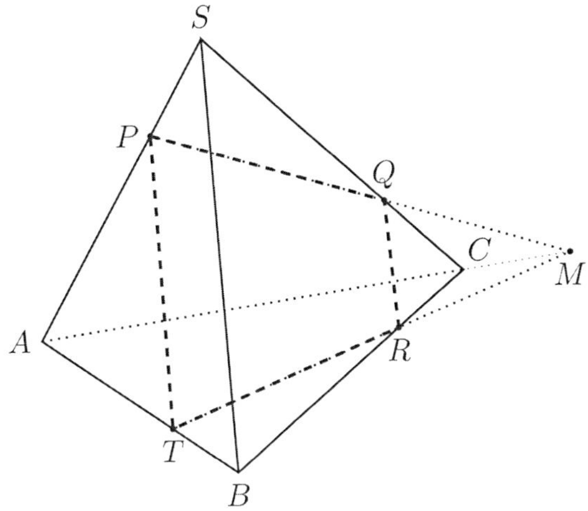

그림 3.3

작도문제 3.1에서는 점 P, Q, R이 모두 삼각뿔의 모서리에 주어지는 경우를 살펴보았다. 이제, 점 P, Q, R의 일부가 삼각뿔 $SABC$의 면에 주어지는 작도문제를 살펴보자.

작도문제 3.2. 삼각뿔 $SABC$에 그림 3.4와 같이 점 P는 면 SAB에, Q는 면 SBC에, 점 R은 모서리 BC에 주어졌다. 세 점 P, Q, R을 지나는 절단평면 α에 의한 삼각뿔의 절단면을 작도하여라.

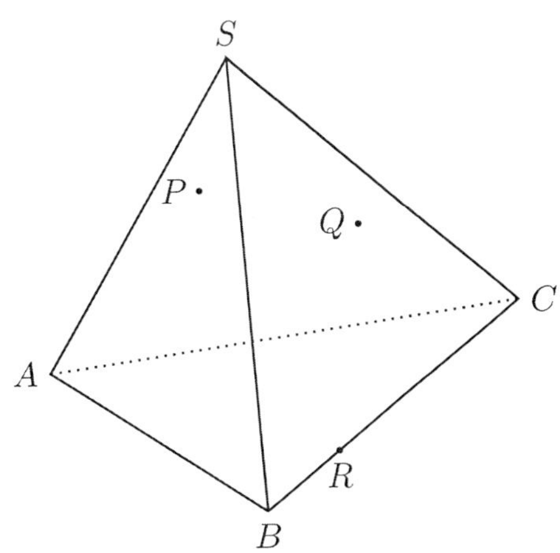

그림 3.4

점 P, Q는 삼각뿔의 같은 면에 놓여있지 않기 때문에, 직선 SP를 그어 모서리 AB와의 교점을 L, 직선 SQ를 그어 모서리 BC와의 교점을 M이라 하자. 그러면, 직선 PQ와 LM의 교점 N이 직선 PQ와 평면 ABC의 교점이 된다(그림 3.5(a)). 점 N은 절단평면 α에 속하므로, 점 N, R을 지나는 직선 NR은 α에 속한다. 직선 NR과 모서리 AB의 교점을 T라 하면, 점 R, T는 절단면인 다각형의 꼭짓점이 된다.

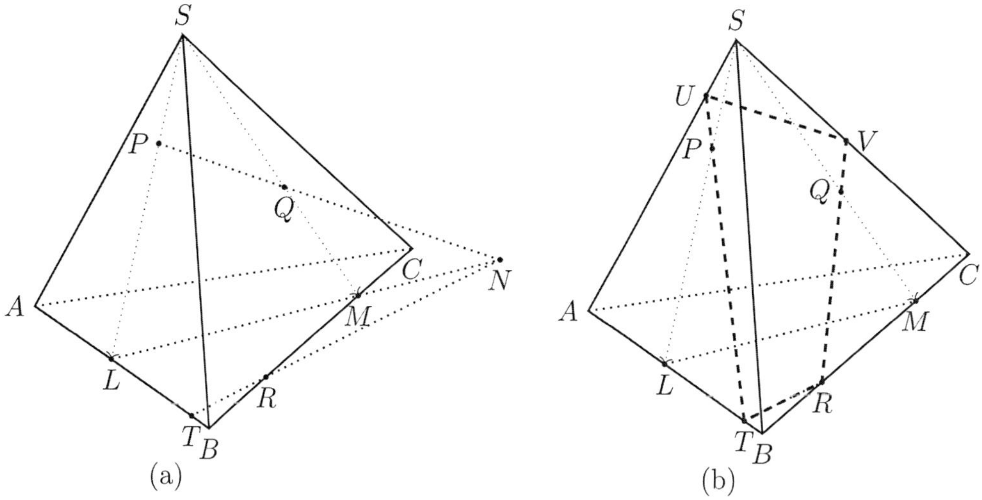

그림 3.5

이제, 점 T와 P를 지나는 직선 TP를 그어 모서리 SA와의 교점을 U, 점 R, Q를 지나는 직선 RQ를 그어 모서리 SC와의 교점을 V라 하자(그림 3.5(b)). 그러면, 점 U, V는 절단평면 α에 속하며, 점 T, R, V, U를 연결하면 절단면인 사각형 $TRVU$를 얻게 된다. □

삼각뿔의 절단면을 작도하는 문제에서 조건으로 세 점만 주어질 수 있는 것은 아니다. 점들에 의해 직선이 결정될 수 있으므로, 점들 대신에 직선이 조건으로 주어질 수도 있다. 다음 문제를 살펴보자.

작도문제 3.3. 삼각뿔 $SABC$의 모서리 SA, SB의 점 I, J가 주어졌고, 모서리 SB, AC에 속한 점 P, Q가 주어졌다(그림 3.6(a)). 직선 IJ에 평행하며 점 P, Q를 지나는 절단평면 α에 의한 삼각뿔의 절단면을 작도하여라.

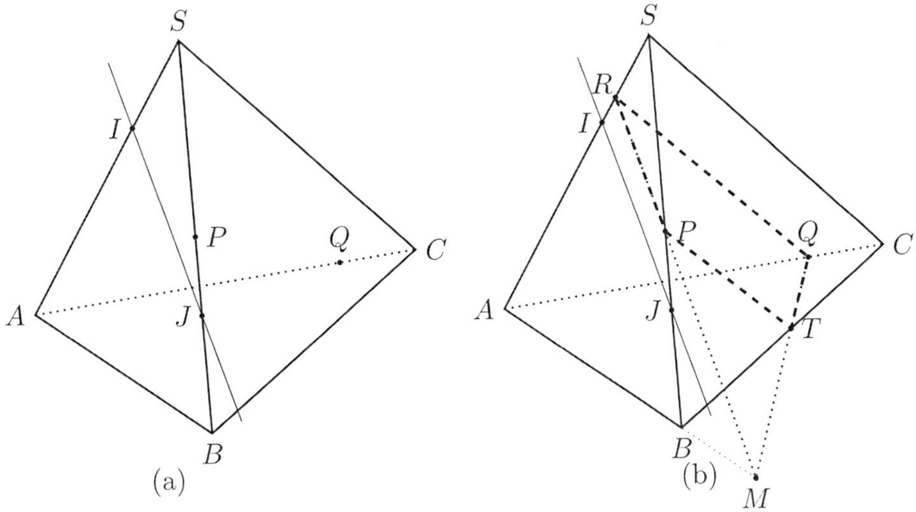

그림 3.6

절단평면 α는 점 P를 지나며 직선 IJ와 평행한 직선 l을 포함한다. 면 SAB에 점 P를 지나며 직선 IJ에 평행한 직선 l을 작도하자. 직선 l과 모서리 SA의 교점을 R이라 하자.

이제, 직선 l과 모서리 AB의 연장선과의 교점을 M이라 하면, 점 M은 평면 α에 속한다. 평면 α에 속하는 두 점 M, Q를 연결하면, 모서리 BC와 점 T에서 만난다(그림 3.6(b)). 점 P, T, Q, R을 연결하면, 절단면인 사각형 $PTQR$이 얻어진다. □

이제, 작도문제 3.3과 유사한 문제를 살펴보고, 얻어진 절단면의 넓이를 구해보자.

작도문제 3.4. 정삼각뿔[1] $SABC$에 모서리 AB, BC의 중점 P, Q가 주어졌다(그림 3.7(a)). 모서리 SB에 평행하며 점 P, Q를 지나는 절단평면 α를 생각하자.

(1) 절단평면 α에 의한 삼각뿔의 절단면을 작도하여라.

(2) $\overline{AC} = a, \overline{SB} = b$일 때, 얻어진 절단면의 넓이를 구하여라.

[1]정삼각뿔은 밑면이 정삼각형이며 밑면의 중심 위에 삼각뿔의 꼭짓점이 있는 삼각뿔을 말한다. 예를 들어, 정사면체는 정삼각뿔의 한 종류이다. 일반적으로, 정n각뿔은 밑면이 정n각형이고 n각뿔의 꼭짓점이 밑면의 중심 위에 놓인(즉 n각뿔의 꼭짓점이 밑면의 중심으로 정사영되는) n각뿔을 말한다. 정n각뿔의 옆모서리는 모두 같으며, 옆면은 모두 합동인 이등변삼각형이다.

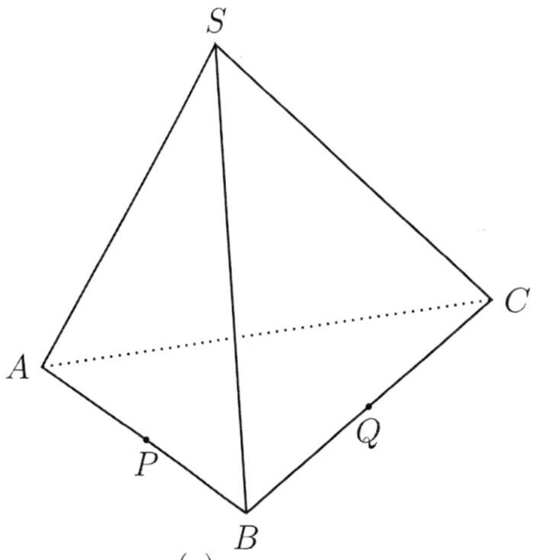

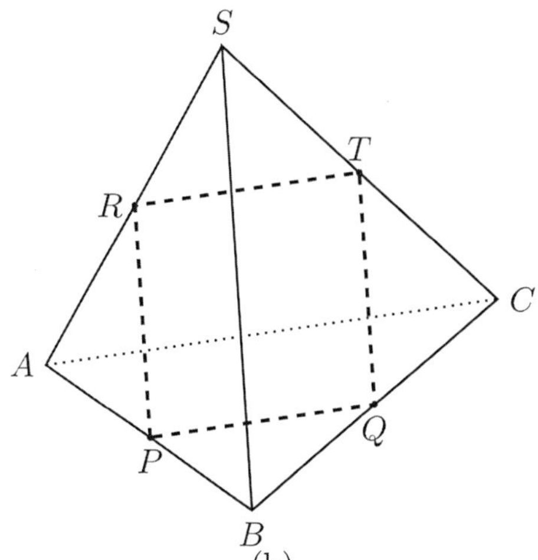

그림 3.7

(1) 면 SAB에서 점 P를 지나며 모서리 SB에 평행인 직선을 그어 모서리 SA와의 교점을 R이라 하자. 그리고 면 SBC에서 점 Q를 지나며 모서리 SB에 평행인 직선을 그어 모서리 SC와의 교점을 T라 하자. 이제, 점 P, Q, T, R을 연결하면 절단면인 사각형 $PQTR$을 얻을 수 있다(그림 3.7(b)).

(2) $PQTR$이 어떤 사각형인지 조사하자. 삼각형 SAB에서 점 P는 변 AB의 중점이고 밑변 SB에 평행하게 선분 PR을 작도하였으므로, 점 R은 변 SA의 중점이며 $\overline{PR} = \frac{1}{2}\overline{SB}$이다. 같은 이유로, $\overline{QT} = \frac{1}{2}\overline{SB}$이다. 그리고 $\overline{PR} \parallel \overline{QT}$이므로, 사각형 $PQTR$은 평행사변형이다.

밑면인 삼각형 ABC의 꼭짓점 B에서 모서리 AC에 중선 BH를 긋자(그림 3.8). 삼각형 ABC가 정삼각형이므로, $\overline{BH} \perp \overline{AC}$이다. 그리고 삼각형 SAC는 이등변삼각형이고 H가 변 AC의 중점이므로, $\overline{SH} \perp \overline{AC}$이다. 결국, 선분 AC는 선분 SH, BH를 포함하는 평면 SBH와 수직을 이룬다. 이것은 선분 AC가 평면 SBH에 속하는 모든 직선과 수직을 이룬다는 것을 의미한다.

평면 SBH에 속하는 선분 SB는 선분 RP, TQ와 평행을 이루므로, 선분 AC는 선분 RP, TQ와 수직을 이루게 된다. 한편, 점 R, T가 모서리 SA, SC의 중점이므로

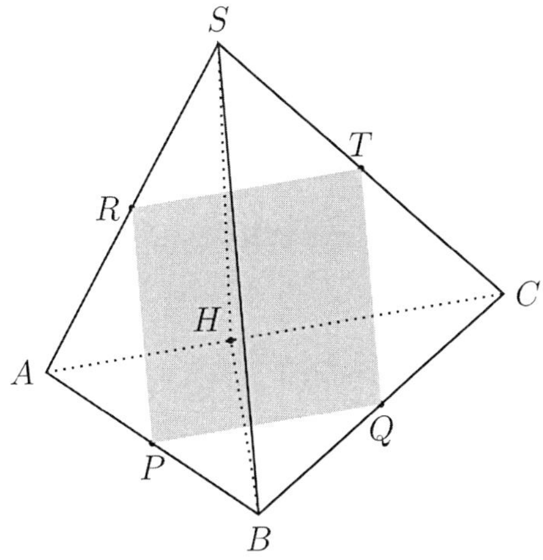

그림 3.8

선분 RT, PQ는 선분 AC와 평행이다. 그러므로, 선분 RT와 RP, TQ는 수직이며, 선분 PQ와 RP, TQ는 수직을 이룬다. 결국, 평행사변형 $PQTR$은 직사각형이다. 이때, $\overline{AC} = a, \overline{SB} = b$이므로 $\overline{RT} = \frac{a}{2}, \overline{RP} = \frac{b}{2}$이며, 직사각형 $PQTR$의 넓이는 $\frac{ab}{4}$이다. □

작도문제 3.4의 (2)에서 절단면인 직사각형 $PQTR$의 넓이를 구하기 위해, 다른 조건이 주어질 수도 있다. 가령, 꼭짓점 S에서 밑면 ABC에 내린 높이가 h, 옆모서리 SA의 길이가 b로 주어졌다고 하자.

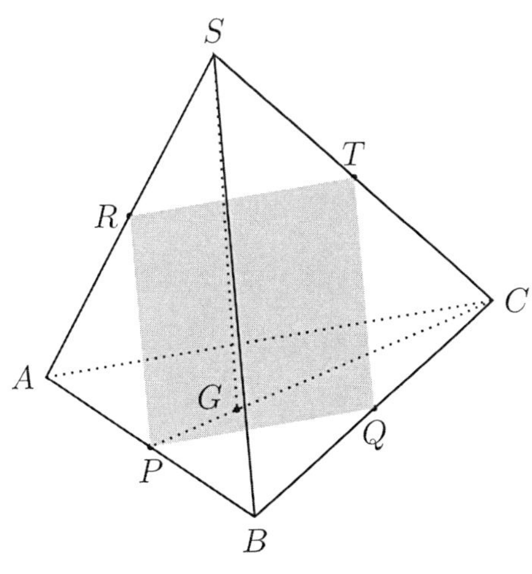

그림 3.9

그림 3.9에서 꼭짓점 S에서 밑면 ABC에 내린 수선의 발을 G라 하면, $\overline{SG} = h, \overline{SA} = \overline{SB} = \overline{SC} = b$이다. 직각삼각형 SGC에서 $\overline{CG}^2 = \overline{SC}^2 - \overline{SG}^2$이므로 $\overline{CG} = \sqrt{b^2 - h^2}$이다. 수선의 발인 G는 정삼각형 ABC의 무게중심이므로, $\overline{GP} = \frac{1}{2}\overline{CG} = \frac{1}{2}\sqrt{b^2 - h^2}$이며 $\overline{CP} = \frac{3}{2}\sqrt{b^2 - h^2}$이다.

이제, 정삼각형의 한 변의 길이를 구하자. 직각삼각형 CPB에서 $\overline{CB}^2 = \overline{BP}^2 + \overline{CP}^2 = \left(\frac{\overline{CB}}{2}\right)^2 + \overline{CP}^2$이므로, $\overline{CB}^2 = \frac{4}{3}\overline{CP}^2$이다. 이로부터, $\overline{CB} = \sqrt{3(b^2 - h^2)}$이며, $\overline{PQ} = \overline{RT} = \frac{\sqrt{3(b^2-h^2)}}{2}$이다. 한편, $\overline{RP} = \overline{TQ} = \frac{\overline{SB}}{2} = \frac{b}{2}$이다. 결국, 구하는 직사각형 $PQTR$의 넓이는 $\frac{\sqrt{3(b^2-h^2)}}{2} \times \frac{b}{2} = \frac{b\sqrt{3(b^2-h^2)}}{4}$이다.

2. 사각뿔의 절단면

사각기둥은 흔히 접할 수 있는 입체도형이다. 예를 들어, 정육면체나 직육면체가 대표적인 사각기둥에 해당한다. 사각뿔은 중등학교 수학교과서에서 자주 다루지는 않는 입체도형 중의 하나이다. 여기서는 사각뿔의 절단면을 작도하면서 사각뿔과 다른 도형들과의 관계를 살펴보자.

작도문제 3.5. 사각뿔 $SABCD$의 모서리 SA, SC에 점 P, Q가, 면 SAD에 점 R이 그림 3.10(a)와 같이 주어졌다. 세 점 P, Q, R을 지나는 절단평면 α에 의한 사각뿔의 절단면을 작도하여라.

이 문제는 절단평면의 교선 방법을 이용하여 해결할 수 있다. 평면 α와 밑면 $ABCD$의 교선을 작도하자. 우선, 직선 PQ를 긋고, 꼭짓점 S로부터 점 P, Q를 사영시킨 점 A, C에 대해 직선 AC를 긋자. 이제, 직선 PQ와 AC의 교점 M을 구하면, 점 M은 평면 α와 밑면 $ABCD$의 교점이다.

평면 α와 밑면 $ABCD$의 다른 교점을 찾자. 이를 위해, 꼭짓점 S로부터 점 R을 밑면 $ABCD$에 사영시켜 R'이라 하자. 직선 RQ와 직선 $R'C$의 교점 N을 찾으면, 점 N은 평면 α와 밑면 $ABCD$의 교점이다(그림 3.10(b)). 결국, 점 M, N을 지나는 직선 MN이 평면 α와 밑면 $ABCD$의 교선이다.

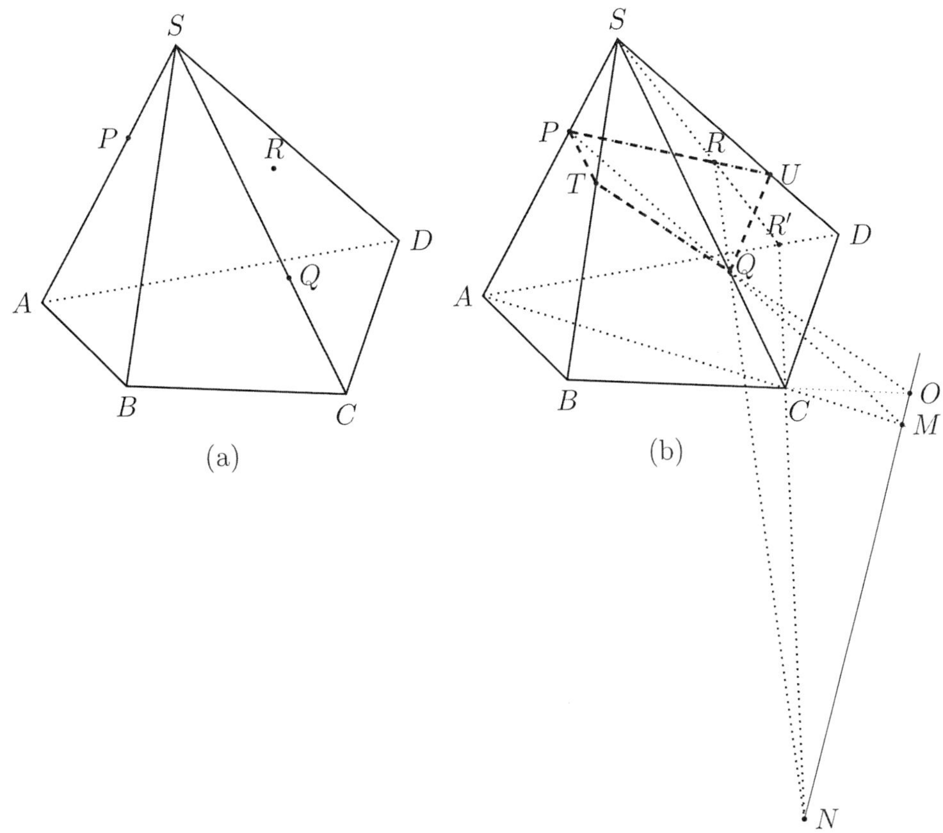

그림 3.10

모서리 BC의 연장선과 직선 MN의 교점 O를 찾으면, 점 O는 평면 α에 속하고 평면 SBC에도 속한다. 평면 SBC에 속하는 점 Q는 평면 α도 속하므로, 직선 OQ를 그어 모서리 SB와의 교점 T를 찾을 수 있다.

이제, 평면 SAD에 속하는 두 점 P, R을 지나는 직선 PR과 모서리 SD와의 교점 U를 구하여, 점 P, T, Q, U를 연결하면 구하는 절단면인 사각형 $PTQU$를 작도할 수 있다. □

이 문제의 해결에서 사용한 절단평면의 교선 방법은 다면체의 절단면을 작도하는 문제의 해결에서 폭넓게 사용되는 방법이다. 절단평면 α와 특정한 평면의 교선을 작도하는 것만으로도 독립적인 작도문제로 다룰 수도 있다.

작도문제 3.5의 해결에서는 평면 α와 밑면 $ABCD$의 교선 MN을 작도한 다음에, 모서리 BC의 연장선과 교선 MN의 교점 O를 구했다. 실제 문제해결에서 절단평면의 교선을 작도한 후에, 어떤 모서리의 연장선과의 교점을 찾아야 하는지는 문제상황에 따라 다르다.

작도문제 3.5에서는 절단평면 α가 모서리 SA, SC, SD와 만나며, 모서리 SB와도 만날 것이라고 추측하였기 때문에 모서리 BC의 연장선과 교선 MN의 교점 O를 구한 것이다. 그런 다음, 직선 OQ와 모서리 SB와의 교점 T를 구하여 문제를 해결하였다.

작도문제 3.5를 다른 방법으로도 해결할 수 있다. 그림 3.10(b)에서 보는 바와 같이, 이 작도문제의 절단면은 사각형 $PTQU$였다. 꼭짓점 S로부터 점 P, T, Q, U를 밑면 $ABCD$에 사영시키면 점 A, B, C, D가 된다. 꼭짓점 S에 대한 중심사영의 성질을 이용해 보자.

사각형 $PTQU$의 대각선 PQ를 꼭짓점 S로부터 밑면 $ABCD$에 사영시키면 선분 AC가 되고, 선분 TU를 사영시키면 선분 BD가 된다. 그리고 사각형 $PTQU$의 대각선의 교점 G'을 꼭짓점 S로부터 밑면 $ABCD$에 사영시키면 사각형 $ABCD$의 대각선의 교점 G가 된다. 이것을 이용하여 작도문제 3.5를 풀어보자.

그림 3.11에서 점 P, R을 지나는 직선 PR과 모서리 SD의 교점을 U라 하자. 이제, 주어진 점 P, Q와 점 U를 연결하면 절단면의 일부인 절선 PUQ를 얻을 수 있다. 이제, 절단평면 α와 모서리 SB의 교점을 찾아야 한다. 꼭짓점 S로부터 점 P, U, Q를 밑면 $ABCD$에 사영시키면 A, D, C가 된다. 그리고 모서리 SB에 있는 평면 α와 모서리 SB의 교점을 T라 하면, 점 T는 점 B로 사영된다.

밑면 $ABCD$의 대각선 AC, BD를 작도하자. 대각선 AC, BD는 절단면 $PTQU$의 대각선 PQ, TU를 꼭짓점 S에 대해 사영하여 얻어진 선분이기도 하다. 대각선 AC, BD의 교점을 G라 하자. 이제, 점 G와 S를 연결한 선분 SG를 생각하면, 사각형 $PTQU$의 대각선의 교점은 선분 SG에 놓이게 된다.

선분 PQ와 SG의 교점을 G'이라 하자. 그러면, G'은 사각형 $PTQU$의 대각선의 교점이다. 결국, 직선 UG'을 그어 모서리 SB와의 교점 T를 잡으면, 이 점이 바로 절단평면 α와 모서리 SB의 교점이다. 이제, 네 점 P, T, Q, U를 연결하면 절단면인 사각형 $PTQU$를 얻을 수 있다.

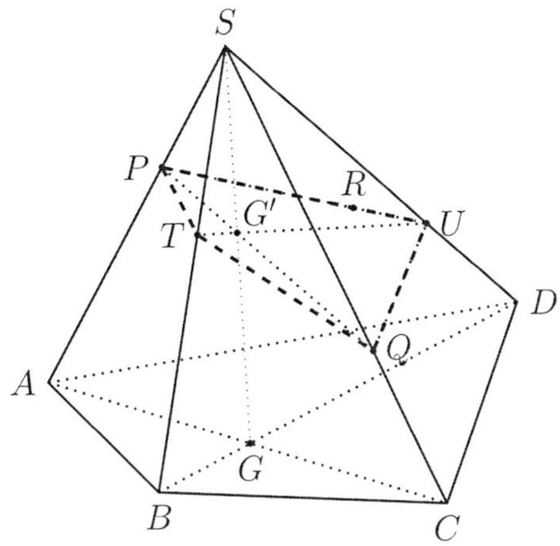

그림 3.11

살펴본 것과 같이, 절단평면 α에 의한 절단면을 결정하기 위해 각뿔의 면 또는 모서리에 주어진 점을 각뿔의 꼭짓점에 대해 밑면으로 중심사영시킨 다음, 중심사영으로 얻어진 점들과 이들의 교점을 바탕으로 절단면의 꼭짓점을 구하는 방법을 중심사영 방법이라 하자. 중심사영 방법은 각뿔에서 절단면을 작도할 때에 폭넓게 이용될 수 있다.

작도문제 3.6. 사각뿔 $SABCD$의 모서리 BC, SD에 점 P, Q를 잡았다(그림 3.12(a)). 직선 PQ를 지나며 다음 직선에 평행한 절단평면 α에 의한 사각뿔의 절단면을 작도하여라.

(1) 직선 SA (2) 직선 SB

(3) 직선 SC (4) 직선 AD

(1)에서는 직선 SA에 평행하며 선분 PQ를 지나는 절단평면 α에 의한 절단면을 작도해야 한다. 주어진 직선에 평행한 절단평면 α를 생각하여 절단면을 작도하는 것은 작도문제 3.3과 유사하다.

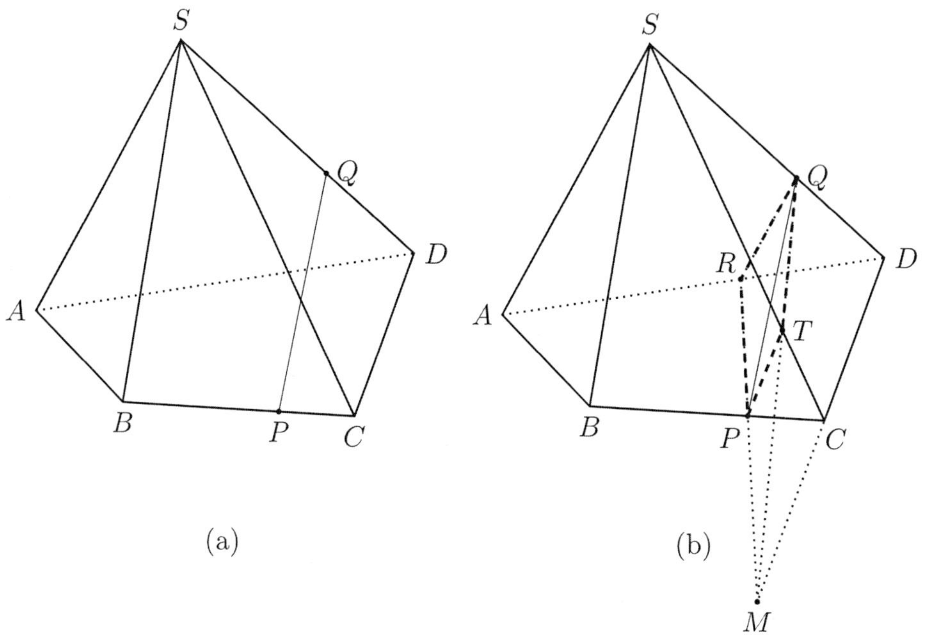

그림 3.12

점 P 또는 점 Q(여기서는 점 Q를 이용하여 문제를 풀자)와 직선 SA에 의해 결정되는 평면 β를 생각하자. 즉, 평면 β는 점 Q와 직선 SA를 지나는 평면이다.

평면 α와 β는 공유점 Q를 가지므로, 평면 α와 β는 교선을 가진다. 교선을 l이라 하자. 절단평면 α는 직선 l을 지나며 직선 SA와는 평행하므로, 직선 l은 직선 SA와 만나지 않는다. 즉 직선 l은 직선 SA와 함께 평면 β에 속하면서 직선 SA와 만나지 않으므로, 직선 l과 SA는 서로 평행하다. 결국, 절단평면 α에는 점 Q를 지나며 직선 SA에 평행한 직선 l이 존재한다.

평면 SAD에 점 Q를 지나 직선 SA에 평행인 직선 l을 작도하여 모서리 AD와의 교점을 R이라 하자. 이제, 평면 α에 속하는 세 점 P, Q, R이 있기 때문에, 평면 α에 의한 절단면을 작도할 수 있다.

점 P, R이 밑면 $ABCD$에 속하기 때문에, 절단평면 α와 밑면의 교선은 직선 PR이다. 평면 α와 모서리 SC의 교점을 찾기 위해, 직선 RP와 모서리 CD의 연장선의 교점 M을 구하자. 그러면, 점 M, Q는 평면 SCD에 속하며 절단평면 α에도 속한다

(그림 3.12(b)). 직선 MQ를 그어 모서리 SC와의 교점을 T라 하자. 네 점 R, P, T, Q를 연결하면 절단면인 사각형 $RPTQ$를 얻을 수 있다.

(2)에서 직선 SB에 평행하며 직선 PQ를 지나는 절단평면 α에 의한 절단면의 작도는 (1)에서와 유사한 방법으로 해결할 수 있다. 면 SBC에서 점 P를 지나며 모서리 SB와 평행한 선분 PR을 작도하자. 이제, 점 P, Q, R에 의해 결정된 절단평면 α가 주어졌으므로 절단면을 작도할 수 있다.

(3)의 경우에서도 면 SCD에 선분 PQ의 끝점 Q를 지나 모서리 SC와 평행인 선분 QR을 작도한다. 이제, 점 P, Q, R을 지나는 평면으로 절단면을 작도하면 된다.

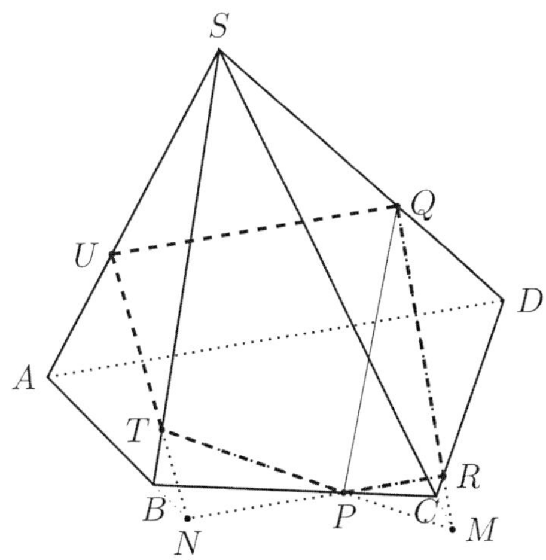

그림 3.13

(4)의 경우를 자세히 살펴보자. 밑면 $ABCD$에서 점 P를 지나 모서리 AD와 평행인 직선을 그어 모서리 CD와의 교점을 R이라 하자. 세 점 P, Q, R을 지나는 평면 α에 의한 사각뿔의 절단면을 작도하자.

점 R은 평면 SCD에 속하므로, 평면 α에 속하는 직선 QR과 모서리 SC의 연장선의 교점 M을 구할 수 있다. 점 M은 평면 SBC에도 속하므로, 직선 MP를 그어 모서리 SB와의 교점 T를 구하면 점 T는 절단평면 α에 속한다. 이와 같이 평면 α에 속하며 사각뿔의 모서리에 속하는 네 점 T, P, R, Q를 얻었다(그림 3.13).

절단평면 α와 모서리 SA가 만나는지 조사하자. 이를 위해, 절단평면 α와 밑면

$ABCD$의 교선인 직선 PR을 살펴보자. 직선 PR과 직선 AB의 교점을 N이라 하면, 점 N은 평면 SAB에 속한다. 이제 평면 SAB에 속하는 점 T와 N을 지나는 직선 TN을 작도하면, 직선 TN과 모서리 SA의 교점 U를 구할 있다. 결국, 구하는 절단면은 오각형인 $UTPRQ$이다. □

작도문제 3.6에서는 절단평면 α에 평행한 직선이 사각뿔의 한 면에 속하였다. 즉, 직선 SA는 모서리 SAB 또는 SAD에, 직선 SB는 모서리 SAB 또는 SBC에 속했다. 만약, 절단평면 α에 평행한 직선 EF가 점 E는 모서리 SA에, 점 F는 모서리 SC에 속하도록 주어졌다면 작도문제 3.6과 유사한 방법으로 문제를 풀 수 있을까? 이에 관련된 작도를 살펴보자.

그림 3.14(a)에서 점 P, Q는 사각뿔 $SABCD$의 모서리 BC, SD에 속하고, 점 U는 모서리 SC에 속한다. 이때, 직선 PQ에 평행이며 선분 DU를 지나는 절단평면 α에 의한 절단면을 작도하자.

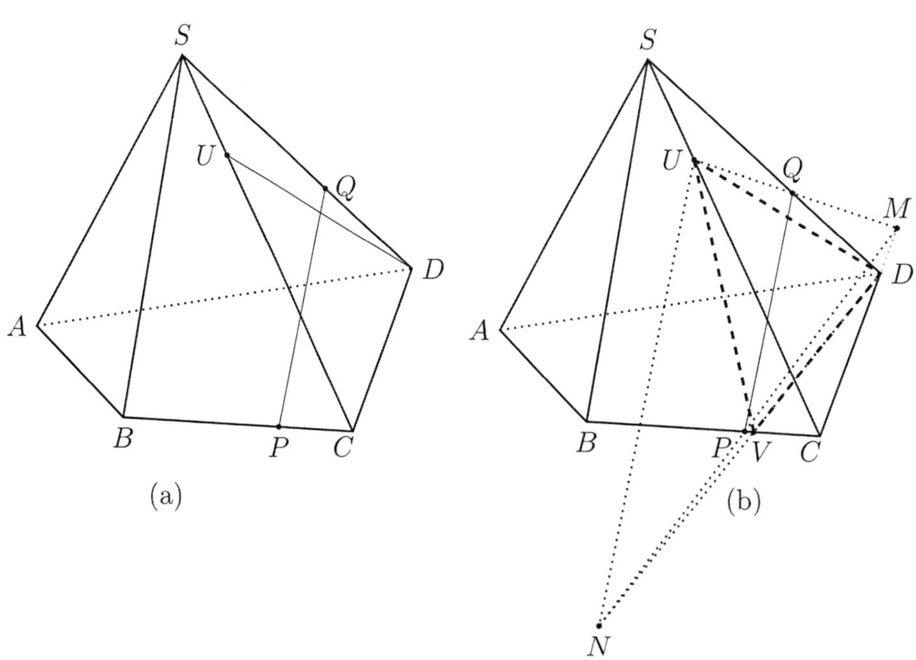

그림 3.14

작도문제 3.6에서와 같이, 직선 PQ에 평행이며 점 U를 지나는 직선을 작도하자. 이를 위해, 점 P, Q, U에 의해 결정되는 평면 β를 생각하자.

점 U, Q는 면 SCD에 속하므로, 직선 UQ를 그어 모서리 CD의 연장선과의 교점을 M이라 하자. 이때, 점 M, D는 모두 밑면 $ABCD$에 속한다. 그러면, 직선 MU, MP를 작도할 수 있으며, 직선 MU, MP가 평면 β를 결정한다. 평면 β에서 직선 PQ에 평행하며 점 U를 지나는 직선과 직선 MP의 교점을 N이라 하자(그림 3.14(b)).

직선 UN은 직선 PQ와 평행하므로, 세 점 D, U, N에 의해 결정되는 평면이 절단평면 α가 된다. 점 N은 밑면 $ABCD$에 속하므로, 직선 ND를 그어 모서리 BC와의 교점을 V라 하자. 이제, 점 U, V, D를 연결하면, 구하는 절단면인 삼각형 UVD가 얻어진다.

작도문제 3.6에서와는 달리, 여기서는 직선 PQ와 평행한 직선을 작도하기 위해, 직선 PQ와 점 U를 지나는 평면 β를 먼저 작도하였다. 직선 PQ를 지나는 평면 β가 결정되어야 직선 PQ와 평행한 직선 UN을 평면 β에 작도할 수 있기 때문이다.

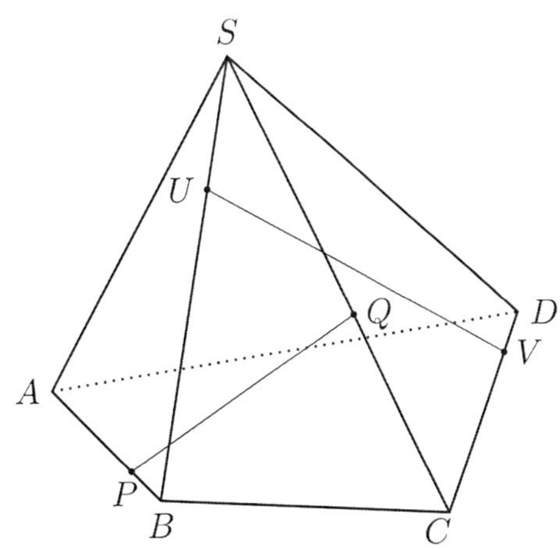

그림 3.15

이제, 절단평면 α에 평행한 직선 PQ의 위치, α에 속하는 선분 DU의 위치를 바꾸어 절단면을 작도하는 문제를 풀어보자. 그림 3.15에서 점 P, Q는 사각뿔 $SABCD$의 모서리 AB, SC에 속하고, 점 U, V는 모서리 SB, CD에 속한다. 직선 PQ에 평행이며 선분 UV를 지나는 절단평면 α에 의한 절단면을 작도하자.

직선 PQ와 점 U를 포함하는 평면 β를 작도하자. 이를 위해, 면 SBC에 속한 점 U, Q를 지나는 직선 UQ를 그어 모서리 BC의 연장선과의 교점을 M이라 하자. 점 M과 P는 밑면 $ABCD$에 속하므로, 직선 MP를 작도하자. 그러면, 직선 MU, MP에 의해 평면 β가 결정된다(그림 3.16).

이제, 평면 β에 점 U를 지나며 직선 PQ에 평행인 직선 UN을 작도하자. 직선 UN과 점 V에 의해 결정되는 평면이 절단평면 α이다. 점 N, V는 밑면 $ABCD$에 속하므로, 직선 NV를 그어 모서리 AB와의 교점을 W라 하자.

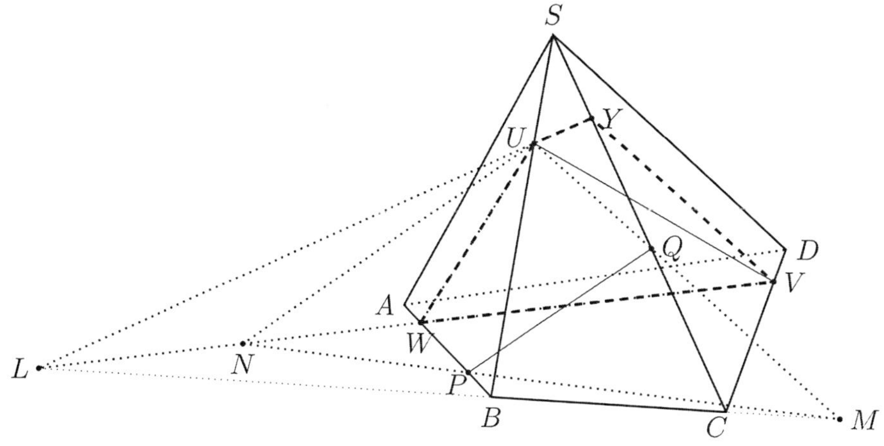

그림 3.16

점 U, V, W에 의해 결정되는 절단평면 α와 사각뿔의 절단면을 작도하자. 점 U, W는 면 SAB에 속하므로, 선분 UW를 작도할 수 있다. 평면 α와 모서리 SC의 교점을 구하자. 이를 위해, 모서리 BC의 연장선과 직선 VW의 교점 L을 작도한다. 점 L은 평면 α에 속하며 면 SBC에도 속한다. 그러므로 직선 LU와 모서리 SC의 교점 Y가 평면 α와 모서리 SC의 교점이다. 이제, 점 U, W, V, Y를 연결하면, 구하는 절단면인 사각형 $UWVY$가 얻어진다.

그림 3.16에서 얻어진 절단면 작도에 대해 생각해 보자. 일반적으로 만나는 두 직선은 한 평면을 결정하게 된다. 여기서는 꼬인 위치에 있는 두 직선 PQ, UV가 주어졌고,

직선 PQ에 평행하고 직선 UV를 지나는 절단평면 α를 작도해야 했다.

이를 위해, (1) 직선 PQ와 점 U(또는 점 V)에 의해 결정되는 평면 β를 작도하고, (2) 평면 β에서 점 U를 지나 직선 PQ와 평행한 직선 l을 작도했다. 직선 PQ와 평행인 직선은 무수히 많지만, 직선 PQ와 평행이며 점 U를 지나는 직선은 유일하게 결정된다. 이때 점 U는 작도해야 할 절단평면 α와 작도한 평면 β의 교점이라는 것을 생각하면, 직선 l이 평면 α와 β의 교선이라는 것을 알 수 있다. (3) 직선 l과 점 V에 의해 결정된 평면이 절단평면 α가 되며, (4) 평면 α와 사각뿔 $SABCD$의 모서리의 교점을 찾아 절단면을 얻었다.

결국, 평면 α는 주어진 직선 UV, 직선 UV와 꼬인 위치에 있는 직선 PQ에 의해 결정된 평면이라 할 수 있다. 이때, 직선 UV, PQ가 서로 만나지 않기 때문에, 문제에서 PQ와 평행한 직선이 α에 속한다는 정보가 추가적으로 필요했다. 이를 통해, 직선 PQ에 평행한 직선 l이 직선 UV와 만나 평면 α가 결정될 수 있었다. 이와 같이 꼬인 위치에 있는 직선을 이용하여 평면을 결정할 수 있다는 것을 생각하면, 다음과 같은 작도문제를 풀 수 있다.

작도문제 3.7. 사각뿔 $SABCD$의 모서리 AB, SC에 속하는 점 P, Q, 모서리 SB, CD에 속하는 점 U, V가 주어졌다. 그리고 면 SAB에 속하는 점 G가 주어졌다(그림 3.17(a)). 평면 γ는 직선 PQ에 평행하며 선분 UV를 지난다. 평면 γ에 평행하며 점 G를 지나는 절단평면 α에 의한 사각뿔의 절단면을 작도하여라.

앞에서 살펴본 것과 같이, 직선 PQ에 평행하며 선분 UV를 지나는 평면에 의한 절단면 $UWVY$를 그림 3.17(b)와 같이 작도할 수 있다. 이제, 점 G를 지나며 사각형 $UWVY$의 변에 평행인 절단면 $HIJK$를 작도할 수 있다. 즉, $\overline{HI} \parallel \overline{UW}, \overline{IJ} \parallel \overline{WV}, \overline{JK} \parallel \overline{YV}$를 작도하고, 점 H와 K를 연결하면 구하는 절단면인 사각형 $HIJK$가 얻어진다. □

작도문제 3.7에서 작도한 절단면 $HIJK$는 직선 PQ와도 평행하고 직선 UV와도 평행한 평면이다. 그러므로 작도문제 3.7의 조건에서 '평면 γ는 직선 PQ에 평행하며

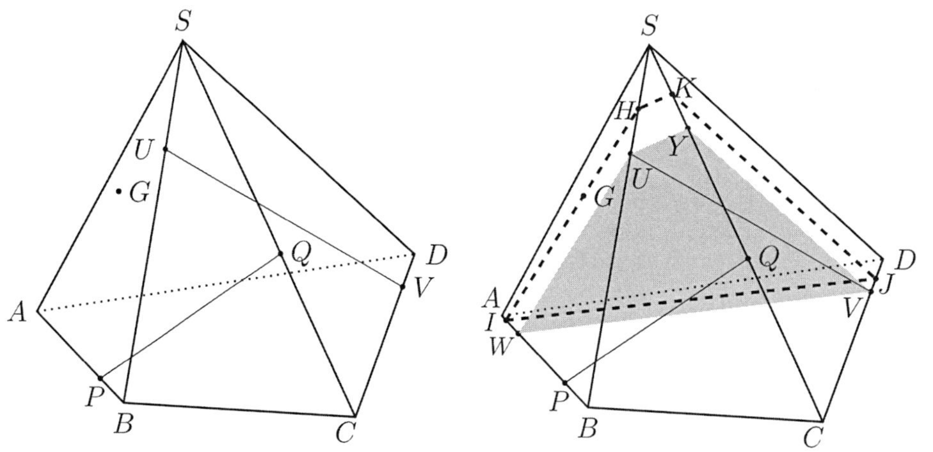

(a) (b)

그림 3.17

선분 UV를 지난다. 평면 γ에 평행하며 점 G를 지나는 절단평면 α'를 '두 직선 PQ, UV에 평행하며 점 G를 지나는 절단평면 α'로 바꾸어 기술할 수도 있다. 결국, 작도문제 3.7은 꼬인 위치에 있는 두 직선에 평행한 평면을 작도하는 문제이다.

이제, 정사각뿔의 절단면 작도문제를 살펴보자.

작도문제 3.8. 정사각뿔 $SABCD$에서 꼭짓점 A를 지나며 모서리 SC에 수직인 평면 α를 생각하자.

(1) 절단평면 α에 의한 정사각뿔의 절단면을 작도하여라.

(2) 정사각뿔의 밑면의 한 모서리의 길이를 a, 높이를 h라 할 때, 얻어진 절단면의 넓이를 구하여라.

분석을 통해 꼭짓점 A를 지나 모서리 SC에 수직인 평면을 작도하는 방법을 생각하자. 우선, 문제의 조건을 만족시키는 절단평면 α가 작도되었다고 가정하자.

평면 α는 꼭짓점 A를 지나 모서리 SC와 만나므로, 평면 α는 정사각뿔의 나머지 모서리 SB, SD와도 만나게 된다. 평면 α는 정사각뿔에 절단면으로 사각형 $ALMN$을 만들게 된다(그림 3.18(a)). 이때, $\overline{LM} \perp \overline{SC}, \overline{NM} \perp \overline{SC}, \overline{AM} \perp \overline{SC}$이다. 그리고 밑면의 대각선 AC, BD의 교점을 H라 하면, 사각뿔 $SABCD$가 정사각뿔이므로 직선

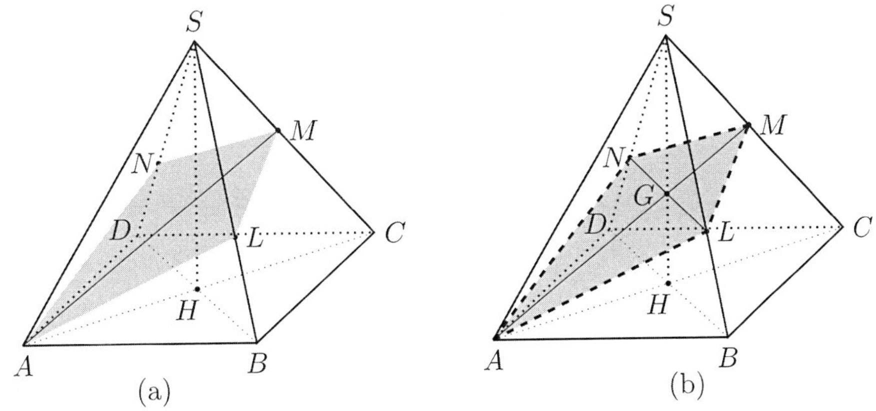

그림 3.18

SH는 밑면 $ABCD$와 수직을 이룬다.

사각형 $ALMN$의 꼭짓점 L, M, N의 위치를 결정하기 위한 정보를 더 살펴보자. 정사각뿔에서 면 SAC, SBD는 직선 SH를 따라 만나며, 직선 AM, LN은 평면 SAC, SBD에 각각 속한다. 이때, 직선 AM, LN의 교점은 직선 SH에 속하며, 이 교점을 G라 하자(그림 3.18(b)).

직각삼각형 MSL, MSN을 살펴보자. $\overline{SM}$은 공통이고 각 SML, SMN은 직각이며 $\angle MSL = \angle MSN$이다(정사각뿔의 옆면은 모두 합동인 이등변삼각형이므로). 그러므로 삼각형 MSL과 MSN은 합동이고, $\overline{ML} = \overline{MN}, \overline{SL} = \overline{SN}$이다. 그리고 이등변삼각형 SDB에서 $\overline{SL} = \overline{SN}$이므로, $\overline{NL} \parallel \overline{DB}$가 된다.

분석을 통해 얻어진 정보들을 바탕으로 정사각뿔에 절단평면 α와 절단면을 다음과 같은 순서로 작도할 수 있다. (1) 삼각형 SAC에서 점 A로부터 변 SC에 수선의 발 M을 내린다. (2) 선분 AC, BD의 교점을 H라 하고, 선분 SH를 그어 AM과의 교점을 G라 한다. (3) 삼각형 SBD에서 점 G를 지나 변 BD와 평행인 직선을 그어 변 SB, SD와의 교점을 L, N이라 하자. (4) 네 점 A, L, M, N을 연결하면, 구하는 절단평면 α와 절단면 $ALMN$을 얻을 수 있다.

이제, 사각형 $ALMN$의 넓이를 구하자. 평면 SHC에 속하는 직선 SH, HC가 직선 BD와 수직을 이루므로, 평면 SHC는 직선 BD와 수직을 이룬다. $\overline{NL} \parallel \overline{BD}$임을

생각하면, 직선 NL도 평면 SHC와 수직을 이루며 $\overline{NL} \perp \overline{MG}$가 성립한다. 그러므로 $S_{MNL} = \frac{\overline{NL}\times\overline{MG}}{2}$이고, $S_{ANL} = \frac{\overline{NL}\times\overline{AG}}{2}$이다. 즉, $S_{ALMN} = S_{ANL} + S_{MNL} = \frac{\overline{NL}\times\overline{AG}}{2} + \frac{\overline{NL}\times\overline{MG}}{2} = \frac{\overline{NL}\times\overline{AM}}{2}$이다.

$\overline{AM}, \overline{NL}$을 a, h로 나타내자. 삼각형 SAC에서 $S_{SAC} = \frac{\overline{AC}\times\overline{SH}}{2} = \frac{\overline{SC}\times\overline{AM}}{2}$이므로, $\overline{AC} \times h = \overline{SC} \times \overline{AM}$이다. $\overline{AC} = \sqrt{2}a$, $\overline{HC} = \frac{\sqrt{2}}{2}a$, $\overline{SC} = \sqrt{\overline{HC}^2 + h^2} = \sqrt{\frac{a^2}{2} + h^2}$ 이므로, $\overline{AM} = \frac{2ah}{\sqrt{a^2+2h^2}}$이다.

이제, $\overline{NL}$을 구하자. 이등변삼각형 MNL에서 $\overline{NL} \perp \overline{MG}$이므로, 점 G는 선분 NL의 중점이며 $\overline{NG} = \overline{GL}$이다. 그리고 닮음인 삼각형 SGN, SHD에서 $\overline{SG} : \overline{GN} = \overline{SH} : \overline{HD}$가 되므로, $\overline{GN} = \frac{\overline{SG}\times\overline{HD}}{\overline{SH}}$이다. $\overline{HD} = \frac{\overline{BD}}{2} = \frac{\sqrt{2}a}{2}$이므로, $\overline{GN} = \overline{SG} \times \frac{a}{\sqrt{2}h}$가 된다. $\overline{SG}$를 a, h로 나타내자.

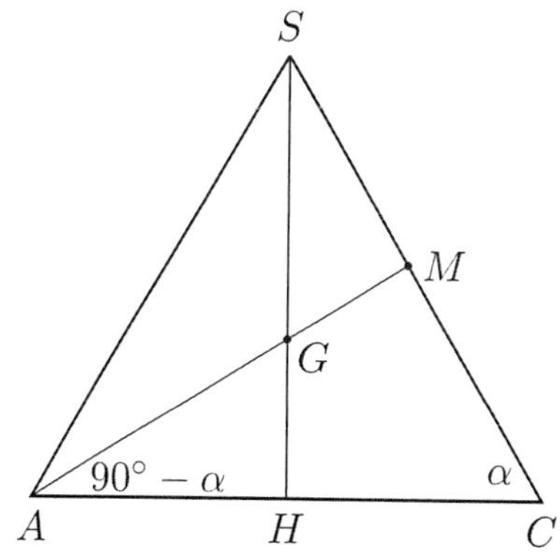

그림 3.19

이등변삼각형 SAC를 보자(그림 3.19). 각 SCH를 α라 하면, $\tan\alpha = \frac{\overline{SH}}{\overline{CH}} = \frac{\sqrt{2}h}{a}$이다. 직각삼각형 MAC에서 $\angle MAC = 90^\circ - \alpha$이며, 직각삼각형 GAH에서 $\tan(90^\circ - \alpha) = \frac{\overline{GH}}{\overline{AH}}$, $\cot\alpha = \frac{\overline{GH}}{\overline{AH}} = \frac{\overline{GH}}{\frac{\sqrt{2}a}{2}}$이다. $\tan\alpha = \frac{\sqrt{2}h}{a}$에서 $\cot\alpha = \frac{a}{\sqrt{2}h}$임을 생각하면, $\overline{GH} = \frac{a^2}{2h}$이 된다는 것을 알 수 있다. 이로부터 $\overline{SG} = h - \frac{a^2}{2h} = \frac{2h^2-a^2}{2h}$ 이다.

결국, $\overline{GN} = \overline{SG}\times\frac{a}{\sqrt{2}h} = \frac{a(2h^2-a^2)}{2\sqrt{2}h^2}$이며, $\overline{NL} = \frac{a(2h^2-a^2)}{\sqrt{2}h^2}$이다. 그러므로, $S_{ALMN} = \frac{\overline{NL}\times\overline{AM}}{2} = \frac{a(2h^2-a^2)}{\sqrt{2}h^2} \times \frac{2ah}{\sqrt{a^2+2h^2}} \times \frac{1}{2} = \frac{a^2(2h^2-a^2)}{\sqrt{2}h\sqrt{a^2+2h^2}}$이다. □

3. 각기둥과 각뿔

삼각기둥의 절단면을 살펴보자. 삼각기둥은 5개의 면을 가지므로, 절단면으로 삼각형, 사각형, 오각형을 가질 수 있다. 여기서는 삼각기둥의 절단면 중에서 절단면이 오각형이 되는 경우만 살펴보자.

삼각기둥 $ABCA_1B_1C_1$의 모서리 AC, CC_1, A_1B_1에 점 P, Q, R이 주어졌다(그림 3.20(a)). 점 P, Q, R을 지나는 절단평면 α에 의한 절단면을 작도하자.

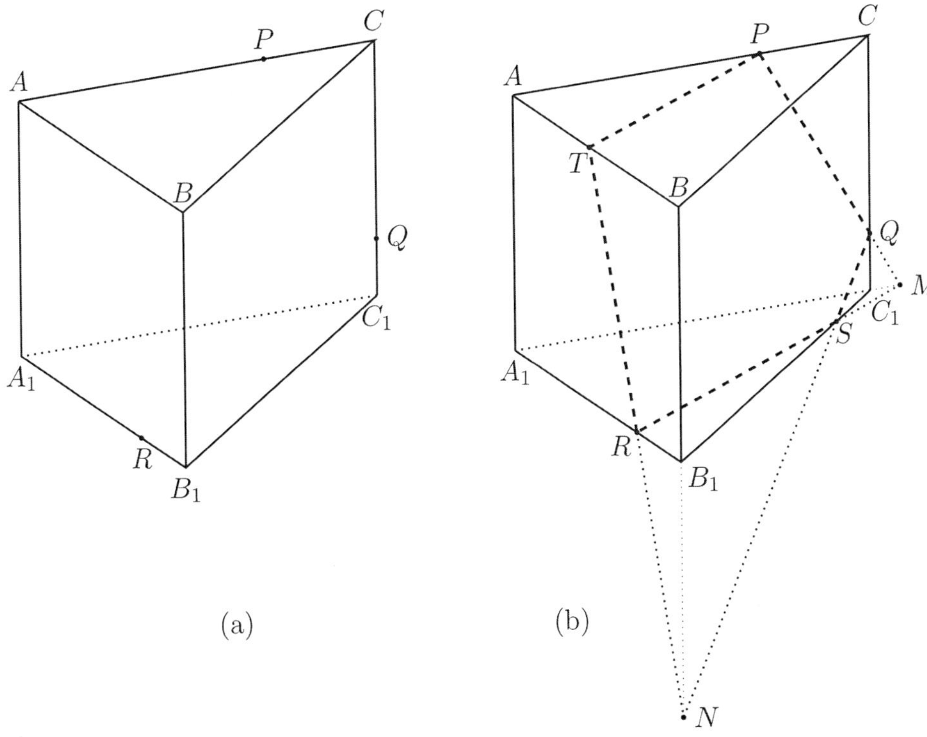

그림 3.20

점 P, Q가 같은 평면에 속하므로, 직선 PQ를 긋자. 직선 PQ와 모서리 A_1C_1의 연장선의 교점이 직선 PQ와 평면 $A_1B_1C_1$의 교점이다. 이 교점을 M이라 하자. 점 M과 R은 같은 평면에 속하므로, 직선 MR을 그으면 모서리 B_1C_1과의 교점 S를 구할 수 있다.

점 Q, S는 평면 BB_1C_1C에 속하므로, 직선 QS와 모서리 BB_1의 연장선은 점 N

에서 만난다(그림 3.20(b)). 점 N은 평면 AA_1B_1B에 속하므로, 직선 NR을 그을 수 있다. 직선 NR과 모서리 AB의 교점을 T라 하자. 이제, 얻어진 점 T, R, S, Q, P를 연결하면 절단면인 오각형 $TRSQP$를 얻을 수 있다.

이 작도문제의 해결에서는 전형적인 방법을 이용했다. 같은 평면에 속하는 점 P, Q를 지나는 직선 PQ를 긋고, 직선 PQ와 평면 $A_1B_1C_1$의 교점 M을 구했다. 그 후에 얻어진 점 M과 같은 평면에 속하는 점을 직선으로 연결하여 절단면의 다른 꼭짓점을 찾았다. 이 문제에서는 절단면의 변을 지나는 직선과 삼각기둥의 모서리의 연장선의 교점을 구하는 방법을 두 번 사용하여 문제를 해결하였다.

작도문제 3.9. 삼각기둥 $ABCDA_1B_1C_1D_1$에서 밑면 $ABC, A_1B_1C_1$은 한 변이 a인 정삼각형이고, $\overline{AA_1} = \overline{BB_1} = \overline{CC_1} = b$이다.
(1) 두 밑면 $ABC, A_1B_1C_1$의 중심을 연결한 선분의 중점 G와 모서리 A_1B_1를 지나는 평면 α에 의한 삼각기둥의 절단면을 작도하여라.
(2) 얻어진 절단면의 넓이를 구하여라.

(1) 절단면을 작도하자. 우선, 분석을 통해 절단면 작도를 위한 정보를 찾아보자. 삼각기둥 $ABCDA_1B_1C_1D_1$에 문제의 조건을 만족시키는 절단면인 사각형 A_1B_1PQ가 작도되었다고 가정하자(그림 3.21(a)).

점 G_1은 삼각형 ABC의 중심(정삼각형에서는 내심, 외심, 무게중심이 모두 일치함)이고, 점 G_2는 삼각형 $A_1B_1C_1$의 중심이다. 그러므로 선분 AB, A_1B_1의 중점 M, N을 잡아 꼭짓점 C, C_1과 각각 연결하면, 점 G_1, G_2를 지난다. 즉, 점 C, G_1, M, N, G_2, C_1은 한 평면에 속한다.

절단면 A_1B_1PQ의 변 PQ와 CM의 교점을 L이라 하고, 선분 LN을 작도하자. 그러면, 직각삼각형 LG_1G, NG_2G를 얻을 수 있는데, 이들은 $\overline{G_1G} = \overline{G_2G}$이므로 합동이 된다. 즉 $\overline{LG_1} = \overline{NG_2}$이다. 그런데, 점 G_2는 삼각형 $A_1B_1C_1$의 무게중심이므로 $\overline{NG_2} = \frac{1}{3}\overline{C_1N}$이다. 결국, $\overline{LG_1} = \overline{NG_2} = \frac{1}{3}\overline{C_1N} = \frac{1}{3}\overline{CM}$이다. 점 G_1이 삼각형 ABC의 무게중심이라는 것을 생각하면, $\overline{CL} = \overline{LG_1} = \overline{G_1M}$임을 알 수 있다.

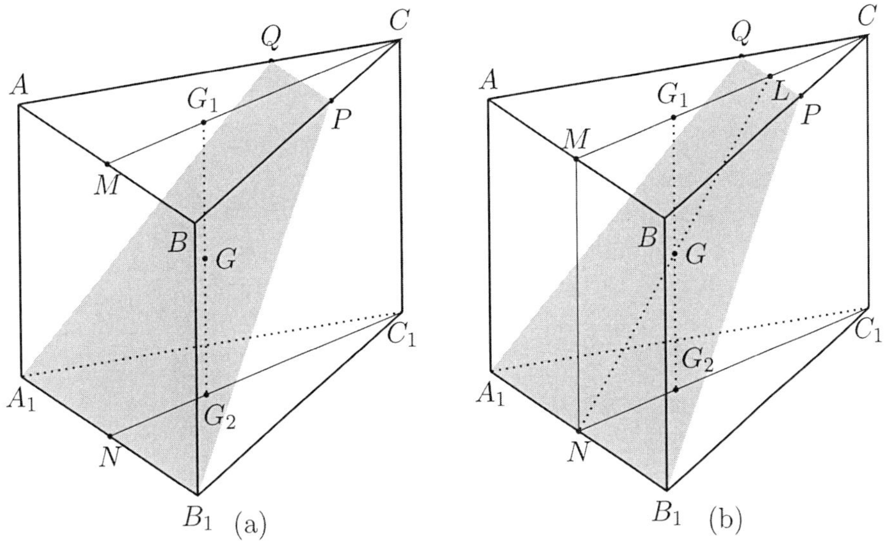

그림 3.21

삼각기둥의 밑면 $ABC, A_1B_1C_1$은 평행하므로, 밑면 $ABC, A_1B_1C_1$과 절단평면 α의 교선인 A_1B_1, PQ도 서로 평행하다. 이로부터 $\overline{PQ} \parallel \overline{A_1B_1} \parallel \overline{AB}$임을 알 수 있다. $\overline{PQ} \parallel \overline{AB}$, $\overline{CL} = \overline{LG_1} = \overline{G_1M}$에 의해, $\overline{CQ} : \overline{QA} = 1 : 2$가 된다(그림 3.21(b)).

기술한 분석과정을 통해, 절단면인 사각형 A_1B_1PQ에 대한 다음의 작도 순서를 알 수 있다. (1) 선분 AC에 $\overline{CQ} : \overline{QA} = 1 : 2$인 점 Q를 잡고, (2) 점 Q를 지나 모서리 AB와 평행한 직선을 그어 모서리 BC와의 교점을 P라 한다. (3) 점 A_1, B_1, P, Q를 연결하면, 절단면인 사각형 A_1B_1PQ가 작도된다.

(2) 사각형 A_1B_1PQ의 넓이를 구하자. 사각형 A_1B_1PQ는 사다리꼴이며, $\overline{A_1B_1} = a$이다. 그리고 $\overline{CQ} : \overline{CA} = \overline{QP} : \overline{AB} = 1 : 3$이므로, $\overline{QP} = \frac{a}{3}$이다. 사다리꼴 A_1B_1PQ의 높이를 구하자. 이를 위해, $\overline{LN} \perp \overline{A_1B_1}, \overline{NL} \perp \overline{PQ}$가 되는지를 확인하자.

$\overline{CC_1} \parallel \overline{G_1G_2}$이고 $\overline{CC_1}$은 평면 $A_1B_1C_1$과 수직이므로, $\overline{G_1G_2}$도 평면 $A_1B_1C_1$과 수직이다. 그리고 선분 C_1N은 삼각형 $A_1B_1C_1$의 높이이므로 $\overline{C_1N} \perp \overline{A_1B_1}$이다. 그러므로, 삼수선의 정리에 의해 $\overline{GN} \perp \overline{A_1B_1}$이다. 같은 방법으로 $\overline{GL} \perp \overline{PQ}$가 성립한다. 결국, 선분 LN은 사다리꼴 A_1B_1PQ의 높이가 됨을 알 수 있다.

선분 LN의 길이를 구하자. 직각삼각형 LMN에서 $\overline{LN}^2 = \overline{LM}^2 + \overline{MN}^2 = \overline{LM}^2 +$

b^2이다. $\overline{LM} = \frac{2}{3}\overline{CM}$인데, $\overline{CM}^2 = \overline{CA}^2 - \overline{AM}^2 = a^2 - (\frac{a}{2})^2 = \frac{3}{4}a^2$이며 $\overline{CM} = \frac{\sqrt{3}}{2}a$이다. 즉, $\overline{LM} = \frac{\sqrt{3}}{3}a$이다. 이로부터 $\overline{LN} = \sqrt{\frac{a^2}{3} + b^2}$이다. 사다리꼴 A_1B_1PQ의 넓이는 $\frac{a+\frac{a}{3}}{2} \times \sqrt{\frac{a^2}{3} + b^2} = \frac{2a}{3\sqrt{3}}\sqrt{a^2 + 3b^2}$이다. □

그림 3.21(b)에서 평면 A_1B_1PQ와 $A_1B_1C_1$의 교선 A_1B_1, 평면 A_1B_1PQ에 속하는 직선 GN, 평면 $A_1B_1C_1$에 속하는 직선 G_2N에 대해 $\overline{GN} \perp \overline{A_1B_1}$, $\overline{G_2N} \perp \overline{A_1B_1}$이라는 것을 보였다. 이것은 평면 A_1B_1PQ과 $A_1B_1C_1$이 이루는 이면각은 $\angle GNG_2$라는 것을 의미한다. 직각삼각형 GNG_2에서 $\tan \angle GNG_2 = \frac{\overline{GG_2}}{\overline{NG_2}}$이다. 이때, $\overline{NG_2} = \frac{1}{3}\overline{C_1N} = \frac{a}{2\sqrt{3}}$이며, $\overline{GG_2} = \frac{b}{2}$이다. 이로부터 $\tan \angle GNG_2 = \frac{\sqrt{3}b}{a}$임을 알 수 있다.

이제, 오각기둥의 절단면을 작도하는 문제를 살펴보자. 가령, 그림 3.22(a)와 같이 오각기둥 $ABCDEA_1B_1C_1D_1E_1$의 면 AA_1B_1B, BB_1C_1C, CC_1D_1D에 점 P, Q, R이 주어졌다고 하자. 점 P, Q, R을 지나는 절단평면 α에 의한 오각기둥의 절단면을 작도하자.

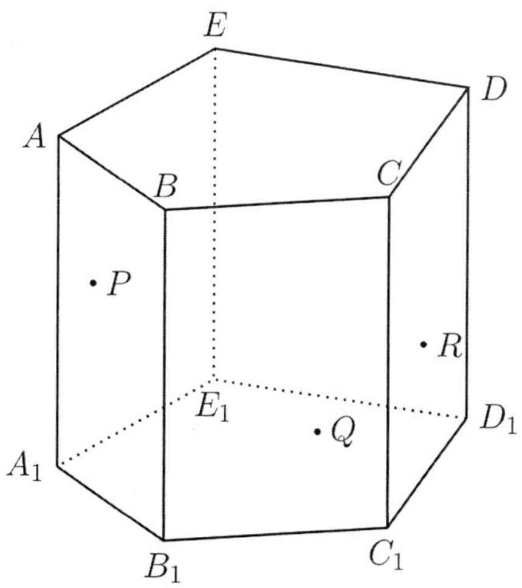

(a)

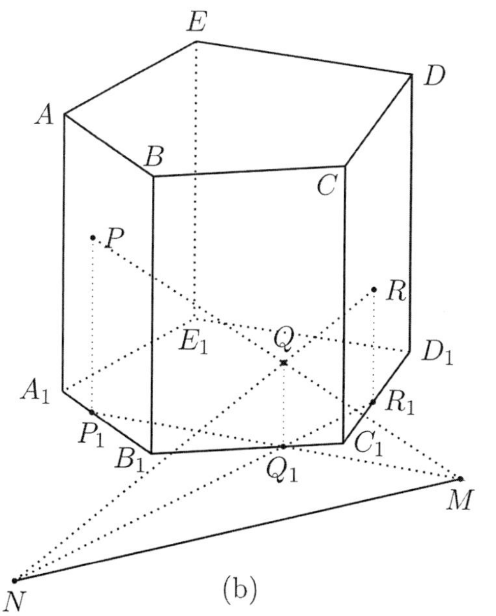

(b)

그림 3.22

절단평면 α와 밑면 $A_1B_1C_1D_1E_1$의 교선을 이용하여 절단면을 작도하자. 이를 위해, 점 P, Q, R을 옆모서리와 평행하도록 밑면에 사영시켜 P_1, Q_1, R_1이라 하자. 이제, 직선 PQ와 P_1Q_1의 교점을 M이라 하면, 점 M은 직선 PQ와 밑면의 교점이다. 그리고 직선 RQ와 R_1Q_1의 교점 N은 직선 RQ와 밑면의 교점이 된다. 이로부터 절단평면 α와 밑면 $A_1B_1C_1D_1E_1$의 교선 MN이 얻어진다(그림 3.22(b)).

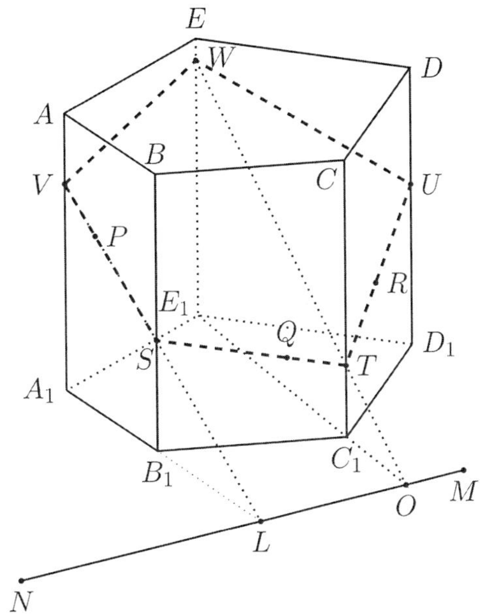

그림 3.23

모서리 A_1B_1의 연장선과 교선 MN의 교점을 L이라 하면, 점 L은 평면 α와 AA_1B_1B에 속한다. 직선 PL을 그어 모서리 AA_1, BB_1과의 교점을 V, S라 하면, 점 V, S는 절단면인 다각형의 꼭짓점이 된다.

이제, 평면 BB_1C_1C의 점 S, Q를 지나는 직선 SQ를 작도하여 모서리 CC_1과의 교점을 T라 하자. 그리고 직선 TR을 그어, 모서리 DD_1과의 교점을 U라 하면, 절단면인 다각형의 꼭짓점 T, U가 얻어진다(그림 3.23).

평면 α와 모서리 EE_1과의 교점을 구하자. 이를 위해, 직선 NM과 모서리 A_1E_1의 연장선 또는 E_1D_1의 연장선과의 교점을 이용할 수 있다. 그러나 그림 3.23에서는 이러한 방법이 효과적이지 않다.

모서리 EE_1에 평면 α와 모서리 EE_1의 교점 W가 있다고 가정하자. 이때, 점 W를 모서리와 평행하게 밑면에 사영시키면 E_1이 되는데, 직선 WT와 E_1C_1은 직선 MN에 속하는 교점을 가진다. 이것을 역으로 이용하면, 평면 α와 모서리 EE_1의 교점 W를 찾을 수 있다. 즉, 직선 E_1C_1과 직선 MN의 교점을 O라 하자. 직선 OT를 작도하여 모서리 EE_1과의 교점을 구하면, 이 점이 바로 평면 α와 모서리 EE_1의 교점 W이다. 이와 같은 방법으로 평면 α와 오각기둥의 모서리들의 교점 V, S, T, U, W가 얻어지며, 이 점들을 연결하면 절단면인 오각형 $VSTUW$가 얻어진다.

이 문제의 해결에서도 절단평면의 교선 방법을 이용하였으며, 여기서는 삼각기둥이나 정육면체의 경우보다는 복잡한 보조선들이 필요했다.

이 문제를 다른 방법으로 풀어보자. 작도문제 3.5의 두 번째 풀이에서 사각뿔의 주어진 점들을 옆모서리를 따라 밑면에 사영시키는 방법을 이용하였다. 오각기둥에 대해서도 이 방법을 이용하자. 점 P, Q, R을 옆모서리에 평행하게 밑면에 사영시켜 P_1, Q_1, R_1이라 하자(그림 3.24(a)).

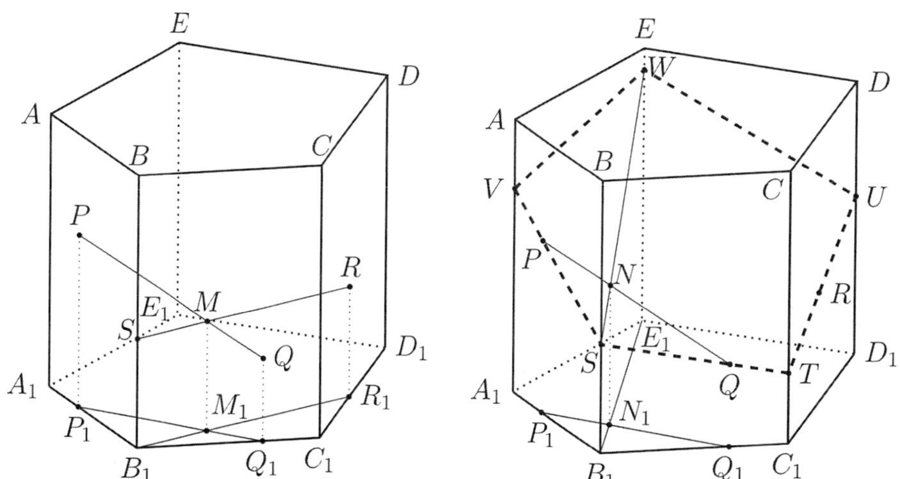

그림 3.24

선분 PQ는 선분 P_1Q_1으로 사영된다. 평면 α에 의한 오각기둥의 절단면을 상상하면, 절단평면 α는 모서리 BB_1과 만난다는 것을 어렵지 않게 생각할 수 있다. 가령, 절단평면 α와 모서리 BB_1이 점 S에서 만난다고 하면, 점 S는 밑면의 점 B_1으로 사영

된다. 그리고 선분 PQ와 SR의 교점 M은 밑면의 선분 P_1Q_1과 B_1R_1의 교점 M_1으로 사영될 것이다. 아직 모서리 BB_1에서 점 S의 위치는 정확히는 모르지만, S가 밑면에 사영된 위치 B_1은 정확히 알 수 있다. 즉, 선분 P_1Q_1과 B_1R_1의 교점 M_1의 위치를 정확히 알 수 있으므로, 점 M_1을 옆모서리와 평행하게 선분 PQ로 보내면, 선분 PQ와 SR의 교점 M의 위치를 결정할 수 있다. 직선 RM과 모서리 BB_1의 교점을 S라 하자.

이제, 직선 PS, SQ를 그어 모서리 AA_1, CC_1과의 교점을 V, T라 하자. 그리고 직선 TR과 모서리 DD_1의 교점을 U라 하자.

절단평면 α와 모서리 EE_1의 교점 W의 위치를 결정하자. 가령, 그러한 점 W가 모서리 EE_1에 존재한다고 가정하자. 점 W를 밑면에 사영시키면 E_1이 된다. 그리고 선분 WS는 선분 E_1B_1으로 사영된다. 이때, 선분 E_1B_1은 선분 P_1Q_1과 점 N_1에서 만난다(그림 3.24(b)).

점 N_1을 선분 WS로 옆모서리와 평행하게 보내면, 점 N_1은 선분 WS와 PQ의 교점 N으로 보내진다. 이와 같은 분석을 통해 얻어진 정보를 이용하면, 점 W의 위치를 결정할 수 있다. 선분 E_1B_1을 작도하여 선분 P_1Q_1과의 교점을 N_1이라 하자. 점 N_1을 지나 옆모서리와 평행한 직선을 그어 선분 PQ와의 교점을 N이라 하자. 이제, 직선 SN을 작도하여, 모서리 EE_1과의 교점을 W라 하자.

얻어진 점 V, S, T, U, W를 연결하면, 구하는 절단면인 오각형 $VSTUW$를 얻을 수 있다. 이 방법에서는 절단평면 α와 밑면 $A_1B_1C_1D_1$의 교선을 작도하지 않고, 주어진 점들을 옆모서리와 평행하게 밑면으로 사영시켜서 절단면을 작도하였다.

여기서는 문제해결 과정에서 '분석'이 중요한 역할을 하였다. 즉, 구하는 점을 찾았다고 가정하여(모서리 EE_1에서 점 W의 위치를 안다면, 모서리 BB_1에서 점 S의 위치를 안다면), 이로부터 어떤 정보를 얻을 수 있는가를 탐구하였다. 이때 얻어진 정보들을 바탕으로 분석 과정의 역으로 진행하면서 절단면의 작도 순서를 찾을 수 있었다.

살펴본 것과 같이, 절단평면 α를 결정하기 위해 각기둥의 면 또는 모서리에 주어진

점을 각기둥의 옆모서리와 평행하게 밑면으로 사영시킨 다음, 사영으로 얻어진 점들과 이들의 교점을 바탕으로 절단면의 꼭짓점을 찾는 방법을 평행사영 방법이라 하자. 평행사영 방법은 각기둥에서 절단면을 작도할 때에 폭넓게 이용될 수 있다.

오각기둥의 절단면 작도문제를 더 살펴보자. 점 P는 모서리 AA_1, 점 Q는 모서리 BB_1, 점 R은 모서리 CC_1에 그림 3.25(a)와 같이 주어졌다. 점 P, Q, R을 지나는 절단평면 α에 의한 오각기둥의 절단면을 작도하자.

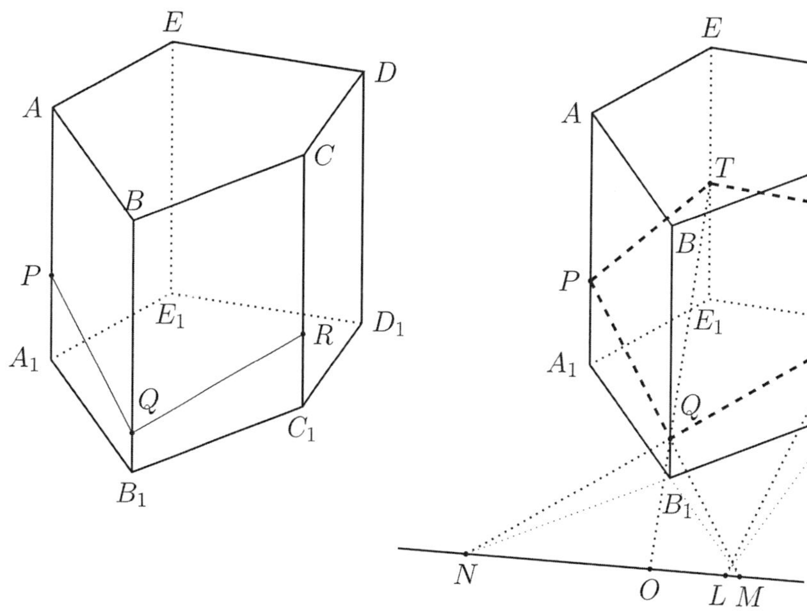

그림 3.25

점 P, Q, R이 인접한 옆모서리에 주어졌으므로, 선분 PQ, QR을 작도할 수 있다. 그림 3.25(a)에서 절단평면 α와 밑면 $A_1B_1C_1D_1E_1$의 교선을 이용하면 절단면을 어렵지 않게 작도할 수 있다.

직선 PQ와 모서리 A_1B_1의 연장선의 교점을 M, 직선 RQ와 모서리 B_1C_1의 연장선의 교점을 N이라 하자. 그러면, 직선 MN은 절단평면 α와 평면 $A_1B_1C_1D_1E_1$의 교선이다(그림 3.25(b)).

직선 MN과 모서리 C_1D_1의 연장선의 교점을 L이라 하고, 직선 LR과 모서리 DD_1의 교점을 S라 하자. 직선 E_1B_1과 교선 MN의 교점을 O라 하고, 직선 OQ를 그어 모서리 EE_1과의 교점을 T라 하자. 이제, 점 P, Q, R, S, T를 연결하면, 절단면 $PQRST$를 얻을 수 있다.

이 작도문제를 다른 방법으로 풀어보자. 그림 3.25(a)와 같이 점 P, Q, R을 연결하여 직선 PQ, QR을 작도하였다. 만나는 직선 PQ, QR에 의해 만들어지는 절단평면 α를 생각하자. 절단평면 α는 직선 PQ, QR뿐만 아니라, 점 P를 지나 직선 QR에 평행한 직선(직선 n이라 하자)도 포함한다. 여기서는 평면 BB_1C_1C와 평행하며 모서리 AA_1을 지나는 평면 β를 이용하여 절단면을 작도해 보자.

평면 BB_1C_1C와 평행하며 모서리 AA_1을 지나는 평면 β를 작도해 보자. 평면 $ABCDE$에 점 A를 지나 직선 BC와 평행한 직선 m을 긋고, 평면 $A_1B_1C_1D_1E_1$에 점 A_1을 지나 직선 B_1C_1과 평행한 직선 m_1을 긋자. 그러면, 평행한 직선 m, m_1에 의해 만들어지는 평면은 평면 BB_1C_1C와 평행하며 모서리 AA_1을 지나게 된다. 이 평면이 평면 β이다(그림 3.26).

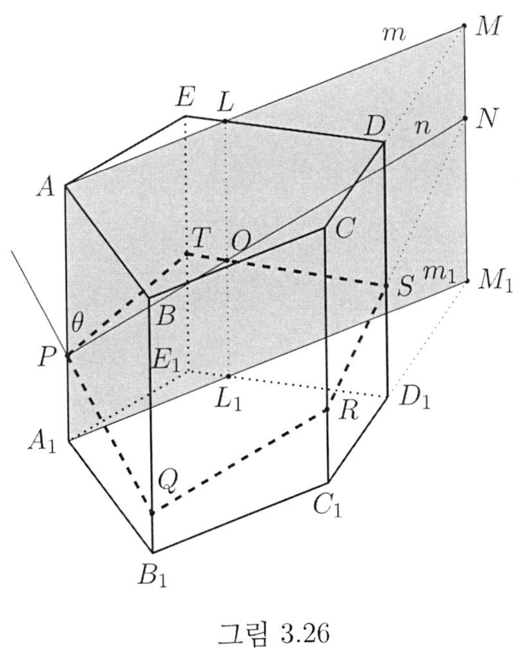

그림 3.26

이제, 직선 n을 작도하자. 절단평면 α에서 직선 PQ의 점 P를 꼭짓점으로 하여 각 RQP와 같은 각 θ를 작도하자. 이때, 각 θ의 한 변은 직선 PQ에 속하며, 다른 변은 점 P를 지나는 직선에 속한다. 절단평면 α에서 각 θ와 각 RQP가 같으므로, 점 P를 지나는 각 θ의 변은 직선 QR과 평행하게 된다. 이 직선이 직선 n이다.

정리 1.15에서 평행한 두 평면이 다른 평면과 만나 생기는 교선이 평행하다는 것을 보였다. 평면 BB_1C_1C와 평면 β가 평행하며 절단평면 α와 만난다. 그러므로, 평면 BB_1C_1C와 절단평면 α의 교선 QR은 평면 β와 절단평면 α의 교선과 평행하다. 이때, 평면 β와 절단평면 α는 점 P를 공유하므로, 평면 β와 절단평면 α의 교선은 점 P를 지난다. 점 P를 지나며 직선 QR과 평행인 직선은 직선 n이므로, 평면 β와 절단평면 α의 교선은 직선 n이다.

평면 β에서 모서리 CD의 연장선과 직선 m의 교점을 M, 모서리 C_1D_1과 직선 m_1의 교점을 M_1이라 하자. 그러면, 직선 MM_1은 평면 β에도 속하고 면 CC_1D_1D에도 속한다. 평면 β에서 직선 n과 MM_1의 교점을 N이라 하자. 그러면, 점 N은 평면 CC_1D_1D에 속하므로, 직선 RN을 그어 모서리 DD_1과의 교점 S를 구할 수 있다.

절단평면 α에 속하는 평면 EE_1D_1D의 점을 찾자. 평면 β는 모서리 DE, D_1E_1과 점 L, L_1에서 만나며, 선분 LL_1은 직선 PN과 점 O에서 만난다. 즉, 점 O는 평면 α에 속하는 평면 EE_1D_1D의 점이다. 절단평면 α에 속하는 점 S, O를 지나는 직선 SO를 작도하여, 이 직선과 모서리 EE_1과의 교점을 T라 하자. 얻어진 점 P, Q, R, S, T를 연결하면, 절단면인 오각형 $PQRST$를 작도할 수 있다.

살펴본 절단면 작도문제의 해결에서는 평행인 평면 BB_1C_1C와 β가 절단평면 α와 만나며, 이때 절단평면 α와 평면 BB_1C_1C의 교선, 절단평면 α와 평면 β의 교선이 평행하다는 것을 이용하였다.

작도문제 3.10. 오각뿔 $SABCDE$에서 점 P는 면 SAB에, 점 Q는 모서리 SB에, 점 R은 면 SBC에 놓여있다(그림 3.27(a)). 점 P, Q, R에 의해 결정된 절단평면 α에 의한 오각뿔의 절단면을 작도하여라.

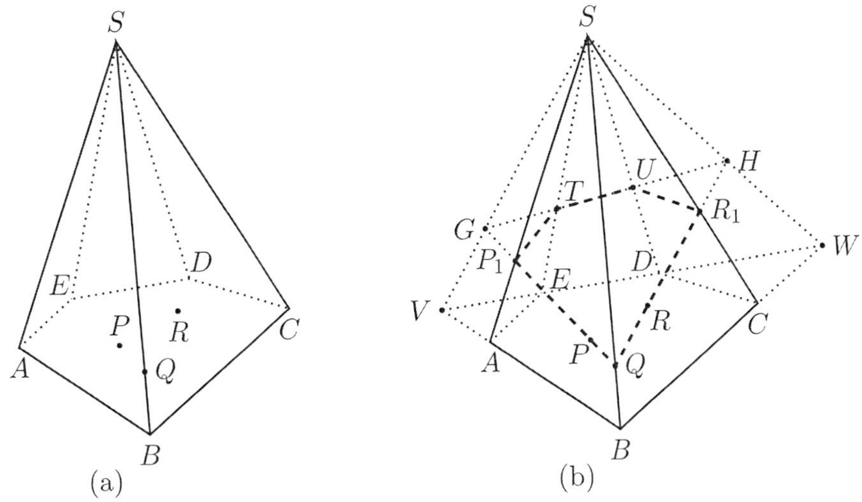

그림 3.27

세 점 P, Q, R이 인접한 모서리와 면에 놓여있기 때문에, 직선 PQ, PR을 작도하여 모서리 SA, SC와의 교점 P_1, R_1을 어렵지 않게 찾을 수 있다. 이제, 절단평면 α와 모서리 SD, SE의 교점을 생각하자. 이 교점을 찾기 위해, 절단평면의 교선 방법을 이용할 수 있다.

여기서는 다른 방법으로 문제를 풀어보자. 오각뿔 $SABCDE$에는 절단평면 α에 속하는 직선 PQ, QR이 있다. 절단평면 α와 모서리 SE, SD의 교점을 구하기 위해, 보조선을 이용하자. 모서리 BA와 DE의 연장선의 교점을 V, 모서리 BC와 DE의 연장선의 교점을 W라 하자. 점 S, V, W를 그림 3.27(b)처럼 연결하면, 삼각뿔 $SVBW$를 얻을 수 있다.

직선 QP와 선분 SV의 교점을 G, 직선 QR과 선분 SW의 교점을 H라 하자. 점 G, H는 절단평면 α에 속하므로, 직선 GH도 절단평면 α에 속한다. 모서리 SE, SD는 삼각뿔 $SVBW$의 면 SVW에 속하므로, 직선 GH와 모서리 SE, SD의 교점 T, U를 구할 수 있다. 이때, 점 T, U는 절단평면 α에 속한다. 이로부터 절단면인 오각형 P_1QR_1UT를 작도할 수 있다. □

작도문제 3.10의 해결에서는 보조선을 이용하여 오각뿔을 삼각뿔로 만들어 절단면을 작도하였다. 보조선을 이용하여 오각뿔을 삼각뿔로 변형시켜 작도문제를 해결하는 방법은 다면체의 절단면 작도에 폭넓게 사용될 수 있다. 여기서는 오각뿔을 삼각뿔로, 즉 밑면을 오각형에서 삼각형으로 퇴화시켰으며, 이 방법을 다면체 퇴화 방법이라 부르자.

다면체 퇴화 방법은 각뿔에서만 사용하는 것은 아니다. 각기둥에서도 다면체 퇴화 방법을 이용할 수 있다. 그림 3.28(a)와 같이 육각기둥 $ABCDEFA_1B_1C_1D_1E_1F_1$에 점 P, Q, R이 모서리 AA_1, CC_1, EE_1에 주어졌다고 하자. 점 P, Q, R을 지나는 절단평면 α에 의한 육각기둥의 절단면을 작도하자.

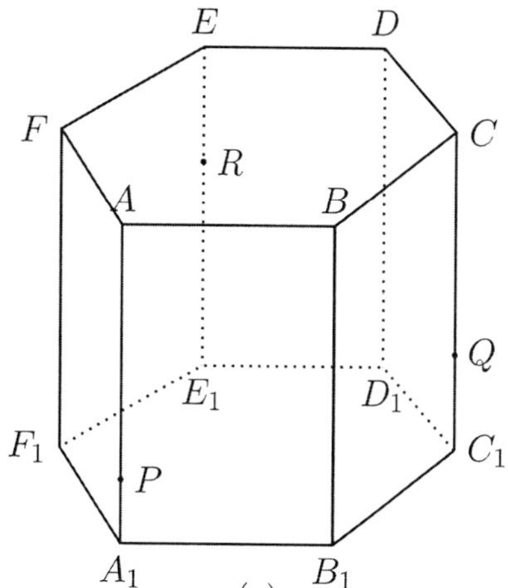

(a)

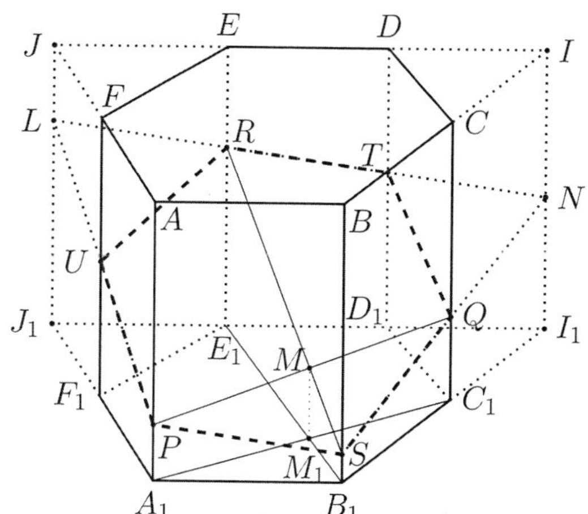

(b)

그림 3.28

밑면인 육각형 $ABCDEF$, $A_1B_1C_1D_1E_1F_1$을 그림 3.28(b)와 같이 사각형 $ABIJ$, $A_1B_1I_1J_1$으로 퇴화시킬 수 있다. 결국, 육각기둥이 아니라 사각기둥 $ABIJA_1B_1I_1J_1$에서 절단면 작도문제를 해결하면 된다.

사각기둥에 대한 절단면 작도문제를 절단평면의 교선 방법이나 평행사영 방법으로 해결할 수 있다. 여기서는 평행사영 방법으로 절단면을 작도해 보자. 점 P, Q, R을 지나는 절단평면 α를 생각하자.

절단평면 α는 모서리 BB_1과 만난다는 것을 추측할 수 있다. 가령, 이 교점을 S라 하자. 교점 S가 모서리 BB_1의 어느 위치에 있는지는 아직 결정되지 않았지만, 점 S

를 모서리를 따라 밑면에 사영시키면 점 B_1이 된다는 것은 알 수 있다.

점 P, Q, R도 모서리를 따라 사영시키면 A_1, C_1, E_1이 된다(그림 3.28(b)). 이제, 밑면에서 선분 A_1C_1, B_1E_1을 그어, 그 교점을 M_1이라 하자. 이때 점 M_1은 선분 PQ, RS의 교점 M을 모서리를 따라 밑면에 평행사영하여 얻어지는 점이기도 하다. 점 S의 위치가 아직 결정되지 않았기 때문에 점 M의 위치도 모른다. 그러나 점 M_1의 위치는 선분 A_1C_1, B_1E_1의 교점으로 결정되었다. 이제, 점 M_1을 모서리에 평행하게 평행사영하여, 선분 PQ와의 교점을 구하자. 이 교점이 M이다.

점 M이 결정되었으므로, 직선 RM을 그어, 모서리 BB_1과의 교점을 S라 하자. 그리고 직선 SQ를 그어 선분 II_1과의 교점을 N이라 하자. 점 R, N은 평면 JJ_1I_1I에 속하므로, 직선 RN을 그어 선분 DD_1과의 교점을 T라 하고, 선분 JJ_1과의 교점을 L이라 하자. 이제, 직선 LP를 작도하여 선분 FF_1과의 교점을 U라 하자. 이로부터, 평면 α와 육각기둥의 모서리의 교점 S, T, U를 구할 수 있으며, 절단면인 육각형 $PSQTRU$가 작도된다.

살펴본 작도문제 해결에서는 다면체 퇴화 방법과 평행사영 방법이 사용되었다. 특히, 다면체 퇴화 방법은 그림 3.28(a)의 문제상황을 사각기둥 문제로 단순화시키는 역할을 하였으며, 사각기둥에서 절단면을 찾기 위해 평행사영 방법이 사용되었다. 다면체 퇴화 방법은 독립적인 작도문제 해결 방법이라기 보다는 문제상황을 단순화시켜 다른 방법의 사용을 돕는 보조적인 성격의 방법이라 할 수 있을 것이다.

제 4 장.

공간에서 도형의 수직

1. 공간에서 직선들이 이루는 각

일반적으로 각은 시점을 공유하는 두 반직선으로 이루어진 도형을 말한다. 그림 4.1에는 평면 α에 교점이 P인 직선 l, m이 4개의 각을 만들고 있는데, 두 직선이 만나서 이루는 각을 교각이라 부른다.

두 직선 l, m사이의 각은 직선 l, m에 의해 만들어지는 4개의 교각 중에서 가장 작은 각을 말한다. 그림 4.1에서 직선 l, m사이의 각은 각 QPR(또는 각 QPR의 맞꼭지각)을 말한다. 두 직선사이의 각을 θ라 하면, $0° \leq \theta \leq 90°$이다.

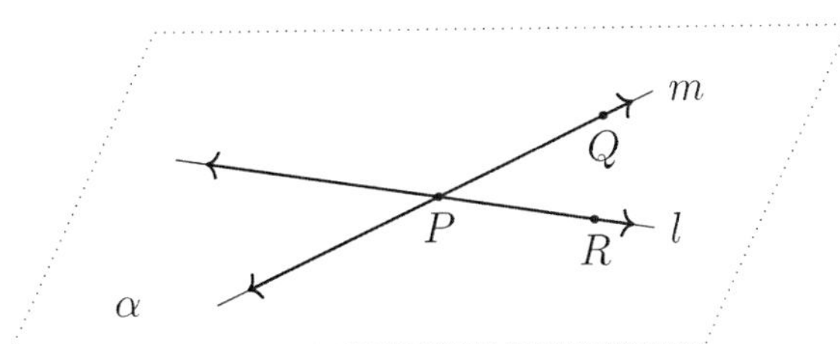

그림 4.1

공간에서 두 직선이 $90°$인 각을 이루면, 두 직선은 수직이라고 말한다. 평면에서는 직선 m의 임의의 점 Q를 지나 직선 m에 수직인 직선을 작도할 수 있으며, 그러한 직선은 유일하다. 공간에서도 이와 유사한 성질이 성립하는지 살펴보자.

정리 4.1. 공간에서 직선 l의 점 P를 지나며 직선 l에 수직인 직선을 작도할 수 있다.

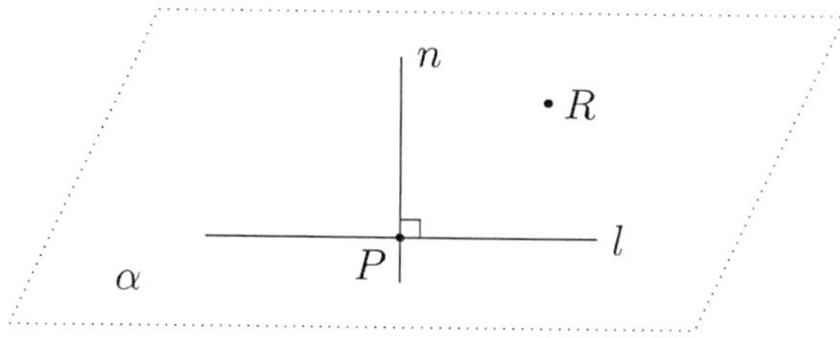

그림 4.2

직선 l에서 점 P를 생각하자. 직선 l의 밖에 놓인 공간의 임의의 점 R을 잡자. 그러면, 직선 l과 점 R을 지나는 평면 α를 만들 수 있고(그림 4.2), 직선 l과 점 P는 평면 α에 속한다. 평면 α에서 직선 l의 점 P를 지나 직선 l에 수직인 직선 n을 작도할 수 있다. 이것으로 정리가 증명된다. □

평면에서는 직선 m의 임의의 점 Q를 지나 직선 m에 수직인 직선을 유일하게 작도할 수 있지만, 공간에서는 그렇지 않다. 정리 4.1에서는 공간에서 직선 l의 점 P를 지나 직선 l에 수직인 직선 n을 작도할 수 있다는 것을 보였지만, 그러한 직선 n의 유일성에 대해서는 말하지 않았다. 공간에서 직선 l을 포함하는 평면은 무수히 많기 때문에, 공간에서 직선 l의 점 P를 지나 직선 l에 수직인 직선도 무수히 많이 작도할 수 있다.

작도문제 4.1. 공간에 직선 l과 직선 밖의 점 P가 주어졌다. 점 P를 지나며 직선 l에 수직인 직선을 작도하여라.

정리 1.1에 의해 직선 l과 점 P를 지나는 평면 α를 만들 수 있다. 그러면, 직선 l과 점 P는 평면 α에 속한다. 이제, 평면 α에서 직선 l에 속하지 않는 점 P를 지나 직선 l에 수직인 직선을 작도하는 방법을 이용하면 된다. 예를 들어, 점 P를 중심으로 직선 l과 만나는 원을 작도하여, 원과 직선 l의 교점을 M, N이라 하자. 선분 MN의 수직이등분선 m을 작도하면, 직선 m은 직선 l에 수직이며 점 P를 지난다. □

평행한 직선들과 각의 관계를 살펴보자. 평면 α에 평행한 직선 l과 n, m과 k가 주어졌다고 하자(그림 4.3). 그러면, 직선 l, m이 이루는 각 RPS는 직선 n, k가 이루는 각 RQS와 같다. 왜냐 하면, 직선 l, m의 교점을 P, 직선 n, k의 교점을 Q, 직선 m, n의 교점을 R, 직선 l, k의 교점을 S라 하면, 사각형 $PRQS$는 평행사변형이다. 그리고 평행사변형 $PRQS$에서 대각 $\angle RPS$와 $\angle RQS$는 같다.

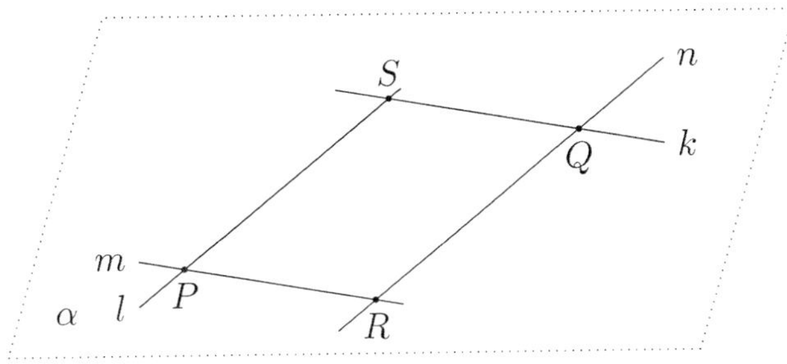

그림 4.3

공간에서도 평행한 직선들이 같은 각을 이루는지 살펴보자.

정리 4.2. 평면 α에서 만나는 직선 l, m이 이루는 각을 δ라 하자. 평면 β의 직선 n, k는 $n \parallel l, k \parallel m$이며, 직선 n, k는 각 θ를 이룬다. 그러면, $\angle\delta = \angle\theta$이다.

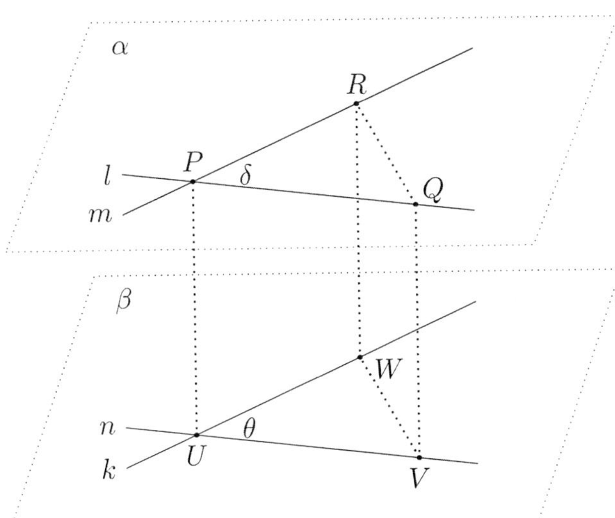

그림 4.4

$n \parallel l, k \parallel m$이므로, 정리 1.14에 의해 평면 α와 β는 평행이다. 직선 l, m의 교점을 P, 직선 n, k의 교점을 U라 하자. 직선 l, m에 점 Q, R을 잡고, 직선 n, k에 $\overline{PQ} = \overline{UV}, \overline{PR} = \overline{UW}$인 점 V, W를 잡자. 이제, $\angle RPQ = \angle WUV$를 증명하자.

사각형 $PUVQ$를 보자. 변 PQ, UV가 평행이고 같으므로, 사각형 $PUVQ$는 평행사변형이며 $\overline{PU} = \overline{QV}$, $\overline{PU} \parallel \overline{QV}$이다. 그리고 사각형 $PUWR$에서 변 PR, UW가 평행이고 같으므로, 사각형 $PUWR$은 평행사변형이며 $\overline{PU} = \overline{RW}$, $\overline{PU} \parallel \overline{RW}$이다. 결국 $\overline{QV} = \overline{RW}$, $\overline{QV} \parallel \overline{RW}$이다. 이로부터 사각형 $QVWR$은 평행사변형임을 알 수 있고, $\overline{QR} = \overline{VW}$이다.

삼각형 PQR과 UVW를 보자. 두 삼각형은 세 변이 모두 같으므로, 합동이다. 이로부터 $\angle RPQ = \angle WUV$가 증명된다. □

꼬인 위치에 있는 직선들이 이루는 각을 살펴보자. 꼬인 위치에 있는 직선 l, m이 주어졌다고 하자. 이제, 공간에서 임의의 점 P를 잡자.

직선 l과 점 P를 지나는 평면 α를 만들 수 있다. 평면 α에서 점 P를 지나며 직선 l과 평행한 직선 l_1을 작도하자. 그리고 직선 m과 점 P를 지나는 평면 β를 만들고, 평면 β에서 점 P를 지나며 직선 m과 평행한 직선 m_1을 작도하자. 그러면 직선 l_1, m_1은 점 P에서 만나며, 공리 A3에 의해 직선 l_1, m_1을 지나는 평면 γ를 만들 수 있다 (그림 4.5).

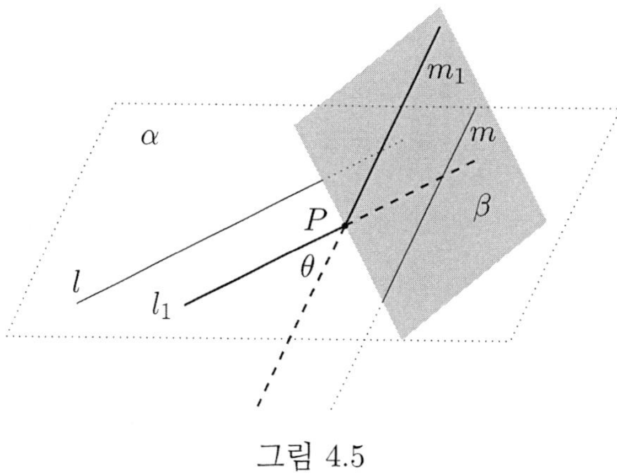

그림 4.5

이제, 평면 γ에서 직선 l_1, m_1이 이루는 각 θ를 생각할 수 있다. 각 θ를 꼬인 위치에 있는 직선 l, m이 이루는 각으로 정의한다. 꼬인 위치에 있는 두 직선이 $90°$인 각을 이루면, 두 직선은 수직을 이룬다고 말한다.

정육면체 $ABCDA_1B_1C_1D_1$을 생각하자. 그림 4.6에서 직선 AB_1과 BC_1은 꼬인 위치에 있다. 꼬인 위치의 직선 AB_1, BC_1이 이루는 각을 생각하자(그림 4.6(a)). 직선 BC_1은 직선 AD_1과 평행이므로, 직선 AB_1, BC_1이 이루는 각은 직선 AB_1, AD_1이 이루는 각과 같다.

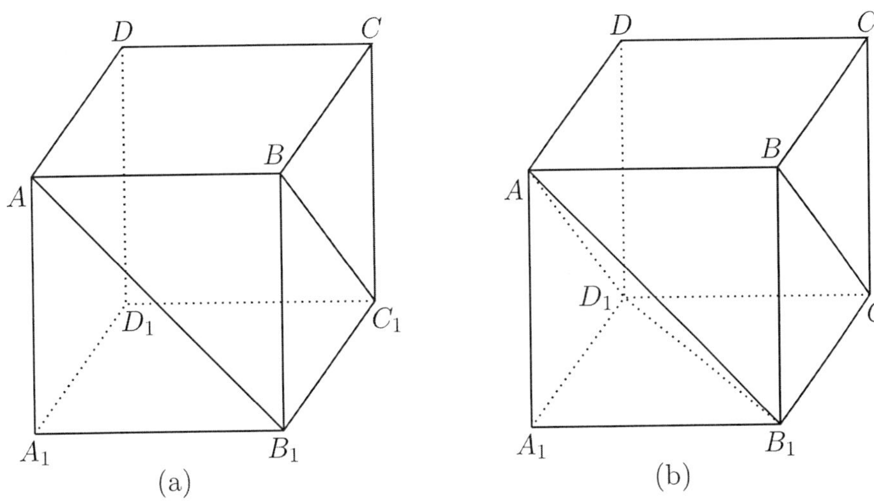

그림 4.6

삼각형 AB_1D_1에서 $\overline{AB_1} = \overline{AD_1} = \overline{B_1D_1}$이므로, 삼각형 AB_1D_1은 정삼각형이다(그림 4.6(b)). 결국 직선 AB_1과 BC_1이 이루는 각의 크기는 $60°$이다.

꼬인 위치에 있는 직선 AB_1과 BC가 이루는 각을 살펴보자. 직선 BC는 직선 AD와 평행이다. 사각형 AB_1C_1D에서 $\overline{AB_1} = \overline{DC_1}, \overline{AD} = \overline{B_1D_1}$이고, $\overline{AC_1} = \overline{DB_1}$이므로, 사각형 AB_1C_1D는 직사각형이다. 그러므로, 직선 AB_1, AD가 이루는 각의 크기는 $90°$이고, 꼬인 위치에 있는 직선 AB_1과 BC가 이루는 각도 $90°$이다.

2. 공간에서 직선과 평면의 수직

공간에 평면 α, 평면 α와 만나는 직선 l이 주어졌다. 직선 l이 평면 α에 속하는 임의의 직선과 수직을 이루면, 직선 l은 평면 α와 수직을 이룬다고 말한다. 그리고 직선 l을 평면 α에 대한 수선이라 부르고, 기호로 $l \perp \alpha$로 나타낸다.

정리 4.3 (직선과 평면의 수직 조건)**.** 평면 α와 만나는 직선 l이 평면 α의 직선 m, n과 수직을 이루면, 직선 l은 평면 α와 수직을 이룬다.

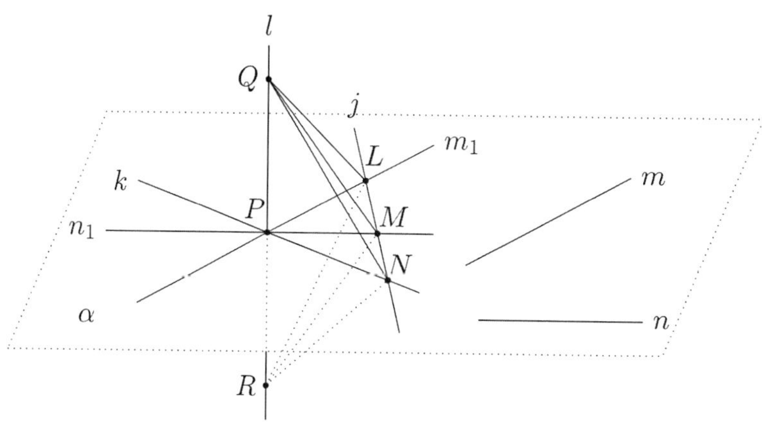

그림 4.7

평면 α와 직선 l이 점 P에서 만나며, 직선 l은 평면 α의 직선 m, n과 수직을 이룬다고 하자(그림 4.7). 그러면, 점 P를 지나며 m, n과 평행인 직선 m_1, n_1은 직선 l과 수직을 이룬다.

직선 l이 평면 α와 수직을 이룬다는 것을 증명하자. 이를 위해, 점 P를 지나는 평면 α의 임의의 직선을 k라 하고 $l \perp k$를 증명하자. 만약 k가 직선 m_1, n_1과 일치하면, $l \perp k$이다.

k가 직선 m_1, n_1과는 다른 직선이라 하자. 직선 l에 점 Q, R을 $\overline{PQ} = \overline{PR}$이 되도록 잡자. 그리고 평면 α에 직선 m_1, n_1, k와 점 L, M, N에서 만나는 직선 j를 작도하자. 그러면, 직각삼각형 LPQ와 LPR은 $\angle QPL = \angle RPL = 90°$, $\overline{PQ} = \overline{PR}$이고 선분 PL은 공통이므로 합동이다. 이로부터, $\overline{QL} = \overline{RL}$이 유도된다. 유사한 방법으로,

$\overline{QM} = \overline{RM}$이 성립함을 알 수 있다.

삼각형 QLM과 RLM에서 $\overline{QL} = \overline{RL}$, $\overline{QM} = \overline{RM}$이고 선분 LM은 공통이므로, 삼각형 QLM과 RLM은 합동이다. 이로부터 $\angle QLM = \angle RLM$이 얻어진다.

이제, 삼각형 QLN과 RLN을 보자. $\overline{QL} = \overline{RL}$, $\angle QLN = \angle RLN$이고, $\overline{LN}$은 공통이므로, SAS 합동조건에 의해 삼각형 QLN과 RLN은 합동이다. 이로부터 $\overline{QN} = \overline{RN}$을 알 수 있다.

삼각형 QNR에서 $\overline{QN} = \overline{RN}$이므로, 삼각형 QNR은 이등변삼각형이다. 그리고 $\overline{PQ} = \overline{PR}$이므로, 점 P는 변 QR의 중점이다. 즉 선분 NP는 이등변삼각형 QNR의 중선이므로, 선분 NP는 수선이 된다. 이로부터, 직선 NP와 QR은 수직을 이룬다는 것이 유도된다. □

예제 4.1. 정삼각뿔 $SABC$에서 꼬인 위치에 있는 모서리 SA와 BC가 수직을 이룬다는 것을 증명하여라.

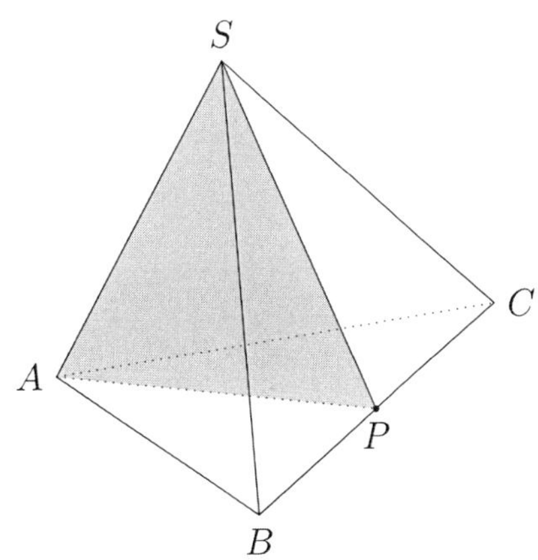

그림 4.8

정삼각뿔의 면 SBC는 $\overline{SB} = \overline{SC}$인 이등변삼각형이다. 그러므로, 모서리 BC의 중점 P를 잡아 중선 SP를 작도하면, 선분 SP는 모서리 BC와 수직을 이룬다. 한편, 정삼각뿔의 밑면 ABC는 정삼각형이므로, 선분 AP도 선분 BC와 수직이 된다(그림 4.8).

평면 SAP의 두 직선 AP, SP가 모서리 BC와 수직을 이루므로, 정리 4.3에 의해 평면 SAP와 모서리 BC는 수직을 이룬다. 이로부터, 평면 SAP의 직선 SA과 모서리 BC의 수직이 유도된다. □

예제 4.2. 정육면체 $ABCDA_1B_1C_1D_1$에서 평면 DBA_1과 직선 AC_1은 수직을 이룬다는 것을 증명하여라.

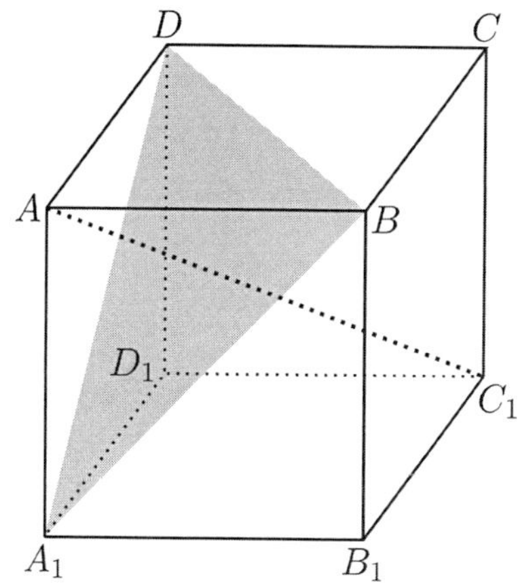

그림 4.9

직선 AC_1이 면 DBA_1의 직선들, 예를 들어 직선 DB, DA_1, BA_1과 수직임을 보일 수 있는지 살펴보자. 이것이 쉽지 않으면, 다른 접근도 가능하다. 직선 DB, DA_1, BA_1이 직선 AC_1을 포함하는 평면에 수직이 되는지를 확인할 수도 있다. 가령, 직선 AC_1을 포함하는 평면 ACC_1을 생각하자.

선분 DB는 평면 ACC_1의 직선 AC와 수직이다. 그리고 평면 ACC_1의 직선 CC_1도 선분 DB와 수직이다. 왜냐 하면, 직선 CC_1은 면 $ABCD$와 수직인데, 선분 DB는 면 $ABCD$에 속하기 때문이다. 그러므로, 정리 4.3에 의해 선분 DB는 평면 ACC_1에 수직이며, 평면 ACC_1에 속한 직선 AC_1은 선분 DB와 수직이 된다(그림 4.9).

이제, 선분 A_1B가 평면 AB_1C_1과 수직이 되는지 살펴보자. 정사각형 AA_1B_1B에서 대각선 A_1B는 AB_1에 수직이다. 그리고 선분 A_1B는 직선 B_1C_1과 수직이다. 왜냐하면, 직선 B_1C_1은 선분 A_1B를 포함하는 평면 AA_1B_1B와 수직이기 때문이다. 정리

4.3에 의해 선분 A_1B는 평면 AB_1C_1과 수직이며, 선분 A_1B는 직선 AC_1과 수직이다.

결국, 직선 AC_1은 직선 DB, A_1B와 수직이 되며, 정리 4.3에 의해 직선 AC_1은 평면 DBA_1과 수직이 된다. □

작도문제 4.2. 정사각뿔 $SABCD$가 주어졌다. 다음 절단평면 α에 의한 정사각뿔의 절단면을 작도하여라.

(1) 꼭짓점 A를 지나며, 모서리 SC에 수직인 절단평면 α

(2) 수선 SH의 점 P를 지나며, 모서리 SC에 수직인 절단평면 α(그림 4.10)

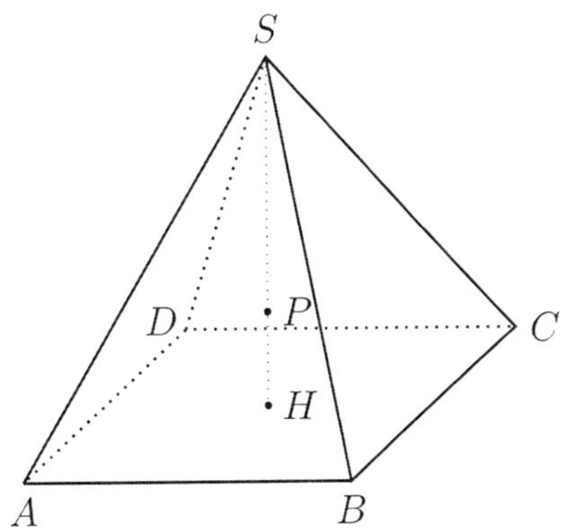

그림 4.10

(1) 절단평면 α와 모서리 SC의 교점을 U라 하고, 점 U의 위치를 결정하자. 평면 α와 모서리 SC가 수직이므로, 평면 α의 모든 직선은 모서리 SC와 수직이 된다. 평면 α가 꼭짓점 A를 지나므로, 직선 AU는 모서리 SC와 수직이 된다. 즉, 평면 SAC에서 점 A로부터 선분 SC에 수선을 그어 그 발을 U라 하면, 점 U의 위치가 결정된다.

평면 α는 모서리 SB, SD와 만난다는 것을 어렵지 않게 생각할 수 있다. 평면 α와 모서리 SB, SD의 교점을 Q, R이라 하면, 직선 QU, RU는 모서리 SC와 수직을 이룬다. 즉, 면 SBC에서 점 U로부터 수선을 그어 모서리 SB와 만나는 점을 Q라 하고, 면 SCD에서 점 U로부터 수선을 그어 모서리 SD와 만나는 점을 R이라 하자. 그러면 점 Q, R의 위치가 결정된다(그림 4.11(a)). 이제, 점 A, Q, U, R을 연결하면, 평면 α에 의한 절단면인 사각형 $AQUR$을 얻을 수 있다.

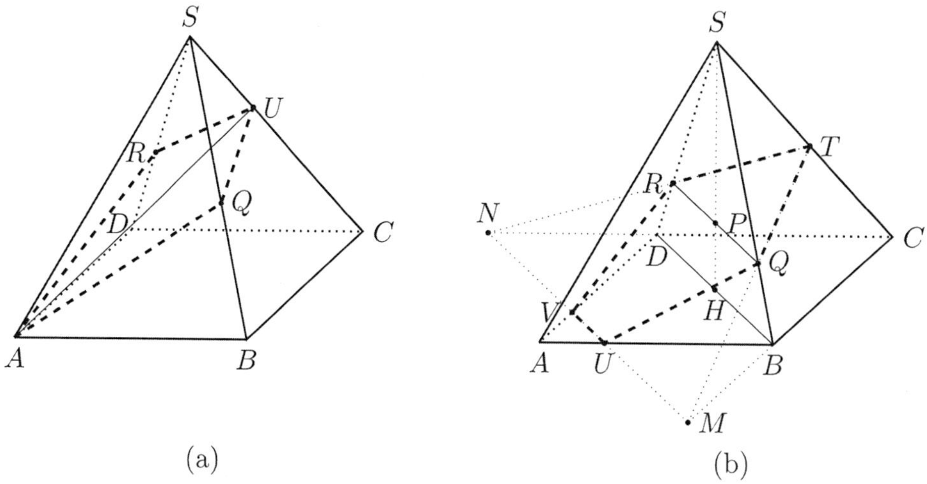

그림 4.11

(2) 절단평면 α를 상상하면, 어렵지 않게 모서리 SB, SD와 만난다는 것을 생각할 수 있다. 평면 α와 모서리 SB, SD의 교점을 Q, R이라 하자. 그리고 평면 α와 모시리 SC의 교점을 T라 하자(그림 4.11(b)).

평면 α와 모서리 SC가 수직이므로, 선분 QT와 모서리 SC, 선분 RT와 모서리 SC는 수직이다. 직각삼각형 STQ와 STR에서 변 ST는 공통이고 $\angle TSQ = \angle TSR$이므로, 직각삼각형 STQ와 STR은 합동이고 $\overline{SQ} = \overline{SR}$이 된다.

이제, 이등변삼각형 SBD에서 $\overline{SQ} = \overline{SR}$이므로, $\overline{QR} \parallel \overline{BD}$가 된다. 즉, 이등변삼각형 SBD에서 점 P를 지나 밑변 BD에 평행한 직선을 그어 모서리 SB, SD와의 교점을 잡으면, 그 교점이 바로 Q, R이다. 점 Q, R의 위치가 결정되었으므로, 삼각형 SBC의 변 SB의 점 Q에서 변 SC에 수선을 그어, 그 수선의 발을 T라 하면 된다.

절단평면 α의 세 점 T, Q, R이 결정되었다. 그러므로, 점 T, Q, R을 지나는 평면 α에 의한 정사각뿔의 절단면을 작도하면 된다. 이를 위해, 직선 TQ와 BC의 교점을 M, 직선 TR과 CD의 교점을 N이라 하자. 이로부터 평면 α와 밑면 $ABCD$의 교선 MN을 작도할 수 있다. 교선 MN과 모서리 AB, AD의 교점을 U, V라 하면, 평면 α와 정사각뿔의 절단면인 오각형 $UQTRV$가 얻어진다. □

정리 4.4. 직선 l, m이 평행이고 직선 l이 평면 α와 수직을 이루면, 직선 m도 평면 α와 수직을 이룬다.

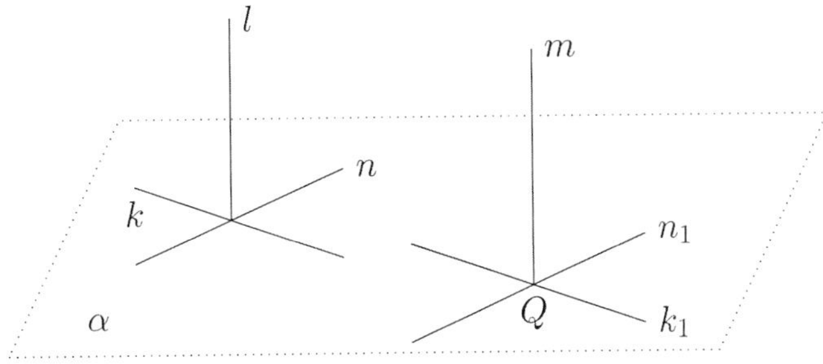

그림 4.12

평행인 직선 l, m과 $l \perp \alpha$인 평면 α가 주어졌다. $l \perp \alpha$이므로, 평면 α의 임의의 직선 n, k에 대해 $l \perp n, l \perp k$가 성립한다. 한편, $l \parallel m$이며 직선 l이 평면 α와 만나므로, 정리 1.8에 의해 직선 m은 평면 α와 만나며 교점을 Q라 하자. 이제, 직선 m과 평면 α가 수직을 이룬다는 것을 증명하자.

점 Q를 지나 직선 n, k와 평행한 직선 n_1, k_1을 생각하자(그림 4.12). 그러면, $l \parallel m$, $n \parallel n_1$이고 $l \perp n$이므로 정리 4.2에 의해 $m \perp n_1$이 된다. 같은 이유로, $m \perp k_1$이 유도된다. 결국, 직선 m은 평면 α의 두 직선 n_1, k_1과 수직을 이루므로, 정리 4.3에 의해 $m \perp \alpha$가 된다. □

예제 4.3. 정육면체 $ABCDA_1B_1C_1D_1$이 주어졌다. 모서리 A_1B_1, C_1D_1, B_1B에 $\overline{A_1P} = \overline{D_1Q} = \overline{B_1R}$인 점 P, Q, R을 잡으면, 평면 $APQD$와 직선 A_1R은 수직을 이룬다는 것을 증명하여라.

평면 $APQD$에 속하는 직선들 중에서 직선 A_1R에 수직인 직선을 찾자. 직선 A_1D_1은 면 AA_1B_1B와 수직을 이루며, 직선 A_1D_1과 PQ는 평행이다. 그러므로 정리 4.4에 의해 직선 PQ는 면 AA_1B_1B와 수직이다. 이로부터 직선 PQ와 직선 A_1R은 수직임을 알 수 있다(그림 4.13).

이제, 직선 AP와 A_1R이 수직인지를 확인하자. 삼각형 AA_1P와 A_1BR은 $\overline{AA_1} =$

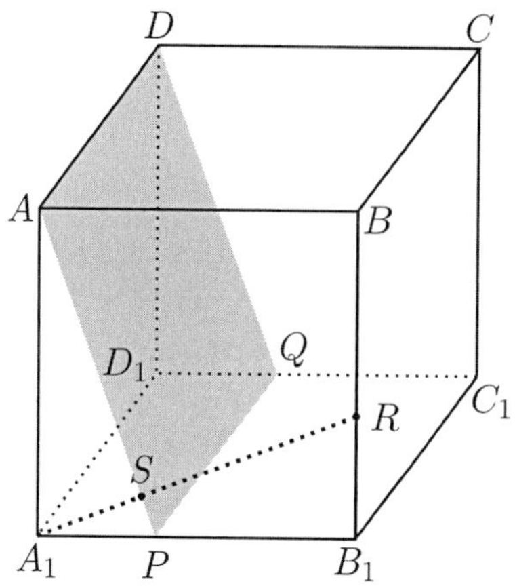

그림 4.13

$\overline{A_1B_1}, \overline{A_1P} = \overline{B_1R}$이고 $\angle AA_1P = \angle A_1B_1R$이므로 합동이 된다. 이로부터 $\angle APA_1 = \angle A_1RB_1$이 얻어진다.

선분 AP와 A_1R의 교점을 S라 하면, 삼각형 A_1PS와 A_1RB_1은 두 각이 같으므로 닮음이다. 이로부터 $\angle A_1SP = \angle A_1B_1R$이 되며, 각 A_1SP는 직각이라는 것을 알 수 있다. 결국, 직선 AP와 A_1R은 수직을 이룬다.

직선 A_1R이 평면 $APQD$에 속하는 두 직선 PQ, AP와 수직이므로, 정리 4.3에 의해 직선 A_1R은 평면 $APQD$와 수직이다. □

정리 4.5. 직선 l, m이 평면 α와 수직을 이룬다. 그러면, 직선 l, m은 평행하다.

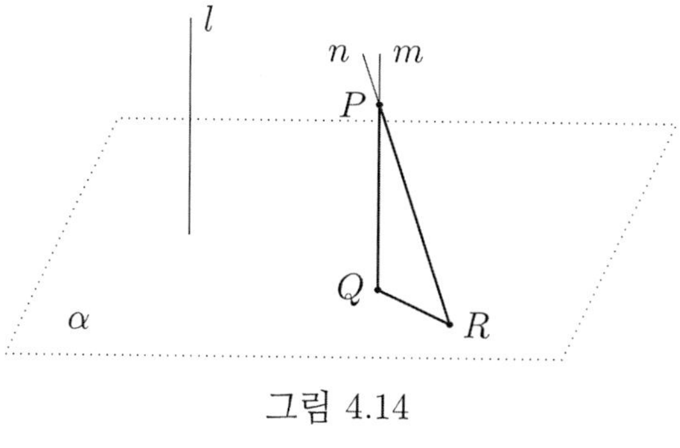

그림 4.14

귀류법으로 증명하자. 직선 l, m은 평행하지 않다고, 즉 만난다고 가정하자. 그러면, 직선 m에서 임의의 점 P를 잡아, 점 P를 지나며 직선 l과 평행한 직선 n을 작도할 수 있다. 직선 l과 평면 α가 수직을 이루므로, 정리 4.4에 의해 직선 n도 평면 α와 수직이다.

이제, 직선 m, n과 평면 α의 교점을 Q, R이라 하자(그림 4.14). 직선 m, n이 평면 α와 수직을 이루므로, $\angle Q = \angle R = 90°$이다. 그런데, 삼각형 PQR의 세 각의 합이 $180°$이므로, 이것은 불가능하다. 이로부터, 직선 l, m은 평행하다는 것이 증명된다. □

정리 4.6. 평면 α, β는 평행하며, 직선 l은 평면 α와 수직을 이룬다. 그러면, 직선 l은 평면 β와도 수직을 이룬다.

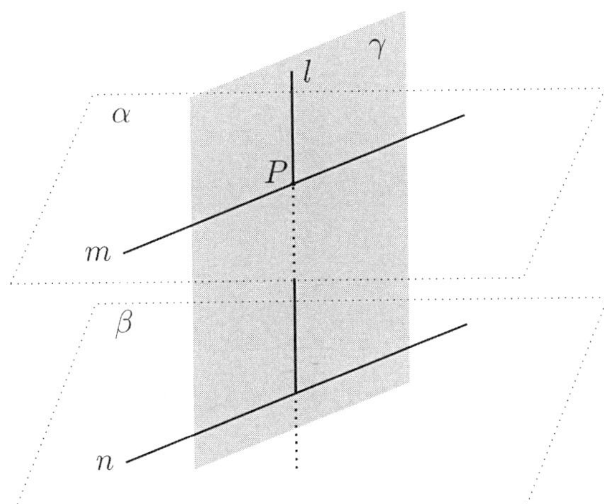

그림 4.15

직선 l이 평면 α와 점 P에서 만난다고 하자. 그러면, 정리 1.18에 의해 직선 l은 평면 β와도 만난다. 이제, 평면 α에서 점 P를 지나는 직선 m을 작도하자. 그러면, 직선 l, m은 점 P에서 만나며, 직선 l, m을 지나는 평면 γ를 만들 수 있다.

직선 l이 평면 γ에 속하므로, 평면 β와 γ는 공유점을 가지며 교선 n을 따라 만난다. 그러면, 정리 1.15에 의해 평면 α와 γ의 교선 m은 평면 β와 γ의 교선 n과 평행하다. 그런데, $m \perp l$이므로, $n \perp l$이 성립한다.

이제, 평면 α에서 점 P를 지나는 다른 직선 m_1을 잡으면, 평면 α와 직선 l이 수직이므로 $m_1 \perp l$이 된다. 직선 l, m_1을 지나는 평면 γ_1을 만들 수 있으며, 평면 γ_1과 평면 β의 교선을 n_1이라 하자. 그러면, 앞에서와 같은 이유로, $n_1 \perp l$이 됨을 알 수 있다. 결국, 직선 l은 평면 β의 두 직선 n, n_1과 수직을 이루므로, 직선 l은 평면 β와 수직을 이룬다. □

이제, 정리 4.6의 역을 살펴보자. 즉 직선 l이 두 평면 α, β와 수직이면, 평면 α, β는 평행이 되는지 생각하자. 만약, 정리 4.6의 역이 성립한다면, 평면들의 평행을 증명하거나 작도문제를 해결할 때 유용한 도구가 될 수 있을 것이다.

정리 4.7. 서로 다른 두 평면 α, β가 직선 l과 수직이면, 평면 α, β는 평행하다.

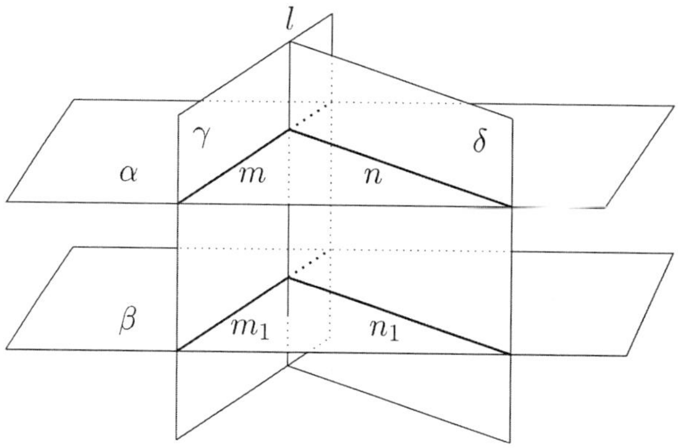

그림 4.16

직선 l과 수직인 서로 다른 두 평면 α, β가 주어졌다. 이제, 직선 l을 지나는 두 평면 γ, δ를 생각하여 평면 α와 직선 m, n을 따라 만나고, 평면 β와 직선 m_1, n_1을 따라 만난다고 하자(그림 4.16). 직선 l과 평면 α가 수직이므로, $l \perp m, l \perp n$이 된다. 그리고 직선 l은 평면 β와도 수직이므로, $l \perp m_1, l \perp n_1$이다.

이제, 평면 γ를 살펴보면 평면 γ의 직선 m, m_1이 직선 l과 수직이므로, 직선 m과 m_1은 평행이다. 마찬가지로, 평면 δ에서 직선 n, n_1이 직선 l과 수직이므로, 직선 n과 n_1도 평행이다.

결국, 평면 α의 만나는 두 직선 m, n이 평면 β의 만나는 두 직선 m_1, n_1과 평행이므로, 정리 1.14에 의해 평면 α와 β는 평행이다. □

작도문제 4.3. 정육면체 $ABCDA_1B_1C_1D_1$에서 선분 AC_1과 선분 AC_1의 점 P가 주어졌다(그림 4.17(a)). 점 P를 지나며 선분 AC_1에 수직인 절단평면 α에 의한 정육면체의 절단면을 작도하여라.

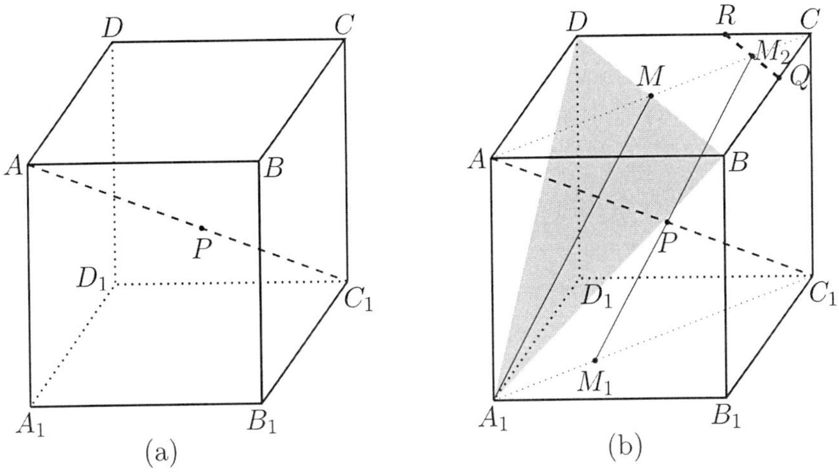

그림 4.17

예제 4.2에서 선분 AC_1과 면 A_1BD가 수직이라는 것을 보였다. 그리고 절단평면 α도 선분 AC_1과 수직이므로, 정리 4.7에 의해 평면 A_1BD와 평면 α는 평행이다. 결국, 절단평면 α는 선분 AC_1의 점 P를 지나며 평면 A_1BD와 평행한 평면이다.

정리 1.15에 의하면 평행한 평면 A_1BD, α가 다른 한 평면과 만나면, 이들의 교선은 평행하다. 평면 A_1BD, α와 만나는 평면으로 평면 AA_1C_1C를 생각하자. 평면 AA_1C_1C와 A_1BD의 교선을 작도하자. 삼각형 A_1BD에서 선분 BD의 중점을 M이라 하면, 평면 AA_1C_1C와 A_1BD의 교선은 A_1M이다. 평면 AA_1C_1C와 평면 α는 점 P에서 만난다. 그러므로 평면 AA_1C_1C에서 점 P를 지나 선분 A_1M과 평행한 직선 M_1M_2를 그으면, 직선 M_1M_2는 평면 α와 평면 AA_1C_1C의 교선이 된다.

한편, 평면 A_1BD, α와 만나는 평면으로 평면 $ABCD$를 생각하자. 평면 $ABCD$와 A_1BD의 교선은 BD이다. 그러므로 평면 $ABCD$에서 점 M_2를 지나 선분 BD와 평행한 직선 QR을 그으면, 직선 QR은 평면 α와 평면 $ABCD$의 교선이 된다(그림 4.17(b)).

평면 A_1BD, α와 만나는 평면으로 평면 BB_1D_1D를 생각하자. 평면 BB_1D_1D와 A_1BD의 교선은 BD이다. 그리고 평면 BB_1D_1D와 평면 α는 점 P를 만난다. 그러므로 평면 BB_1D_1D에서 점 P를 지나 직선 BD와 평행한 선분 ST를 그으면, 직선 ST는 평면 α와 평면 BB_1D_1D의 교선이 된다(그림 4.18(a)).

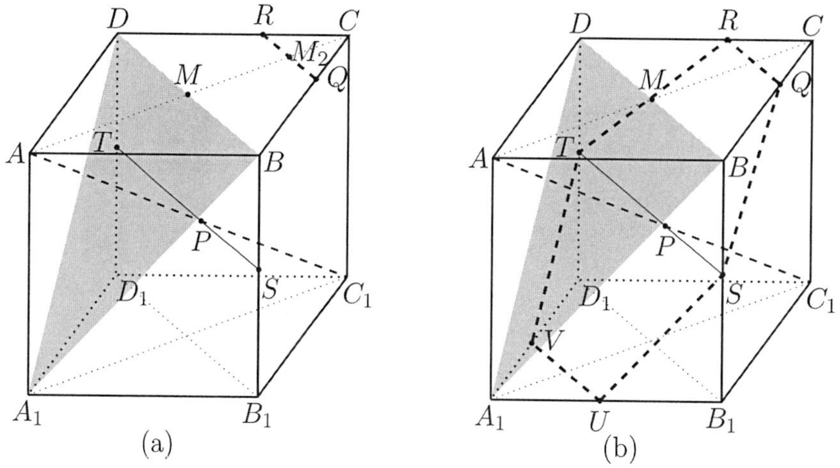

그림 4.18

이제, 평면 AA_1B_1B에서 점 S를 지나 선분 A_1B와 평행한 직선 SU를 긋고, 평면 AA_1D_1D에서 점 T를 지나 선분 A_1D와 평행한 직선 TV를 긋자(그림 4.18(b)). 점 U, S, Q, R, T, V를 연결하면, 평면 A_1BD와 평행하고 점 P를 지나는 절단평면 α에 의한 절단면인 육각형 $USQRTV$를 얻을 수 있다. □

작도문제 2.12에서는 점 P가 선분 AC_1의 중점인 경우에 대해 좌표 방법을 이용하여 정육면체의 절단면을 탐구하였다. 여기서는 직선과 평면의 수직, 평면들의 평행에 대한 성질을 이용하여 평면 α에 의한 정육면체의 절단면을 작도하였다. 이때, 점 P가 선분 AC_1의 중점이면, 절단면인 육각형 $USQRTV$는 정육각형이 된다.

정리 4.8. 공간의 주어진 점 P를 지나 주어진 평면 α에 수직인 직선을 만들 수 있고, 그러한 직선은 유일하다.

(1) 공간의 주어진 점 P를 지나 주어진 평면 α에 수직인 직선을 만들 수 있다는

것을 보이자. 이때, 두 가지 경우가 가능하다: 점 P가 평면 α에 속하는 경우와 점 P가 평면 α에 속하지 않는 경우이다.

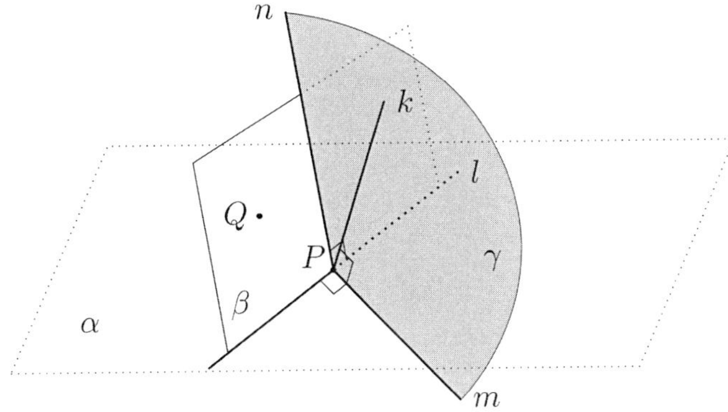

그림 4.19

점 P가 평면 α에 속하는 경우를 살펴보자. 평면 α에 점 P를 지나는 직선 l을 작도하자. 그리고 평면 α에 속하지 않는 점 Q를 잡자. 그러면, 직선 l과 점 Q를 지나는 평면 β를 만들 수 있다.

평면 α에서 점 P를 지나 직선 l에 수직인 직선 m을 작도하고, 평면 β에서 점 P를 지나 직선 l에 수직인 직선 n을 작도하자. 직선 m, n은 교점 P를 가지므로, 직선 m, n을 지나는 평면 γ를 만들 수 있다. 그러면, 평면 γ의 두 직선 m, n이 직선 l에 수직이므로, 정리 4.3에 의해 평면 γ는 직선 l과 수직을 이룬다.

평면 γ에서 점 P를 지나 직선 m과 수직인 직선 k를 작도하자(그림 4.19). 평면 γ는 점 P를 지나는 직선 l과 수직을 이루므로, k는 직선 l과도 수직을 이룬다. 결국, 직선 k는 평면 α의 직선 l, m과 수직을 이루므로, 직선 k는 평면 α와 수직을 이룬다.

이제, 점 P가 평면 α에 속하지 않는 경우를 살펴보자. 평면 α에 임의의 점 P_1을 잡자. 방금 전에 했던 것과 같은 방법으로, 점 P_1을 지나는 직선 l_1을 이용하여 직선 l_1과 수직을 이루는 평면 γ_1을 작도할 수 있다(γ_1은 그림 4.19에서 평면 γ에 해당하는 평면이다). 그리고 작도문제 1.12에 의해, 점 P를 지나 평면 γ_1과 평행한 평면 δ를 작도할 수 있다(그림 4.20). 그러면, 정리 4.6에 의해 직선 l_1은 평면 δ와 수직을 이룬다.

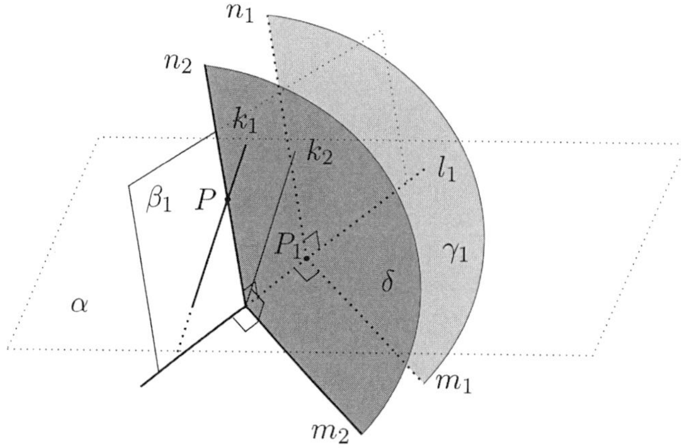

그림 4.20

정리 1.15에 의해, 평행한 평면 γ_1, δ와 평면 α의 교선인 m_1, m_2는 평행하다. 이제, 평면 δ에서 직선 m_2와 수직인 직선 k_2를 작도하자. 평면 δ는 직선 l_1과 수직을 이루므로, k_2는 직선 l_1과 수직을 이룬다. 결국, 직선 k_2는 평면 α의 직선 l_1, m_2와 수직을 이루므로, 직선 k_2는 평면 α와 수직을 이룬다.

이제, 평면 δ에서 점 P를 지나며 직선 k_2와 평행인 직선 k_1을 작도하면, 정리 4.4에 의해 직선 k_1은 평면 α와 수직을 이룬다. 결국, 직선 k_1은 점 P를 지나며 평면 α와 수직인 직선이다.

(2) 공간의 점 P를 지나 평면 α에 수직인 직선이 유일하다는 것을 증명하자. 이것은 귀류법을 이용하자. 점 P를 지나 평면 α에 수직인 서로 다른 직선 l, m이 존재한다고 가정하자. 이때, 점 P가 평면 α에 속하는 경우와 점 P가 평면 α에 속하지 않은 경우로 나누어 증명해야 한다. 여기서는 점 P가 평면 α에 속하는 경우만 살펴보자(점 P가 평면 α에 속하지 않은 경우도 유사하게 증명할 수 있다).

점 P를 지나는 직선 l, m을 포함하는 평면 β를 만들 수 있다. 평면 α와 β는 공유점 P를 가지므로, 공리 A2에 의해 평면 α와 β는 점 P를 지나는 교선 n을 가진다. $l \perp \alpha, m \perp \alpha$이므로, $l \perp n, m \perp n$이 된다(그림 4.21).

이제, 평면 β를 살펴보자. 평면 β에 속한 직선 n의 점 P를 지나 직선 n에 수직인

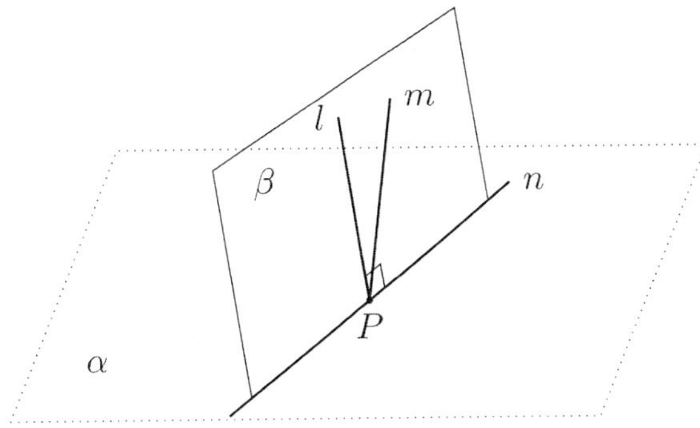

그림 4.21

서로 다른 직선 l, m이 존재한다. 그런데 직선의 한 점을 지나 주어진 직선에 수직인 직선은 유일하게 존재하므로, 모순이 발생한다. 이로부터, 공간의 점 P를 지나 평면 α에 수직인 직선은 유일하다는 것이 증명된다. □

정리 4.8에서는 공간의 한 점 P를 지나 주어진 평면 α에 수직인 직선이 존재하고, 그러한 직선이 유일하다는 것을 증명하였다. 그러나 정리 4.8의 증명 과정에 제시된 방법으로 점 P를 지나 평면 α에 수직인 직선을 작도하는 것이 쉽지 않다. 이러한 작도문제의 해결에서는 다음의 정리 4.9를 이용할 수 있다.

정리 4.9 (삼수선의 정리)**.** 평면 α에 속한 직선 l과 점 P가 주어졌다. 그리고 평면 α에 속하지 않는 점 Q, 점 Q에서 평면 α에 내린 수선의 발 R이 주어졌다(그림 4.22). 경사선 PQ와 직선 l이 수직이 될 필요충분조건은 직선 PR이 l과 수직인 것이다.

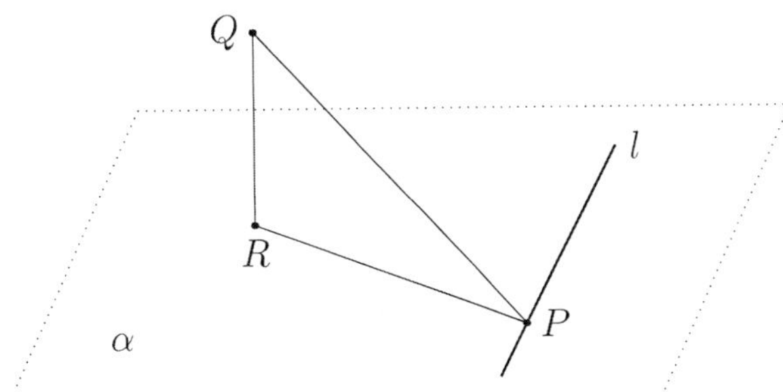

그림 4.22

점 Q에서 평면 α에 내린 수선의 발이 R이므로, $\overline{QR} \perp \alpha$이다. 이로부터 평면 α에 속한 직선 l은 직선 QR과 수직을 이룬다(그림 4.22).

[충분조건의 증명] 직선 l이 직선 PQ와 수직이면, 직선 l은 직선 PR과 수직이라는 것을 증명하자. 직선 l은 직선 QR과 수직이며 직선 PQ와도 수직이다. 그러므로 정리 4.3에 의해, 직선 l은 직선 QR, PQ를 지나는 평면 PQR과 수직을 이룬다. 이로부터 직선 l은 평면 PQR에 속하는 직선 PR과 수직이다.

[필요조건의 증명] 직선 l이 직선 PR과 수직이면, l은 직선 PQ와 수직이라는 것을 증명하자. 충분조건의 증명과 유사한 방법으로 증명할 수 있다.

직선 l은 직선 QR과 수직이며 직선 PR과도 수직이다. 그러므로 정리 4.3에 의해, 직선 l은 직선 QR, PR을 지나는 평면 PQR과 수직을 이룬다. 이로부터 직선 l은 평면 PQR에 속하는 직선 PQ와 수직이다. □

그림 4.22에서는 직선 l과 경사선 PQ가 평면 α에서 만난다. 그러나 경사선 PQ와 직선 l이 평면 α에서 만나지 않아도 정리 4.9를 생각할 수 있다. 이때 중요한 것은 직선 PR과 l이 수직을 이룬다는 것이다. 가령, 그림 4.23과 같이 경사선 PQ와 직선 l_1(또는 l_2)이 꼬인 위치에 있어도 정리 4.9가 성립한다.

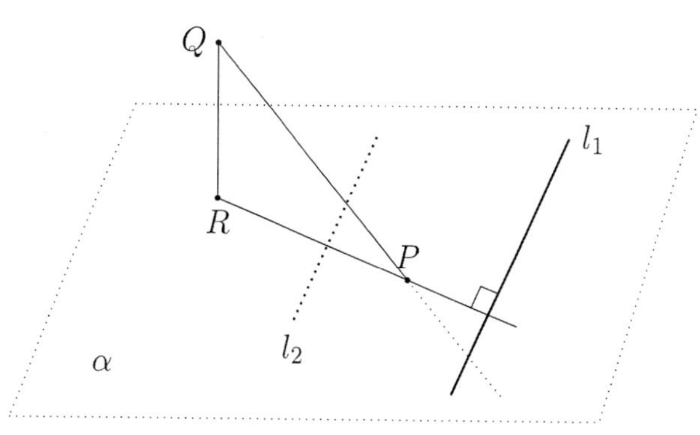

그림 4.23

그림 4.22에서의 l을 그림 4.23의 l_1(또는 l_2)로 바꾸어도 정리 4.9의 증명은 전혀 변하지 않는다. 그림 4.23에서와 같이 정리 4.9를 생각하면, 직선들의 수직을 쉽게

확인할 수 있는 경우가 있다.

가령, 그림 4.24(a)의 정육면체 $ABCDA_1B_1C_1D_1$에서 선분 AC_1과 B_1D_1이 수직을 이루는지 확인해 보자. 이를 위해, 선분 A_1C_1을 작도하자(그림 4.24(b)).

점 A에서 밑면 $A_1B_1C_1D_1$에 내린 수선의 발이 A_1이므로, 정리 4.9에 의해 경사선 AC_1과 선분 B_1D_1이 수직일 필요충분조건은 선분 A_1C_1과 B_1D_1이 수직인 것이다. 사각형 $A_1B_1C_1D_1$은 정사각형이므로, 선분 A_1C_1과 B_1D_1은 수직이 된다. 그러므로, 경사선 AC_1과 선분 B_1D_1도 수직이다.

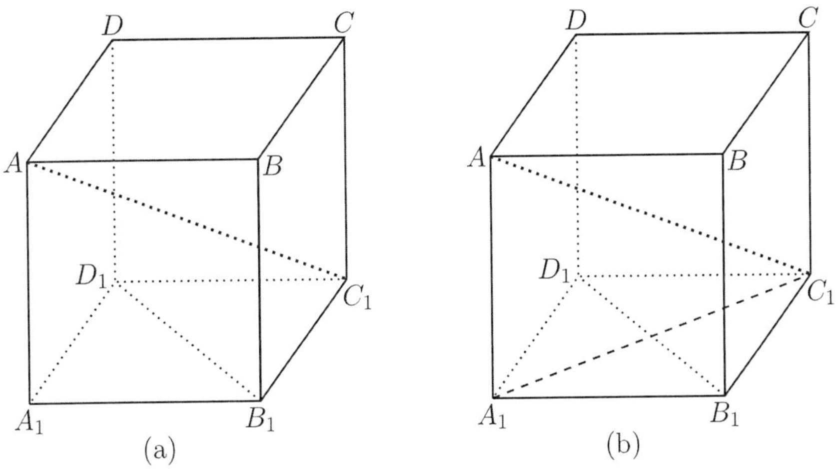

그림 4.24

한편, 그림 4.22에서 직선 $l \perp \overline{PQ}$, $l \perp \overline{PR}$이면, 직선 l은 평면 PQR에 수직이다. 이때, 점 Q에서 직선 PR에 수선 QR을 그으면, 직선 QR은 평면 α에도 수직이 된다. 왜냐 하면, 직선 l이 평면 PQR과 수직이므로 직선 l은 평면 PQR에 속하는 직선 QR과 수직이다. 결국, 직선 QR은 평면 α의 직선 PR, l과 수직이 된다. 이것은 직선 QR이 평면 α와 수직이라는 것을 의미한다.

정리 4.9에서는 공간에서 수직인 직선들과 평면의 관계를 나타내고 있다. 이 정리를 이용하면, 공간에서 평면에 수직인 직선을 어렵지 않게 작도할 수 있다.

작도문제 4.4. 평면 α가 주어졌다. 다음을 작도하여라.

(1) α에 속하지 않은 점 P를 지나며 α에 수직인 직선

(2) α에 속하는 점 P를 지나며 α에 수직인 직선

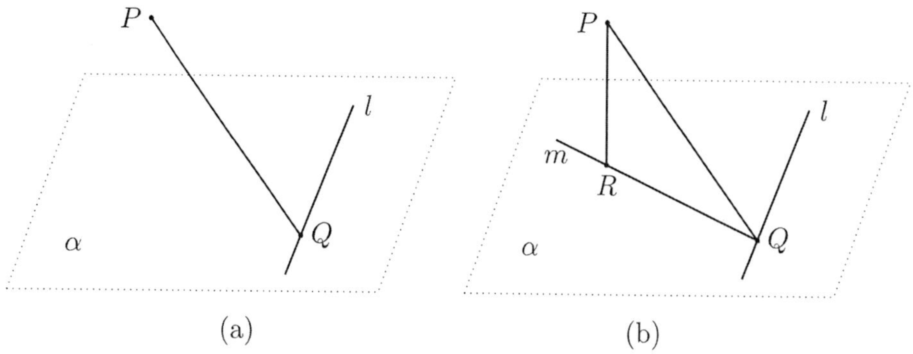

그림 4.25

(1) 평면 α에 임의의 직선 l을 작도하자. 점 P와 직선 l을 지나는 평면 β를 생각하자. 평면 β에서 점 P로부터 직선 l에 수선을 긋고, 수선의 발 Q라 하자(그림 4.25(a)).

이제, 평면 α에서 점 Q를 지나며 직선 l에 수직인 직선 m을 작도하자. 이제, 직선 PQ와 m을 지나는 평면 γ를 생각하자. 평면 γ에서 점 P로부터 직선 m에 수선을 그어, 수선의 발을 R이라 하자(그림 4.25(b)). 그러면 직선 PR은 평면 α에 수직이 된다.

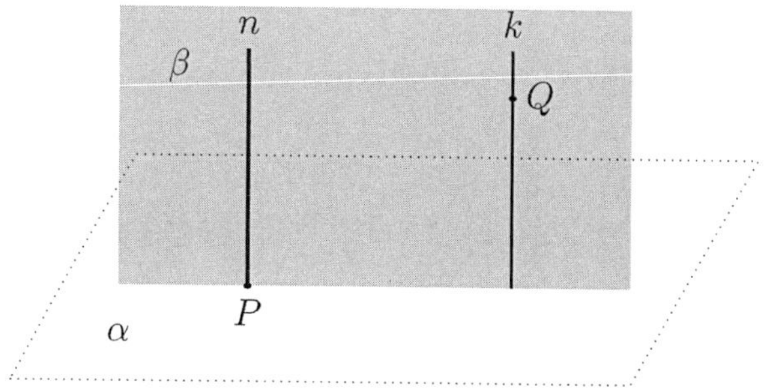

그림 4.26

(2) 평면 α에 점 P가 주어졌다고 하자. 이제, 평면 α에 속하지 않는 점 Q를 생각하자. 그림 4.25와 같이 점 Q를 지나며 평면 α에 수직인 직선 k를 작도할 수 있다.

이제, 직선 k와 점 P를 지나는 평면 β를 생각하자. 평면 β에서 점 P를 지나며 직선 k에 평행인 직선 n을 작도할 수 있다(그림 4.26). 그러면, 정리 4.4에 의해 직선 n도 평면 α에 수직이 된다. □

삼수선의 정리에서는 평면 α에 속하지 않는 공간의 점 Q에서 평면 α에 수선을 내렸을 때에 수직을 이루는 직선들을 살펴보았다. 이제, 공간의 점 Q에서 평면 α에 내린 수선의 발 R의 위치에 대해 살펴보자.

정리 4.10. 평면 α, 평면 α와 점 P에서 만나는 직선 l이 주어졌다. 직선 l은 평면 α의 반직선 PQ와 각 θ_1을 이루고, 반직선 PR과 각 θ_2를 이룬다(그림 4.27). 각 θ_1과 θ_2가 같으면, 직선 l의 점 U를 평면 α로 정사영시킨 점 V는 각 QPR의 이등분선에 속한다.

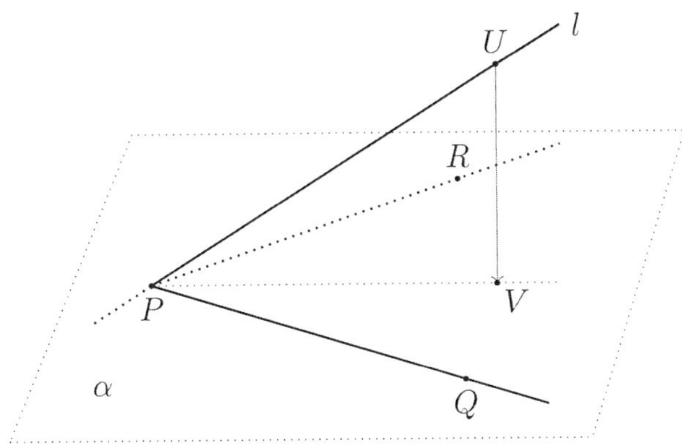

그림 4.27

점 V가 각 QPR의 이등분선에 속한다는 것을 보이려면, 점 V로부터 반직선 PQ, PR에 수선 VQ_1, VR_1을 긋고 $\overline{VQ_1} = \overline{VR_1}$을 보이면 된다.

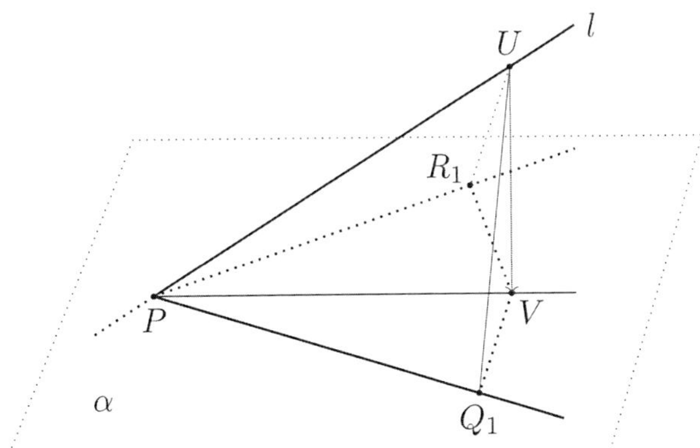

그림 4.28

이제, 삼각형 UPQ_1과 UPR_1을 생각하자(그림 4.28). 선분 UV는 점 U에서 평면 α에 그은 수선이며 $\overline{VQ_1} \perp \overline{PQ_1}$이므로, 삼수선의 정리에 의해 $\overline{UQ_1} \perp \overline{PQ_1}$이 된다. 같은 이유로, $\overline{UR_1} \perp \overline{PR_1}$이다. 그러므로, 삼각형 UPQ_1과 UPR_1은 직각삼각형이며, 각 UPQ_1과 UPR_1이 같고 선분 PU가 공통이므로 합동이다. 이로부터, $\overline{PQ_1} = \overline{PR_1}$이 된다.

직각삼각형 PQ_1V와 PR_1V에서 $\overline{PQ_1} = \overline{PR_1}$이고 선분 PV는 공통이므로, 직각삼각형 PQ_1V와 PR_1V는 합동이다. 이로부터 $\overline{Q_1V} = \overline{R_1V}$이며, 이것은 점 V가 각 Q_1PR_1의 이등분선에 속한다는 것을 의미한다. □

정리 4.10을 이용하면, 다면체에서 수선의 발의 위치를 쉽게 찾을 수 있다. 예를 들어, 삼각뿔 $SABC$에서 $\angle BSA = \angle CSA$라고 하자(그림 4.29).

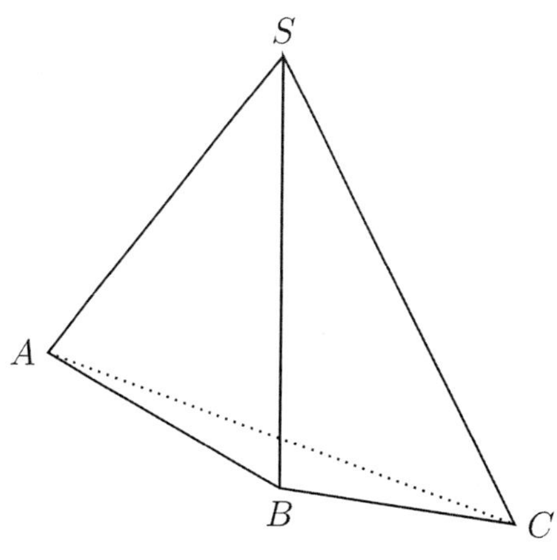

그림 4.29

그러면, 꼭짓점 A에서 면 SBC에 내린 수선의 발은 각 BSC의 이등분선에 속하게 된다. 특히, 각 BSC의 이등분선이 선분 BC와 만나는 점을 D라 하면, 각의 이등분선의 성질에 의해 $\overline{SB} : \overline{SC} = \overline{BD} : \overline{CD}$가 성립한다. 결국, 직선 SA를 평면 SBC에 정사영시켜 얻어진 직선은 $\overline{SB} : \overline{SC} = \overline{BD} : \overline{CD}$인 선분 BC의 점 D와 S를 지나는 직선과 일치한다.

3. 공간에서 평면들의 수직

두 평면이 이루는 각을 정의하기 위해, 이면각을 생각하자. 이면각은 경계선을 가지는 두 반평면으로 이루어진 도형을 말한다. 이때, 두 반평면의 경계선을 이면각의 모서리, 반평면을 이면각의 면이라 부른다.

그림 4.30(a)에는 반평면 α, β(이면각의 면)와 경계선 m(이면각의 모서리)으로 이루어진 도형인 이면각 $\alpha m \beta$가 주어졌다. 이제, 이면각 $\alpha m \beta$의 크기를 살펴보자.

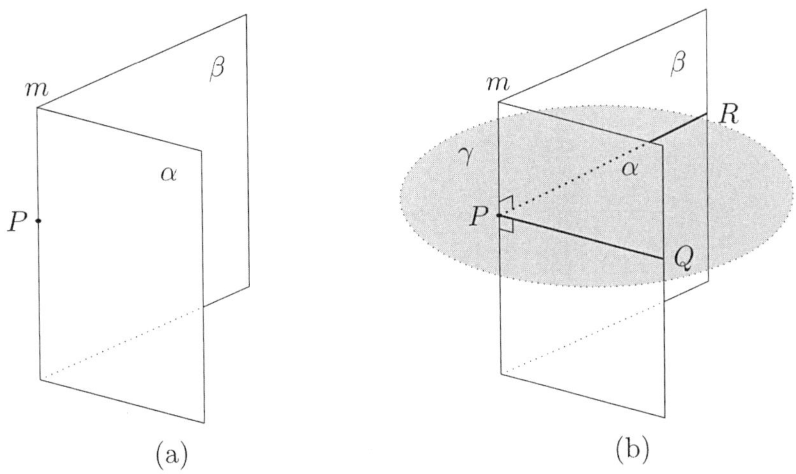

그림 4.30

이면각 $\alpha m \beta$의 면 α에서 모서리 m의 점 P에 수선 PQ를 긋고, 면 β에서 수선 PR을 긋자(그림 4.30(b)). 이때, 각 QPR을 이면각 $\alpha m \beta$의 선각(linear angle)이라 부르며, 선각 QPR의 크기를 이면각 $\alpha m \beta$의 크기로 정의한다.

직선 PQ, PR을 지나는 평면 γ를 만들 수 있으며, 평면 γ에서 각 QPR의 크기가 이면각 $\alpha m \beta$의 크기가 된다. 이때, 평면 γ는 이면각의 모서리 m에 수직이다. 결국, 직선 m을 공유하는 반평면 α, β에 의해 만들어지는 이면각 $\alpha m \beta$의 크기는 이면각의 모서리 m에 수직인 평면 γ에서 만들어지는 선각 QPR과 같다.

이와 같은 방법으로 이면각 $\alpha m \beta$의 크기를 정의하려면, 이면각의 모서리에 수직인 평면에서 만들어지는 선각의 크기가 점 P의 위치에 관계없이 일정해야 한다. 실제로,

그림 4.31과 같이 점 P_1을 점 P와 다른 위치에 잡아도 선각 $Q_1P_1R_1$이 선각 QPR과 같다는 것을 보일 수 있다.

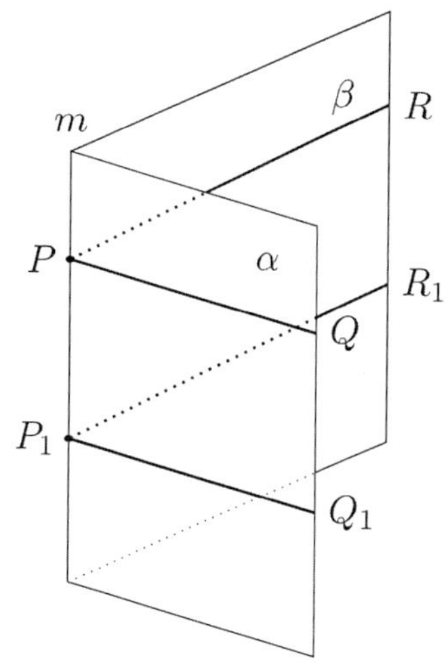

그림 4.31

그림 4.31에서 평면 β의 직선 PR, P_1R_1은 직선 m에 수직이므로, 직선 PR, P_1R_1은 평행이다. 그리고 평면 α에서 직선 PQ, P_1Q_1은 직선 m에 수직이므로, 직선 PQ, P_1Q_1 도 평행이다. 그러면 정리 4.2에 의해, 각 QPR과 $Q_1P_1R_1$은 같다.

평면 α, β가 이루는 각을 생각하자. 교선 m을 따라 만나는 두 평면 α, β는 4개의 이면각을 만든다. 4개의 이면각 중에서 가장 작은 이면각을 평면 α, β사이의 각이라고 말한다. 이것은 평면에서 만나는 두 직선 l, m이 만드는 4개의 교각 중에서 가장 작은 각을 직선 l, m사이의 각이라고 정의하는 것과 같다.

만나는 두 평면 α, β가 주어졌을 때, 평면 α, β가 이루는 각이 직각이면, 평면 α, β는 수직이라 말하고 $\alpha \perp \beta$로 나타낸다.

평면 α, β가 수직이라는 것을 그림 4.30(b)에서 살펴보자. 이면각 $\alpha m \beta$의 모서리 m과 수직인 평면 γ에서 직선 PQ(평면 α와 γ의 교선)와 PR(평면 β와 γ의 교선)이 수직이면, 평면 α, β는 수직이다. 이제, 평면의 수직에 대해 살펴보자.

정리 4.11 (평면들의 수직 조건)**.** 평면 α와 직선 l이 수직이고, 직선 l은 평면 β에 속한다. 그러면, 평면 α와 β는 수직이다.

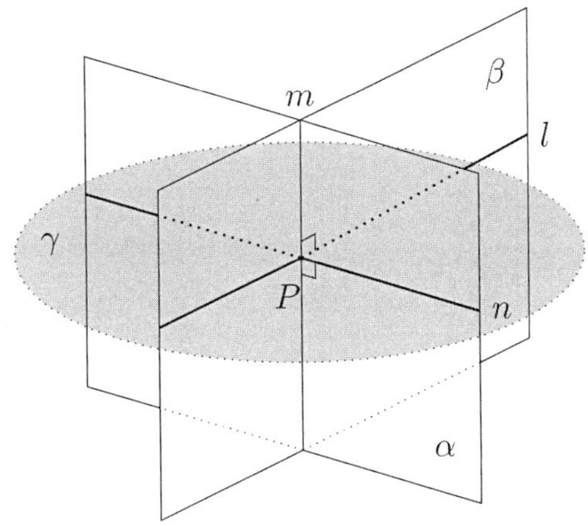

그림 4.32

평면 α와 직선 l의 교점을 P라 하자. 직선 l이 평면 β에 속하므로, 평면 α와 β는 공유점 P를 가지며 교선 m을 따라 만난다. 이때, 평면 α, β가 만드는 이면각에서 교선 m은 이면각의 모서리가 된다.

이제, 직선 m과 수직인 평면을 만들어, 평면 α, β사이의 각이 직각이 되는지를 조사하자. 평면 α에서 점 P를 지나며 직선 m과 수직인 직선 n을 작도하자(그림 4.32). 이제, 교점이 P인 직선 l과 n을 지나는 평면 γ를 생각하자.

평면 γ에 속하는 직선 l과 n이 직선 m에 수직이므로, 평면 γ는 직선 m과 수직이다. 그러므로, 평면 γ에서 직선 l과 n이 이루는 각이 평면 α, β사이의 각이 된다. 직선 l은 평면 α와 수직이고 직선 n은 평면 α에 속하므로, 직선 l과 n은 수직이다. 이로부터, 평면 α, β가 이루는 이면각의 선각은 직각이 되며, 평면 α, β가 수직이라는 것이 증명된다. □

정리 4.12. 두 평면 α, β에 대해, 다음이 성립한다.

(1) 평면 α, β는 수직이며, 직선 l은 평면 β에 속한다. 직선 l이 평면 α, β의 교선 m에 수직이면, 직선 l은 평면 α에 수직이다.

(2) 직선 l과 평면 β는 평면 α에 수직이다. 직선 l과 평면 β가 공유점 Q를 가지면, 직선 l은 평면 β에 속한다.

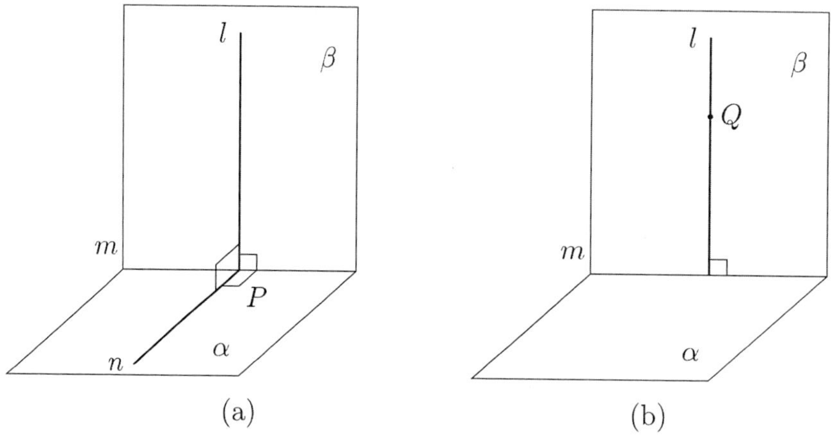

그림 4.33

(1) 평면 β에서 교선 m에 수직인 직선 l을 작도하고, 그 교점을 P라 하자. 이제, 평면 α에서 점 P를 지나 교선 m에 수직인 직선 n을 작도하자(그림 4.33(a)). 평면 α, β가 수직이므로, 직선 l, n은 수직을 이룬다. 그리고 l은 교선 m과 수직이며, m은 평면 α에 속한다. 결국 직선 l은 평면 α에 속하는 두 직선 m, n과 수직을 이루므로, 정리 4.3에 의해 직선 l은 평면 α에 수직이다.

(2) 평면 β의 점 Q를 지나 평면 α에 수직인 직선 l을 작도하여, 직선 l이 평면 β에 속한다는 것을 증명하자(그림 4.33(b)). 이를 위해, 평면 β에 점 Q를 지나 평면 α, β의 교선 m에 수직인 직선 k를 작도하자. 방금 전에 증명한 (1)에 의해 직선 k는 평면 α와 수직이다. 그런데, 정리 4.8에 의해 점 Q를 지나 평면 α에 작도한 수선은 유일하므로, 직선 l과 k는 일치한다. 이로부터 직선 l이 평면 β에 속한다는 것이 증명된다. □

정리 4.13. 세 평면 α, β, γ에 대해, 다음이 성립한다.
(1) 만나는 두 평면 β, γ가 평면 α와 수직을 이루면, 평면 β, γ의 교선 l은 평면 α에 수직이다.
(2) 평면 α가 평면 β, γ의 교선 l에 수직이면, 평면 β와 γ는 평면 α와 수직이다.

(1) 평면 β, γ의 교선 l의 점 P를 잡자. 점 P를 지나 평면 α에 수직인 직선 m을 작도하자(그림 4.34). 점 P가 평면 β, γ에 속하므로, 정리 4.12(2)에 의해, 직선 m은

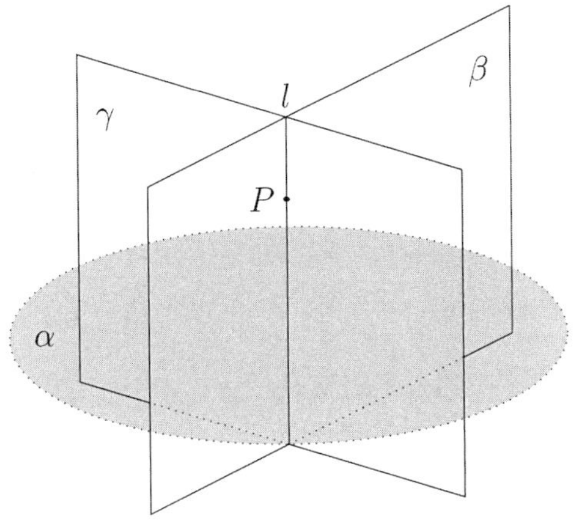

그림 4.34

평면 β, γ에 속한다. 즉, 직선 m은 평면 β와 γ의 교선에 속하므로, 교선 l은 직선 m과 일치한다. 이로부터, 평면 β, γ의 교선 l은 평면 α에 수직이라는 것이 증명된다.

(2)의 증명은 정리 4.11로부터 바로 얻어질 수 있다. 직선 l이 평면 α에 수직이고 직선 l은 평면 β에 속하므로, 정리 4.11에 의해 평면 α와 β는 수직이다. 같은 이유로, 평면 α와 γ는 수직이라는 것이 증명된다. □

예제 4.4. 정사각뿔 $SABCD$에서 $\overline{SA} = \overline{AB}$이다. 점 P가 모서리 SC의 중점이면, 평면 PBD와 평면 SAC가 수직이라는 것을 증명하여라(그림 4.35(a)).

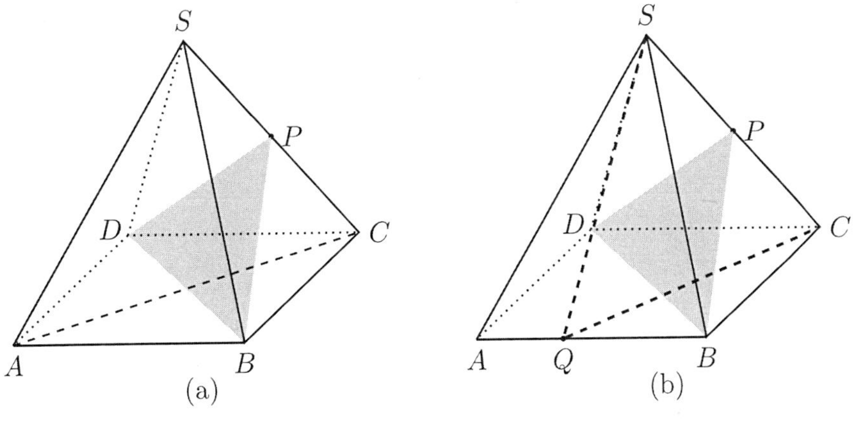

그림 4.35

우선, 직선 SC와 평면 PBD가 수직을 이룬다는 것을 보이자. 정사각뿔 $SABCD$에서 $\overline{SA} = \overline{AB}$이므로, 삼각형 SBC, SCD는 정삼각형이다. 그리고 점 P가 모서리 SC의 중점이므로, 선분 BP는 정삼각형 BSC의 수선이며 $\overline{BP} \perp \overline{SC}$이다. 같은 이유로, $\overline{DP} \perp \overline{SC}$이다. 결국 직선 SC는 평면 PBD의 두 직선 PB, PD와 수직이므로, 정리 4.3에 의해 직선 SC는 평면 PBD와 수직이 된다.

한편 직선 SC는 평면 SAC에 속하므로, 정리 4.11에 의해 평면 SAC와 PBD는 수직이 된다. □

그림 4.35(a)에서 모서리 SC를 포함하는 다른 면들을 생각할 수 있다. 예를 들어, 면 SBC, SCD를 생각할 수 있으며, 모서리 AB의 한 점 Q를 잡아 면 SCQ를 생각할 수 있다(그림 4.35(b)). 면 SBC, SCD, SCQ 등은 모서리 SC를 포함하므로, 정리 4.11에 의해 모두 평면 PBD와 수직이다.

예제 4.5. 정육면체 $ABCDA_1B_1C_1D_1$에서 평면 A_1B_1CD와 평면 A_1C_1B가 수직임을 증명하여라(그림 4.36(a)).

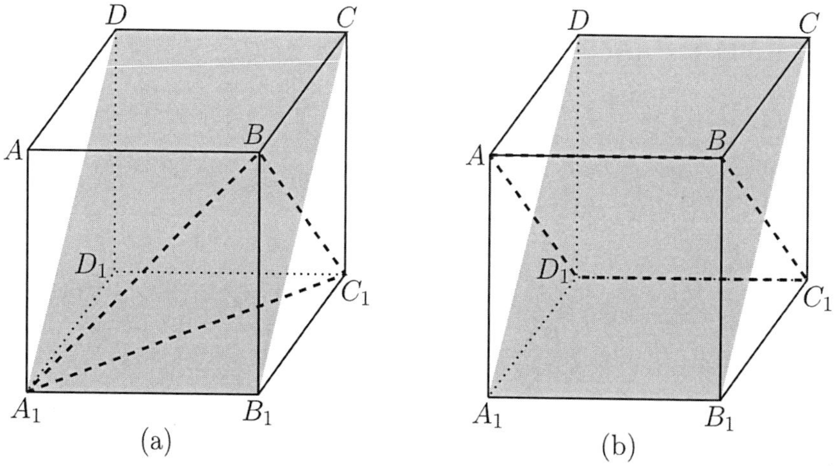

그림 4.36

평면 A_1B_1CD와 평면 A_1C_1B가 수직이라는 것을 증명하기 위해, 평면 A_1C_1B에 속하는 직선 BC_1과 평면 A_1B_1CD가 수직인지 살펴보자. 면 BB_1C_1C가 정사각형이므로, 선분 BC_1은 평면 A_1B_1CD에 속하는 선분 B_1C와 수직을 이룬다.

직선 BC_1이 직선 A_1B_1과 수직인지 확인하자. 직선 BC_1과 직선 A_1B_1은 꼬인 위치에 있기 때문에, 점 B를 지나 직선 A_1B_1에 평행인 직선 AB를 생각하자. 즉 직선 BC_1과 직선 A_1B_1사이의 각은 직선 BC_1과 직선 AB사이의 각과 같다.

직선 BC_1과 직선 AB사이의 각을 구하기 위해, 사각형 ABC_1D_1을 생각하자. 사각형 ABC_1D_1에서 $\overline{AB} = \overline{C_1D_1}, \overline{BC_1} = \overline{AD_1}$이므로, 사각형 ABC_1D_1은 평행사변형이다. 그리고 $\overline{AC_1} = \overline{BD_1}$이므로, 사각형 ABC_1D_1은 직사각형이 된다. 이로부터 직선 BC_1과 직선 AB, 직선 BC_1과 직선 A_1B_1은 수직을 이룬다는 것을 알 수 있다.

결국, 직선 BC_1은 평면 A_1B_1CD의 두 직선 B_1C, A_1B_1과 수직이므로, 정리 4.3에 의해 직선 BC_1은 평면 A_1B_1CD와 수직이다. 그리고 직선 BC_1은 평면 A_1C_1B에 속하므로, 정리 4.11에 의해 평면 A_1B_1CD와 평면 A_1C_1B는 수직이다. □

그림 4.36(a)에서 평면 A_1B_1CD와 평면 A_1C_1B가 수직인데, 평면 A_1B_1CD에 수직인 평면은 A_1C_1B만 있는 것은 아니다. 정리 4.11에 의하면, 직선 BC_1을 포함하는 모든 평면은 평면 A_1B_1CD에 수직이 된다. 예를 들어, 그림 4.36(b)에서 평면 ABC_1D_1이 직선 BC_1을 포함하므로, 평면 ABC_1D_1은 평면 A_1B_1CD와 수직이 된다.

4. 평면에 대한 수선의 작도

공간에서 평행과 수직은 공간도형의 탐구에서 기본적인 관계라고 할 수 있을 것이다. 공간도형의 탐구에서 평행선이나 수선의 작도는 중요한 도구적인 역할을 한다. 특히 다면체에서 거리, 각, 넓이, 부피 등을 계산하는 문제에서 주어진 점에서 평면에 그은 수선의 위치를 추측하고, 정확하게 수선을 작도하는 것은 문제해결의 성공을 좌우하는 핵심 요인이 된다.

이미 다면체에서 직선과 평면, 평면과 평면의 수직에 대한 정리와 작도문제를 살펴보았다. 여기서는 다면체에서 주어진 평면에 수선을 작도하는 다양한 작도문제들을 살펴보자.

작도문제 4.5. 직육면체 $ABCDA_1B_1C_1D_1$이 주어졌다. 꼭짓점 A_1에서 다음 평면에 수선을 작도하여라.

(1) 평면 AB_1C_1D(그림 4.37(a))

(2) 점 P, Q는 모서리 BC, B_1C_1의 중점일 때, 평면 PQD_1D(그림 4.38(a))

(3) 평면 CB_1D_1(그림 4.39(a))

(1) 직육면체 $ABCDA_1B_1C_1D_1$의 꼭짓점 A_1에서 평면 AB_1C_1D에 그은 수선 A_1U가 평면 AA_1B_1B에 속한다는 것은 어렵지 않게 추측할 수 있다(그림 4.37(b)). 점 A_1에서 직선 AB_1에 그은 수선 A_1U가 평면 AB_1C_1D와 수직이라는 것을 증명하자.

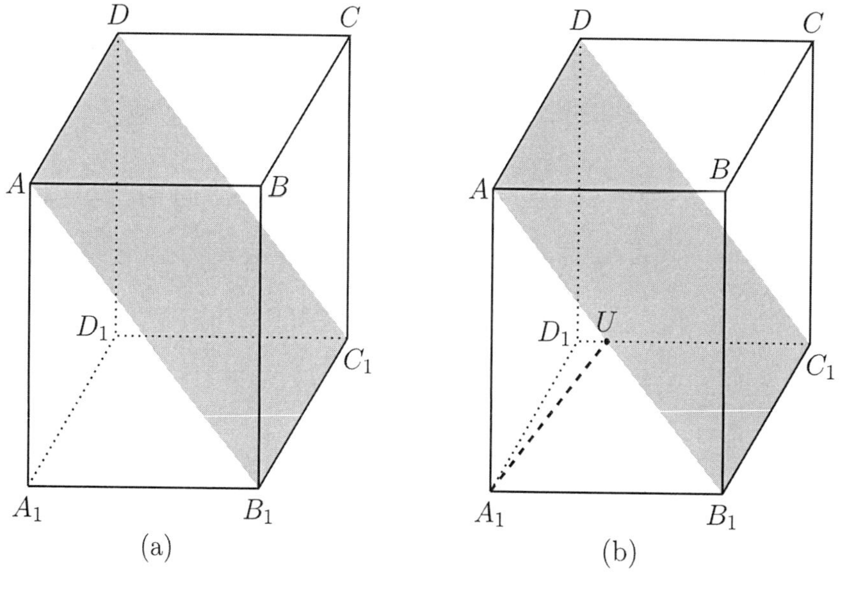

그림 4.37

평면 AB_1C_1D에 속하는 선분 B_1C_1은 평면 AA_1B_1B와 수직이므로, 평면 AA_1B_1B에 속하는 선분 A_1U는 선분 B_1C_1과 수직이다. 그리고 작도에 의해 $\overline{A_1U} \perp \overline{AB_1}$이므로, 선분 A_1U는 평면 AB_1C_1D와 수직이다. 이로부터 선분 A_1U이 점 A_1에서 평면 AB_1C_1D에 그은 수선이라는 것이 증명된다.

(2) 직육면체 $ABCDA_1B_1C_1D_1$의 꼭짓점 A_1에서 평면 PQD_1D에 수선 AU를 작도하자. 모서리 DD_1은 밑면 $A_1B_1C_1D_1$에 수직이므로, 모서리 DD_1은 밑면 $A_1B_1C_1D_1$

에 속하는 모든 직선과 수직이다.

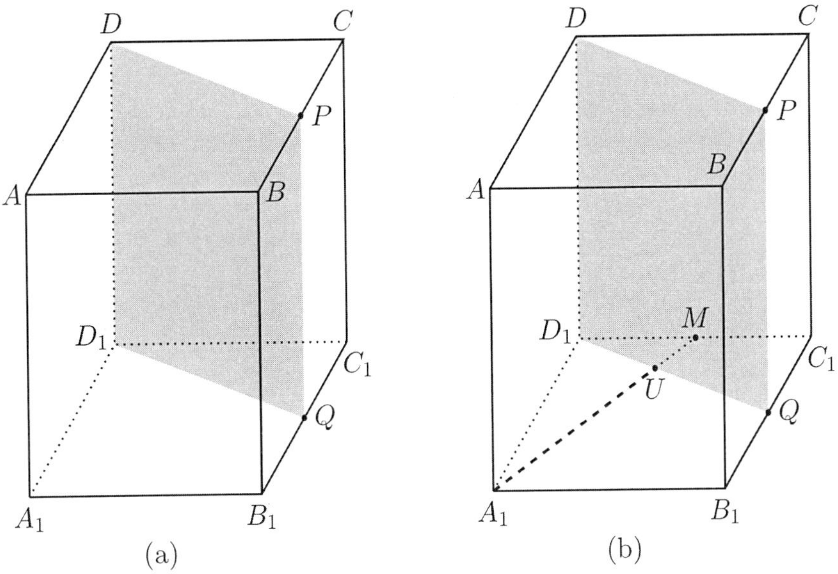

그림 4.38

이제, 점 A_1에서 평면 PQD_1D의 한 직선 l에 수선 A_1U를 그을 수 있다면, $\overline{A_1U} \perp \overline{DD_1}, \overline{A_1U} \perp l$이 되며 선분 A_1U가 평면 PQD_1D에 대한 수선이 된다. 결국, $\overline{A_1U} \perp l$인 직선 l을 찾으면 된다. 직선 l로 직선 D_1Q를 생각하자. 직선 D_1Q는 점 A_1과 함께 평면 $A_1B_1C_1D_1$에 속하므로, 점 A_1에서 직선 D_1Q로 수선 A_1U를 작도할 수 있다 (그림 4.38(b)).

점 U의 위치를 살펴보자. 모서리 C_1D_1의 중점 M을 잡자. 선분 D_1Q와 A_1M의 교점을 U라 하고, 선분 A_1U와 D_1Q가 수직이라는 것을 보이자. 삼각형 A_1D_1M과 D_1C_1Q는 세 변의 길이가 같으므로 합동이며, $\angle D_1A_1M = \angle C_1D_1Q$이다. 그리고 $\angle C_1D_1Q + \angle UD_1A_1 = 90°$이므로 $\angle D_1A_1M + \angle UD_1A_1 = 90°$이다. 그러므로, $\angle D_1UA_1 = 90°$이고 $\overline{A_1U} \perp \overline{D_1Q}$이다.

(3) 직육면체 $ABCDA_1B_1C_1D_1$의 꼭짓점 A_1에서 평면 CB_1D_1에 수선을 작도하자. 꼭짓점 A_1에서 그은 수선의 발을 U라 하고, 평면 CB_1D_1에서 점 U의 위치를 찾아보자. 수선 A_1U는 직육면체의 외부에 위치한다는 것을 추측할 수 있다.

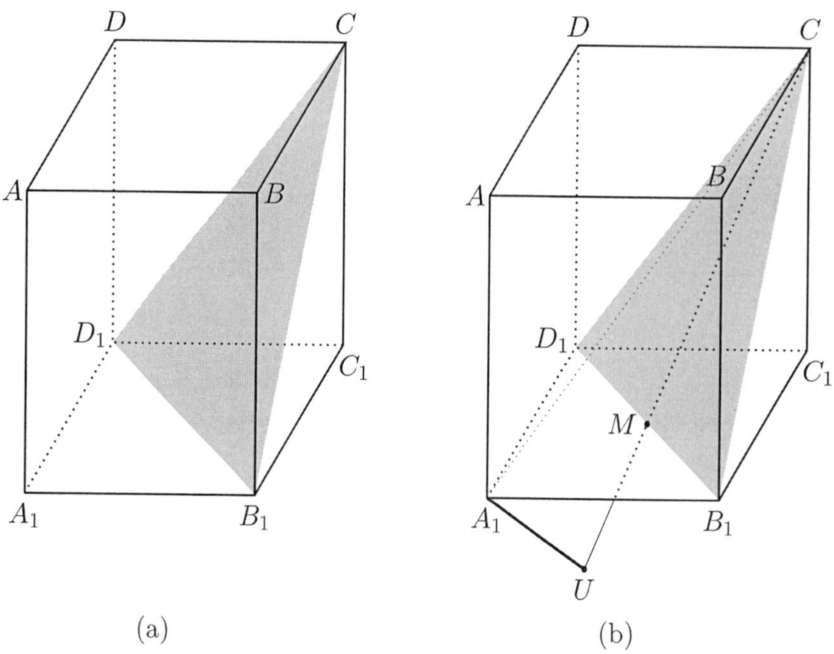

그림 4.39

그림 4.39(b)에서 삼각형 CA_1B_1과 CA_1D_1이 합동이므로, 정리 4.10에 의해 점 A_1에서 평면 CB_1D_1에 내린 수선의 발 U는 각 B_1CD_1의 이등분선에 속하게 된다. 특히 삼각형 CB_1D_1이 이등변삼각형이므로, 변 B_1D_1의 중점을 M이라 하면 반직선 CM이 각의 이등분선이 된다. 결국, 직선 CM과 점 A_1에 의해 결정된 평면 α에서 점 A_1으로부터 반직선 CM에 그은 수선을 긋자. 그러면, 이 수선이 평면 CB_1D_1에 대한 수선 A_1U이다. □

이제, 직육면체 $ABCDA_1B_1C_1D_1$에서 다른 수선을 작도해 보자. 직육면체의 모서리 BB_1, CC_1, CD에 그림 4.40(a)와 같이 점 P, Q, R이 주어졌다. 평면 PQR에 의한 직육면체의 절단면 α를 작도하고, 꼭짓점 B에서 절단면 α에 수선을 작도하자.

우선, 평면 PQR에 의한 절단면 α를 작도하자. 점 P, Q가 같은 평면에 속하므로, 직선 PQ를 작도하자. 직선 PQ와 모서리 BC의 연장선의 교점을 M이라 하면, 점 M은 평면 $ABCD$와 평면 PQR의 교점이다.

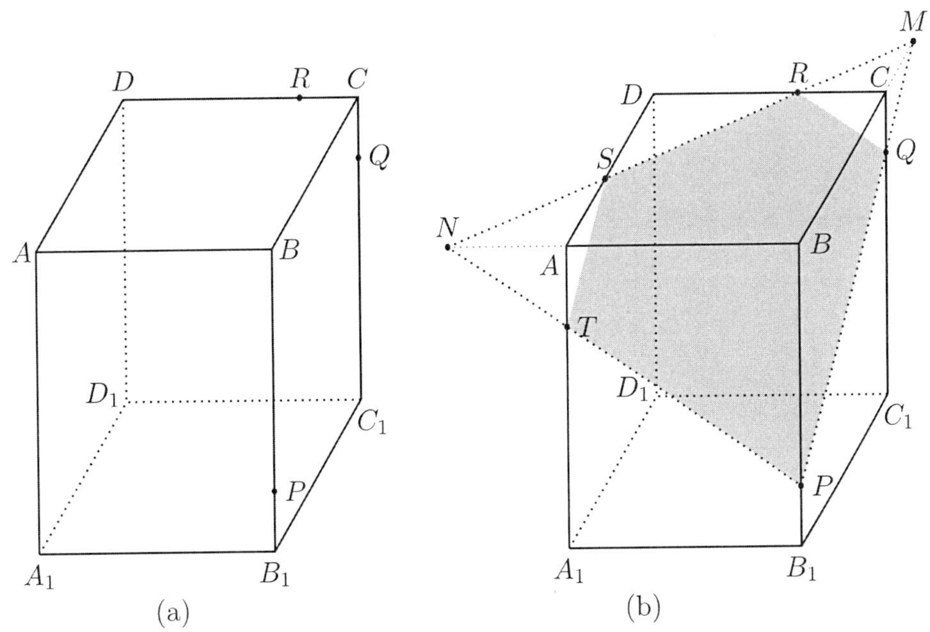

그림 4.40

점 M과 R을 지나는 직선을 작도하여 모서리 AD와의 교점을 S라 하자. 그리고 직선 MR과 모서리 AB의 연장선의 교점을 N이라 하면, 점 N은 평면 AA_1B_1B에 속한다. 이제, 선분 NP를 그어 모서리 AA_1과의 교점을 T라 하자. 이로부터, 절단면 α인 오각형 $PQRST$를 얻을 수 있다(그림 4.40(b)).

꼭짓점 B에서 평면 $PQRST$에 수선을 작도하자. 정리 4.12(1)을 이용하면 평면 $PQRST$에 수선을 작도할 수 있다. 정리 4.12(1)을 이용하기 위해, 평면 $PQRST$에 수직인 평면 β가 필요하며, 이때 평면 β는 점 B를 포함해야 한다.

평면들의 수직 조건에 의하면, 평면 β에 수직인 직선 l을 포함하는 평면(여기서는 평면 $PQRST$)은 평면 β에 수직이다. 여기서는 직선 l로 평면 $PQRST$에 속하는 직선 SR을 잡자. 점 B에서 직선 SR에 수선 BV를 작도하자. 직선 SR은 평면 $ABCD$에 속하며 모서리 BB_1이 평면 $ABCD$와 수직이므로, 직선 SR은 모서리 BB_1과 수직이다. 결국, $\overline{SR} \perp \overline{BV}, \overline{SR} \perp \overline{BB_1}$이므로, 직선 SR은 선분 BV와 BB_1을 포함하는 평면 BVB_1과 수직이다. 평면 BVB_1이 바로 평면 β이다.

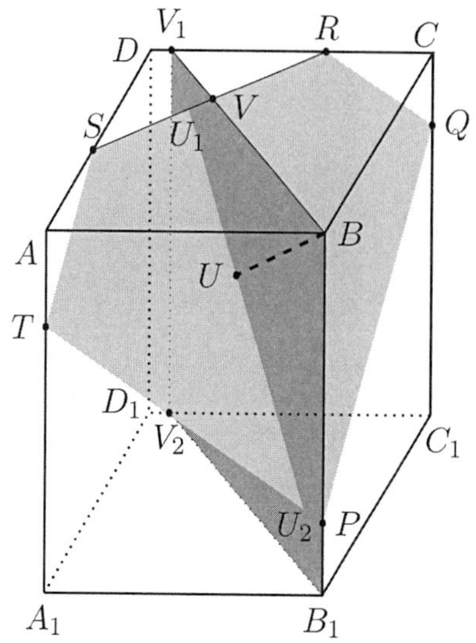

그림 4.41

평면 BVB_1을 작도하자. 직선 BV와 모서리 CD의 교점을 V_1이라 하고, 점 V_1을 면 $A_1B_1C_1D_1$에 정사영시킨 점을 V_2라 하자. 그러면, 평면 BVB_1에 의한 직육면체의 절단면은 $BV_1V_2B_1$이다(그림 4.41). 이로부터 평면 $PQRST$와 $BV_1V_2B_1$의 교선 U_1U_2를 얻을 수 있다. 이제, 꼭짓점 B에서 교선 U_1U_2에 수선 BU를 그으면, 정리 4.12(1)에 의해 선분 BU는 평면 $PQRST$에 대한 수선이 된다.

작도문제 4.6. 직육면체 $ABCDA_1B_1C_1D_1$의 모서리 BB_1에 점 P가 그림 4.42(a)와 같이 주어졌다.

(1) 평면 A_1PC에 의한 직육면체의 절단면 α를 작도하여라.

(2) 점 A로부터 절단면 α에 수선을 작도하여라.

(1) 직육면체의 절단면 α를 작도하자. 점 A_1, P를 연결하고, 점 P, C를 연결하자. 절단평면 A_1PC가 모서리 DD_1과 만난다는 것은 어렵지 않게 추측할 수 있다. 이 교점 Q의 작도 방법을 생각하자.

절단평면 A_1PC와 밑면 $ABCD$의 교선을 찾아보자. 직선 A_1P와 직선 AB의 교점을 M이라 하면, 직선 MC가 절단평면 A_1PC와 밑면 $ABCD$의 교선이다(그림

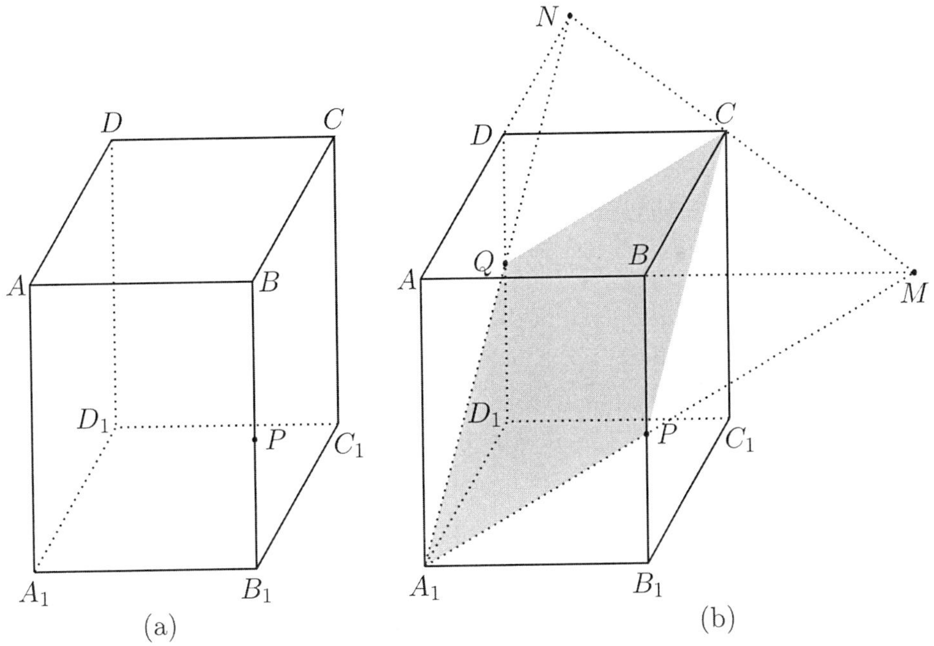

그림 4.42

4.42(b)). 이제, 직선 MC와 모서리 AD의 연장선의 교점을 N이라 하면, 점 N은 평면 AA_1D_1D에 속한다. 그러므로, 직선 A_1N을 작도하여 모서리 DD_1과의 교점을 Q라 하면, 사각형 A_1PCQ를 얻을 수 있다. 사각형 A_1PCQ가 절단면 α이다.

(2) 점 A에서 평면 α에 수선을 작도하자. 이때, 평면 AA_1D_1D에서 점 A로부터 선분 A_1Q에 수선을 작도해도 이 수선은 점 A에서 평면 α에 그은 수선이 되지 못한다.

정리 4.12(1)을 이용하여 절단면 α에 대한 수선을 작도하자. 점 A를 지나면서 절단면 α에 수직인 평면 β를 생각하자. 그리고 점 A에서 평면 α와 β의 교선에 수선을 작도하면, 이 수선이 평면 α에 대한 수선이 된다.

그림 4.43에서 그러한 평면 β를 찾는 것은 어렵지 않다. 직선 MN은 평면 α에 속한다. 점 A와 직선 MN은 밑면 $ABCD$에 속하므로, 점 A에서 직선 MN에 수선 AR을 작도할 수 있다. 그리고 모서리 AA_1은 밑면 $ABCD$에 수직이므로, 모서리 AA_1은 직선 MN과 수직이다. 결국, 직선 MN은 선분 AR, AA_1과 수직이다. 이로부터 직선 MN이 선분 AR, AA_1을 포함하는 평면에 수직이라는 것을 알 수 있다. 선분 AR, AA_1

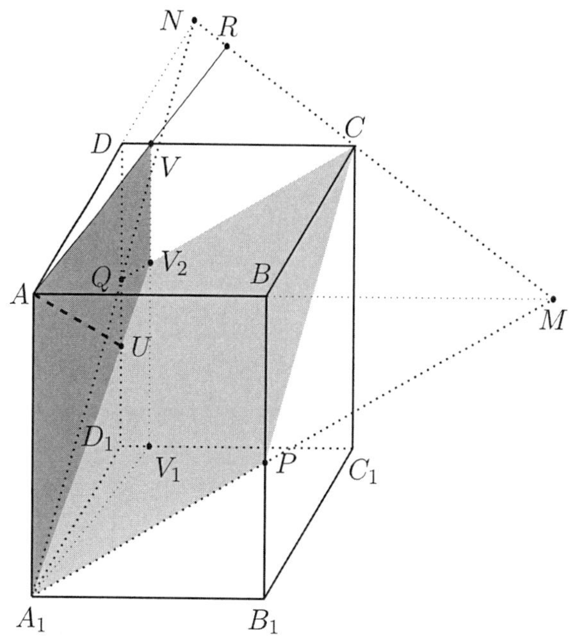

그림 4.43

을 포함하는 평면을 평면 β로 잡으면 된다.

평면 β는 점 A, A_1, R을 지나는 평면이다. 선분 AR과 모서리 CD의 교점을 V라 하고, 점 V를 밑면 $A_1B_1C_1D_1$에 정사영시킨 점을 V_1이라 하자. 그러면, 평면 β에 의한 직육면체의 절단면은 AA_1V_1V이다. 이제, 직육면체에서 평면 AA_1V_1V와 A_1PCQ의 교선을 찾을 수 있다. 평면 AA_1V_1V에서 직선 VV_1과 평면 A_1PCQ의 직선 CQ의 교점을 V_2라 하면, 직선 A_1V_2가 두 평면의 교선이다. 이제, 점 A에서 직선 A_1V_2에 수선 AU를 작도하면, 수선 AU는 평면 A_1PCQ에 대한 수선이 된다. □

이제 정육각기둥에서 수선을 작도하는 문제를 살펴보자. 정육각기둥의 성질을 이용하여 수선을 작도해 보자. 정육각기둥 $ABCDEFA_1B_1C_1D_1E_1F_1$의 꼭짓점 A에서 점 A_1, C, E를 지나는 평면에 수선을 작도한다고 하자(그림 4.44(a)).

여기서는 두 가지 방법으로 수선을 작도하자. 첫 번째 방법은 정리 4.10을 이용하는 것이다. 꼭짓점 A와 C, A와 E를 연결하면, $\overline{AC} = \overline{AE}$이다. 직각삼각형 AA_1C와 AA_1E를 생각하자. $\overline{A_1C} = \overline{A_1E}$이므로, 직각삼각형 AA_1C와 AA_1E는 합동이며

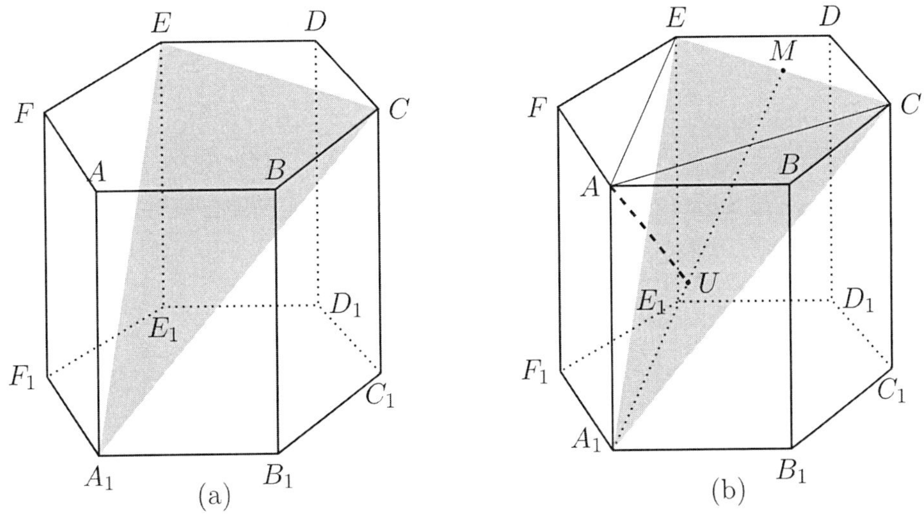

그림 4.44

$\angle AA_1C = \angle AA_1E$이다(그림 4.44(b)). 그러므로, 정리 4.10에 의해 꼭짓점 A에서 그은 평면 A_1CE에 그은 수선의 발은 각 CA_1E의 이등분선에 속한다.

삼각형 A_1CE는 이등변삼각형이므로, 변 CE의 중점 M을 잡으면 선분 A_1M은 각 CA_1E의 이등분선이다. 세 점 A, A_1, M을 지나는 평면에서 꼭짓점 A로부터 직선 A_1M에 수선 AU를 긋자. 그러면, 수선 AU는 평면 A_1CE에 대한 수선이 된다.

두 번째 방법은 삼수선의 정리를 이용하는 것이다. 그림 4.44(b)에서 삼각형 ACE는 이등변삼각형이고 점 M은 변 CE의 중점이므로, $\overline{A_1M} \perp \overline{CE}$이다. 그리고 $\overline{AM} \perp \overline{CE}$이다. 이로부터 삼수선의 정리에 의해 점 A에서 평면 A_1CE에 그은 수선은 선분 A_1M에 속한다는 것을 알 수 있다. 그러므로, 꼭짓점 A에서 선분 A_1M에 그은 수선 AU는 평면 A_1CE에 그은 수선이 된다.

정육각기둥 $ABCDEFA_1B_1C_1D_1E_1F_1$에서 수선을 작도하는 다른 문제를 살펴보자. 모서리 BB_1의 점 P에 대해 점 P, E, C를 지나는 평면에 의한 절단면 α를 작도하고 (그림 4.45(a)), 점 A에서 평면 α에 수선을 작도하자.

점 P, E, C를 지나는 평면에 의한 절단면 α를 작도하자. 우선, 점 P, E, C를 지나는 평면과 밑면 $A_1B_1C_1D_1E_1F_1$의 교선을 작도하자. 이를 위해, 점 P, C를 밑면

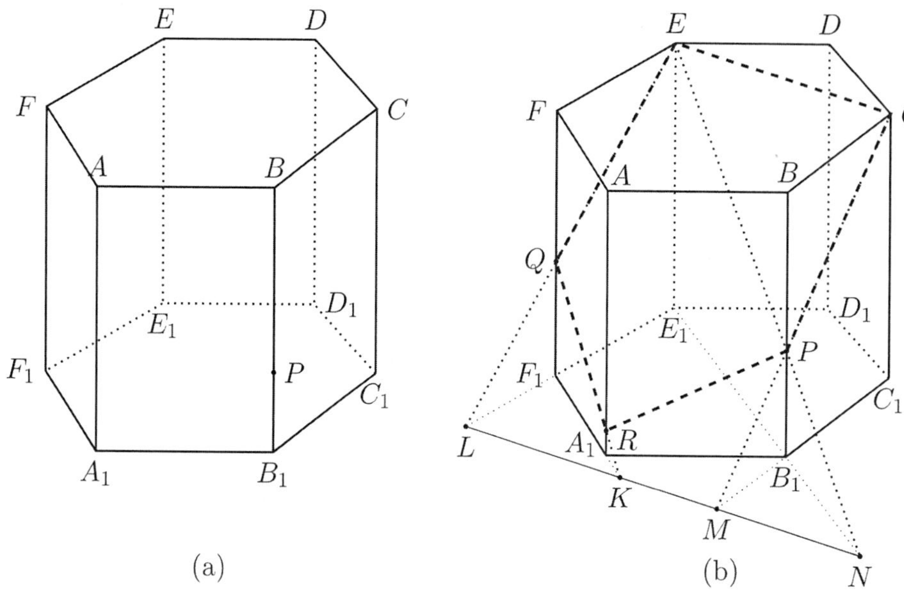

그림 4.45

$A_1B_1C_1D_1E_1F_1$에 정사영시키면 B_1, C_1이 된다. 그러므로 직선 CP와 B_1C_1의 교점을 M이라 하면, 점 M은 직선 CP와 밑면의 교점이다. 같은 방법으로, 직선 EP와 E_1B_1의 교점을 N이라 하면, 점 N은 직선 EP와 밑면의 교점이다. 이로부터 점 P, E, C를 지나는 평면과 밑면 $A_1B_1C_1D_1E_1F_1$의 교선 MN을 얻을 수 있다.

면 EE_1F_1F를 생각하자. 직선 MN과 E_1F_1의 교점 L을 구해, 직선 EL을 작도하자. 그러면, 직선 EL과 모서리 FF_1의 교점 Q를 구할 수 있다. 그리고 직선 MN과 F_1A_1의 교점 K를 생각하자. 이로부터 직선 QK와 모서리 AA_1의 교점 R을 구할 수 있다. 결국, 절단면 α로 오각형 $PCEQR$을 얻을 수 있다.

이제, 점 A에서 절단면 $PCEQR$에 수선을 작도하자. 절단면 $PCEQR$의 변 CE가 옆모서리 AA_1과 수직인 것을 이용하자. 점 A에서 직선 CE에 수선 AV를 작도하면, $\overline{CE} \perp \overline{AV}, \overline{CE} \perp \overline{AA_1}$이 된다. 이로부터 직선 CE는 선분 AV, AA_1을 지나는 평면에 수직이며, 절단면 $PCEQR$은 선분 AV, AA_1을 지나는 평면에 수직이 된다.

직선 AV와 모서리 DE의 교점을 V_1, 점 V_1을 밑면 $A_1B_1C_1D_1E_1F_1$에 정사영시킨 점을 V_2라 하자(그림 4.46). 그러면, 정육각기둥에서 선분 AV, AA_1을 지나는 평면은

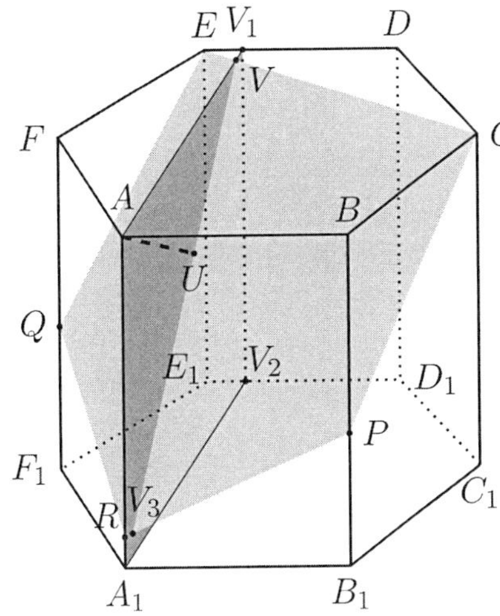

그림 4.46

평면 $AA_1V_2V_1$이다. 절단면 $PCEQR$과 평면 $AA_1V_2V_1$의 교선을 VV_3라 하면, 점 A로부터 교선 VV_3에 수선 AU를 작도할 수 있다. 그러면, 정리 4.12(1)에 의해 수선 AU는 절단면 $PCEQR$에 대한 수선이 된다.

제 5 장.

공간에서 거리

1. 공간에서 거리

공간에서 두 도형을 생각하자. 그림 5.1과 같이 공간에 정육면체 $ABCDA_1B_1C_1D_1$과 사면체 $SDEF$가 주어졌다고 하자. 이제, 정육면체와 사면체사이의 거리를 구해보자.

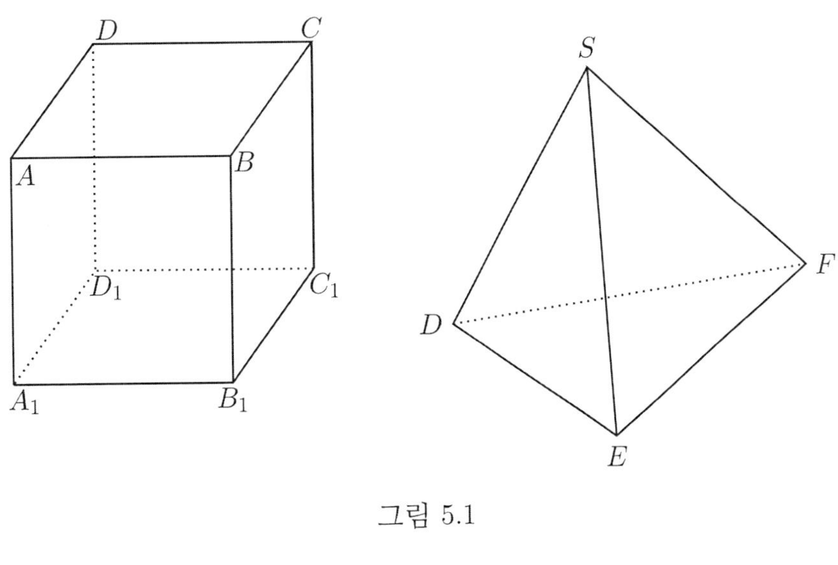

그림 5.1

정육면체의 꼭짓점 A에서 사면체의 꼭짓점 F까지의 거리는 꼭짓점 C_1에서 꼭짓점 D까지의 거리보다 크다. 정육면체와 사면체의 어느 위치에 점을 잡느냐에 따라 거리가 달라질 수 있다. 그렇다면, 정육면체와 사면체의 거리는 어떻게 구할까? 일반적으로, 공간에서 두 도형사이의 거리는 두 도형사이의 최소 거리를 의미한다. 즉, 정육면체 $ABCDA_1B_1C_1D_1$과 사면체 $SDEF$사이의 거리는 두 도형의 점들사이의 거리 중 최솟값을 말한다.

공간에 두 점 P, Q가 주어졌다. 이때, 점 P, Q사이의 거리는 $\overline{PQ}$를 말한다. 가령, 정육면체 $ABCDA_1B_1C_1D_1$이 주어졌고, 한 모서리의 길이를 a라 하자. 모서리 AD의 중점을 P라 할 때(그림 5.2(a)), 점 P와 B_1사이의 거리를 구해보자.

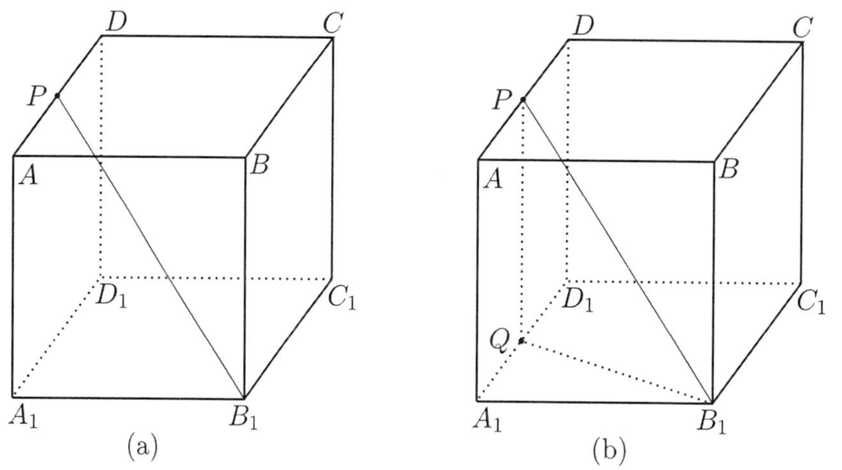

그림 5.2

두 점사이의 거리는 피타고라스 정리를 이용하여 구할 수 있다. 점 P에서 밑면 $A_1B_1C_1D_1$에 내린 수선의 발을 Q라 하면, 삼각형 PQB_1은 직각삼각형이다(그림 5.2(b)). 우선, 선분 QB_1의 길이를 구하자. 직각삼각형 QA_1B_1에 피타고라스 정리를 이용하면 $\overline{QB_1} = \sqrt{\overline{QA_1}^2 + \overline{A_1B_1}^2} = \frac{\sqrt{5}}{2}a$이다. 그리고 $\overline{PQ} = a$이므로, $\overline{PB_1} = \sqrt{\overline{PQ}^2 + \overline{QB_1}^2} = \frac{3}{2}a$이다.

점과 직선사이의 거리 점과 직선사이의 거리를 살펴보자. 공간에 점 P와 직선 l이 주어졌다. 점 P와 직선 l을 지나는 평면 α가 유일하게 존재하므로, 점 P와 직선 l 사이의 거리는 평면 α에서 점 P와 직선 l사이의 거리로 생각할 수 있다. 즉, 공간에서 점과 직선사이의 거리는 평면에서 점과 직선사이의 거리로 퇴화시켜 생각할 수 있다.

평면에서 점 P에서 직선 l사이의 거리는 어렵지 않게 생각할 수 있다. 점 P에서 직선 l에 수선을 그어 그 발을 Q라 하면, 선분 PQ가 점 P와 직선 l사이의 거리가 된다. 그러나 공간에서는 이러한 수선을 상상하고 작도하는 것이 그리 단순하지 않은 경우도 있다.

예를 들어, 정육면체 $ABCDA_1B_1C_1D_1$을 생각하자. 모서리 AA_1의 중점 P에서 선분 DB_1으로 수선을 작도해 보자(그림 5.3(a)). 수선을 작도하기 위해선, 점 P와 선분 DB_1을 포함하는 평면을 생각해야 한다.

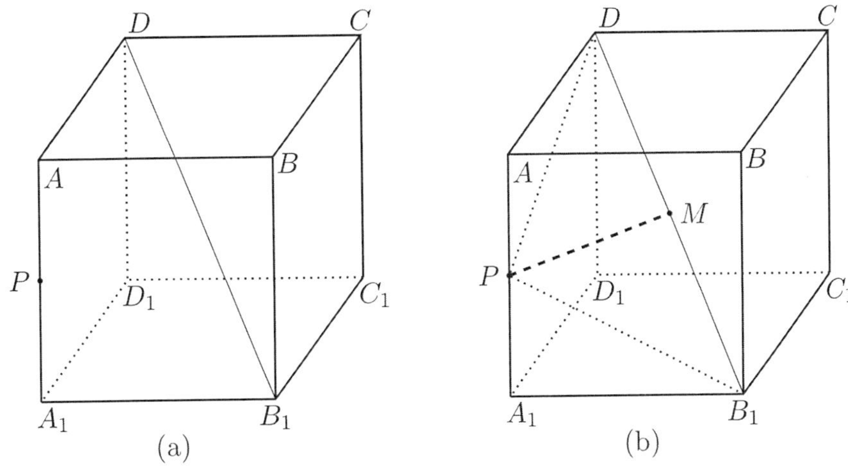

그림 5.3

삼각형 PDB_1을 지나는 평면을 생각하자(그림 5.3(b)). 삼각형 PDB_1은 $\overline{PD} = \overline{PB_1}$인 이등변삼각형이다. 그러므로, 선분 DB_1의 중점 M을 잡아 점 P와 연결하면, 점 P로부터 선분 DB_1에 그은 수선이 된다.

예제 5.1. 정삼각기둥[1] $ABCA_1B_1C_1$이 주어졌다(그림 5.4(a)). $\overline{AB} = a, \overline{AA_1} = b$일 때, 꼭짓점 A에서 선분 B_1C까지의 거리를 구하여라.

꼭짓점 A와 선분 B_1C를 포함하는 삼각형 AB_1C를 작도하자. 꼭짓점 A에서 선분

[1]정삼각기둥은 밑면이 정삼각형, 옆면은 합동인 직사각형이며, 옆면은 밑면에 수직이다.

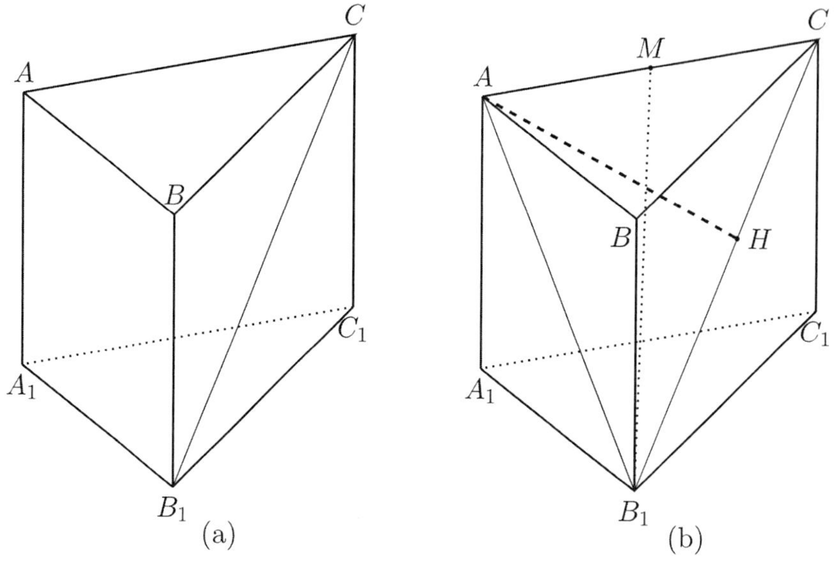

그림 5.4

B_1C까지의 거리는 꼭짓점 A에서 변 B_1C에 그은 높이 AH와 같으므로, 삼각형 AB_1C의 넓이를 이용하여 구할 수 있다(그림 5.4(b)).

삼각형 AB_1C는 $\overline{AB_1} = \overline{CB_1}$인 이등변삼각형이다. 변 AC의 중점을 M이라 하면, 선분 B_1M의 길이를 구할 수 있다. 삼각형 AB_1C에서 변 AC를 밑변으로 선분 B_1M을 높이로 하여 삼각형 AB_1C의 넓이를 구하자.

직각삼각형 BB_1C에서 $\overline{B_1C} = \sqrt{\overline{BB_1}^2 + \overline{BC}^2} = \sqrt{a^2+b^2}$이다. 그리고 $\overline{CM} = \frac{a}{2}$이므로, 직각삼각형 B_1CM에서 $\overline{B_1M} = \sqrt{\overline{B_1C}^2 - \overline{CM}^2} = \sqrt{\frac{3}{4}a^2+b^2}$이다. 그러므로, 삼각형 AB_1C의 넓이는 $\frac{a}{2}\sqrt{\frac{3}{4}a^2+b^2}$이다.

한편, 변 B_1C를 밑변, 선분 AH를 높이로 하여 삼각형 AB_1C의 넓이를 구하면, $\frac{1}{2}\sqrt{a^2+b^2} \times \overline{AH}$이다. 이로부터 $\frac{a}{2}\sqrt{\frac{3}{4}a^2+b^2} = \frac{1}{2}\sqrt{a^2+b^2} \times \overline{AH}$이고, $\overline{AH} = \frac{a\sqrt{\frac{3}{4}a^2+b^2}}{\sqrt{a^2+b^2}} = \frac{a}{2}\sqrt{\frac{3a^2+4b^2}{a^2+b^2}}$이다. 결국, 꼭짓점 A에서 선분 B_1C까지의 거리는 $\frac{a}{2}\sqrt{\frac{3a^2+4b^2}{a^2+b^2}}$이다. □

예제 5.2. 정육각기둥 $ABCDEFA_1B_1C_1D_1E_1F_1$이 주어졌다(그림 5.5(a)). $\overline{AB} = a, \overline{AA_1} = b$일 때, 꼭짓점 C_1에서 선분 DA_1까지의 거리를 구하여라.

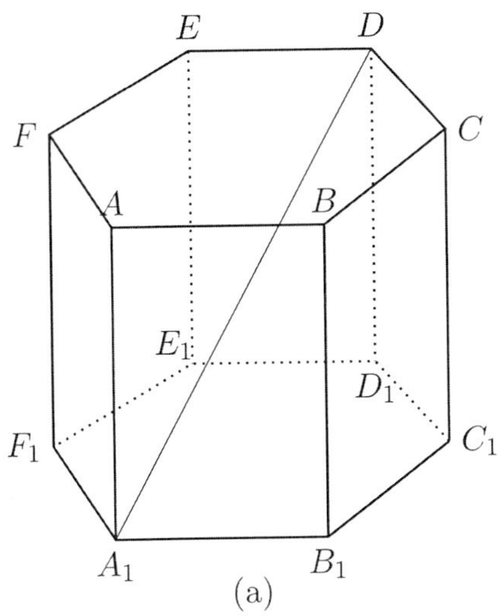

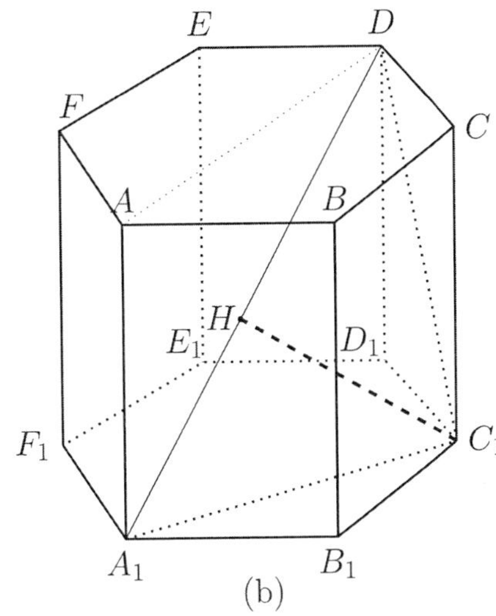

그림 5.5

점 C_1과 선분 DA_1을 포함하는 평면을 생각하기 위해, 삼각형 C_1DA_1을 작도하자 (그림 5.5(b)). 삼각형 C_1DA_1의 꼭짓점 C_1에서 변 DA_1에 그은 높이가 점 C_1에서 선분 DA_1까지의 거리이다. 삼각형 C_1DA_1이 어떤 삼각형인지를 조사하기 위해, 삼각형의 변의 길이를 구하자.

직사각형 CC_1D_1D에서 $\overline{DC_1} = \sqrt{\overline{DC}^2 + \overline{CC_1}^2} = \sqrt{a^2+b^2}$이다. 선분 A_1C_1을 구하기 위해, $\overline{A_1B_1} = \overline{B_1C_1} = a$인 이등변삼각형 $B_1A_1C_1$을 살펴보자. 정육각형의 한 각의 크기가 120°이므로, $\angle B_1A_1C_1 = \angle B_1C_1A_1 = 30°$이다. 꼭짓점 B_1에서 변 A_1C_1에 수선 B_1M을 그으면, $\overline{A_1M} = \overline{A_1B_1}\cos 30° = \frac{\sqrt{3}}{2}a$이다. 그러므로, $\overline{A_1C_1} = \sqrt{3}a$이다.

선분 DA_1을 구하기 위해, 직각삼각형 DAA_1을 생각하자. $\overline{DA} = 2a, \overline{AA_1} = b$이므로, $\overline{DA_1} = \sqrt{4a^2+b^2}$이다. 결국, 삼각형 C_1DA_1에서 $\overline{DC_1} = \sqrt{a^2+b^2}, \overline{A_1C_1} = \sqrt{3}a, \overline{DA_1} = \sqrt{4a^2+b^2}$이므로, 삼각형 C_1DA_1는 각 C_1이 직각인 직각삼각형이다.

이제, 삼각형 C_1DA_1의 넓이를 이용해 꼭짓점 C_1에서 변 DA_1까지의 거리를 구하자. 밑변을 A_1C_1으로 하고 높이를 DC_1으로 잡으면, 삼각형의 넓이는 $\frac{\sqrt{3}}{2}a\sqrt{a^2+b^2}$이다. 한편, 밑변을 DA_1으로 잡고 꼭짓점 C_1에서 그은 수선을 C_1H라 하면, 삼각형의 넓이는 $\frac{1}{2}\sqrt{4a^2+b^2} \times \overline{C_1H}$이다. 이로부터, $\frac{\sqrt{3}}{2}a\sqrt{a^2+b^2} = \frac{1}{2}\sqrt{4a^2+b^2} \times \overline{C_1H}$이고, $\overline{C_1H} = \frac{\sqrt{3}a\sqrt{a^2+b^2}}{\sqrt{4a^2+b^2}}$이다. 결국, 점 C_1에서 선분 DA_1까지의 거리는 $\frac{\sqrt{3}a\sqrt{a^2+b^2}}{\sqrt{4a^2+b^2}}$이다. □

2. 점과 평면사이의 거리

공간에서 점과 평면사이의 거리를 살펴보자. 공간에 점 P와 평면 α가 주어졌다고 하자. 그러면, 점 P로부터 평면 α까지의 거리는 점 P에서 평면 α에 내린 수선의 길이이다. 이제, 점 P로부터 평면 α에 내린 수선이 경사선보다 작다는 것을 증명하자.

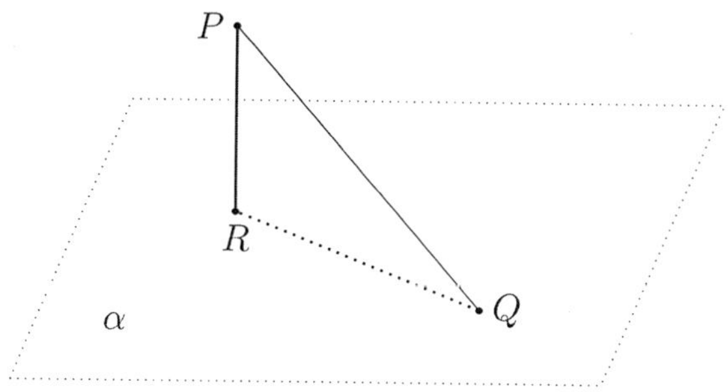

그림 5.6

그림 5.6에 점 P와 평면 α가 주어졌고, 점 P에서 평면 α에 내린 수선 PR, 경사선 PQ를 작도하였다. 그러면, 삼각형 PQR은 각 R이 직각인 직각삼각형이며, $\overline{PR}^2 + \overline{QR}^2 = \overline{PQ}^2$이다. 이로부터 $\overline{PR} < \overline{PQ}$가 증명된다. 결국 평면 α의 임의의 점 Q에 대해 $\overline{PR} \le \overline{PQ}$가 되며(점 Q와 R이 일치하는 경우에는 등호가 성립함), 점 P에서 내린 수선 PR이 점 P와 평면 α의 점사이의 최소 거리이다.

가령, 정육면체 $ABCDA_1B_1C_1D_1$이 주어졌고, $\overline{AB} = a$라고 하자(그림 5.7(a)). 이때, 점 A와 평면 DBA_1사이의 거리를 구해보자.

점 A에서 평면 DBA_1에 수선을 그어 수선의 발을 H라 하면, 선분 AH가 구하는 거리이다. 이때, 꼭짓점 A에서 평면 DBA_1에 수선을 그으면, 평면 DBA_1의 어느 위치에 수선의 발 H가 놓이게 되는지 생각해야 한다. 삼각뿔 $ADBA_1$을 살펴보자(그림 5.7(b)).

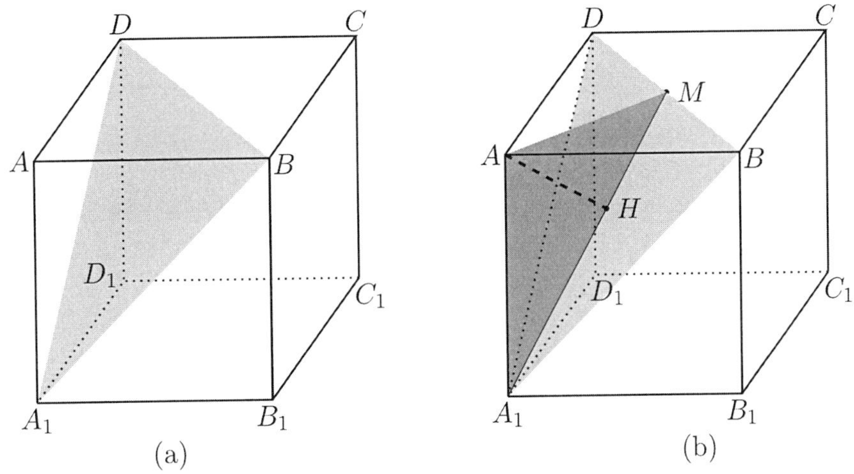

그림 5.7

밑면인 삼각형 DBA_1은 정삼각형이며, 옆면인 삼각형 ADB, AA_1B, AA_1D는 이등변삼각형이다. 그러므로, 삼각뿔 $ADBA_1$은 정삼각뿔이 되며, 꼭짓점 A에서 밑면 DBA_1에 수선 AH를 그으면 수선의 발 H는 정삼각형 DBA_1의 중심에 놓인다. 선분 DB의 중점을 M이라 하면, 수선 AH는 면 DBA_1에 놓인 선분 A_1M과 수직을 이룬다. 그러므로, 점 A에서 선분 A_1M까지의 거리가 점 A에서 평면 DBA_1까지의 거리가 된다.

점 A에서 선분 A_1M까지의 거리를 구하기 위해, 직각삼각형 AA_1M의 넓이를 이용하자. $\overline{AM} = \frac{1}{2}\overline{AC} = \frac{\sqrt{2}}{2}a$이므로, 직각삼각형 AA_1M의 넓이는 $\frac{\sqrt{2}}{4}a^2$이다. 한편, 직각삼각형 A_1BM에서 $\overline{A_1M} = \sqrt{\overline{A_1B}^2 - \overline{BM}^2} = \sqrt{2a^2 - \frac{a^2}{2}} = \frac{\sqrt{6}}{2}a$이다. 그러므로 밑면을 $\overline{A_1M}$, 높이를 $\overline{AH}$로 하면, 삼각형 AA_1M의 넓이는 $\frac{\sqrt{6}}{4}a \times \overline{AH}$이다. 이로부터 $\frac{\sqrt{2}}{4}a^2 = \frac{\sqrt{6}}{4}a \times \overline{AH}$이고 $\overline{AH} = \frac{\sqrt{3}}{3}a$이다. 결국, 꼭짓점 A에서 평면 DBA_1까지의 거리는 $\frac{\sqrt{3}}{3}a$이다.

살펴본 것과 같이, 꼭짓점 A에서 평면 DBA_1까지의 거리를 구하는 과정에서 꼭짓점 A에서 그은 수선 AH를 포함하는 평면 A_1MA(평면 DBA_1과 수직인)이 중요한 역할을 하였다. 그리고 평면 A_1MA에서 꼭짓점 A에서 평면 DBA_1까지의 거리인 수선 AH를 높이로 하는 삼각형의 넓이를 이용하여 문제를 해결하였다.

이 문제는 다른 방법으로도 풀 수 있다. 예제 4.2에서 선분 AC_1과 평면 DBA_1이 수직이라는 것을 보였다(그림 5.8). 이것을 이용하자.

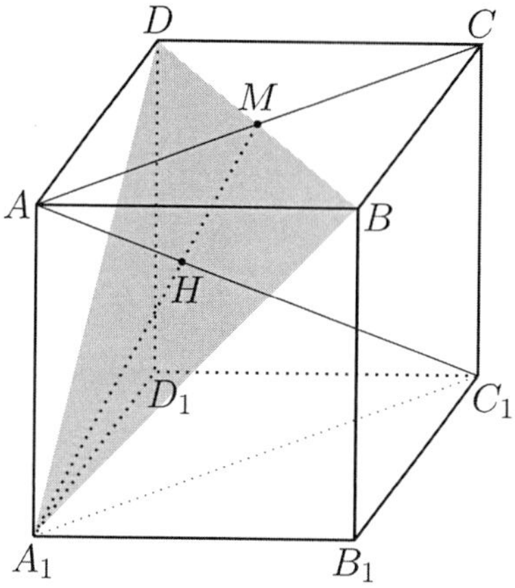

그림 5.8

선분 AC_1과 평면 DBA_1의 교점을 H라 하자. 이제, 교점 H의 위치를 결정하자.

선분 AC_1을 면 $ABCD$에 정사영시키면 선분 AC가 되며, 점 H는 선분 AC_1에 속하므로 점 H를 면 $ABCD$에 정사영시키면 선분 AC에 속한다. 한편, 삼각형 DBA_1을 면 $ABCD$에 정사영시키면 삼각형 DBA가 된다. 삼각형 DBA_1에 속한 선분 중에서 면 $ABCD$에 정사영시켜 선분 AM이 되는 것은 선분 A_1M이다. 그러므로, 점 H는 삼각형 DBA_1의 선분 A_1M에도 속한다. 결국, 점 H는 선분 AC_1과 A_1M의 교점이다.

이제, 선분 A_1M, AC_1을 포함하는 평면 AA_1C_1C를 생각하자. 이 평면에서 삼각형 HAM과 HC_1A_1은 닮음이고, 닮음비가 $1:2$이다. 이로부터 $\overline{AH}:\overline{HC_1}=1:2$이다. 직각삼각형 AA_1C_1에서 $\overline{AC_1}$의 길이를 구하면 $\sqrt{3}a$이므로, $\overline{AH}=\frac{\sqrt{3}}{3}a$이다.

그림 5.8에 관련된 문제해결 과정을 바탕으로 다음 문제를 해결할 수 있다.

예제 5.3. 정육면체 $ABCDA_1B_1C_1D_1$이 주어졌고, $\overline{AB}=a$라고 하자. 다음의 거리를 구하여라.

(1) 꼭짓점 A에서 평면 CD_1B_1까지의 거리(그림 5.9(a))

(2) 꼭짓점 A에서 평면 BDC_1까지의 거리(그림 5.9(b))

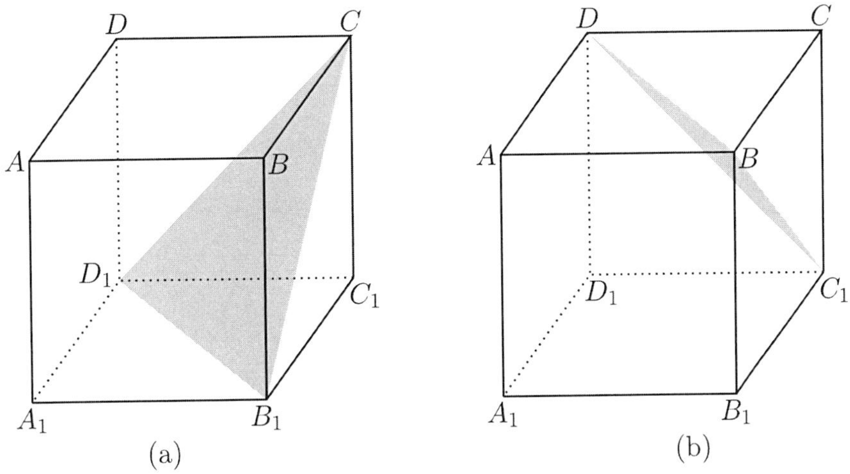

그림 5.9

(1) 예제 4.2에 의하면, 선분 AC_1과 평면 CB_1D_1은 수직을 이룬다. 그림 5.8과 유사한 작도를 하면, 그림 5.10을 얻을 수 있다. 이때, $\overline{AH} : \overline{HC_1} = 2 : 1$이므로, $\overline{AH} = \frac{2\sqrt{3}}{3}a$이다.

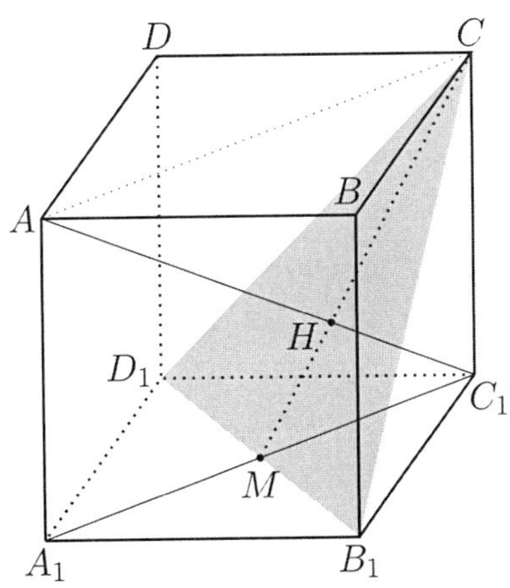

그림 5.10

(2) 그림 5.9(b)에서 꼭짓점 A로부터 평면 BDC_1에 수선 AH를 긋자. 이때, 수선 AH는 정육면체 $ABCDA_1B_1C_1D_1$의 내부에 속하지 않는다. 수선을 작도하기 위해, 정육면체 $ABCDA_1B_1C_1D_1$의 위에 정육면체 $A_2B_2C_2D_2ABCD$를 그림 5.11과 같이

작도하자.

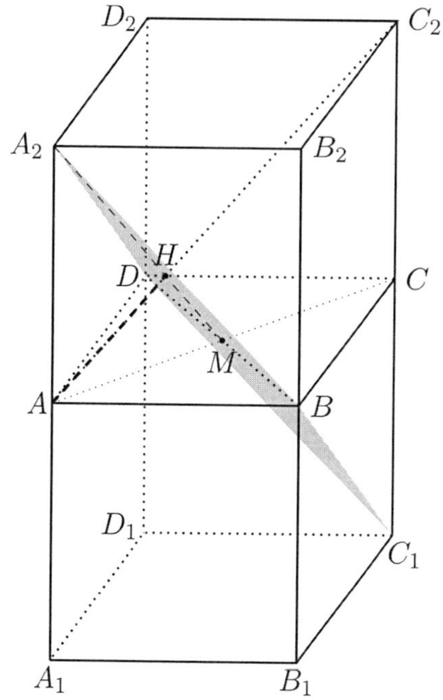

그림 5.11

정육면체 $A_2B_2C_2D_2ABCD$에 평면 BDC_1을 작도하면, 꼭짓점 A_2를 지나는 평면이 만들어진다. 이때, 추가된 평면 A_2BD는 선분 AC_2와 수직이 된다. 결국, 꼭짓점 A에서 평면 BDC_1에 그은 수선 AH의 발 H는 삼각형 A_2BC에 속하게 된다. 이제, (1)에서와 같은 방법으로 선분 AH의 길이를 구하면, $\overline{AH} = \frac{\sqrt{3}}{3}a$이다. □

예제 5.4. 정육면체 $ABCDA_1B_1C_1D_1$이 주어졌고, $\overline{AB} = a$라 하자. 모서리 BC, CD의 중점을 P, Q라 할 때(그림 5.12(a)), 점 C와 평면 B_1PQD_1사이의 거리를 구하여라.

평면 B_1PQD_1의 직선 B_1D_1에 수직이며 점 C를 포함하는 평면 AA_1C_1C를 생각하자. 평면 AA_1C_1C와 B_1PQD_1은 직선 MN을 따라 만난다. 이때, 점 M은 선분 B_1D_1의 중점이다. 그리고 삼각형 CQN과 CPN은 합동이므로, 점 N도 선분 PQ의 중점이다.

직선 B_1D_1과 평면 AA_1C_1C가 수직인지 조사하자. 직선 B_1D_1은 평면 AA_1C_1C

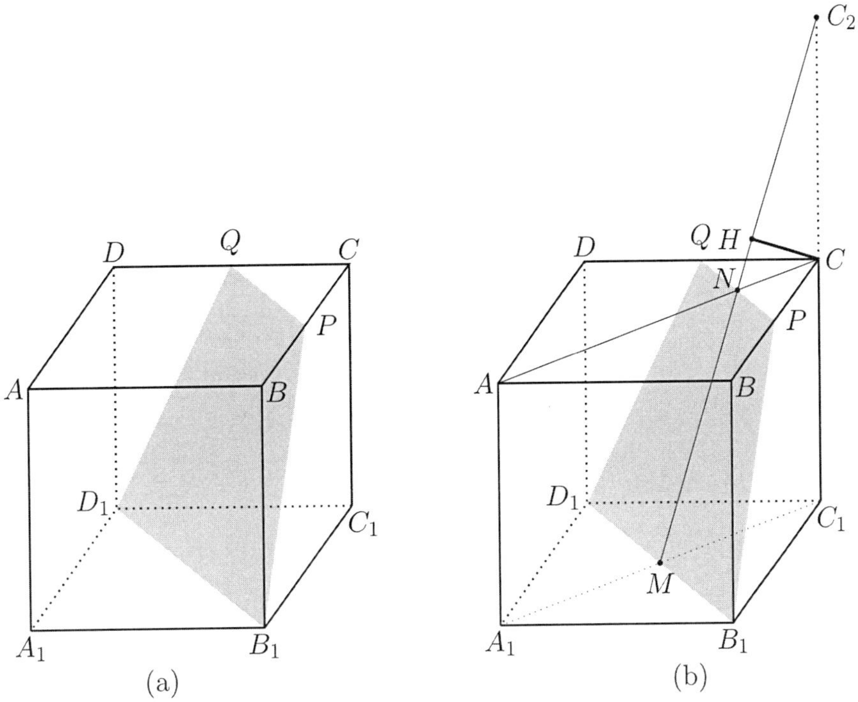

그림 5.12

의 직선 A_1C_1과 수직이다. 그리고 직선 AA_1은 밑면 $A_1B_1C_1D_1$과 수직이므로, 직선 AA_1은 밑면 $A_1B_1C_1D_1$의 직선 B_1D_1과 수직이다. 이로부터 직선 B_1D_1은 평면 AA_1C_1C의 직선 A_1C_1, AA_1과 수직이므로, 직선 B_1D_1은 평면 AA_1C_1C와 수직이다. 직선 B_1D_1은 평면 B_1PQD_1에 속하므로, 평면 B_1PQD_1과 AA_1C_1C는 수직이다.

평면 B_1PQD_1과 AA_1C_1C의 교선이 직선 MN이다. 이때, 평면 AA_1C_1C의 점 C에서 교선 MN에 수선 CH를 그으면, 정리 4.12(1)에 의해 직선 CH는 평면 B_1PQD_1에 수직이다. 그림 5.12(b)에서 수선 CH의 발 H는 선분 MN의 연장선에 속하게 된다. 직선 MN과 모서리 CC_1의 연장선의 교점을 C_2라 하면, 수선의 발 H는 선분 C_2N에 속한다. 그리고 선분 CH는 점 C와 평면 B_1PQD_1사이의 거리이다.

선분 CH는 삼각형 CNM의 높이이므로, 삼각형 CNM의 넓이를 이용해 선분 CH의 길이를 구하자. 선분 NM을 밑변으로 하고 선분 CH를 높이로 하여 삼각형 CNM의 넓이를 구하자. 이를 위해, 선분 NM의 길이를 구하자. 선분 AC의 중점을 M_1이라 하면, 직각삼각형 NM_1M에서 $\overline{NM} = \sqrt{\overline{NM_1}^2 + \overline{M_1M}^2}$이다. 이때, $\overline{NM_1} = \frac{1}{4}\overline{AC}$이므로, $\overline{NM_1} = \frac{\sqrt{2}}{4}a$이다. 결국, $\overline{NM} = \sqrt{\left(\frac{\sqrt{2}}{4}a\right)^2 + a^2} = \frac{3\sqrt{2}}{4}a$이다. 이로부터 삼각형 CNM의 넓이는 $\frac{3\sqrt{2}}{8}a \times \overline{CH}$이다.

한편, 선분 CN을 밑변, 선분 CC_1을 높이로 하여 삼각형 CNM의 넓이를 구하자. $\overline{CN} = \frac{1}{4}\overline{AC}$이므로, $\overline{CN} = \frac{\sqrt{2}}{4}a$이고 $\overline{CC_1} = a$이다. 이로부터, 삼각형 CNM의 넓이는 $\frac{\sqrt{2}}{8}a^2$이다. 즉, $\frac{3\sqrt{2}}{8}a \times \overline{CH} = \frac{\sqrt{2}}{8}a^2$이 성립하며, $\overline{CH} = \frac{1}{3}a$가 된다. □

예제 5.4의 풀이 과정에서는 평면 B_1PQD_1에 수직인 평면 AA_1C_1C를 생각하여, 평면 B_1PQD_1와 AA_1C_1C의 교선에 꼭짓점 C로부터 수선 CH를 그어 문제를 해결하였다. 주어진 점 P와 평면 α사이의 거리를 구하는 문제에서는 평면 α와 수직이며 점 P를 포함하는 보조평면을 생각하는 것이 문제해결에서 중요하다.

예제 5.4의 해결 과정에서 직선 B_1D_1이 평면 AA_1C_1C와 수직인 것을 보였다. 정리 4.11에 의하면, 직선 B_1D_1을 포함하는 모든 평면은 평면 AA_1C_1C와 수직이다. 결국, 그림 5.13(a)에 주어진 평면들과 꼭짓점 A(또는 A_1, C, C_1)사이의 거리를 구하는 문제에서 평면 AA_1C_1C가 보조평면의 역할을 할 수 있다.

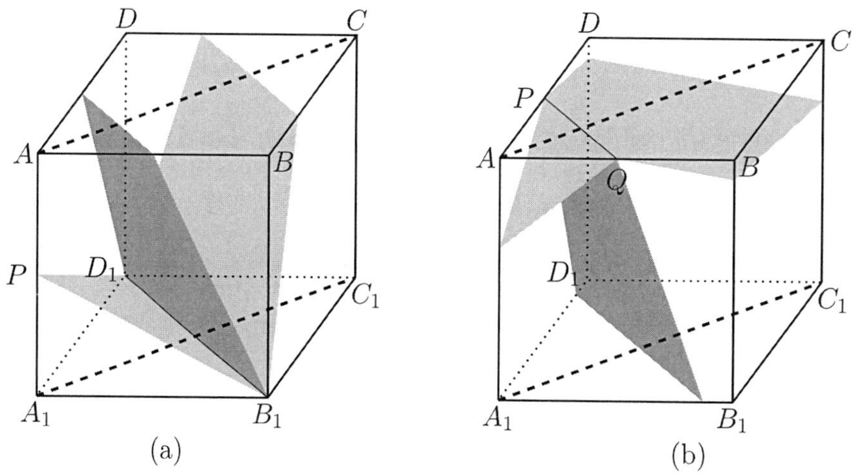

그림 5.13

그림 5.13(b)에는 직선 B_1D_1과 평행한 직선 PQ가 있고, 직선 PQ를 지나는 평면

들이 제시되어 있다. 이 평면들은 평면 AA_1C_1C와 수직이다. 그러므로, 이 평면들과 꼭짓점 A(또는 A_1, C, C_1)사이의 거리를 구하는 문제에서 평면 AA_1C_1C가 보조평면의 역할을 할 수 있다.

평행한 직선과 평면사이의 거리 공간에 직선 l, 직선 l과 평행한 평면 α가 주어졌다. 직선 l과 평면 α사이의 거리를 구한다고 하자. 이 거리는 직선 l위의 한 점과 평면 α 사이의 거리로 생각하여 구할 수 있다.

가령, 직선 l에 점 P를 잡자. 점 P로부터 평면 α에 수선을 그어, 수선의 발을 R이라 하자. 그러면, 선분 PR이 직선 l과 평면 α사이의 거리가 된다. 이때, 직선 l에서 평면 α까지의 거리는 점 P의 위치에 관계없이 일정하다는 것을 보여야 한다.

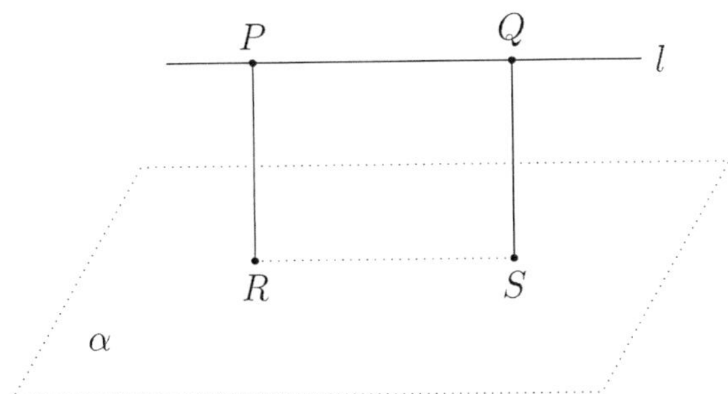

그림 5.14

직선 l에 두 점 P, Q를 잡자(그림 5.14). 점 P에서 평면 α에 내린 수선의 발을 R, 점 Q에서 내린 수선의 발을 S라 하자. 그러면, $\angle P = \angle Q = \angle R = \angle S$는 모두 직각으로 같으므로, 사각형 $PRSQ$는 직사각형이다. 이로부터 $\overline{PR} = \overline{QS}$가 된다. 결국, 점 P, Q의 위치에 관계없이 직선 l에서 평면 α까지의 거리는 일정하다.

예제 5.3(2)를 평행한 직선과 평면사이의 거리를 이용해서 구할 수 있다. 꼭짓점 A를 지나 평면 BDC_1에 평행한 직선을 작도하자(그림 5.15(a)). 이를 위해, 밑면 $A_1B_1C_1D_1$의 중심을 M이라 하면, 직선 AM은 평면 BDC_1과 평행이 된다. 그 이유를 살펴보자. 선분 BD의 중점을 N이라 하자. 그러면, 사각형 AMC_1N에서 $\overline{AN} = \overline{MC_1}$이고 $\overline{AN} \parallel \overline{MC_1}$이므로, 사각형 AMC_1N은 평행사변형이다. 이로부터, $\overline{AM} \parallel \overline{NC_1}$

이고, 직선 AM과 평면 BDC_1은 평행이다.

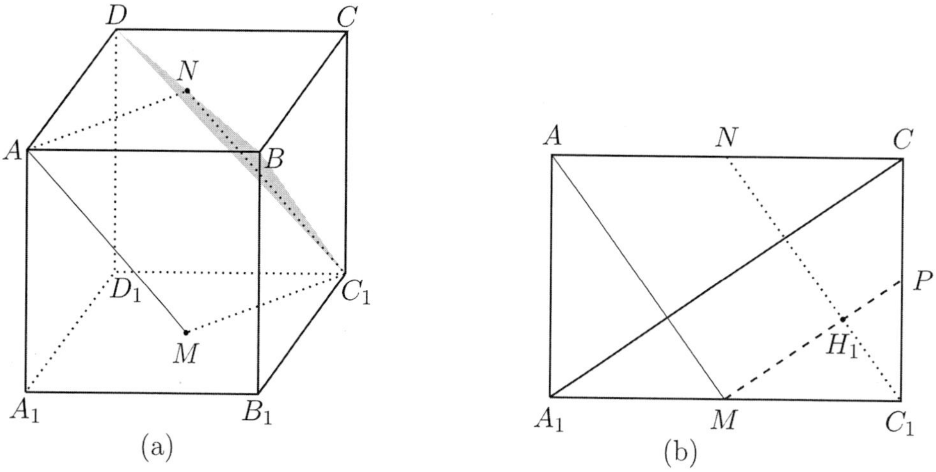

그림 5.15

이제, 꼭짓점 A로부터 평면 BDC_1에 그은 수선 AH와 같은 선분을 직선 AM의 점에서 작도하는 방법을 생각하자. 직사각형 AA_1C_1C를 생각하자(그림 5.15(b)). 예제 5.3(1)과 같은 이유로, 선분 A_1C는 평면 BDC_1과 수직이며 선분 A_1C는 선분 C_1N과 만난다. 결국, 평면 AA_1C_1C가 평면 DBC_1과 수직인 보조평면이다.

평면 AA_1C_1C에서 직선 A_1C와 평행한 직선 MP를 작도하자. 그러면, 정리 4.4에 의해 직선 MP는 평면 BDC_1과 수직이고 선분 C_1N과 점 H_1에서 만난다. 결국, 선분 MH_1이 꼭짓점 A로부터 평면 BDC_1에 그은 수선 AH와 같은 선분이다.

그림 5.15(b)에서 $\overline{MH_1}$은 $\frac{1}{3}\overline{A_1C}$과 같으며, $\overline{A_1C} = \sqrt{3}a$이다. 그러므로, $\overline{MH_1} = \overline{AH} = \frac{\sqrt{3}}{3}a$이다. 결국, 꼭짓점 A에서 평면 BDC_1까지의 거리는 $\frac{\sqrt{3}}{3}a$이다.

예제 5.5. 정사각뿔 $SABCD$에서 $\overline{AB} = a, \overline{SA} = b$이다. 모서리 BC와 면 SAD 사이의 거리를 구하여라.

모서리 BC와 면 SAD사이의 거리는 모서리 BC의 한 점과 면 SAD사이의 거리를 말한다. 앞에서 살펴본 것처럼, 면 SAD에 수직이면서 모서리 BC의 점을 지나는 보조평면을 생각해야 한다.

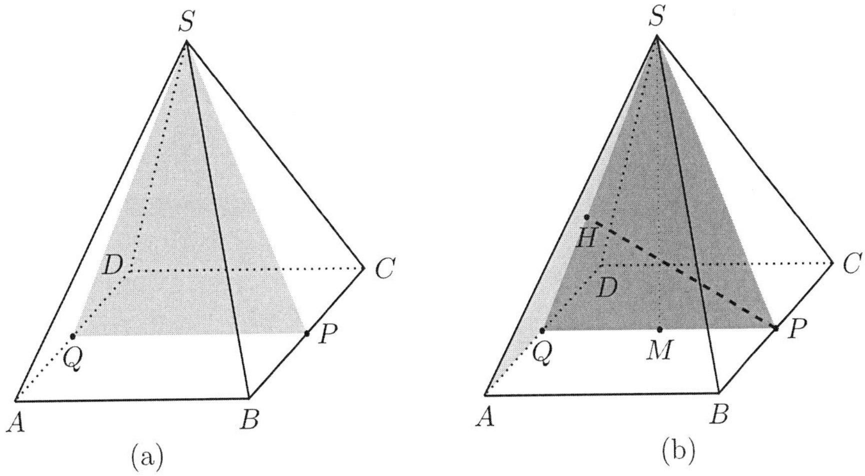

그림 5.16

모서리 BC, AD의 중점을 P, Q라 하고, 면 SPQ를 생각하자(그림 5.16(a)). 이제, 모서리 AD가 평면 SPQ와 수직이라는 것을 보이자. 사각형 $ABPQ$는 직사각형이므로, 모서리 AD와 선분 PQ는 수직이다. 한편, 정사각뿔의 꼭짓점 S를 밑면 $ABCD$에 정사영시키면 선분 PQ의 중점인 점 M으로 보내진다. 점 M을 지나는 선분 PQ가 모서리 AD와 수직이므로, 삼수선의 정리에 의해 $\overline{SQ} \perp \overline{AD}$이다. 결국, 모서리 AD는 면 SPQ의 두 선분 PQ, SQ와 수직이므로, 모서리 AD는 평면 SPQ와 수직이다.

모서리 AD가 면 SPQ와 수직이므로, 모서리 AD를 지나는 평면 SAD는 평면 SPQ와 수직이다. 평면 SPQ는 모서리 BC의 점 P를 지나며 면 SAD와 수직이므로, 평면 SPQ를 모서리 BC에서 면 SAD까지의 거리를 구하기 위한 보조평면으로 이용하자.

이제, 점 P로부터 평면 SAD와 SPQ의 교선 SQ로 수선 PH를 긋자(그림 5.16(b)). 그러면, 정리 4.12(1)에 의해 수선 PH는 평면 SAD와 수직이다. 이제, 수선 PH의 길이를 구하면, 이것이 모서리 BC와 면 SAD사이의 거리가 된다.

삼각형 SPQ의 넓이를 두 가지 방법으로 구하자. 우선, 선분 SQ를 밑변으로 하고 선분 PH를 높이로 하여 구하자. 선분 SQ의 길이는 이등변삼각형 SAD에서 구할 수 있다. $\overline{AQ} = \frac{1}{2}a$이고, $\overline{SA} = b$이므로, 피타고라스 정리에 의해 $\overline{SQ} = \frac{1}{2}\sqrt{4b^2 - a^2}$이다.

그러므로, 삼각형 SPQ의 넓이는 $\frac{1}{4}\sqrt{4b^2-a^2} \times \overline{PH}$이다.

한편, 선분 PQ를 밑변으로 하고 선분 SM을 높이로 하여 삼각형 SPQ의 넓이를 구하자. $\overline{PQ} = a$이고, $\overline{SM}$은 직각삼각형 SQM에서 구할 수 있다. $\overline{SQ} = \frac{1}{2}\sqrt{4b^2-a^2}$이므로, 피타고라스 정리에 의해 $\overline{SM} = \frac{1}{2}\sqrt{4b^2-2a^2}$이다. 이로부터 삼각형 SPQ의 넓이는 $\frac{a}{4}\sqrt{4b^2-2a^2}$이다.

결국, $\frac{1}{4}\sqrt{4b^2-a^2} \times \overline{PH} = \frac{a}{4}\sqrt{4b^2-2a^2}$으로부터 $\overline{PH}$를 구하면, $\overline{PH} = \frac{a\sqrt{4b^2-2a^2}}{\sqrt{4b^2-a^2}}$을 얻을 수 있다. □

정육각기둥 $ABCDEFA_1B_1C_1D_1E_1F_1$에서 모서리와 평면사이의 거리를 살펴보자. 가령, 선분 F_1C_1과 수직인 평면을 찾아보자(그림 5.17(a)). 정육각기둥의 밑면인 육각형 $A_1B_1C_1D_1E_1F_1$은 정육각형이며, $\overline{F_1C_1} \perp \overline{B_1D_1}$, $\overline{F_1C_1} \perp \overline{A_1E_1}$이다. 그 이유를 살펴보자.

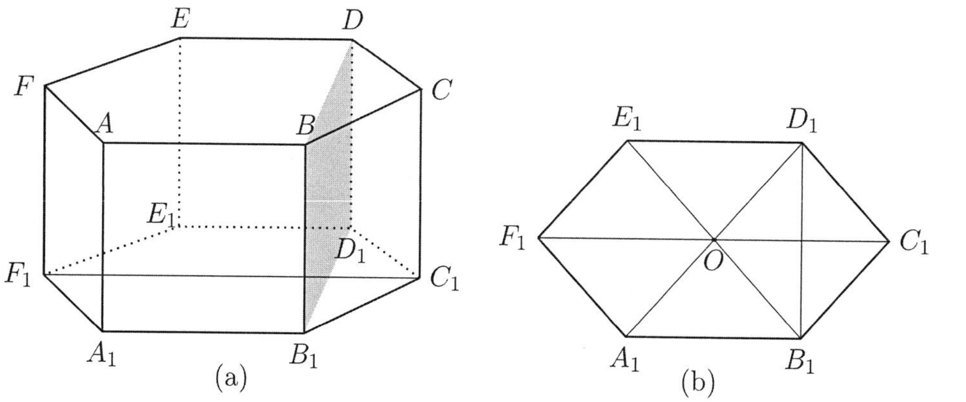

그림 5.17

그림 5.17(b)에서 사각형 $D_1OB_1C_1$에서 $\overline{D_1O} = \overline{OB_1} = \overline{B_1C_1} = \overline{C_1D_1}$이므로, 사각형 $D_1OB_1C_1$은 마름모이다. 그러므로, $\overline{OC_1} \perp \overline{D_1B_1}$이며, $\overline{F_1C_1} \perp \overline{B_1D_1}$이 성립한다.

이제, 그림 5.17(a)에서 선분 F_1C_1과 평면 BB_1D_1D가 수직인지 살펴보자. 선분 F_1C_1이 평면 BB_1D_1D의 선분 B_1D_1이 수직이라는 것을 보였다. 한편, 선분, BB_1은 평면 $A_1B_1C_1D_1E_1F_1$과 수직이므로, 선분 BB_1은 선분 F_1C_1과 수직이다. 결국, 선분 F_1C_1은 BB_1D_1D의 선분 B_1D_1, BB_1과 수직이므로, 선분 F_1C_1은 평면 BB_1D_1D과 수직이다. 그리고 정리 4.11에 의해, 선분 F_1C_1을 포함하는 평면은 평면 BB_1D_1D와 수직이다.

같은 이유로, 선분 F_1C_1은 AA_1E_1E의 선분 A_1E_1, AA_1과 수직이므로, 선분 F_1C_1은 평면 AA_1E_1E와 수직이다. 이로부터 선분 F_1C_1을 포함하는 평면은 평면 AA_1E_1E와 수직이다. 이를 이용하여 정육각기둥에서 거리를 구해보자.

우선, 그림 5.18(a)에서 $\overline{AB} = a, \overline{AA_1} = b$일 때, 모서리 A_1B_1과 평면 AF_1C_1B 사이의 거리를 구해보자. 선분 A_1B_1은 평면 AF_1C_1B의 선분 AB와 평행하므로, 정리 1.10에 의해 선분 A_1B_1은 평면 AF_1C_1B와 평행하다. 그러므로, 선분 A_1B_1과 평면 AF_1C_1B사이의 거리를 구하기 위해, 선분 A_1B_1의 임의의 점과 평면 AF_1C_1B사이의 거리를 구하면 된다.

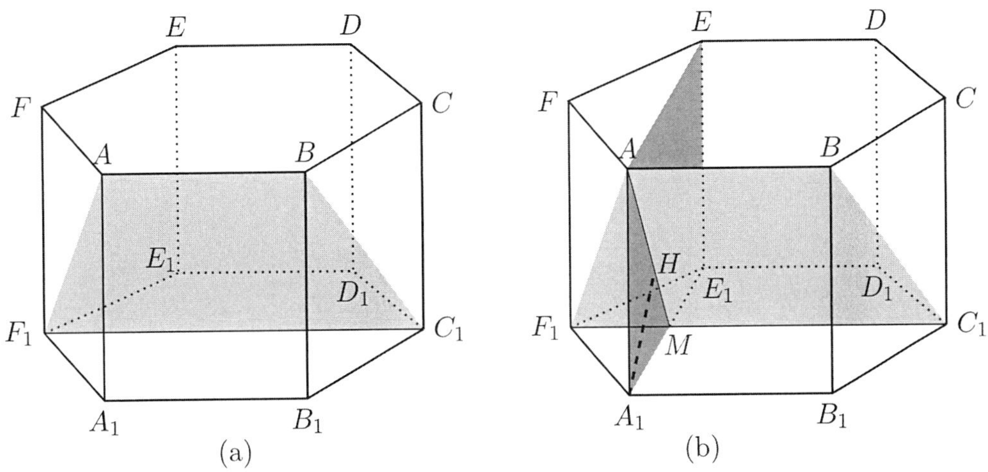

그림 5.18

가령, 점 A_1과 평면 AF_1C_1B사이의 거리를 구한다고 하자. 이를 위해, 평면 AF_1C_1B와 수직이며 점 A_1을 지나는 평면 AA_1E_1E를 보조평면으로 생각하자. 평면 AF_1C_1B와 평면 AA_1E_1E의 교선을 AM이라 하자. 이제, 점 A_1에서 교선 AM에 수선 A_1H를 작도하자. 그러면, 정리 4.12(1)에 의해 수선 A_1H는 평면 AF_1C_1B와 수직이다. 수선

A_1H의 길이를 구하면, 이것이 점 A_1과 평면 AF_1C_1B사이의 거리가 된다.

이제, 삼각형 AA_1M의 넓이를 두 가지 방법으로 계산하여 $\overline{A_1H}$를 구할 수 있다. 삼각형 AA_1M은 각 A_1이 직각인 직각삼각형이다. 그림 5.17(b)를 생각하면, $\overline{A_1M}$은 한 변이 $\overline{A_1F_1}$인 정삼각형의 높이가 되므로 $\overline{A_1M} = \frac{\sqrt{3}}{2}a$이다. 직각삼각형 AA_1M에서 피타고라스 정리를 이용하면 $\overline{AM} = \frac{1}{2}\sqrt{4b^2+3a^2}$이다.

이제, 직각삼각형 AA_1M의 넓이를 이용하면, $\frac{\sqrt{3}}{2}ab = \frac{1}{2}\sqrt{4b^2+3a^2} \times \overline{A_1H}$이고, $\overline{A_1H} = \frac{\sqrt{3}ab}{\sqrt{4b^2+3a^2}}$가 된다. 결국, 선분 A_1B_1과 평면 AF_1C_1B사이의 거리는 $\frac{\sqrt{3}ab}{\sqrt{4b^2+3a^2}}$이다.

정육각기둥 $ABCDEFA_1B_1C_1D_1E_1F_1$에서 거리를 구하는 다른 문제를 생각하자. 이를 위해, 평면 AA_1E_1E와 수직을 이루는 다른 평면을 살펴보자.

선분 AB를 포함하는 평면은 평면 AA_1E_1E와 수직이므로, 그림 5.19(a)에서와 같이 꼭짓점 A, B, D_1, E_1을 지나는 평면 α를 생각하자.

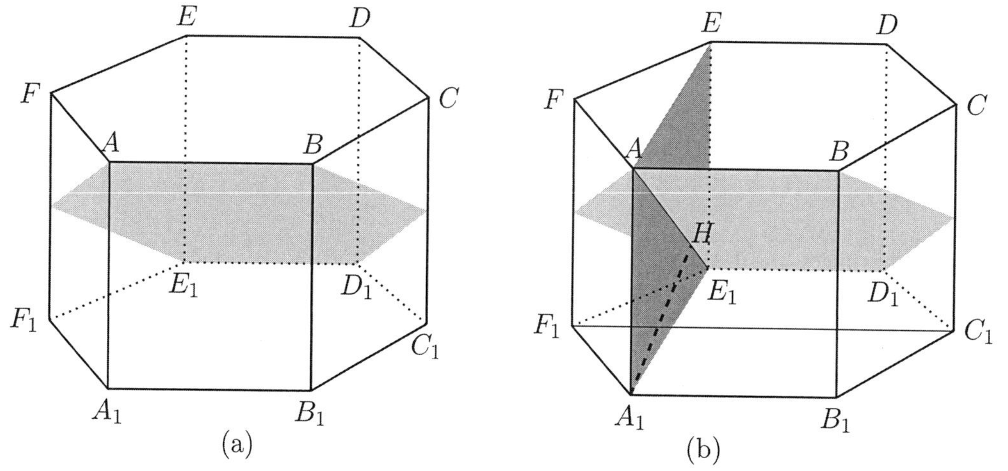

그림 5.19

평면 α는 선분 AB를 지나므로, 평면 AA_1E_1E와 수직이다. 꼭짓점 A_1과 평면 α 사이의 거리를 구해보자. 이를 위해, 평면 α와 평면 AA_1E_1E의 교선 AE_1에 꼭짓점 A_1으로부터 수선 A_1H를 작도하자(그림 5.19(b)).

삼각형 AA_1E_1의 넓이를 생각하자. 이를 위해, 선분 A_1E_1의 길이를 구하면, 위에서 구했던 것과 같이 $\overline{A_1E_1} = \sqrt{3}a$이다. 그리고 직각삼각형 AA_1E_1에서 $\overline{AA_1} = b$이므로, 피타고라스 정리에 의해 $\overline{AE_1} = \sqrt{3a^2 + b^2}$이다. 삼각형 AA_1E_1의 넓이를 두 가지 방법으로 구하면, $\frac{\sqrt{3}}{2}ab = \frac{1}{2}\sqrt{3a^2 + b^2} \times \overline{A_1H}$이고 $\overline{A_1H} = \frac{\sqrt{3}ab}{\sqrt{3a^2+b^2}}$이다.

평행한 두 평면사이의 거리 평행한 두 평면사이의 거리를 생각하자. 평행한 두 평면사이의 거리는 두 평면에 속한 점들사이의 최소 거리가 될 것이다. 가령, 공간에 평행한 평면 α와 β가 주어졌다고 하자. 평면 α의 점 P를 지나며 평면 α에 수직인 직선 l을 작도하자. 그러면, $\alpha \parallel \beta$이므로, 직선 l은 평면 β와도 수직을 이룬다. 직선 l과 평면 β의 교점을 Q라 하자(그림 5.20). 이제, 선분 PQ가 두 평면 α와 β사이의 거리라는 것을 보이자.

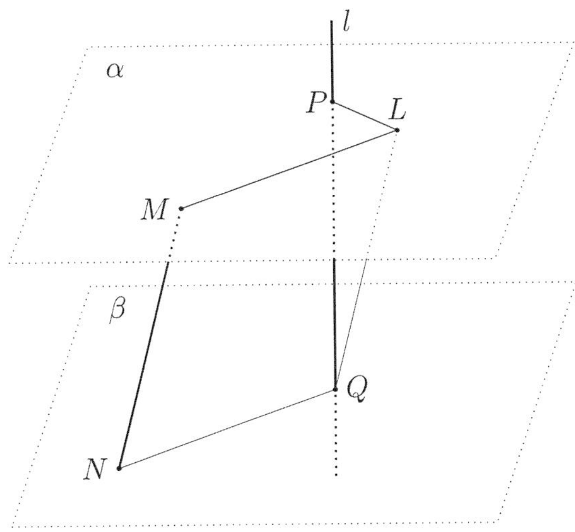

그림 5.20

이를 위해, 평면 α, β에 임의의 점 M, N을 잡아, $\overline{PQ} \leq \overline{MN}$을 보이면 된다. 평면 β에서 선분 NQ를 작도하자. 평면 α에서 점 M을 지나 선분 NQ와 평행한 직선을 작도하여, 이 직선에 $\overline{NQ} = \overline{ML}$인 점 L을 잡자. 그러면, 사각형 $MNQL$은 평행사변형이 되고, $\overline{MN} = \overline{LQ}$가 된다.

이제, 삼각형 PLQ를 생각하자. $\angle LPQ$가 직각이므로 삼각형 PLQ는 직각삼각형이며, 피타고라스 정리에 의해 $\overline{PQ}^2 + \overline{PL}^2 = \overline{LQ}^2$이 성립한다. 이로부터 $\overline{PQ} \leq \overline{LQ}$

가 되며 $\overline{PQ} \le \overline{MN}$이 된다. 결국, 평면 α, β의 공통수선 l의 선분 PQ가 평행한 평면 α, β사이의 거리가 된다.

예제 5.6. 정육각기둥 $ABCDEFA_1B_1C_1D_1E_1F_1$에서 $\overline{AB} = a, \overline{AA_1} = b$이다.

(1) 평면 F_1A_1BE와 DE_1B_1C가 평행이라는 것을 증명하여라(그림 5.21(a)).

(2) 평면 F_1A_1BE와 DE_1B_1C사이의 거리를 구하여라.

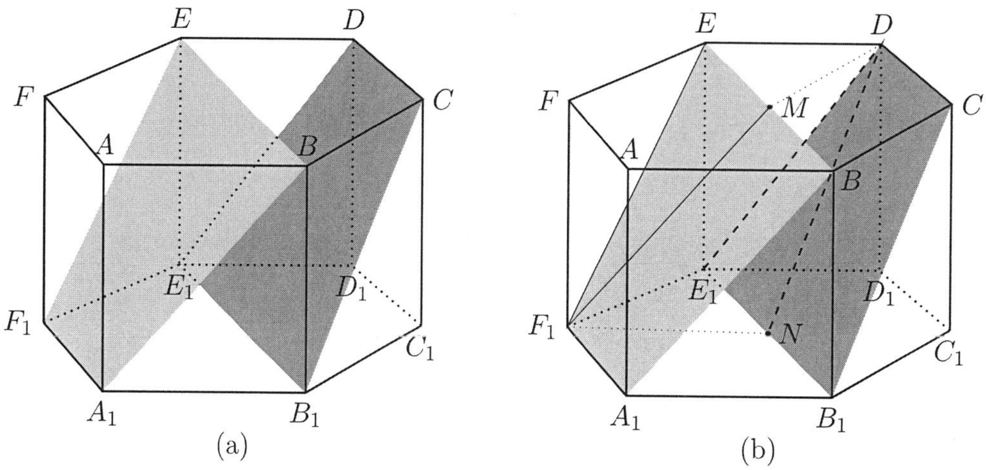

그림 5.21

(1) 선분 BE의 중점을 M, 선분 B_1E_1의 중점을 N이라 하자. 이제, 평면 F_1A_1BE에서 만나는 직선 EF_1과 F_1M을 생각하고, 평면 DE_1B_1C에서 만나는 직선 DE_1과 DN을 생각하자(그림 5.21(b)).

선분 EF_1과 DN을 변으로 하는 사각형 EF_1ND를 살펴보자. 선분 F_1N은 선분 E_1D_1과 평행하며 $\overline{F_1N} = \overline{E_1D_1}$이다. 그리고 $\overline{E_1D_1} \parallel \overline{ED}$이고 $\overline{E_1D_1} = \overline{ED}$이다. 그러므로, $\overline{F_1N} \parallel \overline{ED}$이고 $\overline{F_1N} = \overline{ED}$이므로, 사각형 EF_1ND는 평행사변형이다. 이로부터 $\overline{F_1E} \parallel \overline{ND}$가 된다.

한편, 선분 MF_1과 DE_1을 변으로 하는 사각형 MF_1E_1D에서 $\overline{F_1E_1} \parallel \overline{ND_1}$이고 $\overline{F_1E_1} = \overline{ND_1}$, $\overline{ND_1} \parallel \overline{MD}$이고 $\overline{ND_1} = \overline{MD}$가 성립한다. 이로부터 $\overline{F_1E_1} \parallel \overline{MD}$이고 $\overline{F_1E_1} = \overline{MD}$이므로, 사각형 MF_1E_1D는 평행사변형이며 $\overline{F_1M} \parallel \overline{DE_1}$이다.

결국, 평면 F_1A_1BE와 DE_1B_1C에 속하는 만나는 두 직선이 각각 평행하므로, 평면 F_1A_1BE와 DE_1B_1C는 평행하다.

(2) 두 평면 F_1A_1BE와 DE_1B_1C의 공통수선을 이용하여, 두 평면사이의 거리를 구하자. 가령, 평면 F_1A_1BE의 한 점에서 평면 DE_1B_1C에 수선을 그으면, 평면 F_1A_1BE와 DE_1B_1C가 평행이므로 이 수선은 평면 F_1A_1BE와도 수직이 된다. 즉, 이 수선이 공통수선이다.

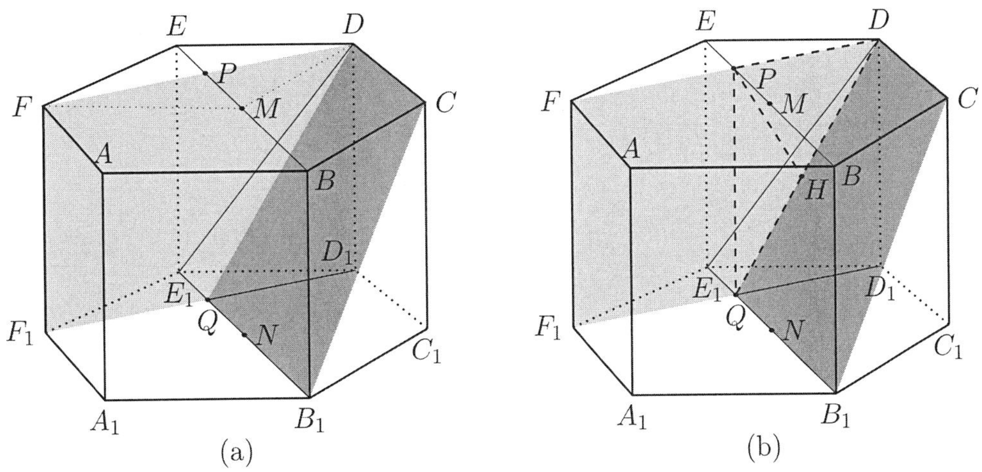

그림 5.22

점 P와 평면 α사이의 거리를 구할 때, 점 P를 지나며 평면 α에 수직인 보조평면을 이용하였다. 여기서는 점 P를 평면 F_1A_1BE의 선분 EM의 중점으로 잡자. 이때, 사각형 $EFMD$가 마름모이므로, 점 P는 선분 FD에 속한다. 점 P를 지나며 평면 DE_1B_1C에 수직인 보조평면을 생각하자.

그림 5.17과 유사한 방법으로, 그림 5.22(a)에서 선분 B_1E_1이 평면 FF_1D_1D와 수직이라는 것을 확인할 수 있다. 선분 B_1E_1을 지나는 평면은 평면 FF_1D_1D와 수직이므로, 평면 DE_1B_1C는 평면 FF_1D_1D와 수직이다. 결국, 점 P를 지나며 평면 DE_1B_1C에 수직인 보조평면으로 평면 FF_1D_1D를 잡을 수 있다.

선분 E_1N의 중점을 점 Q라 하면, 평면 FF_1D_1D와 평면 DE_1B_1C의 교선은 선분 DQ이다. 이제, 점 P에서 평면 FF_1D_1D와 평면 DE_1B_1C의 교선 DQ에 수선 PH

를 긋자. 그러면 수선 PH는 평면 DE_1B_1C에 수직이며, 평면 F_1A_1BE와 DE_1B_1C에 대한 공통수선이 된다(그림 5.22(b)).

직각삼각형 DPQ의 넓이를 이용하여 수선 PH의 길이를 구하자. $\overline{DP}$는 정삼각형 DEM의 높이이므로, $\overline{DP} = \frac{\sqrt{3}}{2}a$이고, $\overline{PQ} = b$이다. 직각삼각형 DEE_1에서 피타고라스 정리를 이용하면 $\overline{DE_1} = \sqrt{a^2+b^2}$이다. 그리고 $\overline{E_1Q} = \frac{1}{2}a$이므로, 직각삼각형 DE_1Q에서 $\overline{DQ} = \frac{1}{2}\sqrt{4b^2+3a^2}$이다. 직각삼각형 DPQ의 넓이로부터 $\frac{\sqrt{3}}{4}ab = \frac{1}{4}\sqrt{4b^2+3a^2} \times \overline{PH}$이고, $\overline{PH} = \frac{\sqrt{3}ab}{\sqrt{4b^2+3a^2}}$이다. □

3. 꼬인 위치의 직선사이의 거리

꼬인 위치에 있는 직선 l, m이 주어졌다. 직선 l, m사이의 거리를 어떻게 구하는지 살펴보자. 이를 위해, 다음 정리를 증명하자.

정리 5.1. 꼬인 위치에 있는 직선 l, m에 각각 수직인 공통수선이 존재하며, 그러한 공통수선은 유일하다.

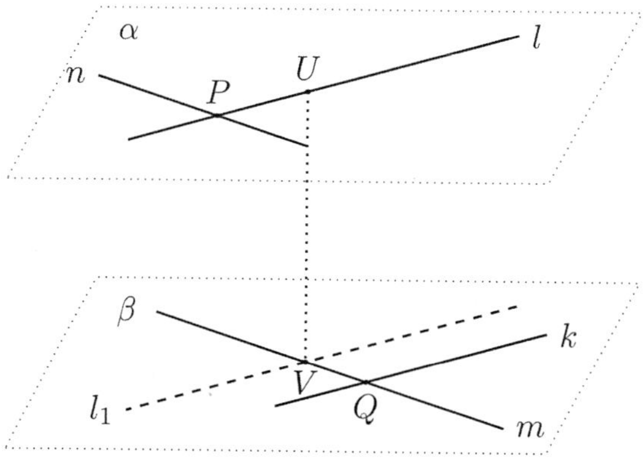

그림 5.23

(1) 공통수선의 존재성을 증명하자. 꼬인 위치에 있는 직선 l, m이 주어졌다. 직선 l에 점 P를 잡고, 점 P를 지나 직선 m에 평행한 직선 n을 작도하자. 이제, 점 P에서 만나는 직선 l, n을 지나는 평면을 만들 수 있으며, 이 평면을 α라 하자. 한편, 직선 m

에 점 Q를 잡고, 점 Q를 지나 직선 l에 평행한 직선 k를 작도하자. 점 Q에서 만나는 직선 m, k를 지나는 평면을 만들 수 있으며, 이 평면을 β라 하자. 그러면, 정리 1.14에 의해 평면 α와 β는 평행하다.

이제, 직선 l을 평면 β에 정사영시켜 직선 l_1을 얻을 수 있다(그림 5.23). 직선 m과 l_1의 교점을 V라 하자. 점 V로부터 평면 α에 수선을 내려 수선의 발을 U라 하자. 그러면 U는 직선 l에 속하며, 선분 UV는 평면 α와 수직이 된다. 이로부터 선분 UV는 평면 α의 직선 l과 수직이 된다는 것을 알 수 있다.

평면 α와 β는 평행이므로, 평면 β도 선분 UV와 수직이 된다. 그러므로 선분 UV는 평면 β의 직선 m과도 수직이다. 이로부터 선분 UV는 꼬인 위치에 있는 직선 l, m의 공통수선이라는 것을 알 수 있다.

(2) 공통수선의 유일성을 증명하자. (1)에서 꼬인 위치에 있는 직선 l, m에 대해 공통수선 UV가 존재한다는 것을 보였다. 귀류법으로, 꼬인 위치에 있는 직선 l, m에 대해 다른 공통수선 U_1V_1이 존재한다고 가정하자(그림 5.24).

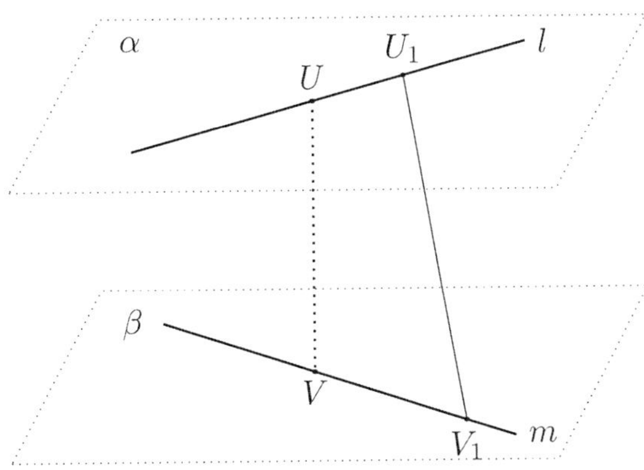

그림 5.24

직선 UV, U_1V_1은 평행인 평면 α(또는 평면 β)와 수직이므로, 직선 UV, U_1V_1은 평행이다. 평행인 직선 UV, U_1V_1을 지나는 평면 γ를 유일하게 만들 수 있다. 그러면, 점 U, U_1, V, V_1은 평면 γ에 속한다. 이로부터 직선 l, m이 평면 γ에 속한다는 것이 유도된다. 이것은 직선 l, m이 꼬인 위치에 있다는 것에 모순된다. 결국, 꼬인 위치에 있는

직선 l, m에 대해 공통수선이 유일하다는 것이 증명된다. □

정리 5.1에서 꼬인 위치에 있는 두 직선 l, m에 대해 공통수선 UV가 유일하게 존재한다는 것을 증명하였다. 이때, 공통수선 UV를 꼬인 위치에 있는 직선 l, m사이의 거리로 정의한다.

정리 5.1에서 공통수선의 존재성에 대한 증명 과정을 자세히 살펴보자. 증명 과정에는 평면 α, β와 여러 개의 평행한 직선들이 이용되었다. 이 증명과정을 직선 l과 평면 β를 중심으로 재구성하자.

그림 5.25에서 평면 β는 직선 m, 직선 m의 점 Q를 지나며 $l \parallel k$인 직선 k를 지나는 평면이다. 직선 l의 점 U에서 평면 β에 내린 수선의 발을 V라 하자(증명에서는 점 V에서 수선을 그었다). 수선 UV가 평면 β에 수직이므로, 수선 UV는 평면 β에 속한 직선 m과도 수직이다. 그러므로, 꼬인 위치에 있는 직선 l, m사이의 거리는 선분 UV이다. 이때, 직선 l, m사이의 거리 UV는 직선 l의 점 U에서 평면 β까지의 거리이며, 직선 l에서 $l \parallel \beta$인 평면 β까지의 거리이기도 하다.

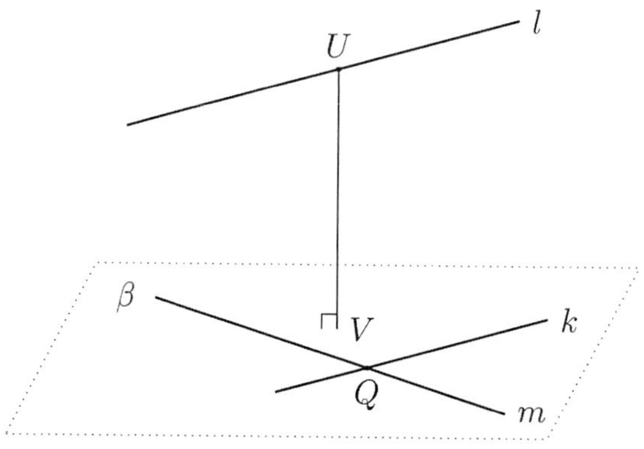

그림 5.25

결국, 꼬인 위치에 있는 직선 l, m사이의 거리를 구하기 위해, (1) 직선 m, m에 속하는 점 Q를 잡고, (2) 점 Q를 지나는 $l \parallel k$인 직선 k를 작도한다. (3) 직선 m, k를 지나는 평면 β를 생각하면, 직선 l과 평면 β는 평행이다. (4) 직선 l과 평면 β사이의 거리가 꼬인 위치에 있는 직선 l, m사이의 거리가 된다.

예를 들어, 정사각뿔 $SABCD$에서 $\overline{AB} = a, \overline{SA} = b$이다. 면 SAD에 직선 l이 주어졌을 때, 꼬인 위치에 있는 직선 l과 모서리 BC사이의 거리를 구해보자(그림 5.26).

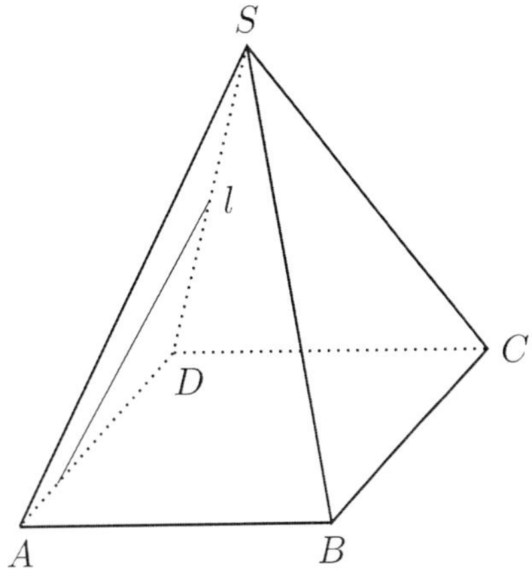

그림 5.26

그림 5.25와 같은 방법으로 해결하자. 직선 l을 포함하는 평면 SAD에서 모서리 BC와 평행한 선분 AD를 생각하자. 그러면, 모서리 BC와 면 SAD는 평행이며, 모서리 BC에서 면 SAD까지의 거리가 꼬인 위치에 있는 직선 l과 선분 BC사이의 거리가 된다. 모서리 BC에서 면 SAD까지의 거리는 예제 5.5에서 구하였으며, 그 거리는 $\frac{a\sqrt{4b^2-2a^2}}{\sqrt{4b^2-a^2}}$이다.

면 SAD에서 모서리 BC와 평행하지 않는 직선 m을 잡으면, 직선 m과 모서리 BC는 꼬인 위치가 되며 직선 m과 모서리 BC사이의 거리는 $\frac{a\sqrt{4b^2-2a^2}}{\sqrt{4b^2-a^2}}$으로 일정하다.

예제 5.7. 직육면체 $ABCDA_1B_1C_1D_1$에서 $\overline{AB} = \overline{BC} = a, \overline{AA_1} = b$이다. 다음 선분들 사이의 거리를 구하여라.

(1) 선분 A_1D와 B_1D_1(그림 5.27(a))

(2) 모서리 AA_1, A_1D_1, A_1B_1의 중점을 P, Q, R이라 할 때, 선분 PQ와 C_1R(그림 5.27(b))

(1) 선분 A_1D와 평행한 선분 B_1C를 작도하면, 선분 B_1D_1, B_1C를 지나는 평면 β

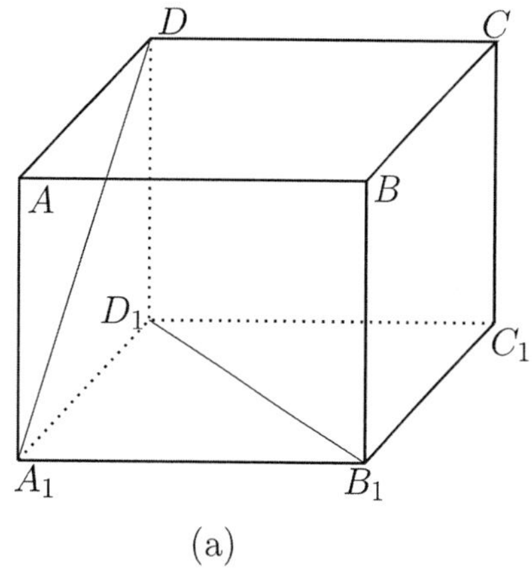

그림 5.27

를 만들 수 있다. 그러면, 선분 A_1D는 평면 β와 평행하다. 그리고 꼬인 위치에 있는 선분 A_1D와 B_1D_1사이의 거리는 직선 A_1D와 평면 β사이의 거리와 같게 된다.

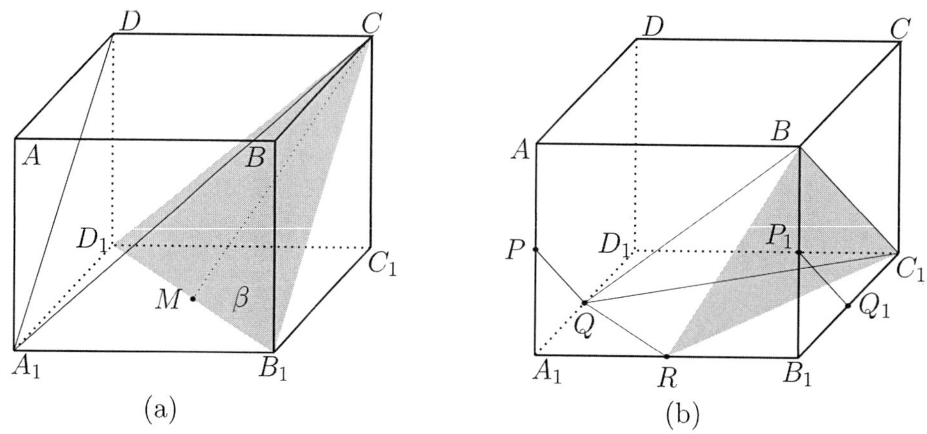

그림 5.28

직선 A_1D와 평면 β사이의 거리를 구하자. 가령, 점 A_1과 평면 β사이의 거리를 구한다고 하자. 이를 위해, 삼각뿔 $A_1D_1B_1C$의 부피를 이용하자(그림 5.28(a)).

삼각뿔 $A_1D_1B_1C$에서 밑면으로 $A_1B_1D_1$을 생각하면 높이는 $\overline{CC_1} = b$이다. 삼각형 $A_1B_1D_1$의 넓이는 $\frac{1}{2}a^2$이므로, 삼각뿔 $A_1D_1B_1C$의 부피는 $\frac{1}{6}a^2b$이다.

한편, 밑면으로 삼각형 B_1CD_1을 잡고 높이를 h라 놓고, 삼각뿔 $A_1D_1B_1C$의 부피를 구하자. 삼각형 B_1CD_1은 $\overline{B_1C} = \overline{D_1C} = \sqrt{a^2+b^2}$인 이등변삼각형이다. 그리고 선분 B_1D_1의 중점을 M이라 하면, $\overline{B_1M} = \frac{\sqrt{2}}{2}a$이다. 이제, 직각삼각형 B_1CM에서 피타고라스 정리에 의해 $\overline{CM} = \sqrt{\frac{a^2}{2}+b^2}$이다. 그러므로, 삼각형 B_1CD_1의 넓이는 $\frac{1}{2}a\sqrt{a^2+2b^2}$이며, 삼각뿔 $A_1D_1B_1C$의 부피는 $\frac{1}{6}ah\sqrt{a^2+2b^2}$이다.

결국, $\frac{1}{6}a^2b = \frac{1}{6}ah\sqrt{a^2+2b^2}$이므로, $h = \frac{ab}{\sqrt{a^2+2b^2}}$이며, 선분 A_1D와 B_1D_1사이의 거리는 $\frac{ab}{\sqrt{a^2+2b^2}}$이다.

(2) 면 BB_1C_1C에 선분 PQ와 평행한 선분 P_1Q_1을 작도하자. 다시, 선분 P_1Q_1과 평행한 선분 BC_1을 작도하면, 선분 PQ는 선분 BC_1과 평행하다. 선분 C_1R, C_1B를 지나는 평면 β를 생각하자. 직선 PQ와 평면 β사이의 거리가 선분 PQ와 C_1R사이의 거리이다.

삼각뿔 $QBRC_1$의 부피를 이용하여 직선 PQ와 평면 β사이의 거리를 구하자. 삼각형 QRC_1을 밑면으로 하면 높이는 $\overline{BB_1} = b$이다. 삼각형 QRC_1의 넓이는 정사각형 $A_1B_1C_1D_1$에서 삼각형 A_1QR, B_1C_1R, D_1QC_1을 빼면 된다. 즉 삼각형 QRC_1의 넓이는 $a^2 - \frac{1}{8}a^2 - \frac{1}{4}a^2 - \frac{1}{4}a^2 = \frac{3}{8}a^2$이다. 그러므로, 삼각뿔 $QBRC_1$의 부피는 $\frac{1}{8}a^2b$이다.

한편, 삼각형 BRC_1을 밑면으로 하고 높이를 h라 하고, 삼각뿔 $QBRC_1$의 부피를 구하자. 삼각형 BRC_1에서 $\overline{BR} = \frac{1}{2}\sqrt{a^2+4b^2}, \overline{BC_1} = \sqrt{a^2+b^2}, \overline{RC_1} = \frac{\sqrt{5}}{2}a$이다. 코사인 정리를 이용하여 $\cos\angle RBC_1 = \frac{2b^2}{\sqrt{a^2+b^2}\sqrt{a^2+4b^2}}$을 구할 수 있다. 이로부터 $\sin\angle RBC_1 = \sqrt{\frac{a^4+5a^2b^2}{(a^2+b^2)(a^2+4b^2)}}$이다. 그러므로, 삼각형 BRC_1의 넓이는 $\frac{1}{4}\sqrt{a^4+5a^2b^2}$이다. 그러므로 삼각뿔 $QBRC_1$의 부피는 $\frac{1}{12}h\sqrt{a^4+5a^2b^2}$이다.

삼각뿔 $QBRC_1$의 부피를 비교하면, $\frac{1}{8}a^2b = \frac{1}{12}h\sqrt{a^4+5a^2b^2}$이다. 이로부터 $h = \frac{3a^2b}{2\sqrt{a^4+5a^2b^2}} = \frac{3ab}{2\sqrt{a^2+5b^2}}$이며, 직선 PQ와 평면 β사이의 거리는 $\frac{3ab}{2\sqrt{a^2+5b^2}}$이다. □

꼬인 위치이며 수직인 두 직선의 공통수선 직선 l과 m이 수직이며 꼬인 위치에 있다고 하자. 직선 m의 점 P로부터 직선 l에 수선 PQ를 작도하자. 그러면, 직선 m과 수선 PQ는 교점 P를 가지므로, 직선 m과 수선 PQ를 지나는 평면 α를 작도할 수 있다.

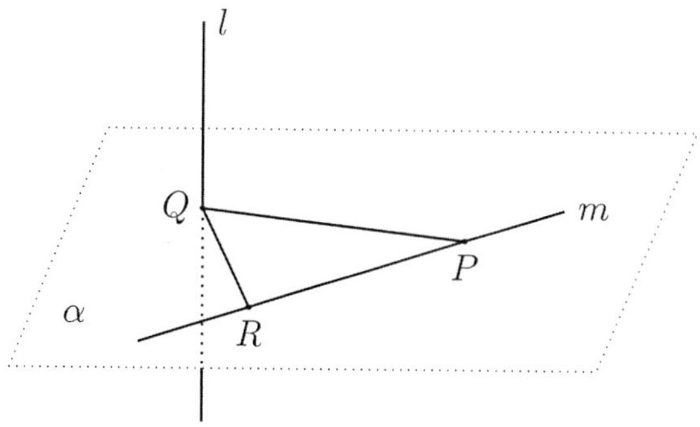

그림 5.29

직선 l과 평면 α가 수직인지 확인하자. 작도에 의해 $\overline{PQ} \perp l$이고, 조건에 의해 $l \perp m$이다. 결국, 평면 α의 두 직선 m과 PQ가 직선 l과 수직이므로, 평면 α는 직선 l과 수직이다.

이제, 직선 l과 평면 α의 교점 Q로부터 직선 m에 수선 QR을 작도하자(그림 5.29). 그러면, 수선 QR은 평면 α에 속하므로 $\overline{QR} \perp l$이 되며, $\overline{QR}$은 꼬인 위치의 직선 l, m에 대한 공통수선이 된다.

공통수선 QR을 다면체에서 쉽게 찾기 위해, 그림 5.29를 변형시켜보자. $l \perp m$이며 꼬인 위치에 있는 직선 l, m을 생각하자. 직선 m을 공간에 세우고 직선 l을 평면에 놓고, 이 평면을 β라 하자. 그리고 직선 m이 평면 β와 점 P에서 만난다고 하자(그림 5.30). 이때, 직선 m이 평면 β와 수직을 이루는 것은 아니다.

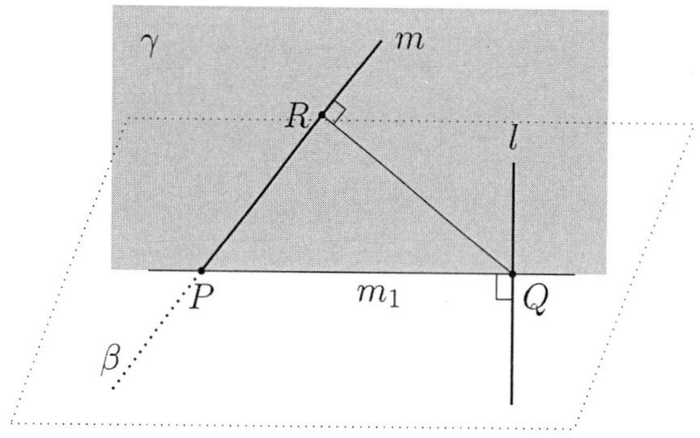

그림 5.30

직선 m을 평면 β로 정사영시켜 m_1이라 하고, 직선 m_1과 l의 교점을 Q라 하자. 직선 l, m이 수직을 이루므로, 삼수선의 정리에 의해 직선 m_1과 l도 수직이 된다. 직선 m_1과 m은 교점 P를 가지므로, 직선 m_1과 m을 지나는 평면 γ를 생각할 수 있다.

평면 γ에서 점 Q로부터 직선 m에 수선 QR을 작도하자. 직선 l은 평면 γ의 두 직선 m, m_1과 수직이므로, 직선 l은 평면 γ와 수직이 된다. 그러므로, 직선 l은 평면 γ의 직선 QR과도 수직을 이룬다. 이로부터, 선분 QR이 꼬인 위치에 있는 직선 l, m의 공통수선이 되며, 선분 QR이 꼬인 위치에 있는 직선 l, m사이의 거리이다.

예제 5.8. 정삼각뿔 $SABC$에서 $\overline{SA} = a, \overline{AB} = b$라 하자. 꼬인 위치에 있는 모서리들 사이의 거리를 구하여라.

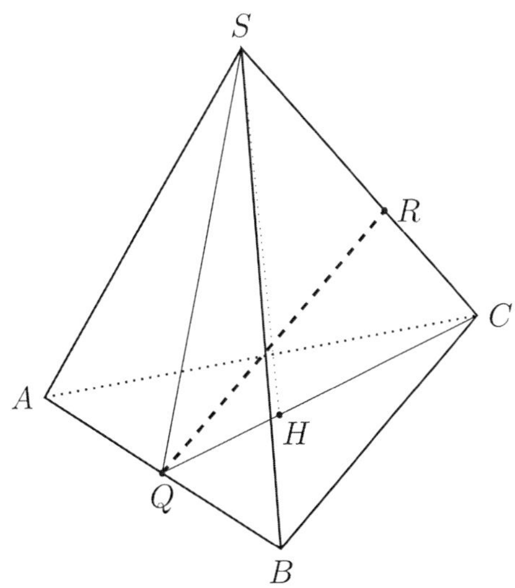

그림 5.31

정삼각뿔 $SABC$에서 모서리 SA와 BC, SB와 AC, SC와 AB가 꼬인 위치에 있는 모서리들이다. 예제 4.1에서 이 모서리들은 수직이라는 것을 증명하였다. 가령, 모서리 AB와 SC사이의 거리를 구한다고 하자.

정삼각뿔의 꼭짓점 S를 밑면 ABC에 정사영시키면, 밑면인 정삼각형 ABC의 중심 H로 보내진다. 정삼각형 ABC에서 직선 CH는 변 AB와 수직을 이룬다. 직선 CH와 변 AB의 교점을 Q라 하면, $\overline{AQ} = \overline{BQ}$이다.

그림 5.30에서 살펴본 것과 같이, 점 Q에서 모서리 SC에 수선 QR을 그으면, 공통수선 QR이 꼬인 위치에 있는 모서리 SC와 AB사이의 거리가 된다. 이제, 선분 QR의 길이를 구하자.

직각삼각형 SQR에서 $\overline{QR} = \overline{SQ} \times \sin\angle QSR$이다. $\overline{SQ}$는 직각삼각형 SAQ에서 피타고라스 정리를 이용하여 구할 수 있다. $\overline{SQ} = \sqrt{\overline{SA}^2 - \overline{AQ}^2} = \sqrt{a^2 - \left(\frac{b}{2}\right)^2}$이다. 그리고 삼각형 SQC에서 코사인 정리를 이용하여 $\cos\angle QSC$의 값을 구하면, 이를 이용하여 $\sin\angle QSC$를 구할 수 있다.

$\overline{CQ}^2 = \overline{SQ}^2 + \overline{SC}^2 - 2\overline{SQ} \times \overline{SC} \times \cos\angle QSC$가 성립한다. 여기서 $\overline{CQ}$는 정삼각형 ABC에서 피타고라스 정리를 이용하여 구할 수 있다. $\overline{CQ} = \sqrt{\overline{AC}^2 - \overline{AQ}^2} = \sqrt{b^2 - \left(\frac{b}{2}\right)^2} = \frac{\sqrt{3}}{2}b$이다. 이로부터 $\cos\angle QSC$를 구하면, $\cos\angle QSC = \frac{2a^2-b^2}{a\sqrt{4a^2-b^2}}$이고 $\sin\angle QSC = \sqrt{1 - \frac{(2a^2-b^2)^2}{a^2(4a^2-b^2)}} = \sqrt{\frac{3a^2b^2-b^4}{a^2(4a^2-b^2)}}$이다. 결국, $\overline{QR} = \overline{SQ} \times \sin\angle QSR = \frac{b}{2a}\sqrt{3a^2 - b^2}$이다. □

예제 5.9. 정육면체 $ABCDA_1B_1C_1D_1$에서 $\overline{AB} = a$이다. 다음 선분들 사이의 거리를 구하여라.

(1) 선분 DB_1과 A_1C_1

(2) 모서리 AB, BC의 중점을 M, N이라 할 때, 선분 DB_1과 MN

(1) 그림 5.32(a)에서 선분 DB_1을 밑면 $A_1B_1C_1D_1$에 정사영시키면 선분 B_1D_1이 된다. 그리고 선분 B_1D_1은 선분 A_1C_1과 수직이다. 그러므로, 삼수선의 정리에 의해 선분 DB_1과 A_1C_1은 수직이다. 그림 5.30에서와 같은 방법으로 두 선분의 거리를 구할 수 있다.

선분 B_1D_1과 A_1C_1의 교점 Q라 하고, 선분 B_1D_1과 DB_1을 지나는 평면 γ를 생각하자. 이제, 평면 γ에서 점 Q로부터 선분 DB_1에 수선 R을 내리자. 그러면, 선분 QR이 꼬인 위치에 있는 선분 DB_1과 A_1C_1사이의 거리가 된다.

이제, 선분 QR의 길이를 구하자. 평면 γ에서 삼각형 B_1RQ는 각 B_1RQ가 직각인 직각삼각형이이다. 평면 γ에서 삼각형 B_1RQ와 삼각형 B_1D_1D는 각 DB_1D_1

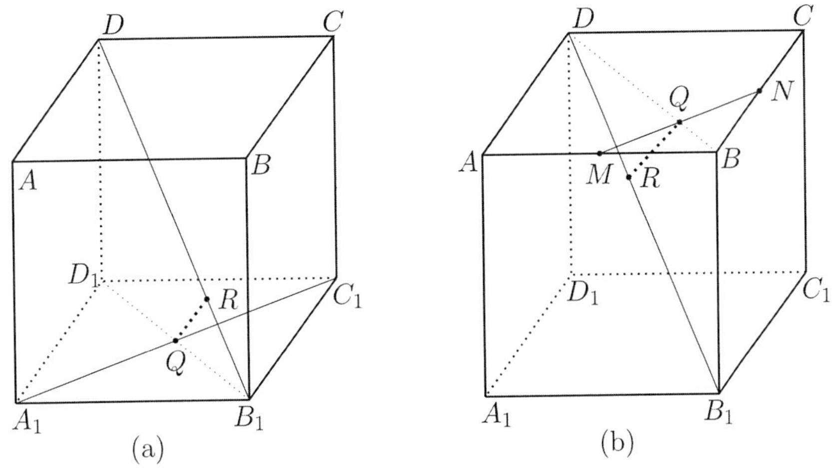

그림 5.32

이 공통인 직각삼각형이므로, 삼각형 B_1RQ와 삼각형 B_1D_1D는 닮음이다. 이로부터, $\frac{\overline{B_1Q}}{\overline{B_1D}} = \frac{\overline{QR}}{\overline{DD_1}}$이다. 그리고 $\overline{B_1Q} = \frac{1}{2}\overline{B_1D_1} = \frac{\sqrt{2}}{2}a, \overline{B_1D} = \sqrt{3}a$이다. 그러므로, $\overline{QR} = \frac{\sqrt{6}}{6}a$이다.

(2) 선분 DB_1을 밑면 $ABCD$에 정사영시키면 선분 BD가 된다. 그리고 선분 BD는 선분 MN과 수직이다(그림 5.32(b)). 그러므로, 삼수선의 정리에 의해 선분 DB_1과 MN은 수직이다. (1)에서와 같은 방법으로 두 선분의 거리를 구하자.

선분 BD와 MN의 교점 Q라 하고, 선분 BD와 DB_1을 지나는 평면 γ를 생각하자. 평면 γ에서 점 Q로부터 선분 DB_1에 수선 QR을 내리자. 그러면, 선분 QR이 꼬인 위치에 있는 선분 DB_1과 MN사이의 거리가 된다.

이제, 직각삼각형 DRQ와 DBB_1의 닮음을 이용하여 선분 QR의 길이를 구하자. $\overline{RQ} : \overline{DQ} = \overline{BB_1} : \overline{DB_1}$이며, $\overline{DQ} = \frac{3\sqrt{2}}{4}a, \overline{DB_1} = \sqrt{3}a, \overline{BB_1} = a$이다. 이로부터, $\overline{QR} = \frac{\sqrt{6}}{4}a$이다. □

꼬인 위치에 있으면서 서로 수직인 선분들(직선들)을 포함하는 다면체로 정삼각뿔과 정육면체를 살펴보았다. 정육각뿔에서도 꼬인 위치에 놓인 수직인 선분들을 찾을 수 있다.

예제 5.10. 정육각뿔 $SABCDEF$에서 $\overline{AB} = a$, $\overline{SA} = b$이다(그림 5.33(a)). 다음 선분사이의 거리를 구하여라.

(1) 모서리 SF와 선분 BD

(2) 모서리 FA의 중점을 M이라 할 때, 선분 SM과 모서리 CD

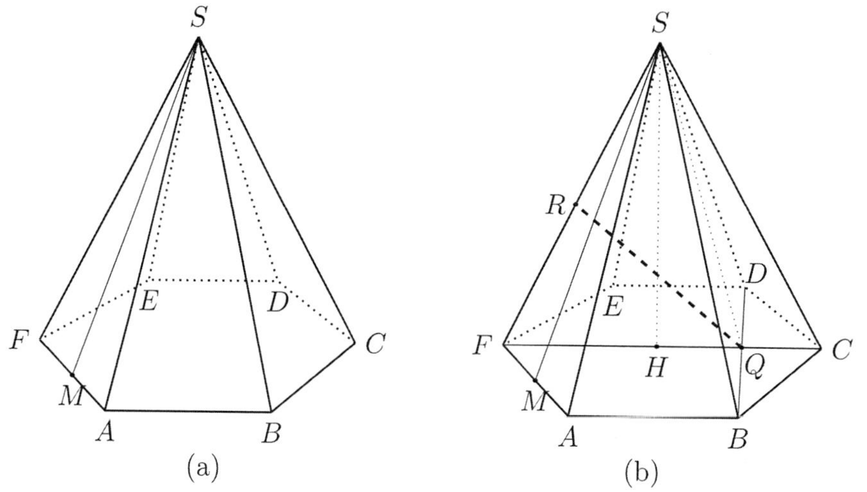

그림 5.33

(1) 선분 SF와 선분 BD가 수직인지 확인하자. 점 H를 밑면 $ABCDEF$의 중심이라 하고, 모서리 SF를 밑면 $ABCDEF$에 정사영시키면 FH가 된다. 그림 5.17(b)에서 보았듯이, 직선 FH는 선분 BD와 수직이다. 그러므로 삼수선의 정리에 의해 모서리 SF와 선분 BD도 수직이 된다.

직선 FH와 선분 BD의 교점을 Q라 하고, 점 Q에서 모서리 SF에 내린 수선의 발을 R이라 하자. 그러면, 선분 QR의 길이가 꼬인 위치에 있는 모서리 SF와 선분 BD사이의 거리가 된다(그림 5.33(b)).

삼각형 SFQ의 넓이를 이용하여 선분 QR의 길이를 구하자. $\overline{FQ} = \overline{FH} + \overline{HQ} = \frac{3}{2}a$이고, 직각삼각형 SFH에서 피타고라스 정리에 의해 $\overline{SH} = \sqrt{b^2 - a^2}$이다. 삼각형 SFQ의 넓이를 두 가지 방법으로 구해 비교하면, $\frac{3}{4}a\sqrt{b^2 - a^2} = \frac{b}{2} \times \overline{QR}$, $\overline{QR} = \frac{3a}{2b}\sqrt{b^2 - a^2}$이다.

(2) 선분 SM과 모서리 CD가 수직인지 확인하자. 선분 SM을 밑면 $ABCDEF$에 정사영시키면 HM이 된다. 선분 HM은 모서리 FA와 수직이며, 모서리 FA는 모서리 CD와 평행이다(그림 5.34(a)). 그러므로 직선 HM은 모서리 CD와 수직이다. 결국 삼수선의 정리에 의해, 선분 SM과 모서리 CD는 수직이다.

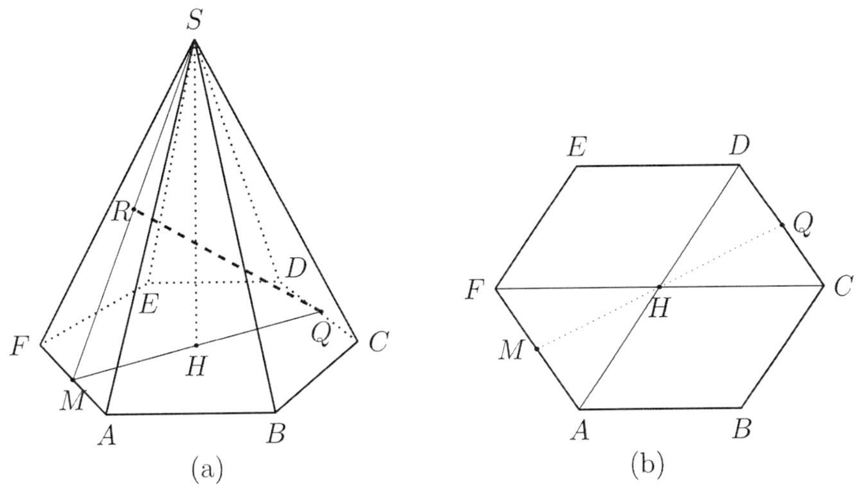

그림 5.34

직선 HM과 모서리 CD의 교점을 Q라 하자. 그러면 삼각형 HFM과 HCQ에서 $\overline{HF} = \overline{HC}, \angle FHM = \angle CHQ, \angle HFM = \angle HCQ$이므로(그림 5.34(b)), 삼각형 HFM과 HCQ는 합동이다. 점 M이 모서리 FA의 중점이므로 점 Q는 모서리 CD의 중점이다.

점 Q에서 선분 SM으로 수선 QR을 그으면, 선분 QR의 길이가 선분 SM과 모서리 CD사이의 거리가 된다. 삼각형 SMQ의 넓이를 이용하여 선분 SM의 길이를 구하자. 직각삼각형 SFM에서 피타고라스 정리에 의해, $\overline{SM} = \frac{1}{2}\sqrt{4b^2 - a^2}$이다. 직각삼각형 HFM에서 $\overline{HM} = \frac{\sqrt{3}}{2}a$이며 $\overline{MQ} = \sqrt{3}a$이다.

$\overline{SH} = \sqrt{b^2 - a^2}$라는 것을 생각하면, 삼각형 SMQ의 넓이로부터 $\frac{1}{2}a\sqrt{3b^2 - 3a^2} = \frac{1}{4}\sqrt{4b^2 - a^2} \times \overline{QR}$이 얻어지며, 이로부터 $\overline{QR} = \frac{2a\sqrt{3b^2-3a^2}}{\sqrt{4b^2-a^2}}$이 된다. □

꼬인 위치에 있는 두 직선의 공통수선 꼬인 위치에 있는 직선 l, m이 주어졌다고 하자. 직선 m과 수직이며 직선 l과는 만나는 평면 α를 생각하자. 직선 l, m과 평면 α의 교점을 P, Q라 하자. 이제, 평면 α에 직선 l을 정사영시켜 l_1이라 하자. 직선 l, l_1을 지나는 평면 β를 생각하면, 평면 β는 평면 α와 수직을 이룬다(그림 5.35). 이로부터 직선 m과 평면 β는 평행이 된다는 것을 알 수 있다.

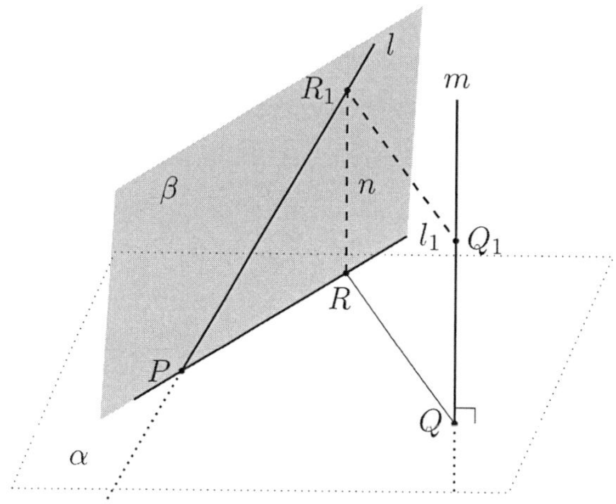

그림 5.35

점 Q에서 직선 l_1에 수선 QR을 긋자. 이때, 수선 QR은 평면 α에 속하므로, 직선 m과 선분 QR은 수직이다. 한편, 점 R을 지나며 평면 α에 수직인 직선 n을 긋자. 그러면, 직선 n과 RQ는 수직이다. 그리고 정리 4.7에 의해 직선 n과 직선 m은 평행하고, 정리 4.12(2)에 의해 직선 n은 평면 β에 속한다. 결국, 선분 QR은 평면 β의 직선 l_1, n과 수직이므로, 선분 QR은 평면 β와 수직이다.

직선 n과 l의 교점을 R_1이라 하자. 평행한 두 직선 n, m을 지나는 평면 γ를 생각하자. 평면 γ에서 직선 n의 점 R_1을 지나 직선 QR과 평행한 직선을 그어, 직선 m과의 교점을 Q_1이라 하자. 선분 QR과 Q_1R_1은 평행하고, 선분 QR은 평면 β와 수직이므로 정리 4.4에 의해 선분 Q_1R_1도 평면 β와 수직이다. 즉, 선분 Q_1R_1과 직선 l은 수직이다.

사각형 R_1RQQ_1에서 두 쌍의 대변이 평행하고 각 Q_1QR, QRR_1이 직각이므로, 사각형 R_1RQQ_1은 직사각형이다. 그러므로 선분 Q_1R_1은 직선 m과 수직이다. 결국,

선분 Q_1R_1은 꼬인 위치에 있는 직선 l, m의 공통수선이며, 꼬인 위치에 있는 직선 l, m 사이의 거리는 선분 Q_1R_1이다. 그런데, $\overline{Q_1R_1} = \overline{QR}$이므로, 선분 QR은 꼬인 위치에 있는 직선 l과 m사이의 거리와 같다.

예제 5.11. 직육면체 $ABCDA_1B_1C_1D_1$에서 $\overline{AB} = a, \overline{BC} = b, \overline{AA_1} = c$이다. 다음 선분사이의 거리를 구하여라.

(1) 선분 B_1D_1의 중점을 M이라 할 때, 선분 DM과 CC_1

(2) 모서리 CD의 중점을 N이라 할 때, 선분 NA_1과 DD_1

(3) 모서리 AA_1, BB_1, BC에서 $\overline{AM} = \frac{1}{4}\overline{AA_1}$, $\overline{BN} = \frac{1}{4}\overline{BB_1}$, $\overline{CL} = \frac{1}{4}\overline{CB}$인 점 M, N, L에 대해, 선분 MN과 D_1L

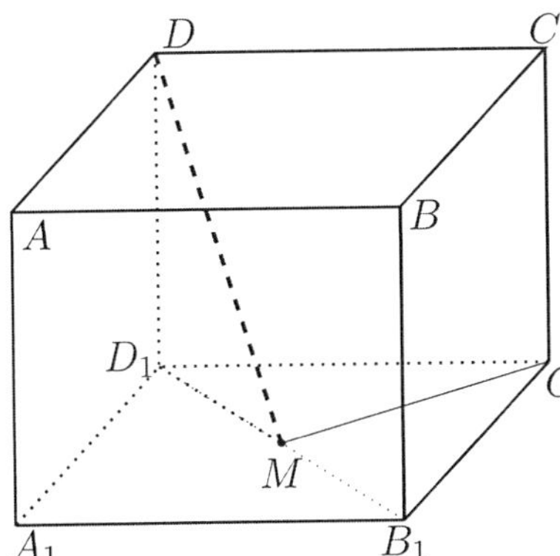

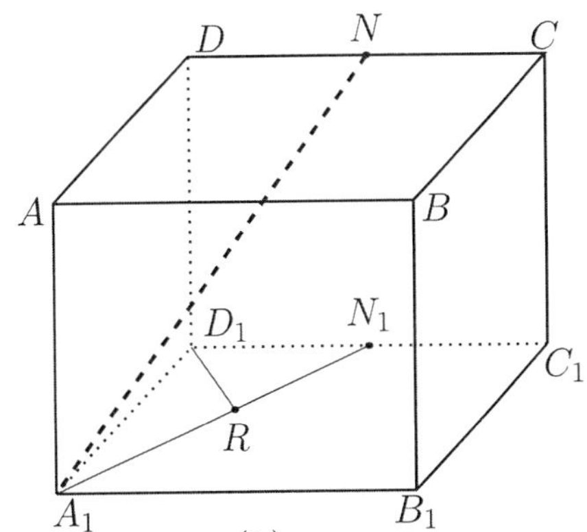

그림 5.36

(1) 선분 DM을 밑면 $A_1B_1C_1D_1$에 정사영시키면 $\overline{D_1M}$이 된다. 그림 5.35에서 살펴본 것과 같이, 꼬인 위치의 선분 DM과 CC_1사이의 거리는 점 C_1과 선분 D_1M 사이의 거리와 같다(그림 5.36(a)). 밑면 $A_1B_1C_1D_1$이 정사각형이므로, 점 C_1과 선분 D_1M사이의 거리는 $\overline{C_1M}$이며 $\overline{C_1M} = \frac{1}{2}\sqrt{a^2 + b^2}$이다.

(2) 점 N을 밑면 $A_1B_1C_1D_1$에 정사영시킨 점을 N_1이라 하면, 선분 NA_1을 밑면 $A_1B_1C_1D_1$에 정사영시키면 $\overline{N_1A_1}$이 된다. (1)에서와 같이 생각하면, 꼬인 위치의 선분 NA_1과 DD_1사이의 거리는 점 D_1과 선분 A_1N_1사이의 거리와 같다(그림 5.36(b)).

점 D_1에서 선분 A_1N_1에 수선 D_1R을 긋고, 직각삼각형 $D_1A_1N_1$의 넓이를 이용하여 $\overline{D_1R}$의 길이를 구하자. 직각삼각형 $D_1A_1N_1$에서 피타고라스 정리에 의해 $\overline{A_1N_1} = \frac{1}{2}\sqrt{a^2+4b^2}$이다. 직각삼각형 $D_1A_1N_1$의 넓이를 이용하면, $\frac{1}{4}ab = \frac{1}{4}\sqrt{a^2+4b^2} \times \overline{D_1R}$이며 $\overline{D_1R} = \frac{ab}{\sqrt{a^2+4b^2}}$이다.

(3) 선분 D_1L을 면 BB_1C_1C에 정사영사키면 선분 C_1L이 된다. 이제, 점 N에서 선분 C_1L에 수선 NR을 긋자. 그러면, 선분 NR의 길이가 꼬인 위치에 있는 선분 MN과 D_1L사이의 거리이다.

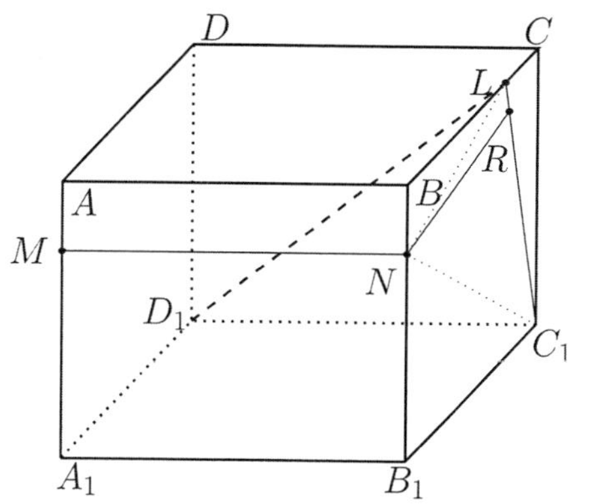

그림 5.37

삼각형 NC_1L을 생각하자(그림 5.37). 직각삼각형 CC_1L에서 $\overline{CL} = \frac{1}{4}b$이므로 $\overline{C_1L} = \frac{1}{4}\sqrt{b^2+16c^2}$이다. 이로부터 삼각형 NC_1L의 넓이는 $\frac{1}{8}\sqrt{b^2+16c^2} \times \overline{NR}$이다.

한편, 직사각형 BB_1C_1C에서 직각삼각형 BNL, LC_1C, NB_1C_1의 넓이를 빼면, 삼각형 NC_1L의 넓이를 구할 수 있다. 이러한 방법으로 삼각형 NC_1L의 넓이를 구하면 $\frac{13}{32}bc$이다. 결국, $\frac{1}{8}\sqrt{b^2+16c^2} \times \overline{NR} = \frac{13}{32}bc$이며, $\overline{NR} = \frac{13bc}{4\sqrt{b^2+16c^2}}$이다. □

정육면체 $ABCDA_1B_1C_1D_1$에서 $\overline{AB} = a$라 할 때, 꼬인 위치에 있는 직선들사이의 거리를 살펴보자. 선분 BC에 그림 5.38(a)와 같이 점 P_1, P_2, P_3를 잡자. 꼬인 위치에 있는 직선 DP_1과 A_1B_1, 직선 DP_2와 A_1B_1, 직선 DP_3와 A_1B_1사이의 거리를 구해보자.

가령, 직선 DP_2와 A_1B_1사이의 거리를 구한다고 하자. 직선 DP_2를 면 BB_1C_1C

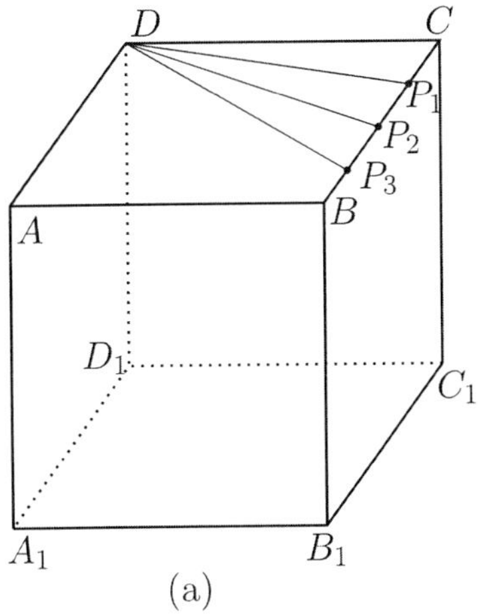

(a)

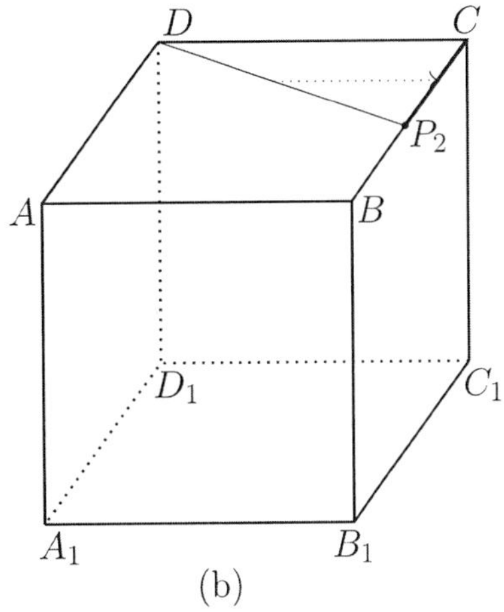

(b)

그림 5.38

에 정사영시키면 선분 CP_2가 된다(그림 5.38(b)). 그러면, 직선 DP_2와 A_1B_1사이의 거리는 점 B_1에서 직선 CP_2까지의 거리이다. 점 B_1에서 직선 CP_2에 내린 수선의 발은 B이므로, 직선 DP_2와 A_1B_1사이의 거리는 a이다.

직선 DP_2와 A_1B_1사이의 거리를 구한 것처럼 직선 DP_1과 A_1B_1, 직선 DP_3와 A_1B_1사이의 거리를 구하면 모두 a가 된다. 선분 CB에 속하는 임의의 점 P에 대해 (단, 점 P가 점 C와 일치하는 경우는 제외함) 직선 DP와 A_1B_1사이의 거리는 a이다.

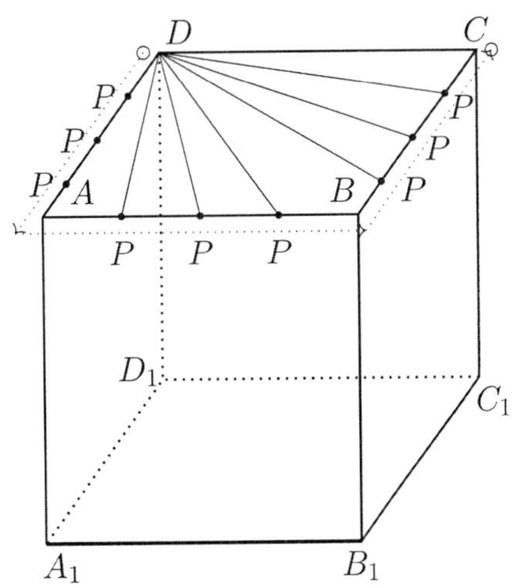

그림 5.39

점 P가 모서리 AB에 속하는 경우를 살펴보자. 점 P가 모서리 AB에 속할 때, 선분 DP를 면 BB_1C_1C에 정사영시키면 선분 CB가 된다. 이 경우에도 직선 DP와 A_1B_1사이의 거리는 a가 된다. 그리고 점 P가 선분 DA에 속하는 경우에도 직선 DP와 A_1B_1사이의 거리는 a이다.

결국, 그림 5.39에서와 같이 점 P가 점 D를 떠나 선분 DA, AB, BC를 따라 움직일 때 직선 DP와 A_1B_1사이의 거리는 모두 a이다. 점 P가 점 C와 일치하면, 직선 DC와 A_1B_1은 평행한 직선이 되며, 이때 두 직선사이의 거리는 $\sqrt{2}a$로 변한다.

예제 5.12. 정육각기둥 $ABCDEFA_1B_1C_1D_1E_1F_1$에서 $\overline{AB} = a$이다(그림 5.40(a)). 다음 선분사이의 거리를 구하여라.

(1) 모서리 AA_1과 선분 C_1D

(2) 모서리 BB_1의 중점을 M이라 할 때, 모서리 AA_1과 선분 C_1M

(3) 선분 DF의 중점을 N이라 할 때, 모서리 AA_1과 선분 C_1N(그림 5.40(b))

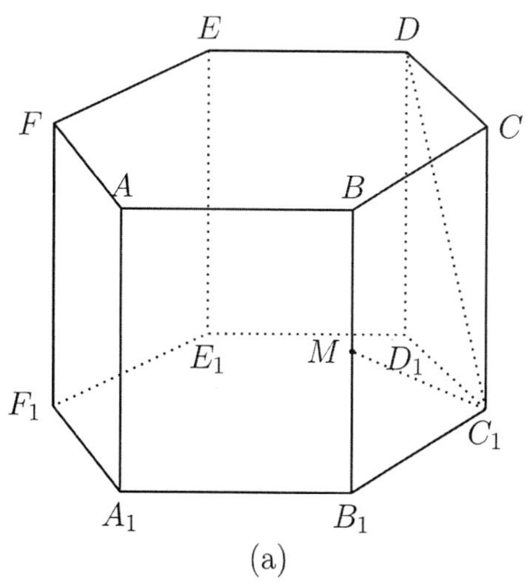

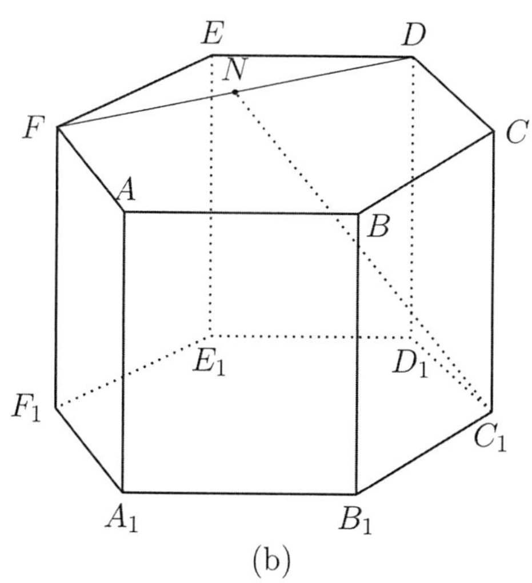

그림 5.40

(1) 선분 C_1D를 밑면 $A_1B_1C_1D_1E_1F_1$에 정사영시키면 선분 C_1D_1이 된다. 꼬인 위치에 있는 모서리 AA_1과 선분 C_1D사이의 거리는 점 A_1과 모서리 C_1D_1사이의 거리와 같다. $\overline{A_1C_1} \perp \overline{C_1D_1}$이므로, 구하는 거리는 $\overline{A_1C_1}$이다. 이때, $\overline{A_1C_1}$은 한 변

의 길이가 a인 정삼각형 A_1B_1H의 높이를 두 배하여 얻어질 수 있다(그림 5.41(a)). 실제로 구하면, 점 A_1과 모서리 C_1D_1사이의 거리는 $\sqrt{3}a$이다.

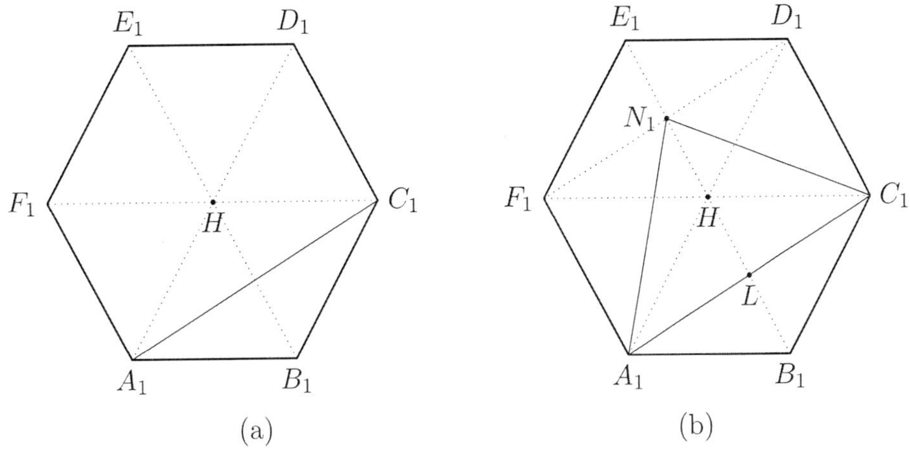

그림 5.41

(2) 선분 C_1M을 밑면 $A_1B_1C_1D_1E_1F_1$에 정사영시키면 선분 C_1B_1이 된다. 꼬인 위치에 있는 모서리 AA_1과 선분 C_1M사이의 거리는 점 A_1과 모서리 C_1B_1사이의 거리와 같다.

삼각형 $A_1B_1C_1$의 넓이를 이용하여 점 A_1과 모서리 C_1B_1사이의 거리를 구하자(그림 5.41(a)). 각 $A_1B_1C_1$은 120°이므로, 삼각형 $A_1B_1C_1$의 넓이는 $\frac{1}{2}a^2\sin 120° = \frac{\sqrt{3}}{4}a^2$이다. 한편, 모서리 B_1C_1을 밑변으로 하고 높이를 h라 하면 삼각형 $A_1B_1C_1$는 $\frac{1}{2}ah$이다. 이로부터 $\frac{\sqrt{3}}{4}a^2 = \frac{1}{2}ah$이고 $h = \frac{\sqrt{3}}{2}a$이다. 결국, 점 A_1과 모서리 C_1B_1사이의 거리는 $\frac{\sqrt{3}}{2}a$이다.

(3) 선분 C_1N을 밑면 $A_1B_1C_1D_1E_1F_1$에 정사영시켜 선분 C_1N_1을 얻었다고 하자(그림 5.41(b)). 이때, 점 N_1은 선분 D_1F_1의 중점이다. 점 A_1과 선분 C_1N_1사이의 거리를 구하자. 이를 위해, 삼각형 $A_1C_1N_1$의 넓이를 이용하자.

선분 A_1C_1과 B_1E_1의 교점을 L이라 하자. 사각형 $HA_1B_1C_1$은 마름모이므로, 선분 A_1C_1과 N_1L은 수직이다. 즉, 삼각형 $A_1C_1N_1$에서 선분 A_1C_1을 밑변으로 하면 선분 N_1L이 높이가 된다. $\overline{A_1C_1} = \sqrt{3}a$이다. 그리고 $\overline{E_1N_1} = \overline{N_1H} = \overline{HL} = \overline{LB_1}$

이고 $\overline{E_1B_1} = 2a$이므로, $\overline{N_1L} = a$이다. 이로부터 삼각형 $A_1C_1N_1$의 넓이는 $\frac{\sqrt{3}}{2}a^2$이다.

한편, 삼각형 HC_1N_1에서 각 C_1HN_1은 $120°$이고 $\overline{HN_1} = \frac{1}{2}a, \overline{HC_1} = a$이므로, 코사인 공식에 의해 $\overline{C_1N_1} = \frac{\sqrt{7}}{2}a$이다. 삼각형 $A_1C_1N_1$에서 밑변을 $\overline{C_1N_1}$으로 하고 높이를 h라 하면, 삼각형 $A_1C_1N_1$의 넓이는 $\frac{\sqrt{7}}{4}ah$이다.

삼각형 $A_1C_1N_1$의 넓이를 비교하면, $\frac{\sqrt{3}}{2}a^2 = \frac{\sqrt{7}}{4}ah$이며 $h = \frac{2\sqrt{21}}{7}a$이다. 이로부터 점 A_1과 선분 C_1N_1사이의 거리는 $\frac{2\sqrt{21}}{7}a$이다. □

제 6 장.

공간에서 각

1. 꼬인 위치에 있는 직선이 이루는 각

4장에서 꼬인 위치에 있는 직선들이 이루는 각이 무엇을 의미하고, 어떻게 구하는지에 대해 살펴보았다. 꼬인 위치에 있는 직선 l, m이 주어졌다고 하자. 꼬인 위치에 있는 직선 l, m은 한 평면에 놓여있지 않으므로, 직선 l, m과 평행하며 한 평면에 속하는 직선 l_1, m_1을 이용하여 직선 l, m이 이루는 각을 정의한다.

가령, 정삼각기둥 $ABCA_1B_1C_1$이 주어졌고, $\overline{AB} = 1, \overline{AA_1} = 2$라 하자. 이때, 꼬인 위치에 있는 모서리 AB와 선분 B_1C사이의 각을 구한다고 하자(그림 6.1(a)).

모서리 AB와 선분 B_1C사이의 각을 구하려면, (1) 선분 AB와 평행인 직선 l을 작도하여 직선 l과 선분 B_1C가 한 평면 α에 놓이도록 하거나, (2) 선분 B_1C와 평행인 직선 m을 작도하여 직선 m과 선분 AB가 한 평면 α에 놓이도록 하거나, (3) 선분 AB, B_1C와 평행인 직선 l, m을 작도하여 직선 l, m이 한 평면 α에 놓이도록 해야 한다. 이제, 평면 α에서 얻어진 두 직선사이의 각을 구하면, 이 각이 꼬인 위치에 있는 모서리 AB와 선분 B_1C사이의 각이다.

여기서는 모서리 AB와 평행인 모서리 A_1B_1을 생각하면, 모서리 A_1B_1과 선분 B_1C가 교점 B_1을 가지게 된다. 교점이 B_1인 모서리 A_1B_1과 선분 B_1C는 평면 α를

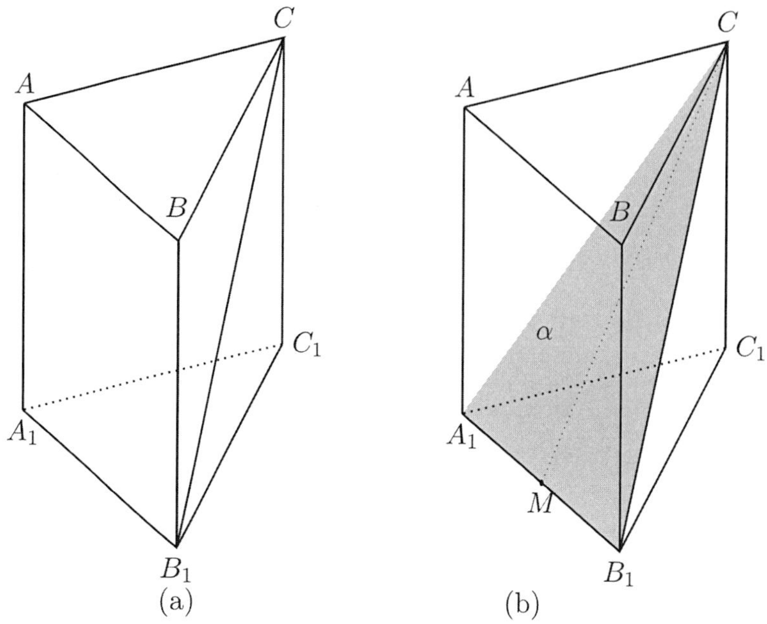

그림 6.1

결정하게 되므로(그림 6.1(b)), 평면 α에서 모서리 A_1B_1과 선분 B_1C가 이루는 각 A_1B_1C를 구하면 된다.

직사각형 BB_1C_1C에서 피타고라스 정리에 의해 $\overline{B_1C} = \sqrt{5}$이고, 같은 방법으로 $\overline{A_1C} = \sqrt{5}$이다. 그러면, 삼각형 A_1B_1C는 $\overline{B_1C} = \overline{A_1C} = \sqrt{5}$인 이등변삼각형이다. 모서리 A_1B_1의 중점을 M이라 하면, $\overline{B_1M} = \frac{1}{2}$이다. 직각삼각형 B_1CM에서 $\cos\angle MB_1C = \frac{\frac{1}{2}}{\sqrt{5}} = \frac{\sqrt{5}}{10}$이며, $\angle MB_1C = \arccos\frac{\sqrt{5}}{10}$이다.[1] 결국, 꼬인 위치에 있는 모서리 AB와 선분 B_1C사이의 각은 $\arccos\frac{\sqrt{5}}{10}$이다.

살펴본 경우에서는 모서리 AB와 평행인 모서리 A_1B_1을 생각하여, 모서리 A_1B_1과 선분 B_1C를 이용하여 각 CB_1A_1을 만들었다. 그러나 평행인 선분을 이용하여 그러한 각을 찾기 어려운 경우가 있다. 예를 들어, 꼬인 위치에 있는 선분 A_1B와 C_1A(그림

[1] $\cos\theta = t$에서 θ가 특수각이 아닌 경우에는 역삼각함수를 이용하여 θ를 나타낸다. $\cos\theta = t$를 역삼각함수를 이용해서 나타내면 $\theta = \arccos t$가 된다(이때, $0 \le \theta \le \pi$). $\sin\theta_1 = t_1, \tan\theta_2 = t_2$에 대해서도 역삼각함수를 이용해 $\theta_1 = \arcsin t_1$, $\theta_2 = \arctan t_2$로 나타내며, 이때 $-\frac{\pi}{2} \le \theta_1 \le \frac{\pi}{2}$, $-\frac{\pi}{2} < \theta_2 < \frac{\pi}{2}$이다. 일반적으로, 역삼각함수에서 $\theta, \theta_1, \theta_2$는 라디안을 단위로 하는 호도법으로 표현된다.

6.2(a)), 선분 AB_1과 C_1B(그림 6.2(b))를 생각하자. 이때, 꼬인 위치에 있는 선분과 평행인 선분을 이용하여, 꼬인 위치에 있는 선분사이의 각을 정삼각기둥에 나타내는 것이 쉽지 않다.

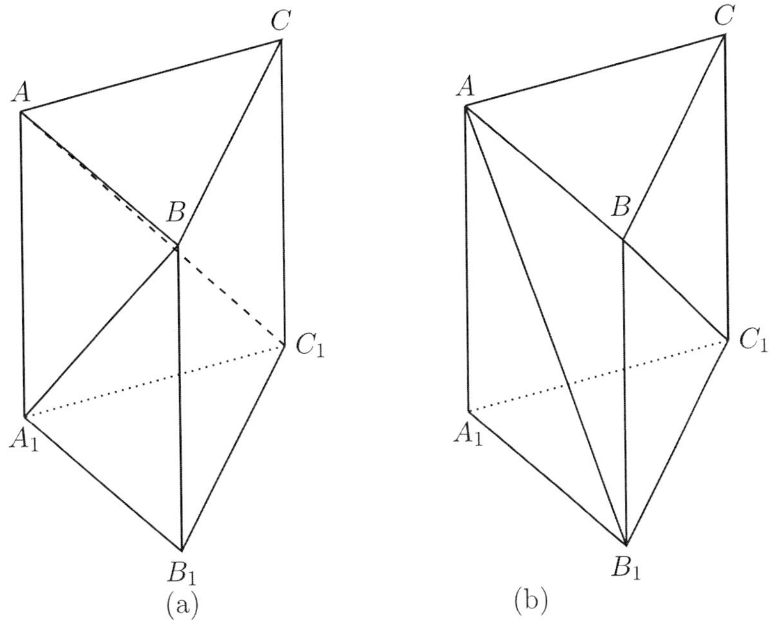

그림 6.2

이러한 경우에는 보조선을 이용할 수 있다. 그림 6.2(a)에 대한 보조선을 살펴보자. 밑면인 정삼각형 ABC에 정삼각형 DBC를 덧붙여 밑면이 평행사변형인 직각기둥 $ABCDA_1B_1C_1D_1$을 만들 수 있다(그림 6.3(a)).

직각기둥 $ABCDA_1B_1C_1D_1$에서 밑면 $ABDC, A_1B_1D_1C_1$은 평행사변형이며, 옆면은 직사각형이다. 옆면 BB_1D_1D와 CC_1A_1A는 평행이며, 평면 BB_1D_1D, CC_1A_1A가 평면 ABD_1C_1과 만나 생기는 교선 D_1B와 C_1A는 평행이다. 결국, 선분 A_1B와 C_1A사이의 각은 선분 A_1B, D_1B사이의 각인 각 D_1BA_1과 같다.

이제, 삼각형 BA_1D_1을 살펴보자. 삼각형 BA_1D_1은 $\overline{BA_1} = \overline{BD_1} = \sqrt{5}, \overline{A_1D_1} = \sqrt{3}$인 이등변삼각형이다. 각 A_1BD_1은 코사인 공식을 이용하여 구할 수 있다. $\overline{A_1D_1}^2 = \overline{BA_1}^2 + \overline{BD_1}^2 - 2\overline{BA_1} \times \overline{BD_1} \cos\angle A_1BD_1$이며, $\cos\angle A_1BD_1 = \frac{7}{10}$, $\angle A_1BD_1 =$

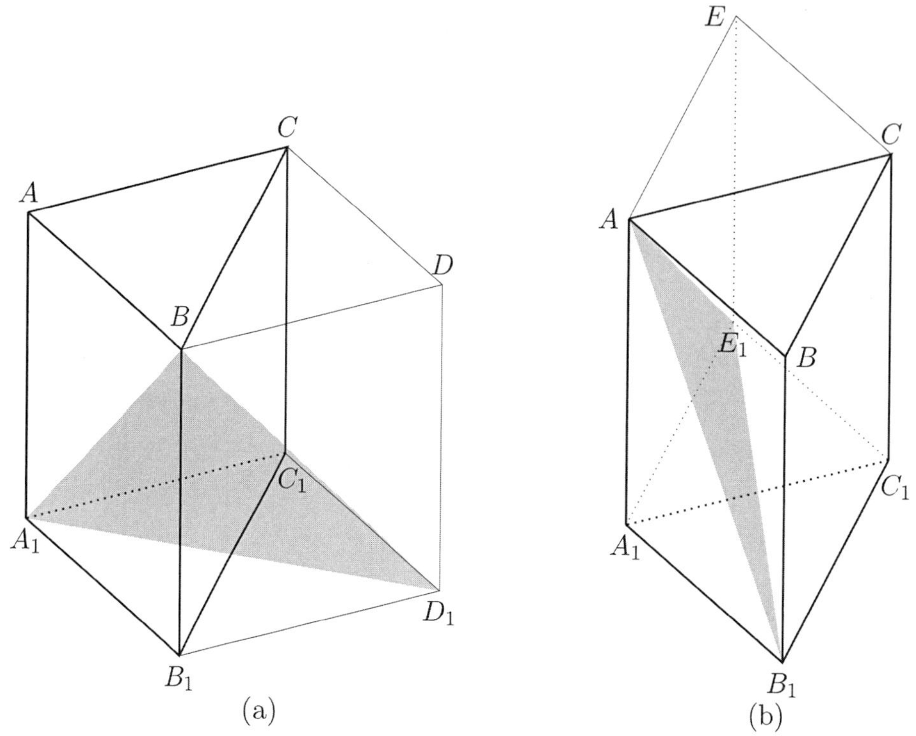

그림 6.3

$\arccos\frac{7}{10}$이다.

한편, 그림 6.2(b)에서 꼬인 위치에 있는 선분 AB_1과 C_1B사이의 각을 구해보자. 이를 위해, 밑면인 정삼각형 ABC에 정삼각형 AEC를 덧붙여 밑면이 평행사변형인 직각기둥 $ABCEA_1B_1C_1E_1$을 만들자(그림 6.3(b)). 그러면, 직사각형인 옆면 BB_1C_1C와 AA_1E_1E가 평행하며, 평면 BB_1C_1C, AA_1E_1E와 평면 ABC_1E_1이 만나 생기는 교선 C_1B와 E_1A는 평행이다. 결국, 꼬인 위치에 있는 선분 AB_1과 C_1B사이의 각은 선분 AB_1과 AE_1사이의 각과 같다. 이제, 삼각형 AB_1E_1을 보면, $\overline{AB_1} = \overline{AE_1} = \sqrt{5}$, $\overline{B_1E_1} = \sqrt{3}$인 이등변삼각형이다. 그러므로 $\angle B_1AE_1 = \arccos\frac{7}{10}$이다.

그림 6.3에서와 같은 보조선으로, 정삼각기둥에서 꼬인 위치에 있는 모서리 또는 면의 대각선사이의 각을 구할 수 있다. 예를 들어, 그림 6.3(a)를 이용하여 선분 AB_1과 A_1C사이의 각을 구할 수 있다. 면 BB_1D_1D에서 선분 A_1C과 평행한 선분 B_1D를

생각하면, 선분 AB_1과 A_1C사이의 각은 각 AB_1D를 이용하여 구할 수 있다.

이제, 모서리의 중점을 이용하여 만들어지는 선분을 생각하자. 모서리 B_1C_1의 중점을 P라 할 때, 선분 AB_1과 CP사이의 각을 구해보자(그림 6.4(a)).

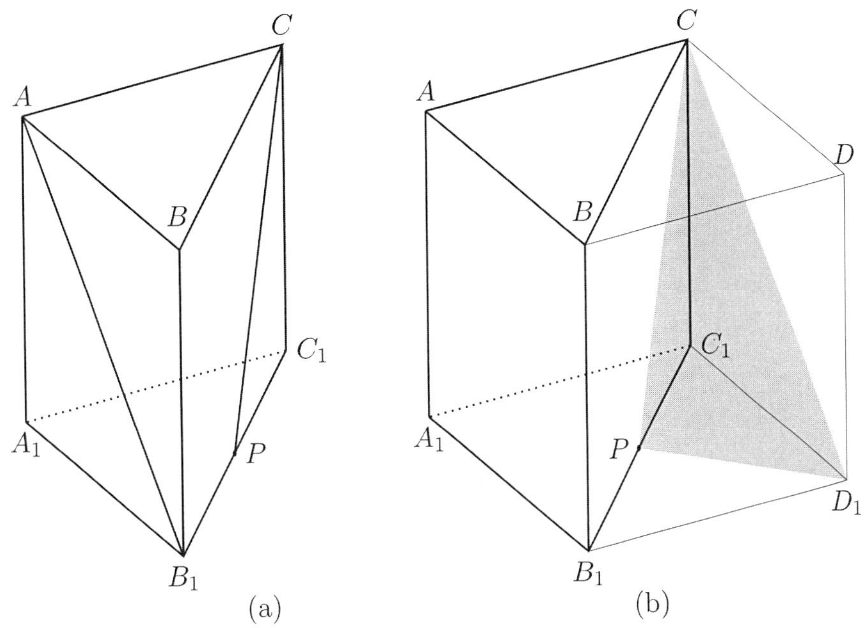

그림 6.4

밑면인 정삼각형 ABC에 정삼각형 DBC를 덧붙여 밑면이 평행사변형인 직각기둥 $ABCDA_1B_1C_1D_1$을 만들자(그림 6.4(b)). 그러면, 면 AA_1B_1B와 DD_1C_1C는 평행이며, 평면 AA_1B_1B, DD_1C_1C와 평면 AB_1D_1C가 만나 생기는 교선 AB_1, CD_1은 평행이다. 결국, 선분 AB_1과 CP사이의 각을 구하기 위해, 각 D_1CP를 구하면 된다.

삼각형 CPD_1의 변들의 길이를 구하자. 직각삼각형 CPC_1에서 피타고라스 정리에 의해 $\overline{CP} = \frac{\sqrt{17}}{2}$이다. 그리고 $\overline{CD_1} = \sqrt{5}$이다. 선분 D_1P는 정삼각형 $D_1B_1C_1$의 높이이므로, $\overline{D_1P} = \frac{\sqrt{3}}{2}$이다. 삼각형 CPD_1에서 코사인 정리를 이용하면, $\cos\angle D_1CP = \frac{\sqrt{85}}{10}$가 얻어진다. 이로부터 $\angle D_1CP = \arccos\frac{\sqrt{85}}{10}$이다.

이제, 정육면체에서 꼬인 위치에 있는 직선사이의 각을 살펴보자. 가령, 한 모서리의 길이가 a인 정육면체 $ABCDA_1B_1C_1D_1$이 주어졌다고 하자(그림 6.5). 이때, 선분

A_1B와 AC_1이 이루는 각을 구해보자.

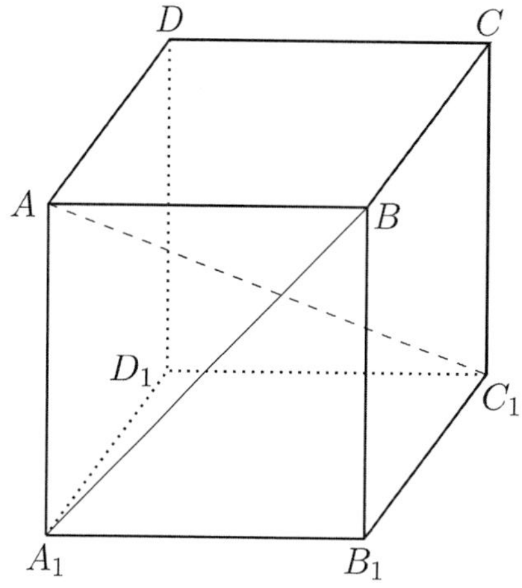

그림 6.5

그림 6.5에서 선분 A_1B, AC_1과 평행한 선분을 생각해도, 선분 A_1B와 AC_1이 이루는 각을 작도하기가 어렵다. 앞에서 했던 것처럼, 보조선을 이용하는 방법을 생각할 수 있다. 가령, 밑면 $ABCD$의 옆에 면 $BEFC$를 덧붙여 직육면체 $AEFDA_1E_1F_1D_1$을 생각할 수 있다(그림 6.6).

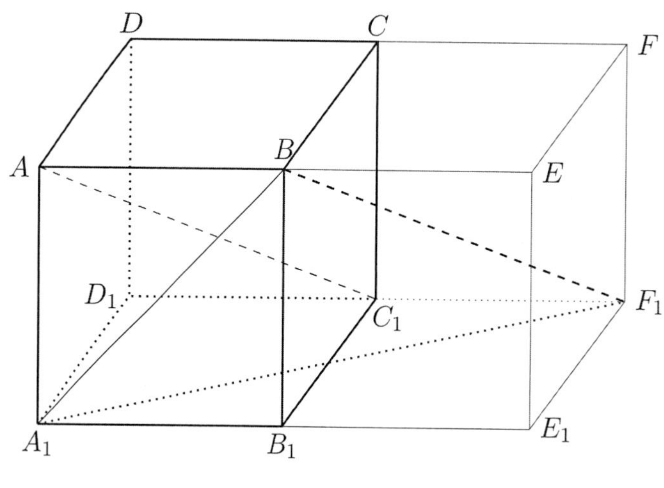

그림 6.6

직육면체 $AEFDA_1E_1F_1D_1$에서 선분 AC_1과 평행한 선분은 BF_1이다. 그러므로, 삼각형 BA_1F_1을 생각하자. $\overline{A_1B} = \sqrt{2}a, \overline{BF_1} = \sqrt{3}a$이다. 그리고 직각삼각형 A_1E_1F에서 $\overline{A_1F_1} = \sqrt{5}a$가 된다. 결국, $\overline{A_1F_1}^2 = \overline{A_1B}^2 + \overline{BF_1}^2$이므로, $\angle A_1BF_1 = \frac{\pi}{2}$이다. 이로부터 선분 A_1B와 AC_1이 이루는 각은 $\frac{\pi}{2}$라는 것을 알 수 있다.[2]

정육면체 $ABCDA_1B_1C_1D_1$에서 선분 A_1B와 AC_1이 이루는 각을 다른 방법으로 구해보자. 선분 AC_1을 면 AA_1B_1B로 정사영시키면, 선분 AB_1이 된다(그림 6.7).

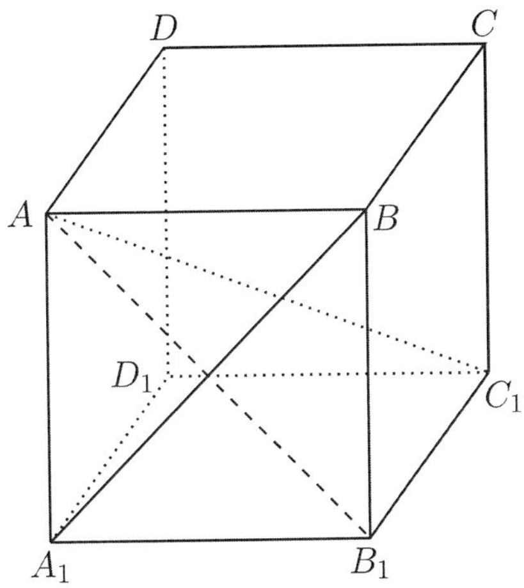

그림 6.7

이때, 선분 AC_1의 정사영인 AB_1이 선분 A_1B와 수직을 이룬다. 이것은 삼수선의 정리에 의해, 선분 AC_1이 선분 A_1B와 수직을 이룬다는 것을 의미한다. 이로부터 선분 A_1B와 AC_1이 이루는 각이 $\frac{\pi}{2}$라는 것을 알 수 있다.

앞에서 살펴보았던 정삼각기둥 문제들과는 달리, 정육면체에서는 선분들사이의 각을 구하는데 삼수선의 정리를 이용할 수 있었다. 이것은 정육면체의 면에서 대각선들이 수직을 이룬다는 것과 관련된다.

그림 6.7에서 선분 A_1B와 B_1D, 선분 B_1C와 AC_1, 선분 B_1C와 D_1B, 선분 AD_1과 A_1C, 선분 AD_1과 DB_1 등도 삼수선의 정리를 이용하면 수직을 이룬다는 것을 확인할 수 있다.

[2]각의 크기를 역삼각함수를 이용하여 나타내야 하는 경우가 많기 때문에, 이 장에서는 각을 호도법으로 표현하였다.

이제, 정육각기둥에서 꼬인 위치에 있는 선분사이의 각을 구해보자. 정육각기둥 $ABCDEFA_1B_1C_1D_1E_1F_1$에서 $\overline{AB} = 1, \overline{AA_1} = 2$라 하자. 이때, 모서리 FF_1과 선분 BD_1이 이루는 각을 구해보자(그림 6.8(a)).

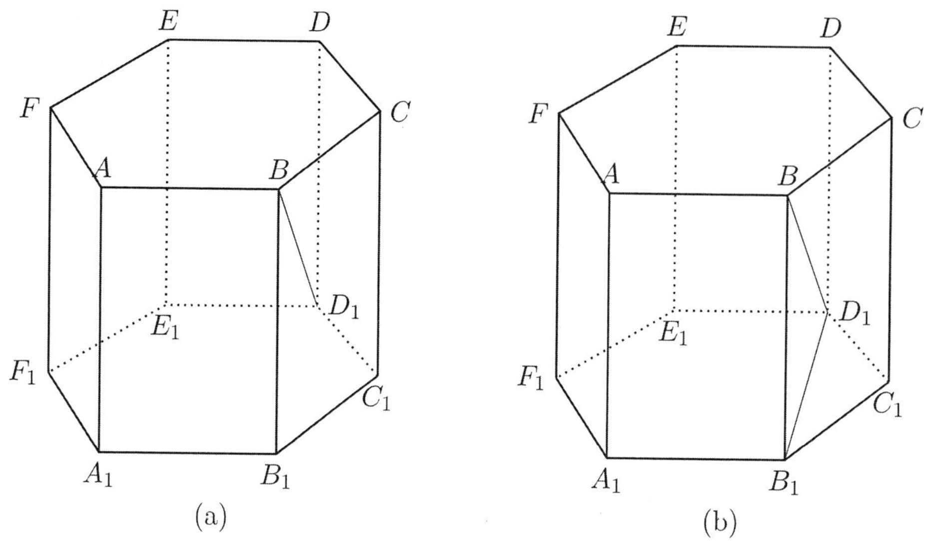

그림 6.8

정육각기둥에서 옆면의 모서리와 선분이 이루는 각은 어렵지 않게 구할 수 있다. 옆면의 모서리 $AA_1, BB_1, CC_1, DD_1, EE_1, FF_1$이 서로 평행이라는 것을 생각하자. 그러면, 모서리 FF_1과 선분 BD_1이 이루는 각은 모서리 BB_1과 선분 BD_1이 이루는 각과 같다. 모서리 BB_1과 선분 BD_1이 이루는 각은 삼각형 BB_1D_1에서 구할 수 있다 (그림 6.8(b)).

삼각형 $C_1B_1D_1$에서 코사인 정리를 이용하면 $\overline{B_1D_1} = \sqrt{3}$이고, $\overline{BD_1}$은 직각삼각형 BB_1D_1에서 피타고라스 정리를 이용하면 $\overline{BD_1} = \sqrt{7}$이다. 직각삼각형 BB_1D_1에서 $\cos\angle D_1BB_1 = \frac{2\sqrt{7}}{7}$이며, $\angle D_1BB_1 = \arccos\frac{2\sqrt{7}}{7}$이다. 모서리 FF_1과 선분 BD_1이 이루는 각은 $\arccos\frac{2\sqrt{7}}{7}$이다.

이제, 정육각기둥 $ABCDEFA_1B_1C_1D_1E_1F_1$에서 선분 D_1E와 C_1D가 이루는 각을 구해보자(그림 6.9(a)). 선분 D_1E와 C_1D에서 어느 한 선분과 평행인 직선을 찾아, 나머지 선분과 함께 삼각형을 이루도록 하는 것이 쉽지 않다.

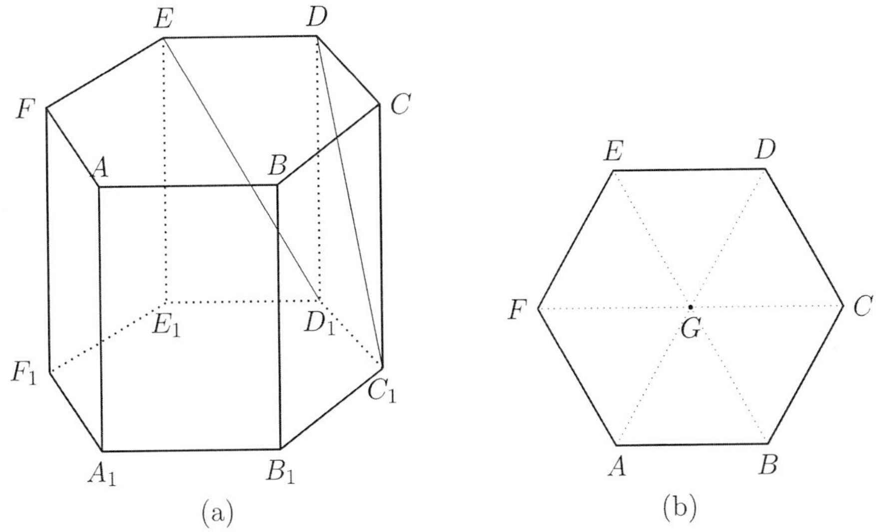

그림 6.9

선분 D_1E, C_1D와 평행인 선분들을 정육각기둥의 겉면뿐만 아니라 내부에서도 찾아보자. 이를 위해, 정육각기둥 $ABCDEFA_1B_1C_1D_1E_1F_1$의 밑면인 정육각형 $ABCEDF$를 살펴보자(그림 6.9(b)). 정육각형 $ABCDEF$는 선분 AD, BE, CF에 의해 6개의 정삼각형으로 나누어지며, 선분 BC, AD, EF가 서로 평행이며, 선분 AB, CF, DE도 서로 평행이고, 선분 AF, BE, CD도 서로 평행이다.

이제, 그림 6.9(a)의 정육각기둥의 밑면 $ABCDEF$와 $A_1B_1C_1D_1E_1F_1$을 그림 6.9(b)와 같이 나누자. 그러면 정육각기둥 $ABCDEFA_1B_1C_1D_1E_1F_1$은 그림 6.10(a)와 같이 6개의 정삼각기둥으로 나누어진다.

이 정삼각기둥에서 면 DD_1E_1E는 면 GG_1F_1F와 평행이며, 면 CC_1D_1D는 면 GG_1E_1E와 평행이다. 그러므로, 선분 D_1E는 선분 G_1F와 평행이며, 선분 C_1D는 선분 G_1E와 평행이다. 즉 선분 D_1E와 C_1D가 이루는 각은 선분 G_1F와 G_1E가 이루는 각과 같다(그림 6.10(b)).

이제, 삼각형 G_1EF를 보자. 삼각형 G_1EF는 $\overline{EF} = 1$, $\overline{G_1F} = \overline{G_1E}$인 이등변삼각형이다. 직각삼각형 G_1F_1F에서 $\overline{G_1F_1} = 1, \overline{FF_1} = 2$이므로, $\overline{G_1F} = \sqrt{5}$이다. 이등삼각형 G_1EF에서 코사인 정리에 의해, $\cos\angle EG_1F = \frac{9}{10}$이며 $\angle EG_1F = \arccos\frac{9}{10}$

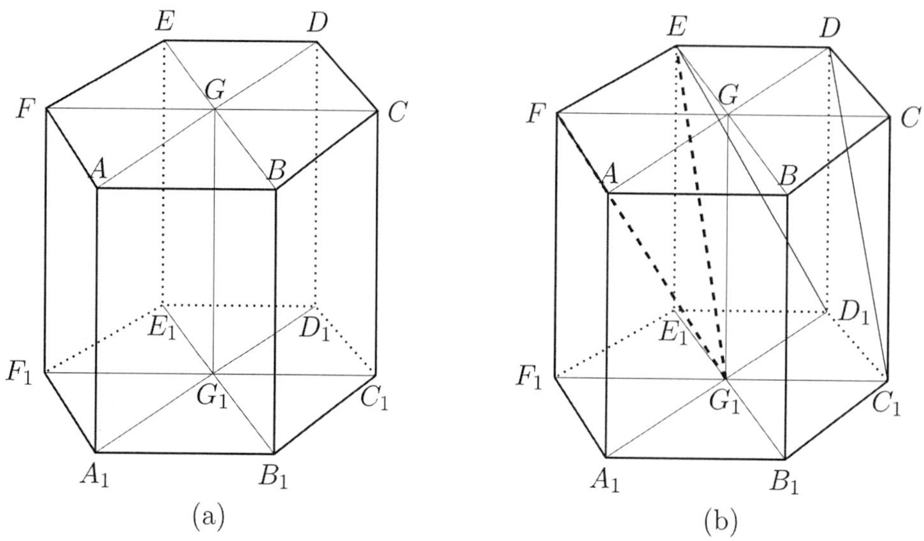

그림 6.10

이다. 결국, 선분 D_1E와 C_1D가 이루는 각은 $\arccos\frac{9}{10}$이다.

그림 6.10(a)에서 살펴본 것과 같이, 정육각기둥 $ABCDEFA_1B_1C_1D_1E_1F_1$을 정삼각기둥으로 나누는 것은 정육각기둥에서 꼬인 위치에 있는 선분들사이의 각을 구할 때 효과적으로 사용할 수 있는 방법의 하나이다.

예를 들어, 정육각기둥 $ABCDEFA_1B_1C_1D_1E_1F_1$에서 선분 B_1C와 C_1A가 이루는 각을 구한다고 하자(그림 6.11(a)). 이제, 정삼각기둥으로 분할된 정육각기둥 $ABCDEFA_1B_1C_1D_1E_1F_1$에서 선분 B_1C, C_1A와 평행인 선분들을 생각하여, 이 선분들이 삼각형의 변을 이루도록 하자.

선분 C_1A와 평행한 선분을 찾아보자. 선분 D_1F가 선분 C_1A와 평행이지만, 선분 D_1F는 선분 B_1C(또는 선분 B_1C와 평행한 선분)와 함께 삼각형을 만들지 못한다.

그림 6.11(b)에서 점 G_1을 한 끝점으로 하는 선분 중에서 선분 C_1A와 평행인 선분을 찾아보자. 적당한 선분을 찾을 수 없으므로, 추가적인 보조선을 생각하자.

점 C_1과 G_1은 선분 C_1F_1에 속하므로, 선분 C_1A의 다른 끝점 A가 속한 선분 BA를 살펴보자. 선분 BA를 점 A방향으로 연장하여, $\overline{BA} = \overline{AQ}$인 점 Q를 잡자. 선분 B_1A_1에서도 $\overline{B_1A_1} = \overline{A_1P}$인 점 P를 잡아, 정삼각기둥 $AFQA_1F_1P$를 정육각기둥에

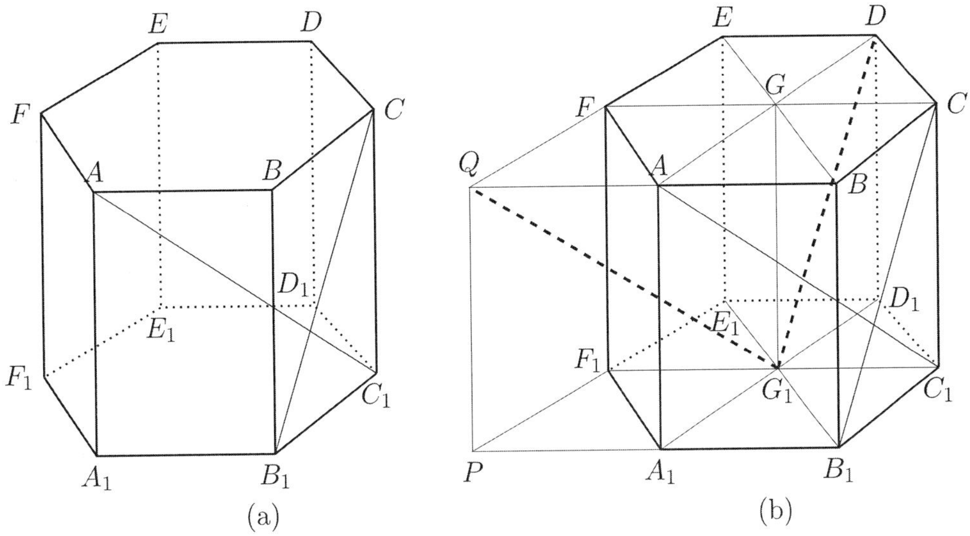

그림 6.11

덧붙이자(그림 6.11(b)). 그러면, 선분 C_1A는 선분 G_1Q와 평행이 된다. 그리고, 선분 B_1C와 평행인 선분 G_1D를 생각하면, 선분 G_1Q와 G_1D는 삼각형 G_1DQ를 만든다.

삼각형 G_1DQ에서 선분 G_1Q와 G_1D가 이루는 각을 구하자. 직각삼각형 G_1D_1D에서 $\overline{G_1D} = \sqrt{5}$이다. 한편, 직각삼각형 G_1PQ를 생각하자. 선분 G_1P의 길이는 $\angle G_1A_1P = \frac{2\pi}{3}, \overline{A_1G_1} = \overline{A_1P} = 1$인 삼각형 A_1G_1P에서 코사인 정리를 이용하여 구할 수 있으며, $\overline{G_1P} = \sqrt{3}$이다. 그리고 $\overline{PQ} = 2$이므로, $\overline{G_1Q} = \sqrt{7}$이다.

$\overline{DQ}$의 길이를 구하자. 삼각형 DEQ에서 $\overline{DE} = 1, \overline{EQ} = 2, \angle DEQ = \frac{2\pi}{3}$이므로, 코사인 정리에 의해 $\overline{DQ} = \sqrt{7}$이다. 그러므로 삼각형 G_1DQ에서 코사인 정리에 의해 $\cos\angle DG_1Q = \frac{\sqrt{35}}{14}$이며, $\angle DG_1Q = \arccos\frac{\sqrt{35}}{14}$이다. 결국 선분 B_1C와 C_1A가 이루는 각은 $\arccos\frac{\sqrt{35}}{14}$이다.

이제, 정육각뿔에서 꼬인 위치에 있는 두 직선이 이루는 각을 살펴보자. 정육각뿔 $SABCDEF$에서 $\overline{AB} = 1$, $\overline{SA} = 3$이라고 하자(그림 6.12(a)). 밑면 $ABCDEF$의 중점을 H라 하고, 모서리 SF에 $\overline{FP} = \frac{1}{3}\overline{SF}$인 점 P를 잡자. 이때, 선분 BP와 SH 사이의 각을 구해보자.

각기둥에서와 같이, 선분 BP, SH와 평행한 선분을 찾아 문제를 해결하자. 우선,

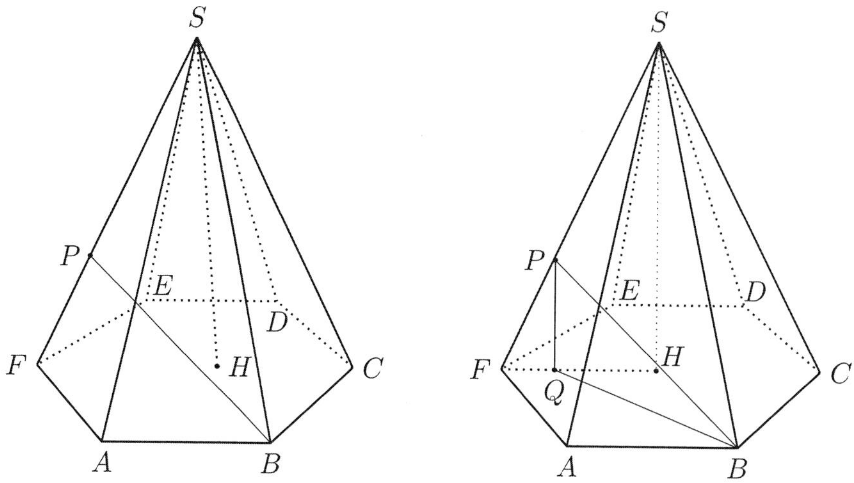

(a) (b)

그림 6.12

정육각뿔의 성질을 확인해 보자. 정육각뿔의 꼭짓점 S를 밑면 $ABCDEF$에 정사영시키면 점 H가 되며, 모서리 SF를 밑면 $ABCDEF$에 정사영시키면 선분 HF가 된다. 모서리 SF의 점 P를 정사영시키면, 선분 HF의 점 Q가 된다(그림 6.12(b)). 이때, 직선 SH와 PQ는 평행이다. 이것을 이용하자.

선분 SH와 평행인 선분으로 선분 PQ를 생각하자. 그러면, 선분 BP와 SH가 이루는 각은 각 BPQ와 같다. 이제, 삼각형 BPQ에서 각 BPQ를 구하자.

$\overline{PQ} \parallel \overline{SH}$이고 $\overline{FP} : \overline{FS} = 1 : 3$이므로, $\overline{PQ} : \overline{SH} = 1 : 3$이다. 직각삼각형 SHF에서 $\overline{HF} = 1, \overline{SF} = 3$이므로, $\overline{SH} = 2\sqrt{2}$이다. 이로부터 $\overline{PQ} = \frac{2\sqrt{2}}{3}$이다.

$\overline{FP} : \overline{FS} = 1 : 3$으로부터 $\overline{FQ} : \overline{FH} = 1 : 3$이며, $\overline{FH} = 1$이므로 $\overline{FQ} = \frac{1}{3}, \overline{HQ} = \frac{2}{3}$이다. 그리고 $\overline{BH} = 1, \angle BHQ = \frac{2\pi}{3}$이므로, 삼각형 BHQ에 코사인 정리를 사용하면 $\overline{BQ} = \frac{\sqrt{19}}{3}$이다.

삼각형 BPQ는 각 Q가 직각인 직각삼각형이다. $\overline{PQ} = \frac{2\sqrt{2}}{3}, \overline{BQ} = \frac{\sqrt{19}}{3}$이므로, 피타고라스 정리에 의해 $\overline{BP} = \sqrt{3}$이다. 이로부터 $\cos\angle BPQ = \frac{\frac{2\sqrt{2}}{3}}{\sqrt{3}} = \frac{2\sqrt{6}}{9}$이며, $\angle BPQ = \arccos\frac{2\sqrt{6}}{9}$이다.

2. 직선과 평면이 이루는 각

직선 l과 평면 α가 주어졌고, 직선 l과 평면 α가 점 P에서 만난다고 하자. 직선 l을 평면 α로 정사영시켜 직선 l_1을 얻었다(그림 6.13). 이때, 직선 l과 평면 α가 이루는 각은 직선 l과 l_1이 이루는 각 θ로 정의한다.

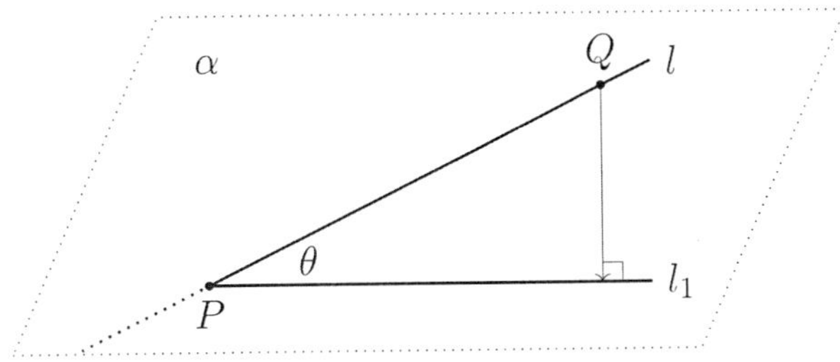

그림 6.13

만약, 직선 l과 평면 α가 평행이면 직선 l과 평면 α가 이루는 각을 0으로 하고, 직선 l과 평면 α가 수직이면 직선 l과 평면 α가 이루는 각을 $\frac{\pi}{2}$로 한다.

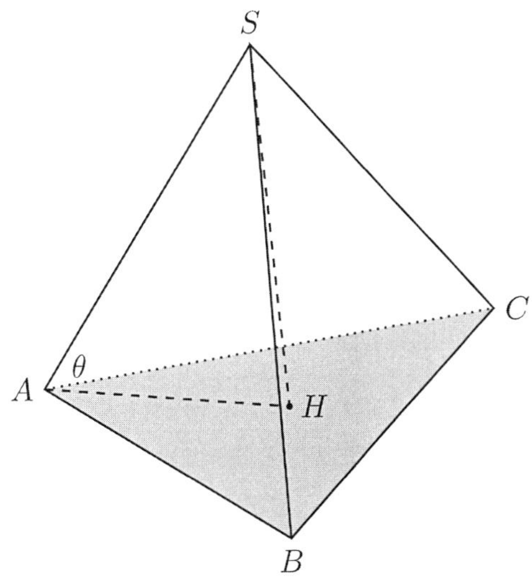

그림 6.14

예를 들어, 정삼각뿔 $SABC$에서 $\overline{SA}=2, \overline{AB}=1$이라 하자(그림 6.14). 옆모서리 SA와 밑면 ABC사이의 각을 구해보자. 밑면 ABC의 중심을 H라 할 때, 옆모서리 SA를 밑면 ABC에 정사영시키면 선분 HA가 된다. 결국, 옆모서리 SA와 밑면 ABC

사이의 각은 선분 SA와 AH가 이루는 각 θ이다.

각 θ를 구하기 위해, 직각삼각형 SAH를 생각하자. 선분 AH는 한 변이 1인 정삼각형 ABC에서 무게중심의 성질을 이용하여 구할 수 있다. 정삼각형 ABC의 중심 H는 정삼각형 ABC의 무게중심이므로, 선분 AH는 정삼각형 ABC의 높이의 $\frac{2}{3}$이다. 그러므로, $\overline{AH} = \frac{\sqrt{3}}{3}$이다. 그러므로, 직각삼각형 SAH에서 $\cos\theta = \frac{\frac{\sqrt{3}}{3}}{2} = \frac{\sqrt{3}}{6}$이며, $\theta = \arccos\frac{\sqrt{3}}{6}$이다. 옆모서리 SA와 밑면 ABC사이의 각은 $\angle SAH = \arccos\frac{\sqrt{3}}{6}$이다.

그림 6.14에서 $\overline{AH} = \overline{BH} = \overline{CH}$이므로, 정삼각뿔에서 옆모서리 SA, SB, SC와 밑면 ABC가 이루는 각은 모두 같다. 이것은 정n각뿔로 일반화시킬 수 있다. 즉, 정n각뿔에서 각 옆모서리와 밑면이 이루는 각은 모두 같다.

이제, 직선과 평면이 이루는 각의 최소성에 대해 살펴보자. 직선 l과 평면 α가 이루는 각을 평면 α에서 직선 l의 정사영 l_1과 직선 l이 이루는 각으로 정의했다. 이와 같은 방법으로 직선 l과 평면 α가 이루는 각을 정의하면, 이 각은 직선 l이 평면 α에 놓인 임의의 직선 m과 이루는 각보다 크지 않다. 이것을 증명하자.

직선 l, 평면 α에서 직선 l의 정사영 l_1, 평면 α에 속하는 임의의 직선 m을 생각하자 (그림 6.15). 이제, 직선 l과 l_1이 이루는 각 θ_1, 직선 l과 m이 이루는 각 θ_2를 비교하자.

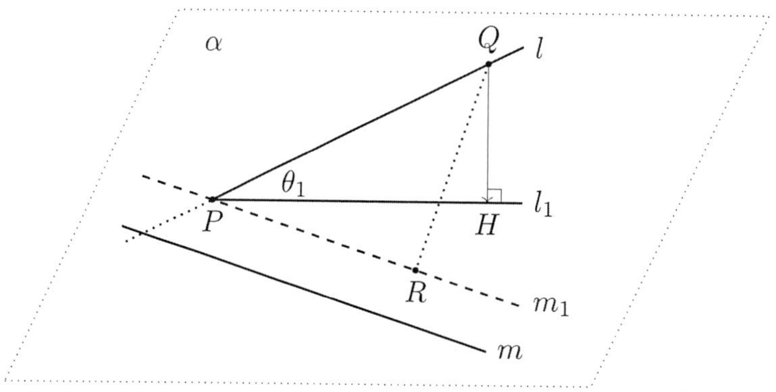

그림 6.15

직선 l과 l_1이 이루는 각 θ_1은 직각삼각형 QPH에서 구할 수 있다. $\sin\theta_1 = \frac{\overline{QH}}{\overline{QP}}$이다. 이제, 직선 l과 m이 이루는 각 θ_2를 구하자. 이를 위해, 직선 m과 평행하며 점 P를 지나는 직선 m_1을 작도하자. 그리고 점 Q에서 직선 m_1에 수선의 발을 내려 R

이라 하자. 그러면, 직각삼각형 QPR에서 $\sin\theta_2 = \frac{\overline{QR}}{\overline{QP}}$이다.

$\sin\theta_1 = \frac{\overline{QH}}{\overline{QP}}$와 $\sin\theta_2 = \frac{\overline{QR}}{\overline{QP}}$을 비교하자. 점 Q에서 평면 α에 내린 수선이 QH이므로, 수선 길이의 최소성에 의해 $\overline{QH} \le \overline{QR}$이다. 그러므로, $\frac{\overline{QH}}{\overline{QP}} \le \frac{\overline{QR}}{\overline{QP}}$이며, $\sin\theta_1 \le \sin\theta_2$이다. 두 직선이 이루는 각은 예각이므로, $\theta_1 \le \angle\theta_2$이다. 결국, 직선 l과 평면 α가 이루는 각은 직선 l이 평면 α의 임의의 직선 m과 이루는 각보다 크지 않다.

정리 6.1. 평면 α가 주어졌고, 평행인 직선 l, m이 평면 α와 만난다(그림 6.16). 직선 l, m과 평면 α사이의 각은 서로 같다.

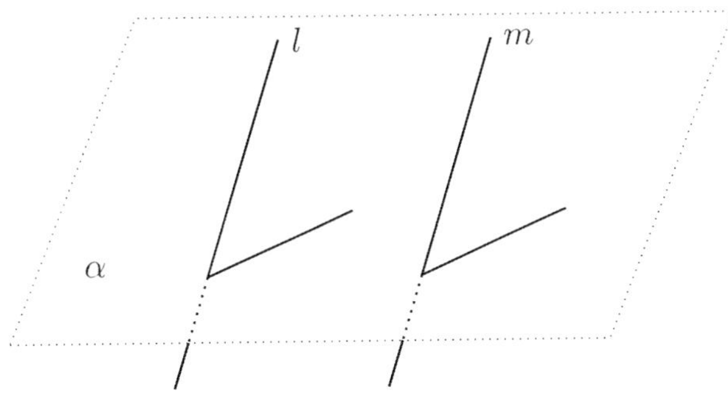

그림 6.16

직선 l, m이 평면 α와 점 U, V에서 만난다고 하자. 그리고 직선 l의 점 P에서 평면 α로 수선의 발 P_1을 내리고, 직선 m의 점 Q에서 평면 α로 수선의 발 Q_1을 내리자(그림 6.17). 그러면, 정리 4.7에 의해 직선 PP_1, QQ_1은 평행이다.

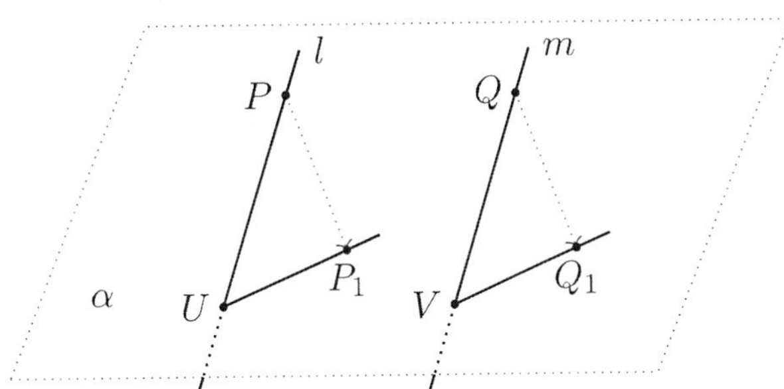

그림 6.17

이제, 직선 l과 PP_1을 지나는 평면 β, 직선 m과 QQ_1을 지나는 평면 γ를 생각

하자. 이때, $l \parallel m, \overleftrightarrow{PP_1} \parallel \overleftrightarrow{QQ_1}$이므로, 정리 4.2에 의해 $\angle UPP_1 = \angle VQQ_1$이다. 삼각형 UPP_1과 VQQ_1에서 $\angle UPP_1 = \angle VQQ_1$, $\angle UP_1P = \angle VQ_1Q = \frac{\pi}{2}$이므로, $\angle PUP_1 = \angle QVQ_1$이다. 이로부터 직선 l, m과 평면 α사이의 각은 서로 같다는 것이 증명된다. □

정리 6.2. 평행인 평면 α, β가 주어졌고, 직선 l이 평면 α, β와 만난다고 하자. 그러면, 직선 l과 평면 α사이의 각은 직선 l과 평면 β사이의 각과 서로 같다.

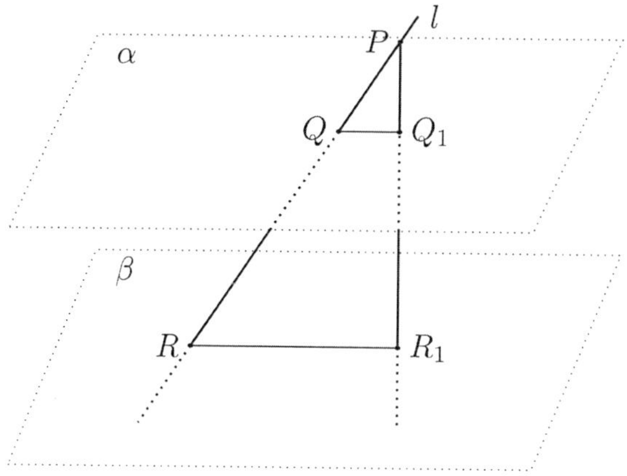

그림 6.18

직선 l과 평면 α, β의 교점을 Q, R이라 하자. 그리고 직선 l의 점 P에서 평면 α에 수선을 그어 그 발을 Q_1이라 하자. 정리 4.6에 의해, 수선 PQ_1은 평면 β와도 수직을 이루며, 그 교점을 R_1이라 하자(그림 6.18).

이제, 직각삼각형 PQQ_1, PRR_1을 생각하자. 각 QPQ_1은 공통이고 $\angle PQ_1Q = \angle PR_1R = \frac{\pi}{2}$이므로, $\angle PQQ_1 = \angle PRR_1$이 성립한다. 이로부터, 직선 l과 평면 α 사이의 각은 직선 l과 평면 β사이의 각과 서로 같다는 것이 증명된다. □

살펴본 정리를 이용하여 직선과 평면이 이루는 각을 구해보자. 가령, 정사각뿔 $SABCD$가 주어졌고, $\overline{SA} = 2, \overline{AB} = 1$이라 하자. 이때, 모서리 CD와 면 SBC사이의 각을 구하자. 이를 위해, 평면 SBC에서 모서리 CD의 정사영을 찾아야 한다.

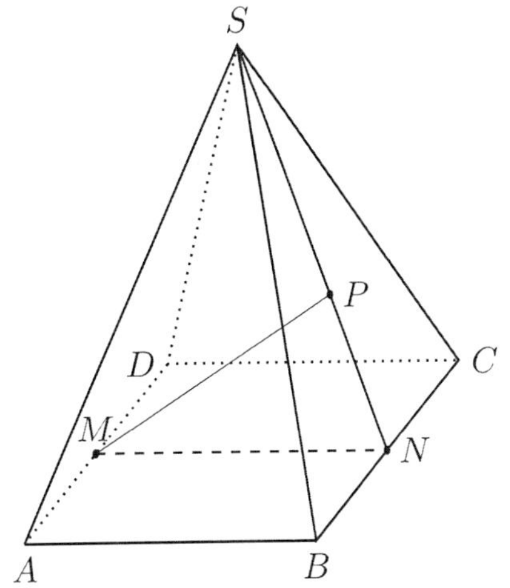

그림 6.19

평면 SBC에서 모서리 CD의 정사영이 쉽게 보이지 않는다. 이제, 정리 6.1을 이용하자. 모서리 CD와 평행한 선분을 이용하자. 모서리 AD, BC의 중점을 M, N이라 하면, 모서리 CD는 선분 MN과 평행이다(그림 6.19). 정리 6.1에 의하면 모서리 CD와 면 SBC사이의 각은 선분 MN과 면 SBC사이의 각과 같다.

선분 SN을 생각하자. 삼각형 SBC가 이등변삼각형이고 N이 변 BC의 중점이므로, $\overline{SN} \perp \overline{BC}$이다. 그리고 사각형 $ABCD$가 정사각형이므로, $\overline{MN} \perp \overline{BC}$이다. 즉, 평면 SMN과 모서리 BC가 수직이다.

이제, 점 M에서 선분 SN에 수선 MP를 긋자. 그러면, 평면 SMN과 모서리 BC가 수직이므로, 선분 MP는 모서리 BC와 수직이다. 결국, 선분 MP는 평면 SBC에 수직이다. 이로부터 평면 SBC에서 선분 MN의 정사영은 선분 NP이며, 선분 MN과 면 SBC사이의 각은 각 SNM이라는 것을 알 수 있다.

삼각형 SNM에서 각 SNM을 구하자. 직각삼각형 SBN에서 $\overline{SN} = \frac{\sqrt{15}}{2}$이며, $\overline{SM} = \frac{\sqrt{15}}{2}$이고 $\overline{MN} = 1$이다. 그러므로 삼각형 SNM에서 코사인 정리에 의해 $\cos \angle SNM = \frac{\sqrt{15}}{15}$이고 $\angle SNM = \arccos \frac{\sqrt{15}}{15}$이다.

이제, 정육면체 $ABCDA_1B_1C_1D_1$이 주어졌다고 하자. 그리고 $\overline{AB} = 1$이다(그림 6.20). 이때, 정육면체에서 선분과 평면사이의 각을 조사해 보자. 평면 BB_1D_1D

와 선분 AC를 생각하자. 선분 AC는 선분 BD와 수직이다. 그리고 선분 DD_1은 평면 $ABCD$와 수직이므로, 선분 DD_1은 선분 AC와 수직이다. 결국, 선분 AC는 평면 BB_1D_1D의 두 선분 BD, DD_1과 수직이므로, 선분 AC는 평면 BB_1D_1D와 수직이다. 이로부터 꼭짓점 A에서 평면 BB_1D_1D에 수선을 내리면, 수선의 발은 선분 AC와 BD의 교점인 Q라는 것을 알 수 있다.

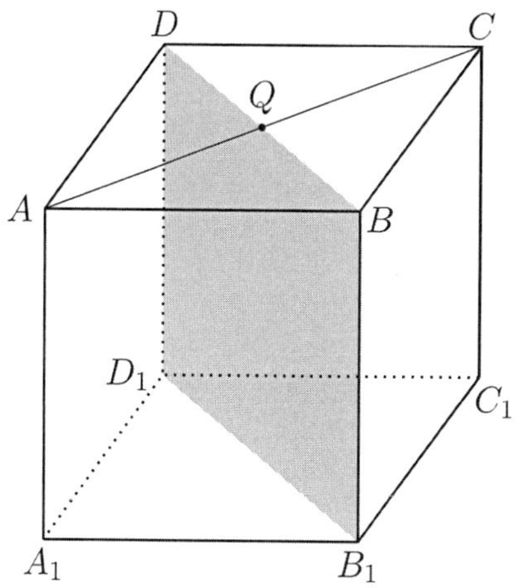

그림 6.20

꼭짓점 A에서 평면 BB_1D_1D에 내린 수선이 $\overline{AQ}$라는 것을 이용하면, 정육면체에서 꼭짓점 A를 포함하는 선분과 평면 BB_1D_1D까지의 거리를 쉽게 구할 수 있다. 가령, 선분 AB_1과 평면 BB_1D_1D사이의 각을 구하자(그림 6.21(a)).

점 A에서 평면 BB_1D_1D에 그은 수선의 발이 Q이므로, 그림 6.21(b)에서 선분 AB_1과 평면 BB_1D_1D사이의 각은 각 AB_1Q이다.

이제, 삼각형 AQB_1에서 각 AB_1Q를 구하자. $\overline{AB_1} = \sqrt{2}, \overline{AQ} = \frac{\sqrt{2}}{2}$이다. 그러므로, 직각삼각형 AQB_1에서 $\sin \angle AB_1Q = \frac{\frac{\sqrt{2}}{2}}{\sqrt{2}} = \frac{1}{2}$이며, $\angle AB_1Q = \frac{\pi}{6}$이다. 결국, 선분 AB_1과 평면 BB_1D_1D사이의 각은 $\frac{\pi}{6}$이다.

문제를 변형하여 모서리 A_1B_1의 중점을 P라 하고, 선분 AP와 평면 BB_1D_1D 사이의 각을 구해보자(그림 6.22(a)). 점 P가 평면 BB_1D_1D에 속하지 않기 때문에, 선분 AP와 평행이면서 한 끝점이 평면 BB_1D_1D에 속하는 선분을 생각하자. 모서리

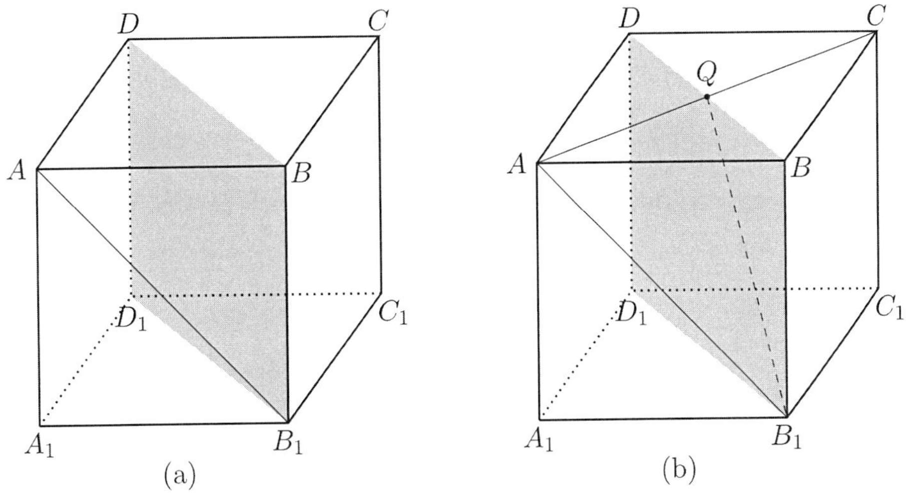

그림 6.21

AB의 중점을 R이라 하면, 선분 RB_1은 선분 AP와 평행이면서 평면 BB_1D_1D에 속하는 점 B_1을 가지고 있다. 그러면, 정리 6.1에 의해 선분 AP와 평면 BB_1D_1D사이의 각은 선분 RB_1과 평면 BB_1D_1D사이의 각과 같다.

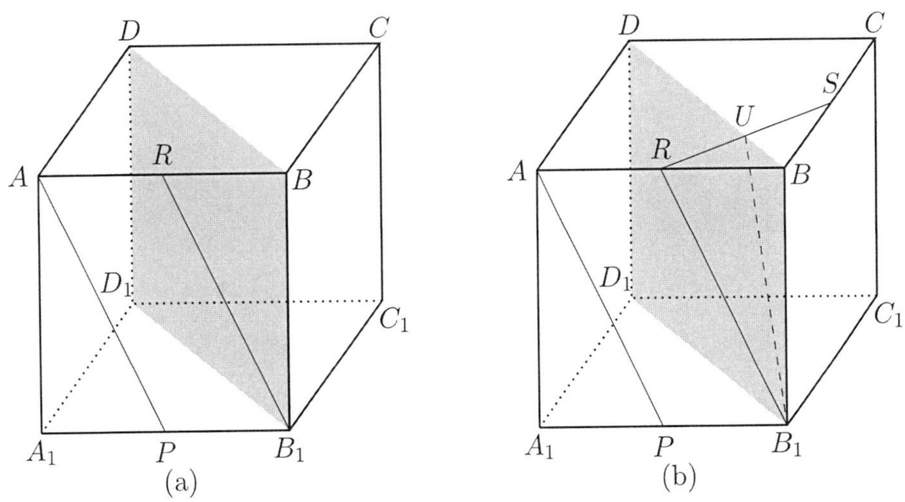

그림 6.22

이제, 점 R로부터 평면 BB_1D_1D에 수선을 생각하자. 선분 AC가 평면 BB_1D_1D에 수직이므로, 점 R을 지나 선분 AC와 평행인 선분을 생각하자. 모서리 BC의 중점을

S라 하면, 선분 RS는 선분 AC와 평행이므로 선분 RS는 평면 BB_1D_1D에 수직이다. 결국, 점 R에서 평면 BB_1D_1D에 수선을 내리면, 그 발은 선분 RS와 BD의 교점 U이다(그림 6.22(b)). 그러므로 선분 RB_1과 평면 BB_1D_1D사이의 각은 각 RB_1U이다.

삼각형 RB_1U에서 각 RB_1U를 구하자. 직각삼각형 RB_1B에서 $\overline{RB_1} = \frac{\sqrt{5}}{2}$이다. 그리고 직각삼각형 BAC에서 선분 RS는 변 BA, BC의 중점을 연결한 선분이므로, $\overline{RS} = \frac{1}{2}\overline{AC} = \frac{\sqrt{2}}{2}$이다. 그러므로 $\overline{RU} = \frac{\sqrt{2}}{4}$이다. 이로부터 $\sin\angle RB_1U = \frac{\frac{\sqrt{2}}{4}}{\frac{\sqrt{5}}{2}} = \frac{\sqrt{10}}{10}$이며, $\angle RB_1U = \arcsin\frac{\sqrt{10}}{10}$이다. 결국, 선분 AP와 평면 BB_1D_1D사이의 각은 $\arcsin\frac{\sqrt{10}}{10}$이다.

예제 6.1. 정삼각뿔 $SABC$에서 $\overline{SA} = 2, \overline{AB} = 1$이다(그림 6.23(a)). 다음의 각을 구하여라.

(1) 모서리 SA와 면 SBC사이의 각

(2) 모서리 BC와 면 SAC사이의 각

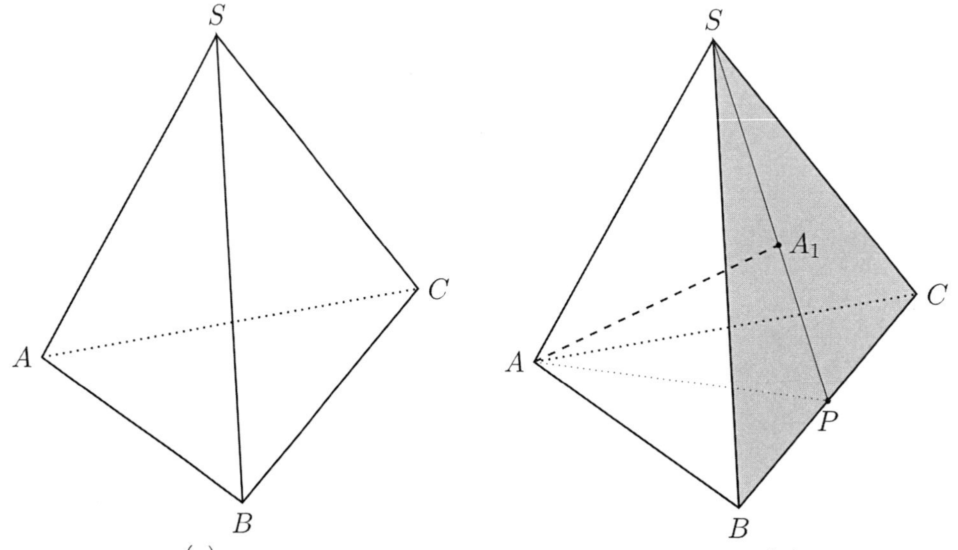

그림 6.23

(1) 모서리 SA를 면 SBC에 정사영시키자. $\angle ASB = \angle CSA$이므로, 정리 4.10에

의해 모서리 SA의 점 A의 정사영 A_1은 각 BSC의 이등분선에 속한다. 삼각형 SBC는 이등변삼각형이므로, 각 BSC의 이등분선 SP는 수선이면서 중선이다(그림 6.23(b)).

결국, 모서리 SA와 면 SBC사이의 각은 각 ASP와 같다. 삼각형 ASP에서 각 ASP를 구하자. 직각삼각형 ABP에서 $\overline{AP} = \frac{\sqrt{3}}{2}$이며, 직각삼각형 BSP에서 $\overline{SP} = \frac{\sqrt{15}}{2}$이다.

삼각형 ASP에서 $\overline{AP} = \frac{\sqrt{3}}{2}$, $\overline{SP} = \frac{\sqrt{15}}{2}$, $\overline{AS} = 2$이므로, 코사인 정리에 의해 $\cos\angle ASP = \frac{7\sqrt{15}}{30}$이며 $\angle ASP = \arccos\frac{7\sqrt{15}}{30}$이다.

(2) 모서리 BC와 면 SAC가 이루는 각을 작도하자. 이를 위해, 꼭짓점 B에서 면 SAC에 수선을 작도해야 한다. 여기서는 정리 4.12(1)을 이용하자. 즉, 면 SAC에 수직인 평면 β, 면 SAC와 평면 β의 교선 l을 생각하자.

면 SAC와 수직인 평면 β의 교선 l을 작도하고, 점 B로부터 교선 l에 수선 m을 작도하여 수선의 발을 Q라 하자. 그러면, 정리 4.12(1)에 의해 수선 m(수선 BQ)은 면 SAC에 대한 수선이 되며, 각 BCQ가 선분 BC와 면 SAC사이의 각이다(그림 6.24).

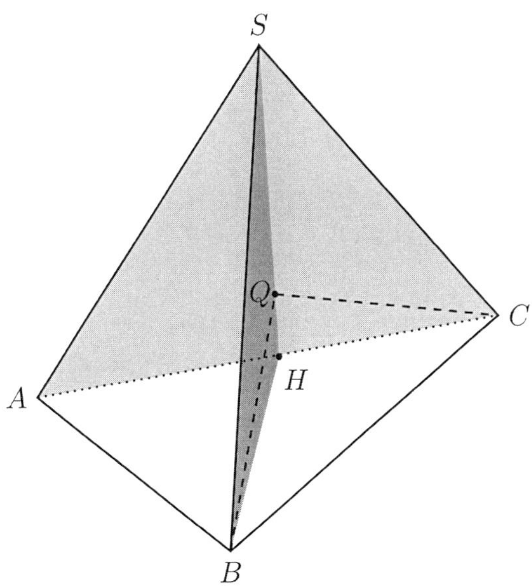

그림 6.24

모서리 AC의 중점을 H라 하고, 면 SAC와 수직인 평면 β로 평면 SBH를 생각하자. 삼각형 SAC는 이등변삼각형이므로 변 AC의 중점 H에 대해 $\overline{SH} \perp \overline{AC}$이고, 삼각형 ABC는 정삼각형이므로 $\overline{BH} \perp \overline{AC}$이다. 결국, 선분 AC는 평면 SBH와 수직이다. 평면 SAC는 선분 AC를 지나므로, 평면 SAC와 SBH는 수직이다.

수직인 평면 SAC와 SBH의 교선은 SH이다. 이제, 점 B에서 선분 SH에 수선을 긋자. 삼각형 SBH에서 $\overline{SB} = 2, \overline{BH} = \frac{\sqrt{3}}{2}, \overline{SH} = \frac{\sqrt{15}}{2}$이므로, 삼각형 SBH는 예각삼각형이다. 즉 점 B에서 선분 SH에 수선 BQ를 작도하면, 점 Q는 선분 SH에 속한다. 그러면, 평면 SAC에 대한 모서리 BC의 정사영이 선분 CQ이다. 결국, 각 BCQ가 선분 BC와 면 SAC가 이루는 각이다.

삼각형 QBC를 이용하여, 각 BCQ의 크기를 구하자. 선분 BQ의 길이를 구하자. 이를 위해, 각 BSQ를 구하자. 이것은 삼각형 SBH에서 코사인 정리를 이용하여 구할 수 있으며, $\cos\angle BSH = \frac{7\sqrt{15}}{30}$이다. $\cos\angle BSH = \frac{7\sqrt{15}}{30}$에서 $\sin\angle BSH$의 값을 구하면, $\sin\angle BSH = \frac{\sqrt{11}}{2\sqrt{15}}$이다. 이제, 직각삼각형 SBQ에서 $\overline{SB} = 2$이고 $\sin\angle BSH = \frac{\sqrt{11}}{2\sqrt{15}}$이므로, $\overline{BQ} = 2 \times \sin\angle BSH = \frac{\sqrt{11}}{\sqrt{15}}$이다.

각 BQH가 직각인 직각삼각형 BQH에서 피타고라스 정리에 의해 $\overline{HQ} = \frac{1}{2\sqrt{15}}$이다. 그리고 $\overline{HQ} = \frac{1}{2\sqrt{15}}$임을 생각하면, 각 QHC가 직각인 직각삼각형 QHC에서 피타고라스 정리에 의해 $\overline{QC} = \frac{2}{\sqrt{15}}$이다.

결국, 삼각형 BQC에서 $\overline{BQ} = \frac{\sqrt{11}}{\sqrt{15}}, \overline{QC} = \frac{2}{\sqrt{15}}, \overline{BC} = 1$이므로, 코사인 정리에 의해 $\cos\angle BCQ = \frac{2}{\sqrt{15}} = \frac{2\sqrt{15}}{15}$이며 $\angle BCQ = \arccos\frac{2\sqrt{15}}{15}$이다. □

예제 6.1(2)의 문제해결 방법은 직선과 평면사이의 각을 구할 때 유익하게 이용할 수 있다. 이 방법을 정리해 보자. 선분 BC에서 점 C가 평면 α에 속하며, 선분 BC와 평면 α가 이루는 각을 구한다고 하자. 그러면, 첫째 선분 BC의 점 B를 지나며 평면 α에 수직인 평면 β를 작도한다. 둘째 평면 α와 β의 교선 m을 구해 점 B로부터 교선 m에 수선 BQ를 긋는다. 그러면, 선분 BQ는 평면 α에 대한 수선이 되며, 각 BCQ가 선분 BC와 평면 α가 이루는 각이다.

살펴본 방법을 이용한 문제해결을 살펴보자. 정육각뿔 $SABCDEF$에서 $\overline{AB} = 1$,

$\overline{SA} = 2$이다(그림 6.25(a)). 모서리 EF의 중점을 P라 할 때, 선분 BP와 면 SBC 사이의 각을 구해보자.

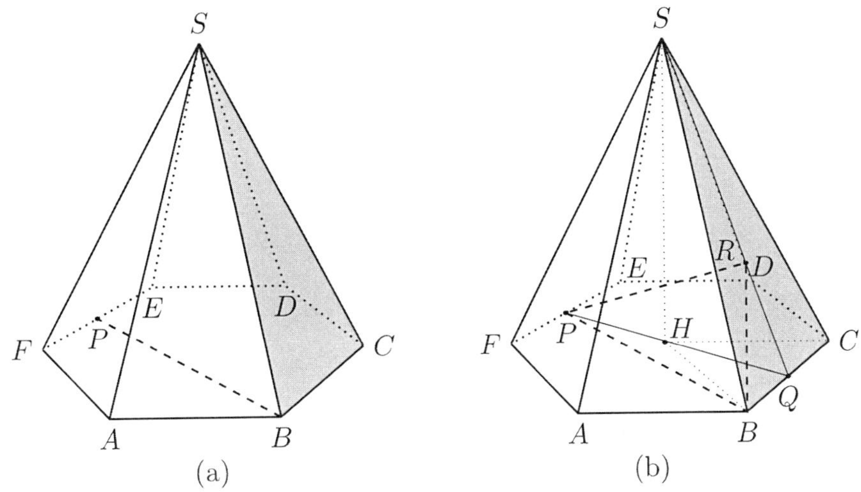

그림 6.25

점 P에서 면 SBC에 수선을 긋기 위해, 점 P를 지나 면 SBC에 수직인 평면 β를 생각하자. 모서리 BC의 중점을 Q라 할 때, 평면 SPQ가 평면 β가 되는지 조사하자. 점 H를 정육각형 $ABCDEF$의 중심이라 하면, 삼각형 HBC는 정삼각형이므로 $\overline{HQ} \perp \overline{BC}$이다. 그리고 선분 SH는 밑면 $ABCDEF$에 대한 수선이므로, 선분 SH는 밑면 $ABCDEF$에 속한 모서리 BC와 수직이다. 즉 모서리 BC는 평면 SPQ에 속한 선분 HQ, SH에 수직이므로, 모서리 BC는 평면 SPQ와 수직이다. 그리고 면 SBC는 모서리 BC를 지나므로, 평면 SPQ와 SBC는 수직이 된다.

평면 SPQ와 SBC의 교선은 선분 SQ이므로, 점 P에서 선분 SQ에 수선 SR을 그으면 선분 SR은 면 SBC에 대한 수선이 된다. 결국, 각 PBR이 선분 BP와 면 SBC사이의 각이다.

삼각형 PBR을 이용하여 각 PBR을 구하자. 선분 BP의 길이를 구하기 위해, 밑면 $ABCDEF$를 보자(그림 6.26(a)). 삼각형 ABF에서 $\angle BAF = \frac{2\pi}{3}$이므로 코사인 정리에 의해 $\overline{BF} = \sqrt{3}$이다. 그리고 $\overline{BE} = 2$, $\overline{EF} = 1$이다. 선분 BP는 삼각형 BFE

의 중선이므로, 삼각형의 중선을 구하는 식[3]에 의해 $\overline{BP} = \frac{\sqrt{13}}{2}$이다.

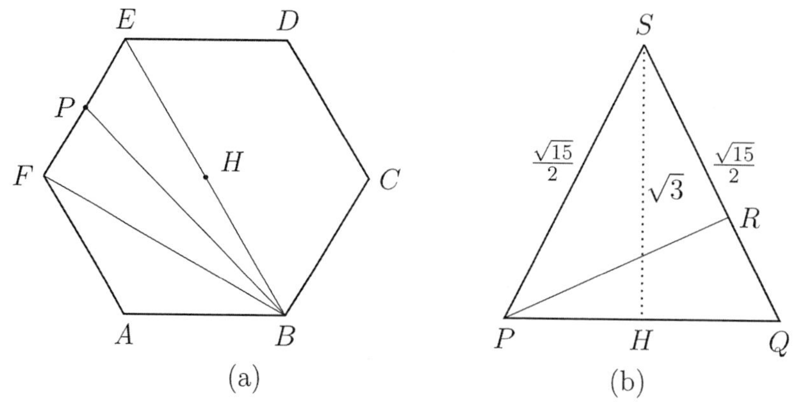

그림 6.26

직각삼각형 SFP에서 $\overline{SP} = \frac{\sqrt{15}}{2}$이다. 그러므로, 삼각형 SPQ는 $\overline{SP} = \overline{SQ} = \frac{\sqrt{15}}{2}$인 이등변삼각형이다. 이등변삼각형 SPQ의 넓이를 이용하여 $\overline{PR}$을 구하자.

이등변삼각형 SPQ에서 $\overline{PQ}$를 밑면으로 하여 넓이를 구하자. $\overline{PQ} = \sqrt{3}$이며, 높이 SH는 직각삼각형 SFH에서 구할 수 있다. $\overline{SF} = 2, \overline{FH} = 1$이므로, $\overline{SH} = \sqrt{3}$이다. 그러므로, 이등변삼각형 SPQ의 넓이는 $\frac{3}{2}$이다.

한편, 이등변삼각형 SPQ에서 $\overline{SQ}$를 밑면으로 하여 넓이를 구하자(그림 6.26(b)). 그러면, 넓이는 $\frac{\sqrt{15}}{4} \times \overline{PR}$이다. 그러므로 $\frac{3}{2} = \frac{\sqrt{15}}{4} \times \overline{PR}$에서 $\overline{PR} = \frac{2\sqrt{15}}{5}$이다.

이제, 직각삼각형 PBR에서 $\overline{BP} = \frac{\sqrt{13}}{2}, \overline{PR} = \frac{2\sqrt{15}}{5}$이므로, $\sin \angle PBR = \frac{\frac{2\sqrt{15}}{5}}{\frac{\sqrt{13}}{2}} = \frac{4\sqrt{195}}{65}$이며 $\angle PBR = \arcsin \frac{4\sqrt{195}}{65}$이다.

직선 l과 평면 α사이의 각 θ를 구하는 다른 방법을 살펴보자. 직선 l과 평면 α의 교점을 P라 하고, 직선 l의 점 Q로부터 평면 α에 내린 수선의 발을 R이라 하자(그림 6.27). 이때, 직선 l과 평면 α사이의 각 θ는 각 QPR을 말한다.

이제, 평면 α의 임의의 점 U를 지나며 평면 α에 수직인 직선 n을 생각하자(평면 α에 수직인 직선을 평면 α에 대한 법선이라고 부른다). 직선 n과 직선 l이 이루는 각을

[3]삼각형 ABC에서 $\overline{AB} = c, \overline{AC} = b, \overline{BC} = a$라 하고, 꼭짓점 A에서 변 BC에 그은 중선의 길이를 m_a라 하자. 그러면 $m_a = \frac{\sqrt{2b^2+2c^2-a^2}}{2}$이다.

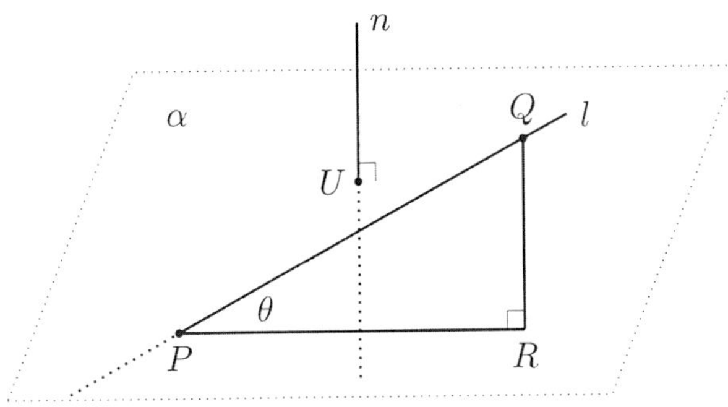

그림 6.27

생각하자. 직선 QR과 n은 평면 α에 수직이므로, 직선 QR과 n은 평행이다. 그러므로 직선 l과 직선 QR이 이루는 각은 직선 l과 직선 n이 이루는 각과 같다.

직각삼각형 QPR에서 직선 l과 직선 PR이 이루는 각이 θ이므로, QR과 직선 l이 이루는 각은 $\frac{\pi}{2}-\theta$이다. 그리고 직선 n과 l이 이루는 각을 θ_1이라 하면, $\theta_1=\frac{\pi}{2}-\theta$이다. 결국, 평면 α에 수직인 임의의 직선 n이 직선 l과 이루는 각 θ_1을 구하면, 직선 l이 평면 α와 이루는 각 θ는 $\theta=\frac{\pi}{2}-\theta_1$으로 구할 수 있다.

이제, $\overline{AB}=1$인 정육면체 $ABCDA_1B_1C_1D_1$이 주어졌고, 모서리 B_1C_1의 중점을 P라 하자(그림 6.28(a)). 선분 AP와 평면 A_1B_1CD가 이루는 각을 두 가지 방법으로 구해보자.

우선, 점 A에서 평면 A_1B_1CD에 수선의 발을 내려, 직선과 평면사이의 각을 구하자. 이때, 선분 AP의 끝점 P가 평면 A_1B_1CD에 속하지 않으므로, 점 P를 포함하며 평면 A_1B_1CD에 평행한 평면을 이용하자.

모서리 CC_1, DD_1, A_1D_1의 중점을 L, M, N이라 하자. 그러면, 평면 $PLMN$은 평면 A_1B_1CD와 평행하며 점 P를 포함한다(그림 6.28(b)). 그리고 정리 6.2에 의해 선분 AP와 평면 A_1B_1CD사이의 각은 선분 AP와 평면 $PLMN$사이의 각과 같다.

선분 AD_1은 선분 A_1D와 수직을 이루며 선분 A_1D와 MN은 평행이므로, 선분 AD_1과 MN은 수직이다. 선분 AD_1과 MN의 교점을 Q라 하면, 선분 AQ는 점 A에서 선분 MN에 그은 수선이 된다. 한편, 모서리 CD는 선분 ML과 평행이며 모서리 CD

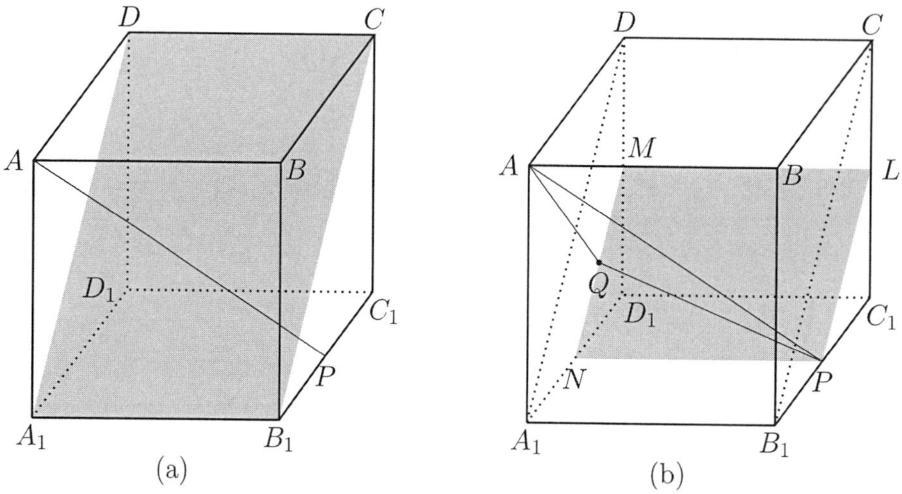

그림 6.28

는 평면 AA_1D_1D와 수직이므로, 선분 ML도 평면 AA_1D_1D와 수직이다. 이로부터 선분 ML은 평면 AA_1D_1D의 선분 AQ와 수직이다. 결국, 선분 AQ는 평면 $PLMN$의 두 직선 MN, ML과 수직이므로, 선분 AQ는 평면 $PLMN$과 수직이다. 결국, 선분 AP와 평면 $PLMN$사이의 각은 각 APQ이다.

직각삼각형 AQP에서 각 APQ를 구하자. $\overline{AQ} = \frac{3}{4}\overline{AD_1}$이므로 $\overline{AQ} = \frac{3\sqrt{2}}{4}$이다. 선분 AP의 길이를 구하기 위해, 직각삼각형 ABP를 생각하자. $\overline{AB} = 1$이고, $\overline{BP}$는 직각삼각형 BB_1P에서 구할 수 있다. $\overline{BP} = \frac{\sqrt{5}}{2}$이므로, $\overline{AP} = \frac{3}{2}$이다. 이로부터 $\sin\angle APQ = \frac{\frac{3\sqrt{2}}{4}}{\frac{3}{2}} = \frac{\sqrt{2}}{2}$이며 $\angle APQ = \frac{\pi}{4}$이다. 결국, 선분 AP와 평면 A_1B_1CD가 이루는 각은 $\frac{\pi}{4}$이다.

이제, 선분 AP와 평면 A_1B_1CD가 이루는 각을 평면 A_1B_1CD에 수직인 직선 n을 이용하여 구해보자. 평면 A_1B_1CD와 수직인 직선 n으로 직선 AD_1을 어렵지 않게 생각할 수 있다. 실제로, 선분 AD_1은 선분 A_1D와 수직이다. 그리고 모서리 CD가 평면 AA_1D_1D와 수직이므로 $\overline{CD} \perp \overline{AD_1}$이다. 즉 $\overline{AD_1} \perp \overline{A_1D}, \overline{AD_1} \perp \overline{CD}$이므로, 선분 AD_1은 평면 A_1B_1CD와 수직이다(그림 6.29).

직선 AD_1과 직선 AP가 이루는 각을 구하자. 이를 위해, 삼각형 AD_1P를 생각하

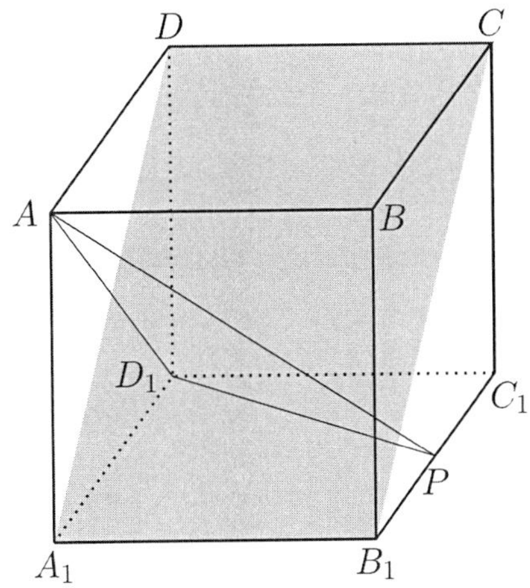

그림 6.29

자. $\overline{AP} = \frac{3}{2}$이고 $\overline{AD_1} = \sqrt{2}$이다. 직각삼각형 D_1PC_1에서 $\overline{D_1P} = \frac{\sqrt{5}}{2}$이다. 삼각형 AD_1P에서 코사인 정리를 이용하면 $\cos\angle PAD_1 = \frac{\sqrt{2}}{2}$이고 $\angle PAD_1 = \frac{\pi}{4}$이다. 그러므로 선분 AP와 평면 A_1B_1CD가 이루는 각은 $\frac{\pi}{2} - \frac{\pi}{4} = \frac{\pi}{4}$이다.

예제 6.2. 정육각기둥 $ABCDEFA_1B_1C_1D_1E_1F_1$이 주어졌고, $\overline{AB} = 1, \overline{AA_1} = \sqrt{3}$이다(그림 6.30(a)). 다음을 두 가지 방법, 즉 평면에 수직인 직선을 이용하는 방법, 직선과 평면사이의 각의 정의를 이용하는 방법으로 구하여라.

(1) 모서리 DD_1과 평면 B_1C_1EF사이의 각

(2) 모서리 AA_1의 중점을 P라 할 때 선분 PB와 평면 B_1C_1EF사이의 각

우선, 평면 B_1C_1EF에 대해 수직인 평면과 직선을 찾아보자. 이를 위해, 그림 6.30(b)에서 사각형 BB_1F_1F를 살펴보자. $\overline{BF} = \sqrt{3}$, $\overline{BB_1} = \sqrt{3}$이므로, 사각형 BB_1F_1F는 정사각형이 된다. 그러므로 $\overline{BF_1} \perp \overline{B_1F}$이다. 한편, $\overline{EF} \perp \overline{BF}, \overline{EF} \perp \overline{FF_1}$이므로, 모서리 EF는 평면 BB_1F_1F와 수직이다. 이로부터 $\overline{EF} \perp \overline{BF_1}$을 알 수 있다. 결국, $\overline{BF_1} \perp \overline{EF}$, $\overline{BF_1} \perp \overline{B_1F}$가 성립하므로, 선분 BF_1은 평면 B_1C_1EF와 수직이다. 그리고 평면 BB_1F_1F는 평면 B_1C_1EF와 수직이다.

(1) 평면 B_1C_1EF에 수직인 직선 BF_1을 이용하여, 모서리 DD_1과 평면 B_1C_1EF 사이의 각을 구하자. 모서리 DD_1과 평행한 모서리 FF_1을 이용하면, 평면 B_1C_1EF

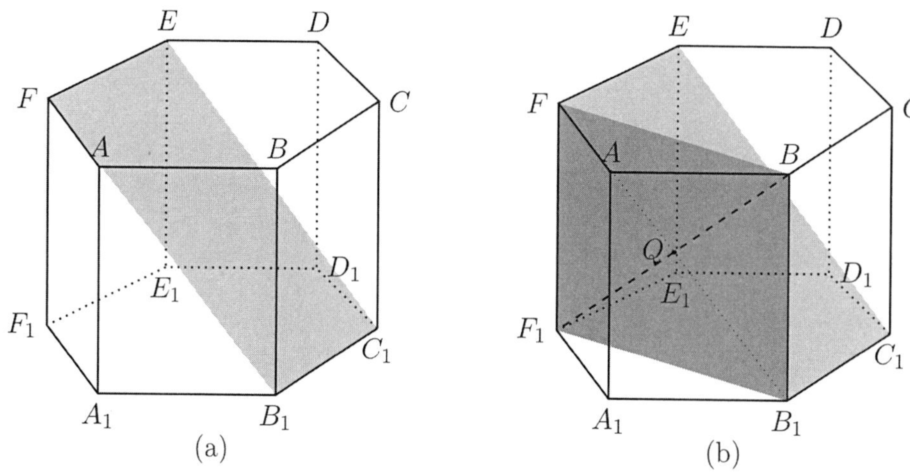

그림 6.30

와의 각을 보기가 용이하다. 모서리 DD_1과 평면 B_1C_1EF사이의 각은 모서리 FF_1과 평면 B_1C_1EF사이의 각과 같다.

모서리 FF_1과 선분 BF_1사이의 각을 구하자. 정사각형 BB_1F_1F를 생각하면, 모서리 FF_1과 선분 BF_1사이의 각은 $\frac{\pi}{4}$가 되며 모서리 FF_1과 평면 B_1C_1EF사이의 각은 $\frac{\pi}{2} - \frac{\pi}{4} = \frac{\pi}{4}$이다.

이제, 모서리 FF_1과 평면 B_1C_1EF사이의 각을 각의 정의를 이용해 구해보자. 선분 BF_1과 평면 B_1C_1EF이 수직이므로, 선분 BF_1과 평면 B_1C_1EF의 교점 Q가 점 F_1에서 평면 B_1C_1EF에 내린 수선의 발이다. 그러므로, 모서리 FF_1과 평면 B_1C_1EF 사이의 각은 각 F_1FQ이며, $\angle F_1FQ = \frac{\pi}{4}$이다.

(2) 평면 B_1C_1EF에 수직인 직선 BF_1을 이용해, 선분 PB와 평면 B_1C_1EF사이의 각을 구하자. 모서리 PB와 선분 BF_1사이의 각을 구하자(그림 6.31(a)). 삼각형 PBF_1을 생각하자. 삼각형 PBF_1의 변 PB는 직각삼각형 APB에서 구할 수 있다. $\overline{PB} = \frac{\sqrt{7}}{2}$이고, $\overline{F_1P} = \frac{\sqrt{7}}{2}$이다. 그리고 직각삼각형 BFF_1에서 $\overline{BF_1} = \sqrt{6}$이다. 이제, 삼각형 PBF_1에 코사인 정리를 이용하면, $\cos \angle PBF_1 = \frac{\sqrt{42}}{7}$이며 $\angle PBF_1 = \arccos \frac{\sqrt{42}}{7}$이다. 그러므로 선분 PB와 평면 B_1C_1EF사이의 각은 $\frac{\pi}{2} - \arccos \frac{\sqrt{42}}{7}$이다.

이제, 선분 PB와 평면 B_1C_1EF사이의 각을 각의 정의를 이용하여 구하자. 점

P가 평면 B_1C_1EF에 속하는지 조사하자. 정사각형 BB_1F_1F, CC_1E_1E의 대각선의 교점을 Q, Q_1이라 하면, 직선 QQ_1은 평면 B_1C_1EF에 속한다. 점 P는 직선 QQ_1에 속하므로, 점 P는 평면 B_1C_1EF에 속한다.

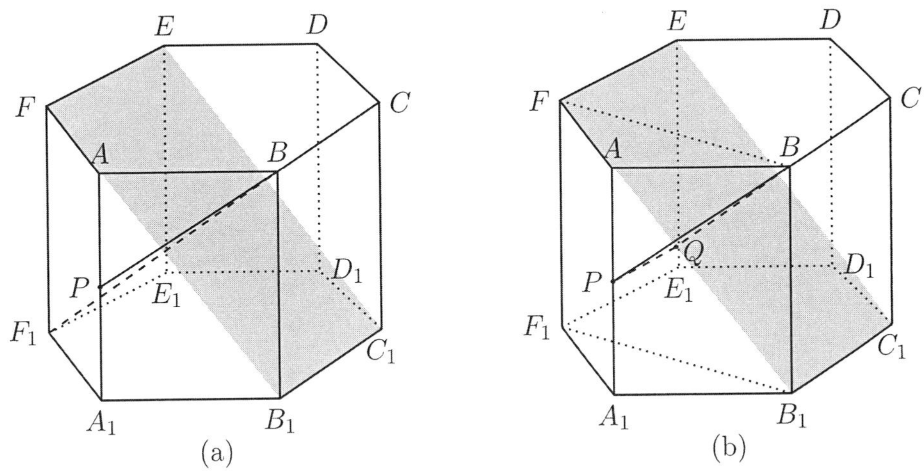

그림 6.31

직각삼각형 BQP에서 각 BPQ를 구하자(그림 6.31(b)). $\overline{PB} = \frac{\sqrt{7}}{2}$, $\overline{PQ} = \frac{1}{2}$, $\overline{BQ} = \frac{\sqrt{6}}{2}$이다. 그러므로 $\sin \angle BPQ = \frac{\sqrt{42}}{7}$이며 $\angle BPQ = \arcsin \frac{\sqrt{42}}{7}$이다.[4] □

평면 α에 수직인 직선을 이용하는 방법, 직선과 평면 α사이의 각의 정의를 이용하는 방법으로 문제를 풀었다. 특히, 평면 α에 수직인 직선을 어렵지 않게 찾을 수 있으면, 평면 α에 수직인 직선을 이용하는 방법이 직선과 평면 α사이의 각을 구하는 효과적인 방법이 될 수 있다. 특히, 정각기둥이나 정각뿔에서 밑면과 직선사이의 각을 구하는 경우에 편리하게 이용할 수 있다.

이제, 그림 6.32의 정육각기둥 $ABCDEFA_1B_1C_1D_1E_1F_1$에서 선분 A_1B와 평면 B_1C_1EF사이의 각을 구해보자. 이때, $\overline{AB} = 1, \overline{AA_1} = \sqrt{3}$이다. 평면 B_1C_1EF에 수직인 직선을 이용하여, 선분 A_1B와 평면 B_1C_1EF사이의 각을 구하자.

선분 BF_1이 평면 B_1C_1EF와 수직이므로, 선분 A_1B와 BF_1사이의 각을 구하자.

[4] $\sin\left(\frac{\pi}{2} - \theta\right) = \cos\theta = t$에서 $\arcsin t = \frac{\pi}{2} - \theta, \arccos t = \theta$이므로, $\arcsin t + \arccos t = \frac{\pi}{2}$이다.

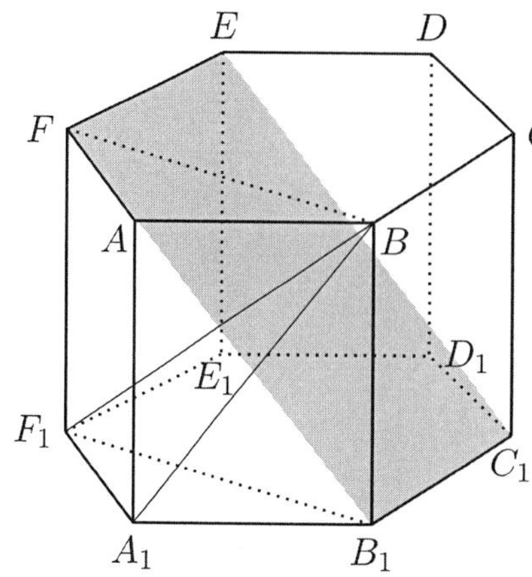

그림 6.32

삼각형 A_1BF_1에서 $\overline{A_1B} = 2, \overline{BF_1} = \sqrt{6}, \overline{A_1F_1} = 1$이다. 삼각형 A_1BF_1에서 코사인 정리를 이용하면, $\cos\angle A_1BF_1 = \frac{3\sqrt{6}}{8}$이며 $\angle A_1BF_1 = \arccos\frac{3\sqrt{6}}{8}$이다. 이로부터 선분 A_1B와 평면 B_1C_1EF사이의 각은 $\frac{\pi}{2} - \arccos\frac{3\sqrt{6}}{8}$이다.

직선과 평면사이의 각의 정의를 이용하여 선분 A_1B와 평면 B_1C_1EF사이의 각을 구할 수 있는지 살펴보자. 이 방법을 이용하려면, 선분 A_1B(또는 선분 A_1B와 평행한 선분)의 한 끝점이 평면 B_1C_1EF(또는 평면 B_1C_1EF에 평행한 평면)에 속해야 하며, 선분의 다른 끝점에서 평면 B_1C_1EF에 수선을 내려야 한다. 그림 6.32에서는 선분 A_1B와 평면 B_1C_1EF의 그러한 위치를 찾는 것이 쉽지 않다. 그러므로, 이러한 상황에서는 평면 B_1C_1EF에 수직인 직선을 이용하여 선분 A_1B와 평면 B_1C_1EF사이의 각을 구하는 것이 편리한 방법이 될 것이다.

정각기둥이나 정각뿔이 아닌 경우에 직선과 평면사이의 각을 구하는 문제를 살펴보자. 임의의 각기둥이나 각뿔에서 수직인 직선이나 평면을 작도하는 것이 간단하지 않을 수 있기 때문에, 여기서는 수직인 평면을 포함하는 다면체의 예를 살펴보자.

밑면과 한 옆모서리가 수직인 사각뿔을 생각하자. 가령, 사각뿔 $SABCD$에서 밑면 $ABCD$는 $\overline{AB} = 2, \overline{AD} = 1$인 직사각형이고, 모서리 SD는 밑면과 수직이며 $\overline{SD} = 2$라 하자(그림 6.33(a)).

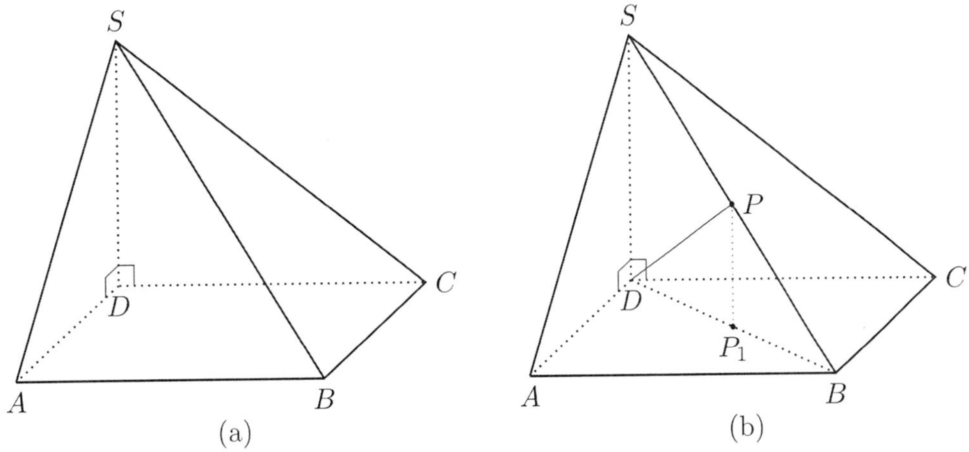

그림 6.33

그림 6.33(a)에서 몇 가지 경우의 각을 구해보자. 점 P를 모서리 SB의 중점이라 할 때, 선분 DP와 밑면 $ABCD$사이의 각을 구하자(그림 6.33(b)). 모서리 SD가 밑면 $ABCD$에 수직이므로, 모서리 SB를 밑면에 정사영시키면 BD가 얻어진다. 그리고 모서리 SB의 중점 P의 정사영은 선분 BD의 중점 P_1이다. 이때, 각 PDP_1이 선분 DP와 밑면 $ABCD$사이의 각이다.

직각삼각형 PDP_1에서 각 PDP_1을 구하자. $\overline{PP_1} = \frac{1}{2}\overline{SD}$이므로 $\overline{PP_1} = 1$이다. 그리고 $\overline{DP_1} = \frac{1}{2}\overline{DB}$이므로 $\overline{DP_1} = \frac{\sqrt{5}}{2}$이다. 그러므로 $\tan\angle PDP_1 = \frac{2\sqrt{5}}{5}$이며 $\angle PDP_1 = \arctan\frac{2\sqrt{5}}{5}$이다.

선분 DP와 밑면 $ABCD$사이의 각은 옆모서리 SD와 밑면 $ABCD$가 수직임을 이용하여 쉽게 구할 수 있었다. 그림 6.33(a)에서 다른 선분(예를 들어, 옆모서리, 모서리 SC의 점 Q에 대해 선분 AQ, BQ, DQ 등)에 대해 밑면 $ABCD$와 이루는 각을 생각하면, 어렵지 않게 그 각을 구할 수 있다.

이제, 선분 DP와 면 SAD사이의 각을 살펴보자. 모서리 CD와 AB는 평행이고 모서리 CD는 면 SAD와 수직이므로, 모서리 AB는 면 SAD와 수직이다. 그러므로 모서리 SB를 면 SAD에 정사영시키면 선분 SA가 된다. 이제, 점 P를 면 SAD에 정사영시키자. 점 P가 모서리 SB의 중점이므로, 점 P의 정사영 P_2는 모서리 SA의 중점이다(그림 6.34). 결국, 선분 DP를 면 SAD로 정사영시키면 선분 DP_2가 된다.

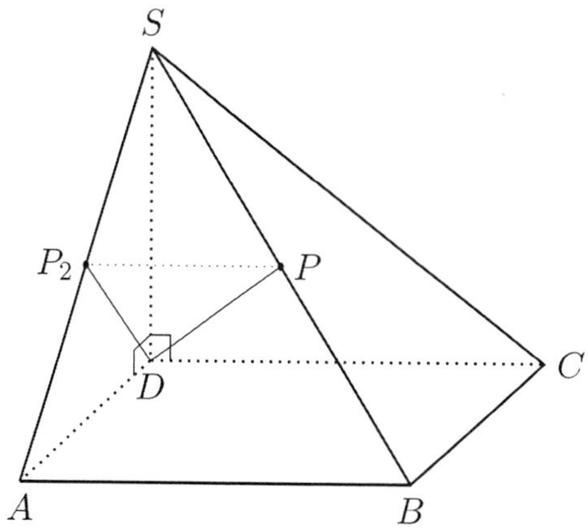

그림 6.34

각 PDP_2를 구하자. 삼각형 SAB에서 선분 PP_2는 중점을 연결한 선분이므로 $\overline{PP_2} = 1$이다. 그리고 그림 6.33(b)에서 직각삼각형 PP_1D를 생각하면 $\overline{DP} = \frac{3}{2}$이다. 직각삼각형 PP_2D에서 $\sin\angle PDP_2 = \frac{2}{3}$이며 $\angle PDP_2 = \arcsin\frac{2}{3}$이다. 이로부터 선분 DP와 면 SAD사이의 각은 $\arcsin\frac{2}{3}$이다.

이제, 그림 6.35(a)에서 다른 각을 구해보자. 모서리 SA에서 $\overline{SQ} = \frac{1}{4}\overline{SA}$인 점 Q에 대해 선분 CQ와 면 SAB사이의 각을 구하자. 이를 위해, 꼭짓점 C를 면 SAB에 정사영시켜야 한다. 이때, 점 C의 정사영은 삼각형 SAB의 밖에 놓이게 된다.

점 C의 정사영을 구하기 위해, 사각뿔에 보조선으로 면 SDA와 평행한 면 S_1BC를 작도하여 직삼각기둥을 만들자(그림 6.35(b)). 그러면, 모서리 S_1C는 면 $ABCD$와 수직이다.

이제, 꼭짓점 C에서 면 $SABS_1$에 수선을 긋는 방법을 살펴보자. 모서리 CD가 면 S_1BC와 수직이며 모서리 AB와 DC가 평행이므로, 모서리 AB는 면 S_1BC와 수직이다. 그러므로, 모서리 AB를 지나는 면 $SABS_1$은 면 S_1BC와 수직이다. 이때, 점 C에서 면 $SABS_1$과 S_1BC의 교선 S_1B에 수선 CR을 그으면, 수선 CR은 면 $SABS_1$에 수직이다.

이제, 각 R이 직각인 직각삼각형 CQR에서 각 CQR을 구하자. 이를 위해, $\overline{CQ}$를

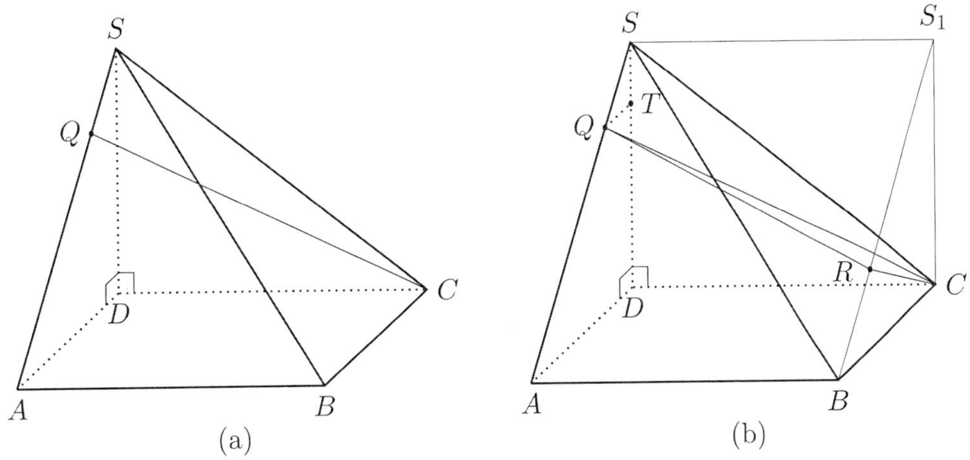

그림 6.35

구하자. 삼각형 SAD에서 점 Q를 지나 변 AD에 평행한 직선을 그어 변 SD와 교점을 T라 하자. 그러면, $\overline{SQ} : \overline{SA} = 1 : 4$이므로 $\overline{QT} : \overline{AD} = 1 : 4$이며 $\overline{QT} = \frac{1}{4}$이다. 직각삼각형 DQT에서 $\overline{DT} = \frac{3}{2}$이므로, $\overline{DQ} = \frac{\sqrt{37}}{4}$이다. 이제, 직각삼각형 CDQ에서 $\overline{CD} = 2$, $\overline{DQ} = \frac{\sqrt{37}}{4}$이므로, $\overline{CQ} = \frac{\sqrt{101}}{4}$이다.

한편, 직각삼각형 S_1BC의 넓이를 이용하면 $\overline{CR} = \frac{2\sqrt{5}}{5}$이다. 결국, 직각삼각형 CQR에서 $\overline{CQ} = \frac{\sqrt{101}}{4}$, $\overline{CR} = \frac{2\sqrt{5}}{5}$이므로, $\sin\angle CQR = \frac{8\sqrt{505}}{505}$이며 $\angle CQR = \arcsin\frac{8\sqrt{505}}{505}$이다.

3. 평면과 평면이 이루는 각

두 평면이 이루는 이면각을 살펴보았다. 그림 6.36에 두 반평면 α, β(이면각의 면)와 공유하는 경계선 m(이면각의 모서리)으로 만들어진 이면각 $\alpha m\beta$가 주어졌다.

이면각 $\alpha m\beta$의 모서리 m의 점 P를 생각하자. 이면각의 모서리 m에 수직이며, 점 P를 지나는 평면 γ를 작도할 수 있다. 평면 γ와 이면각의 면 α, β와 교선을 PQ, PR이라 하자. 이때 이면각 $\alpha m\beta$의 선각 QPR이 이면각 $\alpha m\beta$의 크기이며, 두 평면 α, β가 이루는 각이다.

이면각에서 선각을 어떻게 작도할 수 있는지를 살펴보자. 첫 번째 방법에서는 그

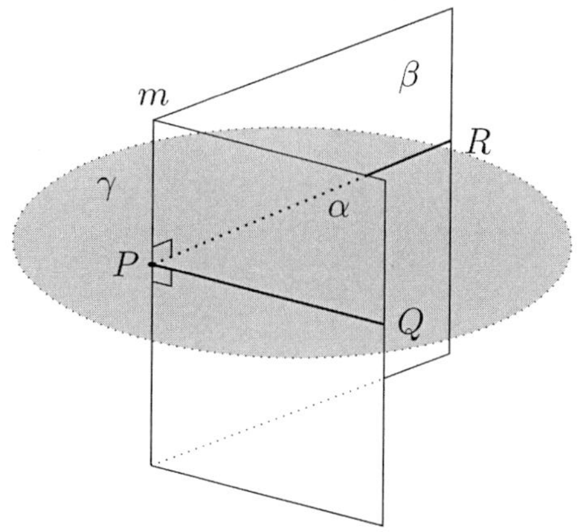

그림 6.36

림 6.36에서와 같이 이면각 $\alpha m\beta$의 모서리 m에 점 P를 잡는다. 평면 α에서 점 P를 지나며 모서리 m에 수직인 반직선 PQ를 작도하고, 평면 β에서 점 P를 지나며 모서리 m에 수직인 반직선 PR을 작도한다. 그러면 각 QPR이 이면각 $\alpha m\beta$의 선각이 된다.

두 번째 방법은 삼수선의 정리를 이용하는 것이다. 모서리가 m인 이면각 $\alpha m\beta$가 주어졌다(그림 6.37). 평면 β의 한 점 P에서 평면 α에 수선 PR을 그었다. 이제, 평면 β에서 점 P로부터 모서리 m에 수선 PQ를 그으면, 삼수선의 정리에 의해 선분 QR은 모서리 m과 수직이다. 이로부터 각 PQR은 이면각 $\alpha m\beta$의 선각이며, 두 평면 α, β 사이의 각은 각 PQR이다.

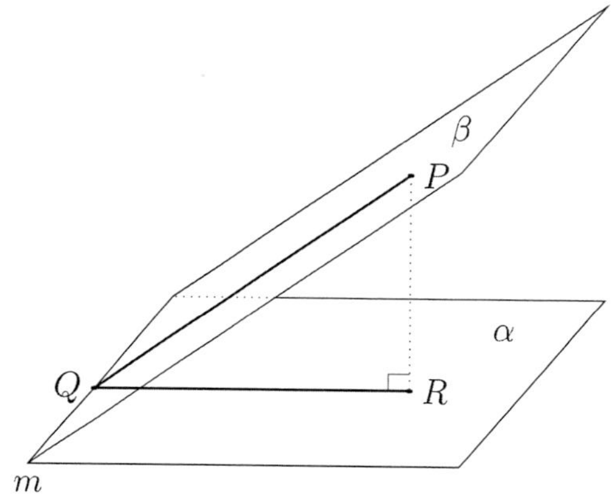

그림 6.37

정삼각뿔 $SABC$에서 $\overline{SA} = 2, \overline{AB} = 1$이다. 이때, 면 SAB와 면 ABC사이의 각을 구해보자.

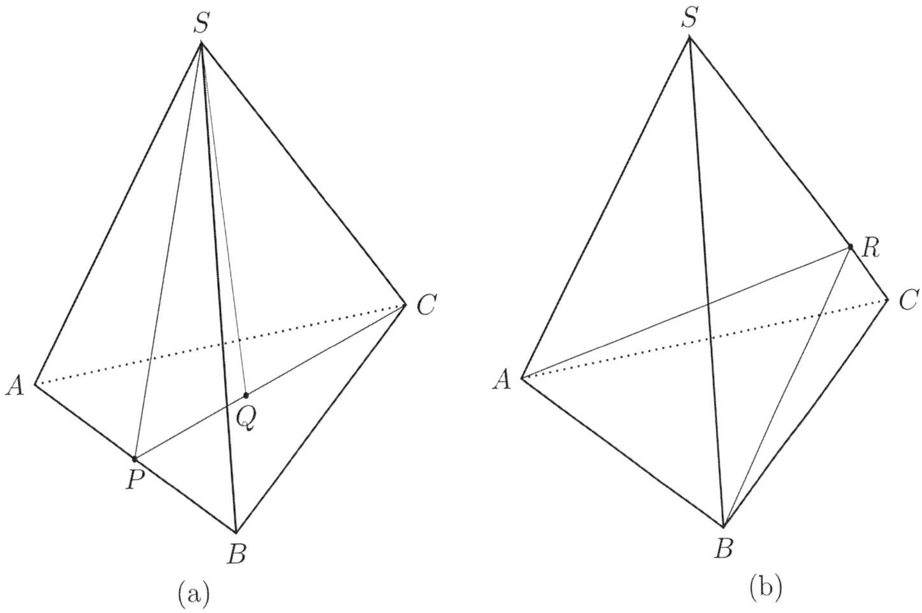

그림 6.38

정삼각뿔 $SABC$에서 꼭짓점 S를 밑면 ABC에 정사영시키면 정삼각형 ABC의 중심 Q로 보내진다. 이등변삼각형 SAB에서 변 BC의 중점 P를 잡아 선분 SP를 작도하자. 그러면 $\overline{SP} \perp \overline{AB}$이고, 삼수선의 정리에 의해 $\overline{SP} \perp \overline{PQ}$이다. 그러므로 각 SPQ(또는 각 SPC)가 면 SAB와 ABC사이의 각이 된다(그림 6.38(a)).

삼각형 SPC에서 코사인 정리를 이용하여 각 SPC를 구하자. 직각삼각형 SAP에서 $\overline{SP} = \frac{\sqrt{15}}{2}$이고 정삼각형 ABC에서 $\overline{PC} = \frac{\sqrt{3}}{2}$이고, $\overline{SC} = 2$이다. 삼각형 SPC에서 $\cos \angle SPC = \frac{\sqrt{5}}{15}$이며 $\angle SPC = \arccos \frac{\sqrt{5}}{15}$이다.

이제, 정삼각뿔 $SABC$의 다른 면들사이의 각을 살펴보자. 면 SAC와 SBC사이의 각을 구하자. 삼각형 SBC는 $\overline{SB} = \overline{SC} = 2, \overline{BC} = 1$인 이등변삼각형이다. 이때, 각 BCS는 예각이므로 꼭짓점 B에서 변 SC에 수선을 그으면, 수선의 발은 변 SC에 속한다. 꼭짓점 B에서 변 SC에 수선 BR을 작도하자.

삼각형 SAC는 삼각형 SBC와 합동이므로, 꼭짓점 A에서 변 SC에 수선을 그으면, 수선의 발은 R이다(그림 6.38(b)). 이로부터 각 BRA가 면 SAC와 SBC사이의 각이라는 것을 알 수 있다.

삼각형 SBC에서 코사인 정리를 이용하면 $\cos\angle BSC = \frac{7}{8}$이므로 $\sin\angle BSC = \frac{\sqrt{15}}{8}$이다. 그러므로 삼각형 SBC의 넓이는 $\frac{\sqrt{15}}{4}$이다. 한편 변 SC를 밑변으로 하면, 삼각형 SBC의 넓이는 $\overline{BR}$이다. 그러므로 $\overline{BR} = \frac{\sqrt{15}}{4}$이다. 이때, $\overline{AR} = \frac{\sqrt{15}}{4}$이다.

이제, 삼각형 ABR에서 코사인 정리를 이용해 각 BRA를 구할 수 있다. 삼각형 ABR에서 $\overline{BR} = \overline{AR} = \frac{\sqrt{15}}{4}$, $\overline{AB} = 1$이므로 $\cos\angle BRA = \frac{7}{15}$이며, $\angle BRA = \arccos\frac{7}{15}$이다. 즉, 면 SAC와 SBC사이의 각은 $\angle BRA = \arccos\frac{7}{15}$이다.

정삼각뿔 $SABC$에서 살펴본 두 가지 경우는 이면각의 모서리가 주어졌다. 이면각의 모서리가 주어지지 않는 경우에는 이면각의 선각을 어떻게 나타낼까? 가령, 정삼각뿔 $SABC$에서 모서리 SB, SC의 중점을 P, Q라 할 때, 면 APQ와 ABC가 이루는 각을 구해보자(그림 6.39(a)).

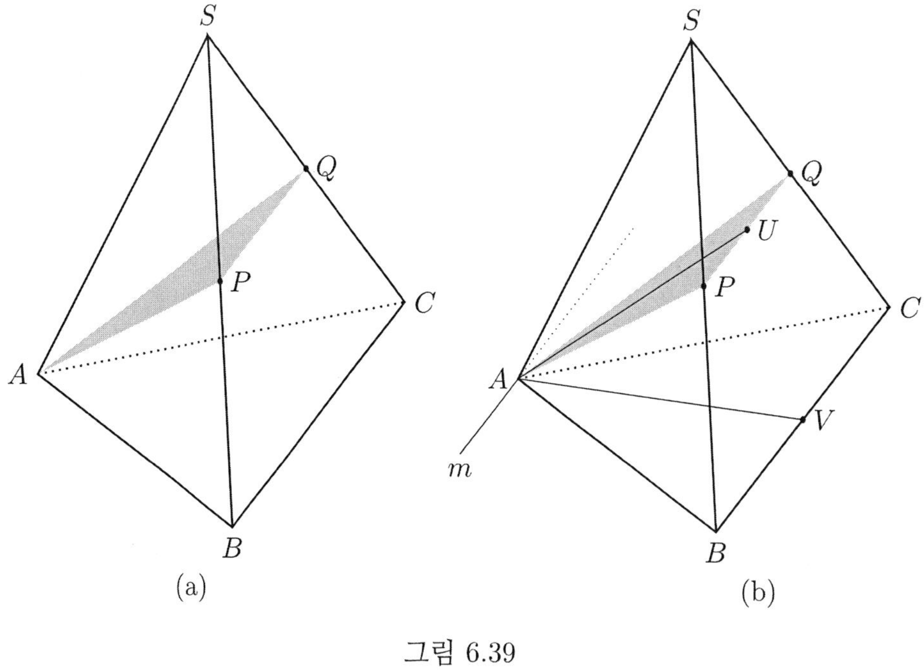

그림 6.39

면 APQ와 ABC가 이루는 이면각의 선각을 작도하기 위해, 점 A를 지나는 이면각의 모서리 m을 보조선으로 작도하자. 이때, 점 A를 지나는 평면 APQ와 ABC의 직선이 모서리 m과 각각 수직인지를 확인하면, 이면각의 선각을 찾을 수 있다.

이면각의 모서리 m의 작도 방법을 살펴보자. 모서리 m은 점 A를 지나는 평면 APQ와 ABC의 교선이다. 즉, 모서리 m은 평면 ABC에도 속하고 평면 APQ에도 속한다.

평면 ABC에서 직선 BC와 평행하며 점 A를 지나는 직선 m을 생각하자. 이제, 직선 m이 평면 APQ에도 속한다는 것을 보이자. 삼각형 SBC에서 $\overline{BC} \parallel \overline{PQ}$이다. 그리고 $m \parallel \overline{BC}$이므로, $m \parallel \overline{PQ}$이다. 즉, 직선 m은 점 A를 지나며 직선 PQ와 평행이다. 그런데, 점 A를 지나며 직선 PQ에 평행한 직선은 평면 APQ에 유일하게 존재하므로, 직선 m은 평면 APQ에 속한다. 결국, 직선 m은 평면 APQ와 ABC의 교선이며, 이 평면들로 만들어진 이면각의 모서리이다.

선분 PQ의 중점을 U, 모서리 BC의 중점을 V라 하고, $\overline{UA} \perp m$, $\overline{VA} \perp m$을 보이자. 삼각형 APQ는 이등변삼각형이고 점 U는 변 PQ의 중점이므로, $\overline{AU} \perp \overline{PQ}$이다. 그리고 $\overline{PQ} \parallel m$이므로, $\overline{AU} \perp m$이다. 같은 방법으로 $\overline{AV} \perp m$을 보일 수 있다. 결국, 각 UAV가 이면각의 선각이다.

이제, 삼각형 UAV에서 각 UAV를 구하자. 삼각형 SBC에서 점 P, Q가 변 SB, SC의 중점이며 점 U가 선분 PQ에 속하므로 점 U는 선분 SV의 중점이다. 삼각형 SAV를 생각하자. $\overline{SA} = 2, \overline{AV} = \frac{\sqrt{3}}{2}, \overline{SV} = \frac{\sqrt{15}}{2}$이므로, 중선 AU의 길이는 $\overline{AU} = \frac{\sqrt{23}}{4}$이다. 결국, 삼각형 UAV에서 $\overline{AU} = \frac{\sqrt{23}}{4}$, $\overline{UV} = \frac{1}{2}\overline{SV} = \frac{\sqrt{15}}{4}$, $\overline{AV} = \frac{\sqrt{3}}{2}$이므로, 코사인 정리에 의해 $\cos \angle UAV = \frac{5\sqrt{69}}{69}$이며 $\angle UAV = \arccos \frac{5\sqrt{69}}{69}$이다.

앞에서 그림 6.40(a)와 같은 사각뿔 $SABCD$를 살펴보았다. 사각뿔 $SABCD$에서 밑면 $ABCD$는 $\overline{AB} = 2, \overline{AD} = 1$인 직사각형이고, 모서리 SD는 밑면과 수직이며 $\overline{SD} = 2$이다. 모서리 AB의 중점을 P라 할 때, 면 SPC와 밑면 $ABCD$가 이루는 각을 구해보자.

그림 6.40(a)에는 평면 SPC의 한 점 S에서 밑면 $ABCD$에 내린 수선 SD가 있

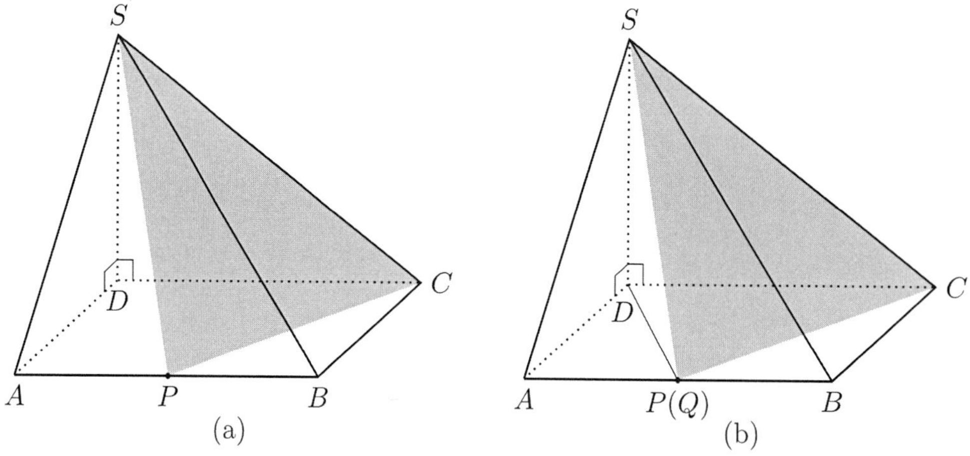

그림 6.40

으므로, 점 D에서 직선 PC에 수선 DQ를 작도하면 삼수선의 정리에 의해 이면각의 선각 SQD를 구할 수 있다.

사각형 $ABCD$가 $\overline{AB}=2, \overline{AD}=1$인 직사각형이므로, $\overline{DP} \perp \overline{CP}$이다. 즉, 점 D에서 직선 CP에 내린 수선의 발 Q는 점 P와 일치한다. 결국, 각 SPD가 면 SPC와 밑면 $ABCD$가 이루는 이면각의 선각이다.

직각삼각형 SDP에서 $\overline{DP}=\sqrt{2}$, $\overline{DS}=2$이다. 그러므로, $\tan\angle SPD=\sqrt{2}$이며 $\angle SPD=\arctan\sqrt{2}$이다. 이로부터 면 SPC와 밑면 $ABCD$가 이루는 이면각의 크기는 $\angle SPD=\arctan\sqrt{2}$이다.

예제 6.3. 정사각뿔 $SABCD$에서 $\overline{SA}=2, \overline{AB}=1$이다. 다음 평면사이의 각을 구하여라.

(1) 평면 SAD와 SBC;

(2) 모서리 SB, SD의 중점을 P, Q라 할 때, 평면 APQ와 $ABCD$;

(1) 면 SAD의 모서리 AD의 중점을 U라 하고, 면 SAD와 SBC로 이루어진 이면각의 모서리와 선각을 찾아보자. 그림 6.41(b)는 정사각뿔 $SABCD$를 옆으로 눕힌 것이다.

평면 SAD에서 점 S를 지나 모서리 AD와 평행한 직선 l을 긋자. 삼각형 SAD가

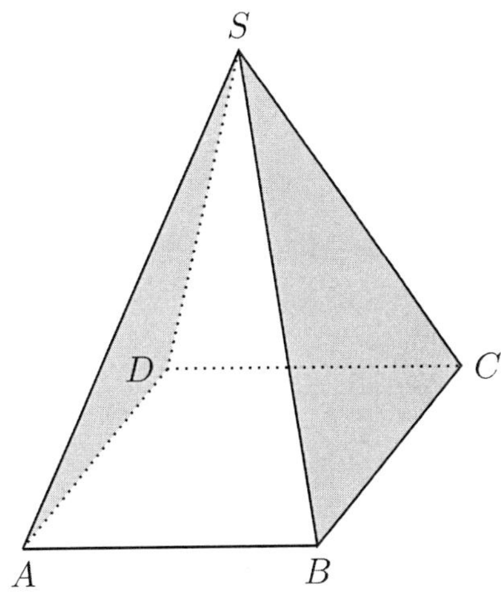

(a)

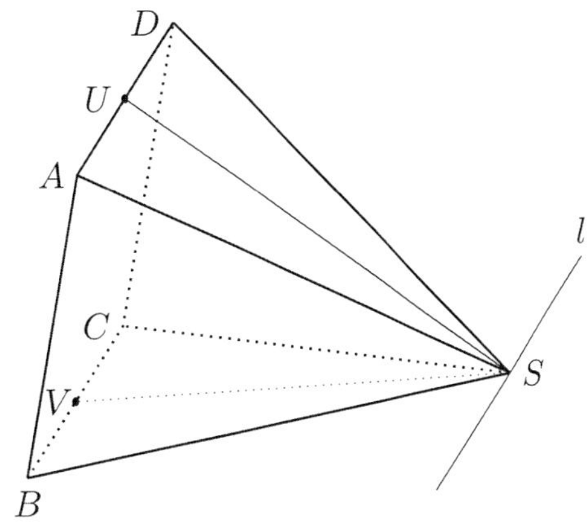

(b)

그림 6.41

이등변삼각형이므로, 선분 SU는 변 AD와 수직이다. 그리고 $\overline{AD} \parallel l$이므로, $l \perp \overline{SU}$이다. 한편, 모서리 BC는 모서리 AD와 평행이므로, $\overline{BC} \parallel l$이다. 평면 SBC에 직선 BC와 평행이며 점 S를 지나는 직선이 유일하게 존재하므로, 직선 l은 평면 SBC에 속한다. 즉, 직선 l은 면 SAD, SBC로 만들어지는 이면각의 모서리이다.

한편, 모서리 BC의 중점을 V라 하자. 그러면, 삼각형 SBC가 이등변삼각형이므로 $\overline{SV} \perp \overline{BC}$이며 $\overline{SV} \perp l$이다. 결국, $\overline{SU} \perp l$, $\overline{SV} \perp l$이므로, 각 USV가 이면각의 선각이라는 것을 알 수 있다.

삼각형 USV에서 각 USV를 구하자. 직각삼각형 ASU에서 $\overline{SU} = \frac{\sqrt{15}}{2}$이며, 삼각형 BSV에서 $\overline{SV} = \frac{\sqrt{15}}{2}$이다. 그리고 $\overline{UV} = 1$이므로, $\cos \angle USV = \frac{13}{15}$이며 $\angle USV = \arccos \frac{13}{15}$이다.

(2) 평면 APQ에 의한 정사각뿔의 절단면을 작도하자. 평면 APQ와 모서리 SC가 만날 것이라는 것은 어렵지 않게 추측할 수 있다. 가령, 평면 APQ와 모서리 SC의 교점을 R이라 가정하고, 중심사영 방법으로 절단면을 작도하자.

절단면 $APRQ$를 정사각뿔의 꼭짓점 S에 대해 밑면 $ABCD$로 사영하면, 밑면인 정사각형 $ABCD$가 얻어진다. 이때, 절단면 $APRQ$의 대각선 AR, PQ의 교점 G는

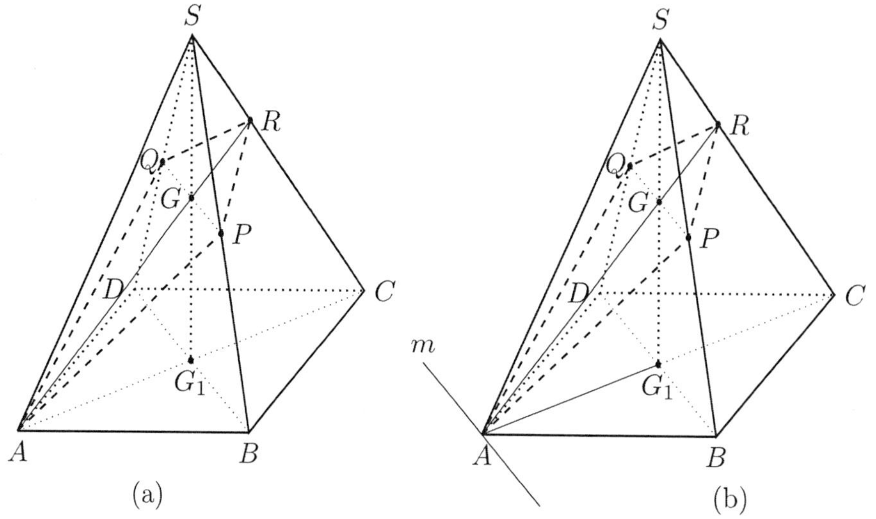

그림 6.42

밑면인 정사각형의 대각선들의 교점 G_1으로 사영된다. 이를 바탕으로 절단면 $APRQ$의 작도 순서를 정리하자(그림 6.42(a)).

첫째, 정사각형 $ABCD$의 대각선들의 교점 G_1을 구해 각뿔의 꼭짓점 S와 연결하고, 둘째 선분 SG_1과 PQ의 교점을 G라 하고, 셋째 직선 AG와 모서리 SC의 교점을 R이라 하면, 절단면 $APRQ$를 작도할 수 있다.

평면 $APRQ$와 $ABCD$가 이루는 이면각의 선각을 작도하자. 평면 $ABCD$에서 점 A를 지나 선분 BD에 평행한 직선 m을 그으면, 직선 m은 이면각의 모서리가 된다. 이제, 평면 $APRQ$의 점 G를 밑면 $ABCD$에 정사영시키면 G_1이 된다는 것을 이용하자. $\overline{AG_1} \perp \overline{BD}$이므로, $\overline{AG_1} \perp m$이다. 그리고 삼수선의 정리에 의해 $m \perp \overline{AG}$이다. 그러므로, 이면각의 선각은 $\angle GAG_1$이다(그림 6.42(b)).

삼각형 GAG_1의 변들의 길이를 구하자. 정사각형 $ABCD$에서 $\overline{AG_1} = \frac{\sqrt{2}}{2}$이다. 삼각형 SDB에서 점 P, Q가 변 SB, SD의 중점이므로 선분 PQ는 변 BD와 평행하다. 그리고 직각삼각형 SBG_1에서 선분 PG는 변 BG_1에 평행하므로, 점 G는 선분 SG_1의 중점이다. 이로부터 $\overline{GG_1} = \frac{1}{2}\overline{SG_1} = \frac{\sqrt{14}}{4}$이다. 이로부터 $\tan\angle GAG_1 = \frac{\sqrt{7}}{2}$이며 $\angle GAG_1 = \arctan\frac{\sqrt{7}}{2}$이다. □

정리 6.3. 평행한 평면 α, β가 주어졌다. 평면 α, β가 다른 평면 γ와 만나 생기는 이면각의 선각은 서로 같다.

평면 α, β가 평면 γ와 만난다고 하고, 이때 생기는 이면각의 선각이 같다는 것을 증명하자. 평면 α와 γ의 교선을 m_1, 평면 β와 γ의 교선을 m_2라 하자. 그러면, 평면 α, β가 평행이므로 $m_1 \parallel m_2$이다(그림 6.43).

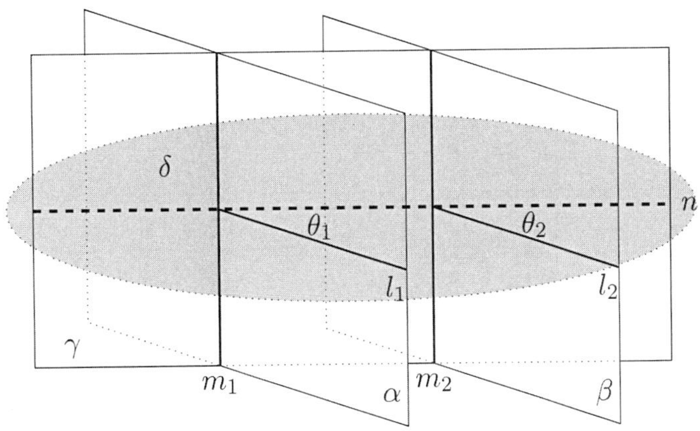

그림 6.43

직선 m_1에 수직인 평면 δ를 생각하자. $m_1 \parallel m_2$이므로, $m_2 \perp \delta$이다. 평면 δ와 직선 m_1, m_2의 교점을 지나는 직선 n을 생각하자. 직선 n은 평면 γ에 속하며, 평면 δ에도 속한다. $m_1 \perp \delta$, $m_2 \perp \delta$이므로, $m_1 \perp n$, $m_2 \perp n$이다.

평면 δ와 평면 α, β의 교선을 l_1, l_2라 하자. $m_1 \perp \delta$이므로, 직선 m_1은 평면 δ의 직선 l_1과 수직이며, $m_2 \perp \delta$이므로 $l_2 \perp m_2$이다. 결국, 직선 n과 l_1, l_2가 만나서 이루는 각 θ_1, θ_2는 평면 α, β와 평면 γ가 만나서 생기는 이면각의 선각이다.

이제, $\angle\theta_1 = \angle\theta_2$임을 보이자. l_1, l_2는 평행한 평면 α, β와 평면 δ의 교선이므로, $l_1 \parallel l_2$이다. 결국, 평면 δ에서 각 θ_1, θ_2는 평행한 직선 l_1, l_2와 직선 n에 의해 생기는 동위각이므로, $\angle\theta_1 = \angle\theta_2$이다. □

정육각기둥 $ABCDEFA_1B_1C_1D_1E_1F_1$에서 평면 FF_1D_1D와 BB_1C_1C가 이루는 이면각의 크기를 구해보자(그림 6.44(a)). 정육각기둥에서 평면 FF_1D_1D와 BB_1C_1C

는 공유하는 모서리를 가지지 않기 때문에, 이면각의 선각을 작도하는데 어려움이 발생할 수 있다. 평면 FF_1D_1D와 평행한 평면 AA_1C_1C를 생각하자. 그러면, 평면 FF_1D_1D와 BB_1C_1C가 이루는 이면각과 평면 AA_1C_1C와 BB_1C_1C가 이루는 이면각은 서로 같다(그림 6.44(b)).

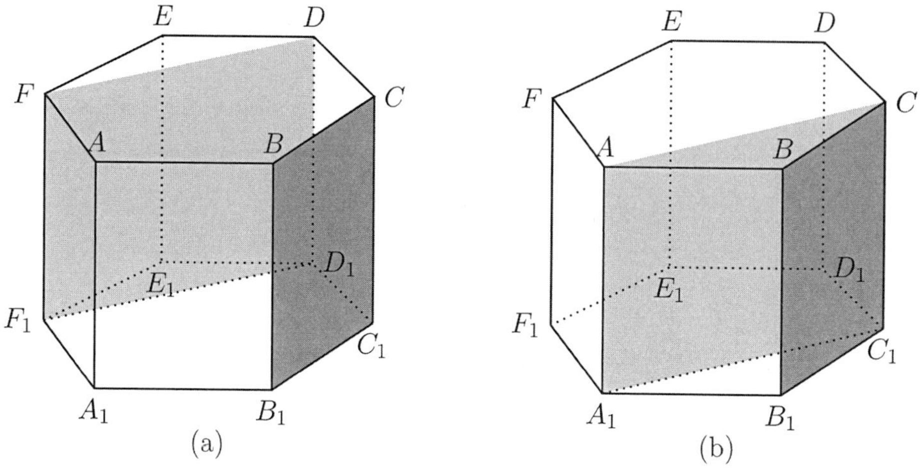

그림 6.44

그림 6.44(b)에서 선분 CC_1은 평면 AA_1C_1C와 BB_1C_1C가 이루는 이면각의 모서리이다. 이제, 이면각의 선각을 찾아보자. 선분 CC_1은 정육각기둥의 밑면과 수직이므로, $\overline{CC_1} \perp \overline{B_1C_1}$, $\overline{CC_1} \perp \overline{C_1A_1}$이다. 즉, 각 $B_1C_1A_1$이 이면각의 선각이다.

이제, 삼각형 $B_1C_1A_1$에서 각 $B_1C_1A_1$을 구하자. 삼각형 $B_1C_1A_1$은 이등변삼각형이고 $\angle A_1B_1C_1 = \frac{2\pi}{3}$이므로, $\angle B_1C_1A_1 = \frac{\pi}{6}$이다.

이제, 법선을 이용하여 이면각을 구하는 방법을 살펴보자. 두 평면 α, β가 그림 6.45와 같이 모서리가 m인 이면각을 만든다고 하자. 이면각의 선각 θ를 구하자.

이면각의 내부에 임의의 점 P를 잡자. 이면각의 모서리 m과 점 P를 지나는 평면 γ를 생각하자. 평면 γ의 점 P로부터 평면 α에 수선 PP_1을 그어, 평면 γ와 α사이의 이면각 θ_1을 구할 수 있다. 그리고 점 P에서 평면 β에 수선 PP_2를 그어, 평면 γ와 β 사이의 이면각 θ_2를 구할 수 있다. 이때, 평면 α, β사이의 이면각 θ는 $\angle\theta = \angle\theta_1 + \angle\theta_2$로 구할 수 있다.

수선 PP_1, PP_2를 변으로 하는 사각형 PP_1QP_2를 생각하자. $\angle PP_1Q = \angle QP_2P = \frac{\pi}{2}$이므로, $\angle\theta + \angle P_2PP_1 = \pi$이다. 이로부터, $\angle\theta = \pi - \angle P_2PP_1$이다. 결국, 평면 α와 β사이의 이면각 θ는 이면각의 내부점 P에서 평면 α, β에 내린 수선들이 이루는 각을 이용하여 구할 수 있다.

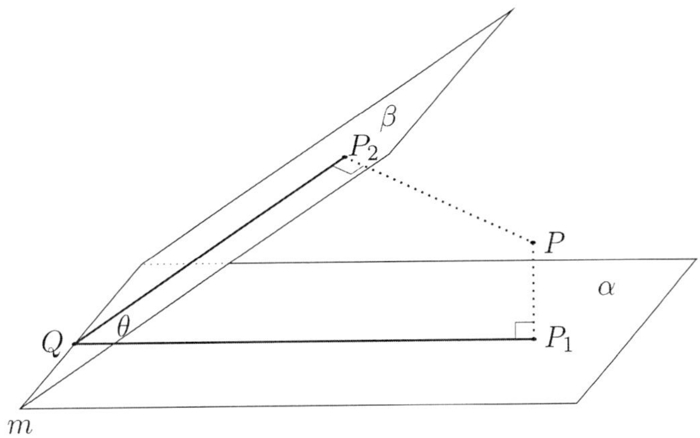

그림 6.45

한편, 그림 6.46에서와 같이 평면 α, β에 대한 법선 PP_1, PP_2가 이루는 각 $\angle P_2PP_1$이 예각이 될 수 있다. 이러한 경우에 $\angle P_2QP_1 = \pi - \angle P_2PP_1$이다. 평면 α, β사이의 각 θ는 평면 α, β가 이루는 이면각 중 가장 작은 각으로 정의하므로, $\angle\theta = \pi - \angle P_2QP_1 = \angle P_2PP_1$이다. 그림 6.46에서 평면 α, β사이의 이면각의 선각은 $\angle P_2QR$과 같다.

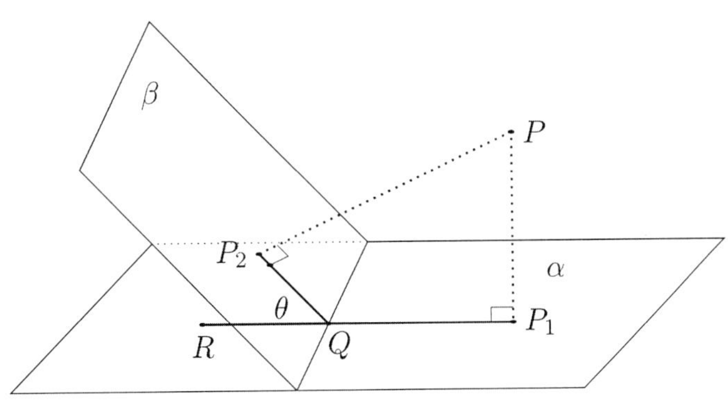

그림 6.46

법선을 이용하여 이면각의 크기를 구하는 방법은 각기둥에 관련된 문제해결에서 유용하게 이용될 수 있다. 예를 들어, 한 모서리의 길이가 1인 정육면체 $ABCDA_1B_1C_1D_1$이 주어졌다고 하자. 법선을 이용한 방법으로 정육면체의 평면 B_1CD_1과 다른 평면이 이루는 이면각의 크기를 구해보자.

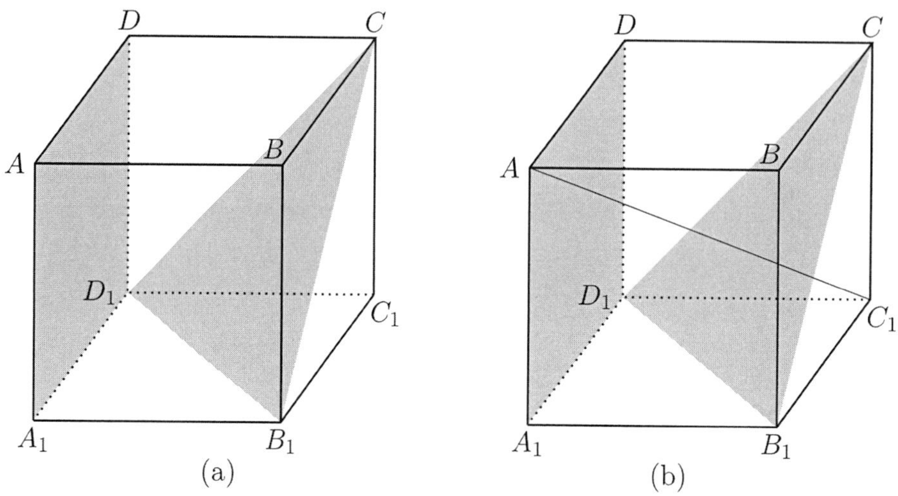

그림 6.47

평면 B_1CD_1과 평면 AA_1D_1D가 이루는 각을 구하자(그림 6.47(a)). 이를 위해, 평면 B_1CD_1은 선분 AC_1과 수직이며(이것은 예제 4.2에서 증명하였다), 평면 AA_1D_1D는 선분 AB와 수직이라는 것을 생각하자. 평면 B_1CD_1과 AA_1D_1D가 이루는 각은 선분 AC_1과 AB가 이루는 각을 이용하여 구할 수 있다(그림 6.47(b)).

삼각형 AC_1B를 생각하자. 삼각형 AC_1B는 각 ABC_1이 직각인 직각삼각형이며, $\overline{AB} = 1, \overline{BC_1} = \sqrt{2}, \overline{AC_1} = \sqrt{3}$이다. 그러므로, 코사인 정리에 의해 $\cos\angle BAC_1 = \frac{\sqrt{3}}{3}$이며 $\angle BAC_1 = \arccos\frac{\sqrt{3}}{3}$이다. 이때, 법선 AB, AC_1이 이루는 각 BAC_1은 예각이며, 평면 B_1CD_1과 AA_1D_1D가 이루는 각은 $\arccos\frac{\sqrt{3}}{3}$이다.

평면 B_1CD_1과 A_1C_1D가 이루는 각을 구해보자(그림 6.48(a)). 평면 B_1CD_1과 A_1C_1D에 수직인 선분들을 생각하자. 평면 B_1CD_1은 선분 AC_1과 수직이고, 평면 A_1C_1D는 선분 BD_1과 수직이다. 평면 B_1CD_1과 A_1C_1D가 이루는 이면각의 크기는 선분 AC_1과 BD_1이 이루는 각의 크기를 이용하여 구할 수 있다(그림 6.48(b)).

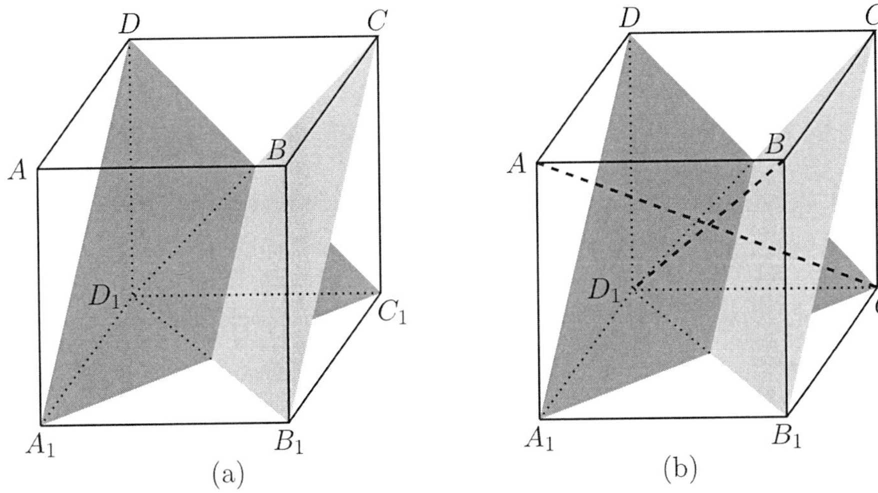

그림 6.48

선분 AC_1과 BD_1이 이루는 각의 크기를 구하기 위해, 사각형 ABC_1D_1을 생각하자. 사각형 ABC_1D_1은 직사각형이며, 대각선의 교점을 O라 하자. 그러면 $\overline{OA} = \overline{OB} = \frac{\sqrt{3}}{2}$이며, 삼각형 OAB는 이등변삼각형이다. $\overline{AB} = 1$이므로, 이등변삼각형 OAB에서 $\cos\angle AOB = \frac{1}{3}$이며 $\angle AOB = \arccos\frac{1}{3}$이다. 각 AOB는 예각이므로, 평면 B_1CD_1과 A_1C_1D가 이루는 이면각의 크기는 $\arccos\frac{1}{3}$이다.

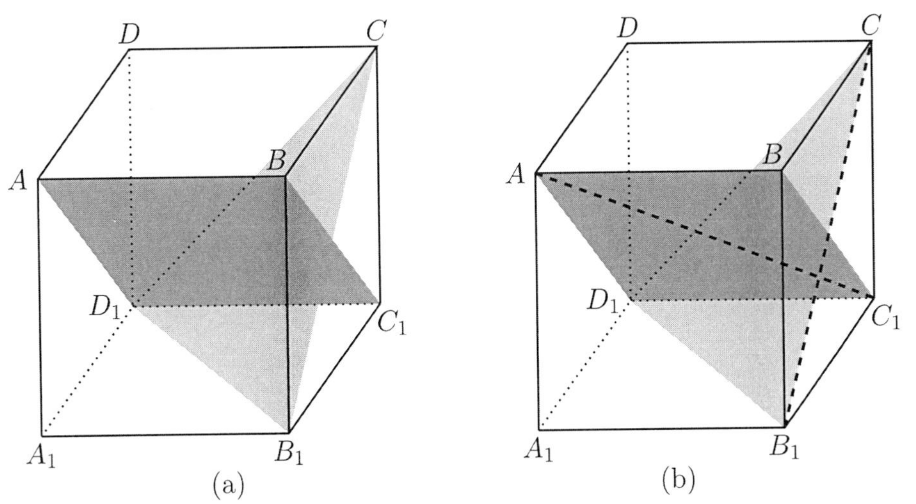

그림 6.49

평면 B_1CD_1과 ABC_1D_1이 이루는 각을 구해보자(그림 6.49(a)). 이를 위해, 평면 B_1CD_1과 ABC_1D_1에 수직인 선분들을 생각하자.

평면 ABC_1D_1는 선분 B_1C와 수직이 된다. 이를 증명하자. 정사각형 BB_1C_1C에서 대각선 B_1C는 BC_1과 수직이다. 한편, 모서리 AB는 면 BB_1C_1C와 수직이므로, 모서리 AB는 면 BB_1C_1C의 선분 B_1C와 수직이다. 이로부터 선분 B_1C가 평면 ABC_1D_1에 수직이라는 것이 증명된다.

직선 AC_1과 B_1C가 이루는 각을 구하자. 이를 위해, 주어진 정육면체에 정육면체 $A_1B_1C_1D_1EFGH$를 그림 6.50(a)와 같이 덧붙이고, 선분 B_1C와 평행한 선분 FC_1을 작도하자. 그러면, 직선 FC_1과 AC_1이 이루는 각은 직선 B_1C와 AC_1이 이루는 각과 같다.

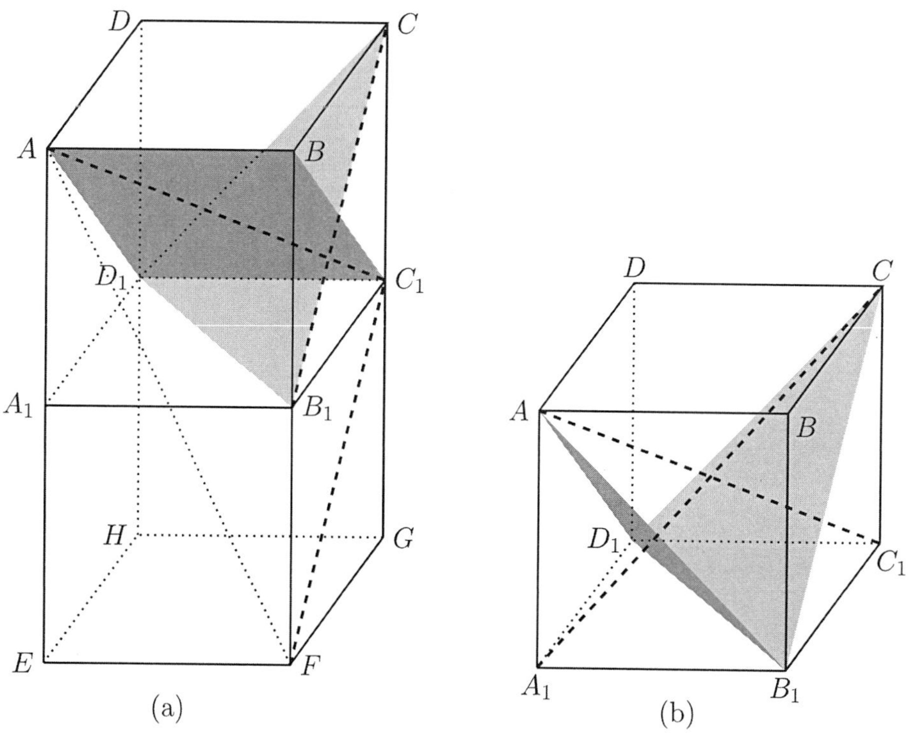

그림 6.50

삼각형 C_1FA에서 선분 FC_1과 AC_1이 이루는 각을 구할 수 있다. $\overline{AC_1} = \sqrt{3}$, $\overline{FC_1} = \sqrt{2}$, $\overline{AF} = \sqrt{5}$이므로, 삼각형 C_1FA는 각 AC_1F가 직각인 직각삼각형이다.

이로부터 선분 B_1C와 AC_1은 수직이며, 평면 B_1CD_1과 ABC_1D_1은 수직이라는 것을 알 수 있다.

평면 B_1CD_1과 ABC_1D_1사이의 각을 평면 B_1CD_1과 ABC_1D_1에 수직인 직선을 생각하여 구하였다. 그런데, 평면 B_1CD_1과 ABC_1D_1사이의 각은 평면들의 수직 조건을 이용하여도 구할 수 있다. 즉, 평면 B_1CD_1은 선분 AC_1에 수직이며, 선분 AC_1은 평면 ABC_1D_1에 속한다. 그러므로, 평면 B_1CD_1과 ABC_1D_1은 수직이라는 것을 알 수 있다.

평면 B_1CD_1과 AB_1D_1이 이루는 각도 구할 수 있다. 평면 B_1CD_1과 AB_1D_1에 수직인 선분들을 생각하자. 평면 B_1CD_1는 선분 AC_1과 수직이고, 평면 AB_1D_1은 선분 A_1C와 수직이다. 그러므로 평면 B_1CD_1과 AB_1D_1이 이루는 이면각의 크기는 선분 AC_1과 A_1C가 이루는 각의 크기를 이용하여 구할 수 있다(그림 6.50(b)).

선분 AC_1과 A_1C는 직사각형 AA_1C_1C의 대각선이며, 선분 AC_1과 A_1C의 교점을 O라 하자. 삼각형 OCC_1에서 $\overline{OC} = \overline{OC_1} = \frac{\sqrt{3}}{2}, \overline{CC_1} = 1$이므로, 코사인 정리에 의해 $\cos \angle COC_1 = \frac{1}{3}$이며 $\angle COC_1 = \arccos \frac{1}{3}$이다. 그러므로 선분 AC_1과 A_1C가 이루는 각은 $\arccos \frac{1}{3}$이며, 평면 B_1CD_1과 AB_1D_1이 이루는 이면각의 크기는 $\arccos \frac{1}{3}$이다.

예제 6.4. 정삼각기둥 $ABCA_1B_1C_1$이 주어졌고, $\overline{AB} = 1, \overline{AA_1} = 2$라 하자. 선각을 작도하는 방법과 법선을 이용하는 방법으로 다음 평면사이의 각을 각각 구하여라.

(1) 평면 ABC와 A_1B_1C(그림 6.51(a))

(2) 평면 ABC_1과 CA_1B_1(그림 6.53(a))

(1) 이면각의 선각을 작도하여 이면각의 크기를 구하자. 면 ABC와 평면 A_1B_1C가 이루는 이면각의 모서리 m은 점 C를 지나 모서리 AB에 평행한 직선이다(그림 6.51(b)). 이제, 이면각의 선각을 작도하자.

삼각형 ABC는 정삼각형이므로, 변 AB의 중점 M을 잡아 선분 CM을 그으면 $\overline{AM} \perp \overline{AB}$이다. 그리고 $\overline{AB} \parallel m$이므로 $\overline{CM} \perp m$이다. 한편, 삼각형 CA_1B_1에서 $\overline{CA_1} = \overline{CB_1} = \sqrt{5}$이므로, 삼각형 CA_1B_1은 이등변삼각형이다. 변 A_1B_1의 중점

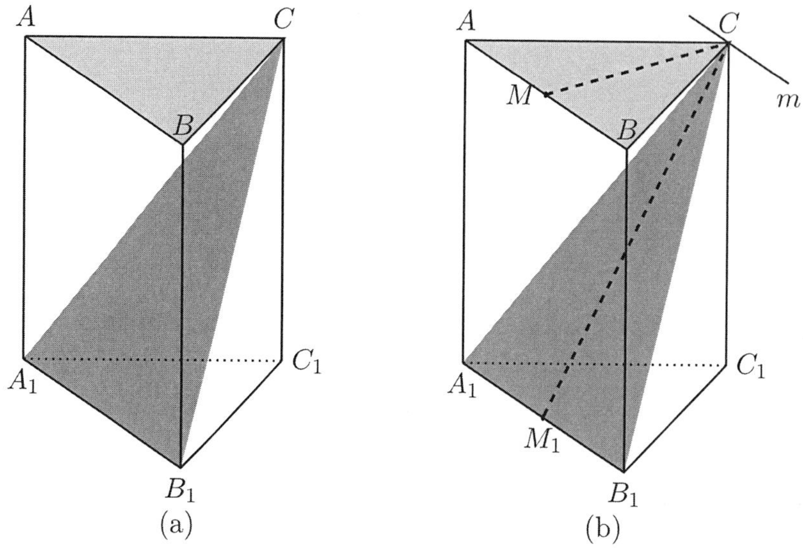

그림 6.51

M_1을 잡아 선분 CM_1을 작도하면, $\overline{CM_1} \perp \overline{A_1B_1}$이다. 그리고 $\overline{A_1B_1} \parallel m$이므로 $\overline{CM_1} \perp m$이다. 결국, 각 MCM_1은 면 ABC와 평면 A_1B_1C가 이루는 이면각의 선각이다.

직각삼각형 MCM_1에서 각 MCM_1의 크기를 구하자. $\overline{CM} = \frac{\sqrt{3}}{2}$이며 $\overline{CM_1} = \frac{\sqrt{19}}{2}$이므로, $\cos\angle MCM_1 = \frac{\sqrt{57}}{19}$이며 $\angle MCM_1 = \arccos\frac{\sqrt{57}}{19}$이다.

이제, 법선을 이용하여 이면각의 크기를 구하자. 면 ABC에 수직인 선분을 생각하자. 모서리 AA_1과 평행한 선분들은 면 ABC의 법선이 된다. 한편, 평면 CA_1B_1에 수직인 직선을 작도하자.

이를 위해, 점 C_1에서 평면 CA_1B_1에 수선의 발을 내리자. 평면 CB_1C_1과 CA_1C_1으로 이루어진 이면각에서 각 C_1CB_1과 C_1CA_1이 같으므로, 정리 4.10에 의해 점 C_1의 수선의 발은 각 B_1CA_1의 이등분선에 속한다. 삼각형 CA_1B_1이 이등변삼각형이므로 중선 CM_1이 각의 이등분선이며, 점 C_1에서 평면 CA_1B_1에 내린 수선의 발 Q는 중선 CM_1에 속한다.

직사각형 MM_1C_1C를 생각하자(그림 6.52). 직사각형 MM_1C_1C의 변 MM_1은 평면 ABC에 대한 수선이고, 평면 CA_1B_1에 대한 수선 C_1Q는 선분 CM_1과 만난다. 직선

C_1Q와 선분 MM_1의 교점을 Q_1이라 하면, 선분 MM_1과 C_1Q_1사이의 각 $C_1Q_1M_1$을 구하면 된다. 이때, 점 Q_1은 점 M과 일치하지 않는다. 왜냐 하면, 직사각형에서 대각선 C_1M과 CM_1은 수직을 이루지 않기 때문이다.

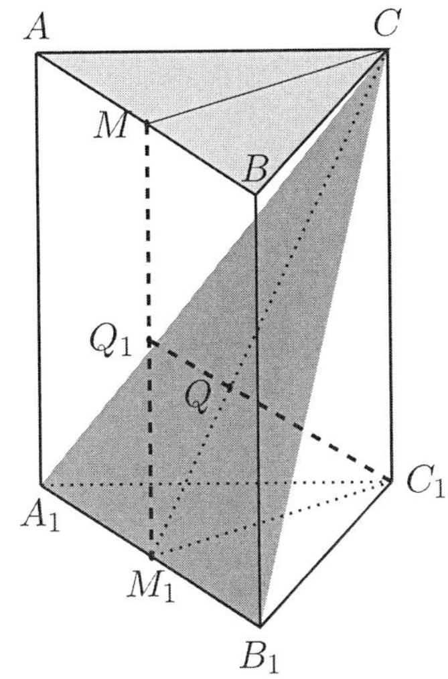

그림 6.52

직각삼각형 C_1M_1C에서 높이 C_1Q를 구하자. $\overline{C_1M_1} = \frac{\sqrt{3}}{2}$, $\overline{CC_1} = 2$이므로, $\overline{CM_1} = \frac{\sqrt{19}}{2}$이다. 직각삼각형 C_1M_1C의 넓이를 이용하면, $\frac{1}{2} \times \frac{\sqrt{3}}{2} \times 2 = \frac{1}{2} \times \frac{\sqrt{19}}{2} \times \overline{C_1Q}$이며 $\overline{C_1Q} = \frac{2\sqrt{57}}{19}$이다. 그러므로 직각삼각형 C_1M_1Q에서 $\cos\angle M_1C_1Q = \frac{4\sqrt{19}}{19}$이다.

삼각형 $Q_1M_1C_1$에서 $\angle M_1C_1Q_1 = \frac{\pi}{2} - \angle M_1Q_1C_1$이 성립하므로, $\cos\angle M_1C_1Q_1$는 $\sin\angle M_1Q_1C_1$와 같다. 즉, $\sin\angle M_1Q_1C_1 = \frac{4\sqrt{19}}{19}$이며, $\cos\angle M_1Q_1C_1 = \frac{\sqrt{57}}{19}$이다. 이로부터 평면 ABC와 CA_1B_1사이의 각은 $\arccos\frac{\sqrt{57}}{19}$ 또는 $\arcsin\frac{4\sqrt{19}}{19}$이다.

(2) 평면 ABC_1과 CA_1B_1이 만드는 이면각의 선각을 작도하자. 직사각형 BB_1C_1C에서 평면 ABC_1과 CA_1B_1의 교점은 대각선 BC_1, CB_1의 교점이며, 점 Q라 하자. 그리고 직사각형 AA_1C_1C에서 두 평면의 교점을 P라 하면, 점 P는 직사각형 AA_1C_1C의 대각선의 교점이다. 결국, 평면 ABC_1과 CA_1B_1의 교선은 선분 PQ이다.

삼각형 CA_1B_1은 이등변삼각형이다. 그러므로, 변 A_1B_1의 중점을 M이라 하면, $\overline{CM} \perp \overline{A_1B_1}$이다. 그리고 $\overline{PQ} \parallel \overline{A_1B_1}$이므로 $\overline{CM} \perp \overline{PQ}$이다. 이때, 선분 PQ의

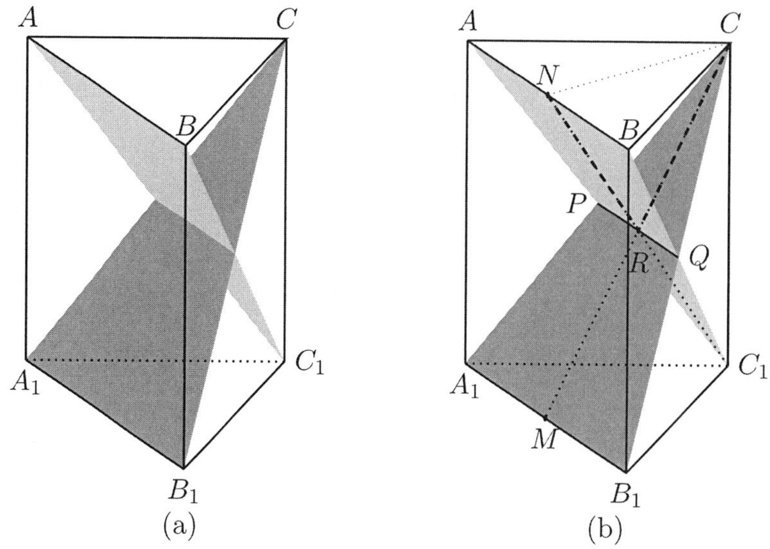

그림 6.53

중점을 R이라 하면, $\overline{CR} \perp \overline{PQ}$이다. 같은 방법으로, 선분 AB의 중점을 N이라 하면, $\overline{NR} \perp \overline{PQ}$라는 것을 유도할 수 있다. 결국, 평면 ABC_1과 CA_1B_1이 만드는 이면각의 선각은 각 NRC이다.

이등변삼각형 NRC에서 각 NRC를 구하자. $\overline{CN} = \frac{\sqrt{3}}{2}$이다. 이등변삼각형 CA_1B_1에서 $\overline{CM} = \frac{\sqrt{19}}{2}$이므로, $\overline{CR} = \frac{\sqrt{19}}{4}$이며 $\overline{NR} = \frac{\sqrt{19}}{4}$이다. 이제, 이등변삼각형 NRC에서 코사인 정리를 이용하면, $\cos\angle NRC = \frac{13}{19}$이며 $\angle NRC = \arccos\frac{13}{19}$이다.

이제, 법선을 이용하여 이면각의 크기를 구하자. 이것은 (1)의 결과를 이용하여 해결할 수 있다. (1)에서 $\sin\angle M_1Q_1C_1 = \frac{4\sqrt{19}}{19}$, $\cos\angle M_1Q_1C_1 = \frac{\sqrt{57}}{19}$임을 보였다. 같은 이유로, 그림 6.54에서 $\sin\angle MQ_2C = \frac{4\sqrt{19}}{19}$이며, $\cos\angle MQ_2C = \frac{\sqrt{57}}{19}$이다. 즉, $\angle M_1Q_1C_1 = \angle MQ_2C$이다. 이때, 점 Q_1과 Q_2가 일치하는지 또는 선분 MM_1에서 점 Q_1과 Q_2의 위치가 바뀌는지는 계산을 통해 확인할 수 있지만, 이것이 문제해결에 영향을 주지는 않는다.

이 문제에서 평면들사이의 각을 구하려면, 법선 C_1Q_1과 CQ_2사이의 각 θ를 구해야 한다. 그림 6.54에서 법선 C_1Q_1과 CQ_2사이의 각 θ는 $\theta = \pi - 2\angle MQ_2C$이다. 그리고 $\sin(\pi - 2\angle MQ_2C) = \sin(2\angle MQ_2C)$이다. $\sin(2\angle MQ_2C) = 2\sin\angle MQ_2C \cdot$

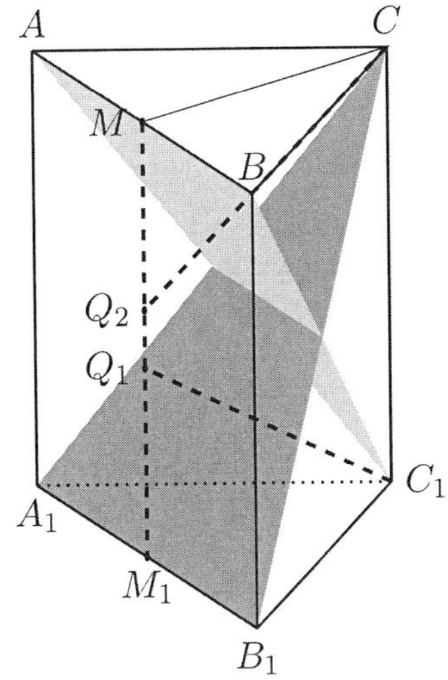

그림 6.54

$\cos\angle MQ_2C$이므로, $\sin\theta = \frac{8\sqrt{3}}{19}$이다. 이로부터 $\cos\theta = \frac{13}{19}$이다. 결국, 평면 ABC_1과 CA_1B_1이 이루는 이면각의 크기는 $\arccos\frac{13}{19}$이다. □

두 평면이 만나서 이루는 각을 이면각이라고 한다면, 세 평면이 만나서 이루는 각을 삼면각이라 부른다. 예를 들어, 그림 6.55(a)에 있는 삼각뿔 $SABC$에서 면 SAB, SBC는 모서리가 SB인 이면각을 구성한다. 삼각뿔 $SABC$의 모서리 SA, SB, SC, AB, AC, BC에서 이면각을 생각할 수 있으므로, 삼각뿔 $SABC$에는 6개의 이면각이 있다.

삼각뿔 $SABC$의 꼭짓점 S는 각 ASB, BSC, CSA의 꼭짓점이다. 꼭짓점이 S인 세 각 ASB, BSC, CSA로 이루어진 도형을 삼면각 $SABC$라 부르며, 점 S를 삼면각의 꼭짓점, 각 ASB, BSC, CSA를 삼면각 $SABC$의 면이라 부르고, 각의 변 SA, SB, SC를 삼면각의 모서리라고 부른다. 삼면각 $SABC$에서 3개의 이면각을 생각할 수 있다. 모서리가 SA인 이면각, 모서리가 SB인 이면각, 모서리가 SC인 이면각이 있다.

삼각뿔 $SABC$의 다른 꼭짓점 A, B, C에 대해서도 삼면각을 생각할 수 있으므로, 삼각뿔 $SABC$에서 4개의 삼면각을 생각할 수 있다.

이제, 삼면각 $SABC$에 포함된 이면각의 크기를 구하는 다음 정리를 살펴보자.

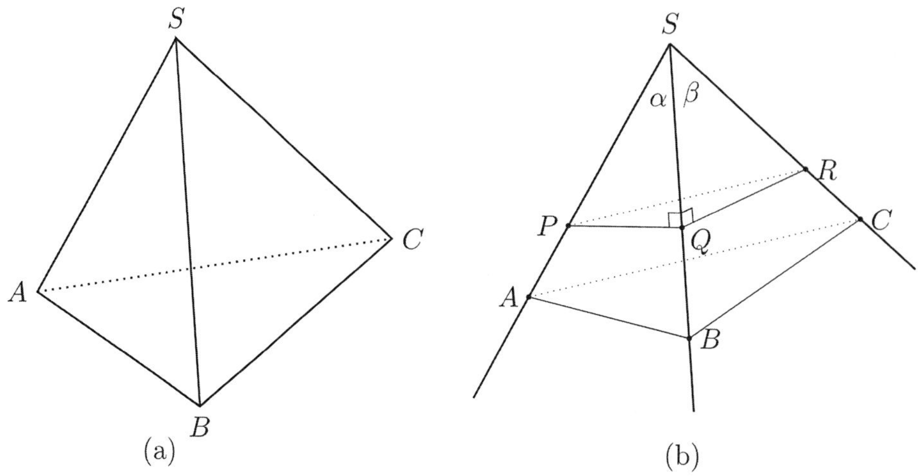

그림 6.55

정리 6.4. 삼면각 $SABC$에서 $\angle ASB = \alpha, \angle BSC = \beta, \angle CSA = \gamma$라 하고, 모서리가 SB인 이면각의 크기를 θ_b라 하자(그림 6.55(b)). 그러면, 다음이 성립한다.

$$\cos\theta_b = \cos\angle PQR = \frac{\cos\gamma - \cos\alpha\cdot\cos\beta}{\sin\alpha\cdot\sin\beta}$$

모서리가 SB인 이면각의 크기는 선각 PQR과 같으므로, 삼각형 PQR에서 코사인 정리를 이용하자. $\overline{PR}^2 = \overline{PQ}^2 + \overline{QR}^2 - 2\overline{PQ}\cdot\overline{QR}\cdot\cos\theta_b$이므로, $\cos\theta_b = \frac{\overline{PQ}^2+\overline{QR}^2-\overline{PR}^2}{2\overline{PQ}\cdot\overline{QR}}$이다. 직각삼각형 PSQ에서 $\overline{PQ}^2 = \overline{SP}^2 - \overline{SQ}^2$이며, 직각삼각형 RSQ에서 $\overline{QR}^2 = \overline{SR}^2 - \overline{SQ}^2$이다. 이로부터, 다음이 성립한다.

$$\cos\theta_b = \frac{\overline{PQ}^2 + \overline{QR}^2 - \overline{PR}^2}{2\overline{PQ}\cdot\overline{QR}} = \frac{\overline{SP}^2 + \overline{SR}^2 - 2\overline{SQ}^2 - \overline{PR}^2}{2\overline{PQ}\cdot\overline{QR}}$$

얻어진 식에서 $\overline{SP}^2 + \overline{SR}^2$은 삼각형 SPR에 코사인 정리를 사용하면 얻어질 수 있다. $\overline{PR}^2 = \overline{SP}^2 + \overline{SR}^2 - 2\overline{SP}\cdot\overline{SR}\cdot\cos\gamma$이며, $\overline{SP}^2 + \overline{SR}^2 = \overline{PR}^2 + 2\overline{SP}\cdot\overline{SR}\cdot\cos\gamma$이다. 이것을 $\cos\theta_b$의 식에 대입하자. 그리고 $\sin\alpha = \frac{\overline{PQ}}{\overline{SP}}, \sin\beta = \frac{\overline{QR}}{\overline{SR}}, \cos\alpha = \frac{\overline{SQ}}{\overline{SP}}, \cos\beta = \frac{\overline{SQ}}{\overline{SR}}$임을 생각하여 식을 정리하면, 다음이 얻어진다.

$$\cos\theta_b = \frac{\overline{SP}\cdot\overline{SR}\cdot\cos\gamma - \overline{SQ}^2}{\overline{PQ}\cdot\overline{QR}} = \frac{\cos\gamma - \frac{\overline{SQ}}{\overline{SP}}\cdot\frac{\overline{SQ}}{\overline{SR}}}{\sin\alpha\cdot\sin\beta} = \frac{\cos\gamma - \cos\alpha\cdot\cos\beta}{\sin\alpha\cdot\sin\beta}$$

이것으로 정리가 증명된다. □

정리 6.4는 다면체에서 이면각을 구할 때에 사용할 수 있다. 예를 들어, $\overline{AA_1} = 2, \overline{AB} = 1$인 정육각기둥 $ABCDEFA_1B_1C_1D_1E_1F_1$이 주어졌다고 하자(그림 6.56). 점 E, A_1, C_1을 지나는 절단평면 α에 의한 절단면을 작도하고, 절단면이 다른 면들과 이루는 이면각을 구해보자.

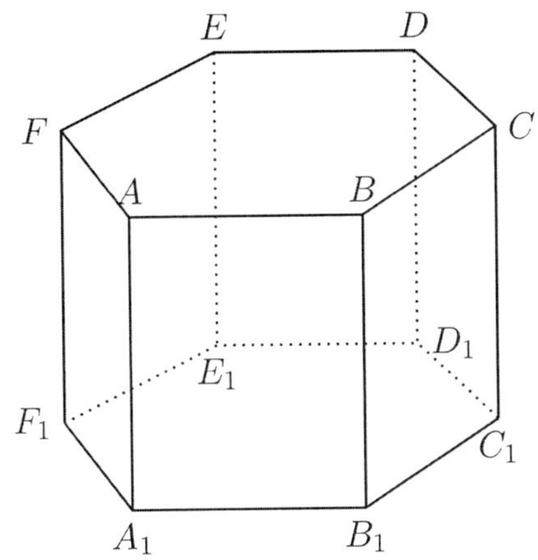

그림 6.56

직선 A_1C_1이 절단평면 α와 밑면 $A_1B_1C_1D_1E_1F_1$의 교선이므로, 이 교선을 이용하면 절단면을 작도할 수 있다. 직선 A_1C_1과 모서리 E_1F_1의 연장선과의 교점을 M이라 하자(그림 6.57). 점 M, E는 같은 평면 FF_1E_1E에 속하므로, 직선 ME를 그어 모서리 FF_1과의 교점을 P라 하자. 직선 A_1C_1과 모서리 E_1D_1의 연장선과의 교점을 N이라 하고, 직선 NE와 모서리 DD_1과의 교점을 Q라 하자. 그러면, 절단면인 오각형 EPA_1C_1Q를 얻을 수 있다.

이제, 절단면 EPA_1C_1Q와 밑면 $A_1B_1C_1D_1E_1F_1$이 이루는 이면각 θ를 구해보자. 정리 6.4를 이용해 보자. 꼭짓점 A_1을 중심으로 3개의 면 $EPA_1C_1Q, A_1B_1C_1D_1E_1F_1, PA_1F_1$이 이루는 삼면각을 생각하고, $\angle PA_1F_1 = \gamma, \angle F_1A_1C_1 = \alpha, \angle PA_1C_1 = \beta$를 구하자.

각 PA_1F_1을 구하자. 이를 위해 선분 PF_1의 길이를 알아야 한다. $\overline{MF_1} : \overline{ME_1} =$

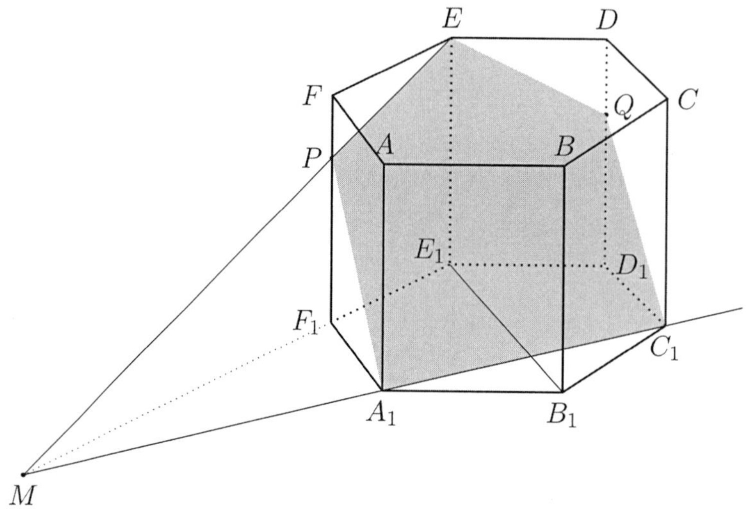

그림 6.57

$\overline{PF_1} : \overline{EE_1}$이다. 그리고 밑면 $A_1B_1C_1D_1E_1F_1$에서 선분 A_1F_1은 B_1E_1과 평행이며 $\overline{B_1E_1} \perp \overline{MC_1}$이며 $\overline{A_1F_1} \perp \overline{MC_1}$이다.

$\angle A_1F_1E_1 = \frac{2\pi}{3}$이므로, $\angle A_1F_1M = \frac{\pi}{3}$이고 $\angle A_1MF_1 = \frac{\pi}{6}$이다. 그러므로 직각삼각형 MA_1F_1에서 $\sin\angle A_1MF_1 = \frac{1}{2}$이며, $\overline{MF_1} = 2\overline{A_1F_1} = 2\overline{F_1E_1}$이다. $\overline{MF_1} : \overline{ME_1} = \overline{PF_1} : \overline{EE_1}$으로부터 $\overline{PF_1} = \frac{2}{3}\overline{EE_1} = \frac{4}{3}$이다. 직각삼각형 PA_1F_1에서 $\overline{PA_1} = \frac{5}{3}$이며, $\cos\angle PA_1F_1 = \cos\gamma = \frac{3}{5}$이다. 그리고 $\angle F_1A_1C_1 = \frac{\pi}{2}$이다.

$\angle PA_1C_1$을 구하자. 삼각형 PA_1C_1에서 $\overline{A_1C_1} = \sqrt{3}$이다. $\overline{PC_1}$을 구하기 위해, 직각삼각형 PF_1C_1을 생각하자. $\overline{C_1F_1} = 2$이므로, 피타고라스 정리에 의해 $\overline{PC_1} = \frac{2\sqrt{13}}{3}$이다. 이로부터, 삼각형 PA_1C_1에서 $\overline{PA_1}^2 + \overline{A_1C_1}^2 = \overline{PC_1}^2$이 성립한다는 것을 확인할 수 있으며, $\angle PA_1C_1 = \frac{\pi}{2}$이다.

정리 6.4에 의해, $\cos\theta = \frac{\cos\gamma - \cos\alpha\cdot\cos\beta}{\sin\alpha\cdot\sin\beta} = \frac{3}{5}$이며, 절단면 EPA_1C_1Q와 밑면 $A_1B_1C_1D_1E_1F_1$이 이루는 이면각 θ의 값은 $\theta = \arccos\frac{3}{5}$이다.

예제 6.5. 정12면체가 그림 6.58과 같이 주어졌다. 정12면체의 이면각의 크기를 구하여라.

그림 6.58에서 선분 AB를 모서리로 가지는 이면각 θ의 크기를 구하자. 정리 6.4

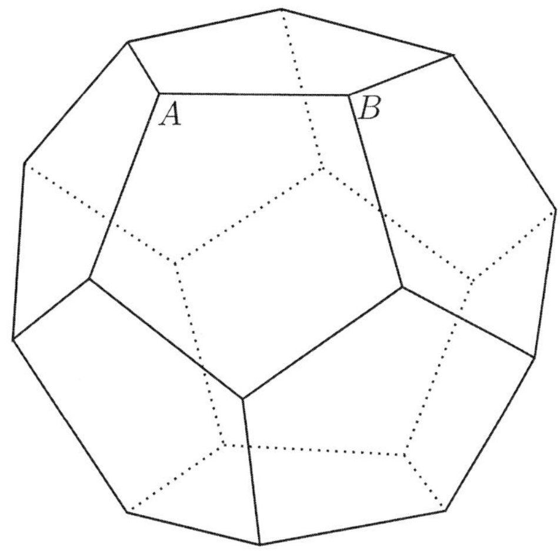

그림 6.58

에 의해 $\cos\theta = \frac{\cos\gamma - \cos\alpha\cdot\cos\beta}{\sin\alpha\cdot\sin\beta}$인데, 정12면체에서 $\alpha = \beta = \gamma = \frac{3}{5}\pi$이다. $\cos\frac{3}{5}\pi = \cos\left(\frac{1}{2}\pi + \frac{1}{10}\pi\right) = -\sin\frac{1}{10}\pi = \frac{1-\sqrt{5}}{4}$이다. 그리고 $\sin\frac{3}{5}\pi = \sin\frac{2}{5}\pi = \frac{\sqrt{10+2\sqrt{5}}}{4}$이다.[5] 이제, 이 값을 정리 6.4의 공식에 대입하여 정리하자.

$$\cos\theta = \frac{\cos\gamma - \cos\alpha\cdot\cos\beta}{\sin\alpha\cdot\sin\beta} = \frac{\frac{1-\sqrt{5}}{4} - \left(\frac{1-\sqrt{5}}{4}\right)^2}{\left(\frac{\sqrt{10+2\sqrt{5}}}{4}\right)^2} = -\frac{\sqrt{5}}{5}$$

이로부터, 정12면체의 이면각 θ의 크기는 $\theta = \arccos\left(-\frac{\sqrt{5}}{5}\right)$이며, θ는 둔각이다. 얻어진 $\theta = \arccos\left(-\frac{\sqrt{5}}{5}\right)$의 값은 약 $116°56'$에 해당한다. □

정리 6.5. 삼면각 $SABC$에서 $\angle ASB = \alpha, \angle BSC = \beta, \angle CSA = \gamma$라 하고, 모서리가 SA인 이면각의 크기를 θ_a, 모서리가 SB인 이면각의 크기를 θ_b, 모서리가 SC인 이면각의 크기를 θ_c라 하자(그림 6.59). 그러면, 다음이 성립한다.

$$\frac{\sin\theta_a}{\sin\beta} = \frac{\sin\theta_b}{\sin\gamma} = \frac{\sin\theta_c}{\sin\alpha}$$

---

[5] $\sin\frac{1}{10}\pi, \sin\frac{2}{5}\pi$ 등과 같이 특수각이 아닌 예각의 삼각함숫값을 구하는 방법과 그 값은 '한인기 (2020). 식도 배우고 수학도 알고, 서울: 교우사'에서 242쪽부터 259쪽의 내용을 참고하기 바란다.

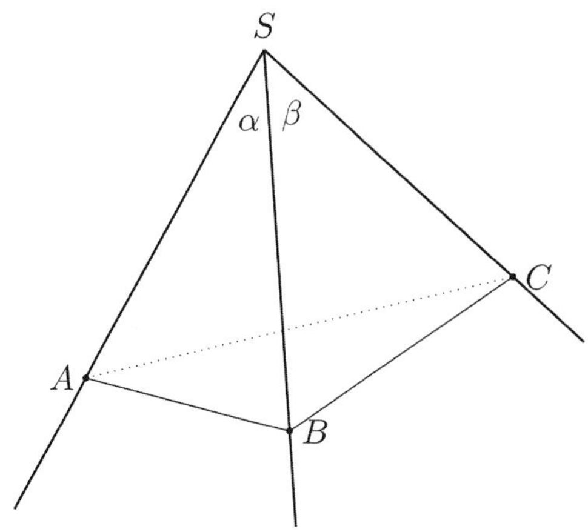

그림 6.59

정리 6.4에서 얻어진 식 $\cos\theta_b = \frac{\cos\gamma - \cos\alpha\cdot\cos\beta}{\sin\alpha\cdot\sin\beta}$를 $\sin\theta_b$에 대한 식으로 변형하자. $\sin^2\theta_b = 1-\cos^2\theta_b$이므로, 다음과 같이 변형시킬 수 있다.

$$\sin^2\theta_b = 1 - \frac{(\cos\gamma - \cos\alpha\cdot\cos\beta)^2}{\sin^2\alpha\cdot\sin^2\beta} = \frac{\sin^2\alpha\cdot\sin^2\beta - (\cos\gamma - \cos\alpha\cdot\cos\beta)^2}{\sin^2\alpha\cdot\sin^2\beta}$$

얻어진 식에서 분자를 전개하여 정리하자. $\sin^2\alpha\cdot\sin^2\beta - (\cos\gamma - \cos\alpha\cdot\cos\beta)^2 = \sin^2\alpha\cdot\sin^2\beta - \cos^2\gamma + 2\cos\gamma\cdot\cos\alpha\cdot\cos\beta - \cos^2\alpha\cdot\cos^2\beta = \sin^2\alpha\cdot\sin^2\beta - \cos^2\alpha\cdot\cos^2\beta - \cos^2\gamma + 2\cos\gamma\cdot\cos\alpha\cdot\cos\beta$가 된다. 이때, $\sin^2\alpha\cdot\sin^2\beta - \cos^2\alpha\cdot\cos^2\beta = \sin^2\alpha\cdot\sin^2\beta + \sin^2\alpha\cdot\cos^2\beta - \sin^2\alpha\cdot\cos^2\beta - \cos^2\alpha\cdot\cos^2\beta = \sin^2\alpha - \cos^2\beta$가 된다. 이것을 $\sin^2\theta_b$의 식에 대입하면, 다음을 얻을 수 있다.

$$\sin^2\theta_b = \frac{\sin^2\alpha - \cos^2\beta - \cos^2\gamma + 2\cos\gamma\cdot\cos\alpha\cdot\cos\beta}{\sin^2\alpha\cdot\sin^2\beta}$$

이제, $\sin^2\alpha = 1-\cos^2\alpha$라는 것을 생각하고, 등식의 양변을 $\sin^2\gamma$로 나누자. 그러면, 다음과 같은 α,β,γ에 대한 대칭식을 얻을 수 있다.

$$\frac{\sin^2\theta_b}{\sin^2\gamma} = \frac{1 - \cos^2\alpha - \cos^2\beta - \cos^2\gamma + 2\cos\gamma\cdot\cos\alpha\cdot\cos\beta}{\sin^2\alpha\cdot\sin^2\beta\cdot\sin^2\gamma}$$

이제, $\frac{\sin^2\theta_b}{\sin^2\gamma}$를 계산했던 것과 유사한 방법으로, 그림 6.59에서 모서리가 SA인 이면각을 θ_a라 하고 $\frac{\sin^2\theta_a}{\sin^2\beta}$를, 모서리가 SC인 이면각을 θ_c라 하고 $\frac{\sin^2\theta_c}{\sin^2\alpha}$를 계산하자.

그러면, $\frac{\sin^2\theta_b}{\sin^2\gamma}$와 같은 식을 얻을 수 있으며, 다음이 증명된다.

$$\frac{\sin^2\theta_b}{\sin^2\gamma} = \frac{\sin^2\theta_c}{\sin^2\alpha} = \frac{\sin^2\theta_a}{\sin^2\beta}$$

이때, 각 $\theta_a, \theta_b, \theta_c, \alpha, \beta, \gamma$가 0에서 π사이의 각이므로, 이 각들의 사인값은 모두 양수이다. 그러므로, $\frac{\sin^2\theta_b}{\sin^2\gamma} = \frac{\sin^2\theta_c}{\sin^2\alpha} = \frac{\sin^2\theta_a}{\sin^2\beta}$에서 $\frac{\sin\theta_a}{\sin\beta} = \frac{\sin\theta_b}{\sin\gamma} = \frac{\sin\theta_c}{\sin\alpha}$가 유도되며, 정리가 증명된다. □

그림 6.60은 정20면체의 꼭짓점을 잘라내어 만든 32면체인 준정다면체로, 주변에서 축구공 디자인으로 흔히 볼 수 있는 다면체이다. 이 준정다면체는 정오각형과 정육각형의 면들로 구성되어 있는데, 이 준정다면체의 이면각을 구해보자.

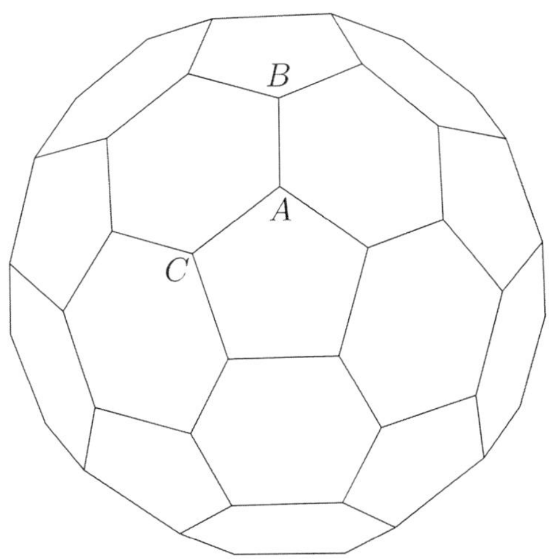

그림 6.60

정리 6.4를 이용하면 모서리가 AB인 이면각, 즉 정육각형인 면과 정육각형인 면으로 이루어진 이면각 θ_1의 크기를 다음과 같이 구할 수 있다.

$$\cos\theta_1 = \frac{\cos\frac{3}{5}\pi - \cos\frac{2}{3}\pi\cdot\cos\frac{2}{3}\pi}{\sin\frac{2}{3}\pi\cdot\sin\frac{2}{3}\pi} = \frac{\left(\frac{1-\sqrt{5}}{4}\right) - \left(-\frac{1}{2}\right)\left(-\frac{1}{2}\right)}{\frac{\sqrt{3}}{2}\cdot\frac{\sqrt{3}}{2}} = -\frac{\sqrt{5}}{3}$$

이로부터, 구하는 이면각의 크기 θ_1은 $\theta_1 = \arccos\left(-\frac{\sqrt{5}}{3}\right)$이다. 이 값을 각도로 계산하면, 약 $138°19'$이 된다.

한편, 모서리가 AC인 이면각, 즉 정육각형인 면과 정오각형인 면으로 이루어진 이면각 θ_2의 크기를 다음과 같이 구할 수 있다.

$$\cos\theta_2 = \frac{\cos\frac{2}{3}\pi - \cos\frac{2}{3}\pi\cdot\cos\frac{3}{5}\pi}{\sin\frac{2}{3}\pi\cdot\sin\frac{3}{5}\pi} = \frac{-\frac{1}{2} - \left(-\frac{1}{2}\right)\left(\frac{1-\sqrt{5}}{4}\right)}{\frac{\sqrt{3}}{2}\cdot\frac{\sqrt{10+2\sqrt{5}}}{4}} = -\frac{3+\sqrt{5}}{\sqrt{30+6\sqrt{5}}}$$

이로부터, 구하는 이면각의 크기 θ_2는 $\theta_2 = \arccos\left(-\frac{3+\sqrt{5}}{\sqrt{30+6\sqrt{5}}}\right)$이다. 이 값을 각도로 계산하면, 약 $142°62'$이 된다.

이제, 모서리가 AC인 이면각의 크기 θ_2를 정리 6.5와 θ_1을 이용해서 구해보자. 정리 6.5에 의하면, 등식 $\frac{\sin\theta_1}{\sin\frac{3}{5}\pi} = \frac{\sin\theta_2}{\sin\frac{2}{3}\pi}$가 성립한다. $\cos\theta_1 = -\frac{\sqrt{5}}{3}$이므로 $\sin\theta_1 = \frac{2}{3}$이며, $\sin\frac{3}{5}\pi = \frac{\sqrt{10+2\sqrt{5}}}{4}$이다. 그러므로, 다음 등식이 성립한다.

$$\sin\theta_2 = \frac{\sin\theta_1\cdot\sin\frac{2}{3}\pi}{\sin\frac{3}{5}\pi} = \frac{\frac{2}{3}\cdot\frac{\sqrt{3}}{2}}{\frac{\sqrt{10+2\sqrt{5}}}{4}} = \frac{4}{\sqrt{30+6\sqrt{5}}}$$

이로부터 $\theta_2 = \arcsin\left(\frac{4}{\sqrt{30+6\sqrt{5}}}\right)$가 된다. 이 값은 앞에서 구한 $\arccos\left(-\frac{3+\sqrt{5}}{\sqrt{30+6\sqrt{5}}}\right)$와 같은 값이다. 이것은 $\sin^2\theta_2 + \cos^2\theta_2 = 1$이 되는지를 조사하면, 쉽게 확인할 수 있다.

제 7 장.

벡터, 좌표와 거리

벡터를 이용한 다면체의 탐구에서 폭넓게 이용되는 것이 벡터의 내적이다. 영벡터가 아닌 두 벡터 $\overrightarrow{p}, \overrightarrow{q}$에 대해 벡터의 크기의 곱 $|\overrightarrow{p}||\overrightarrow{q}|$에 벡터사이의 각 θ의 $\cos\theta$를 곱하여, 이것을 벡터 $\overrightarrow{p}, \overrightarrow{q}$의 내적이라 한다. 기호로는 $\overrightarrow{p} \cdot \overrightarrow{q}$로 나타낸다. 즉 $\overrightarrow{p} \cdot \overrightarrow{q} = |\overrightarrow{p}||\overrightarrow{q}|\cos\theta$이며, $\overrightarrow{p} \cdot \overrightarrow{q} = \overrightarrow{q} \cdot \overrightarrow{p}$이다. 그리고 $\overrightarrow{p} \cdot \overrightarrow{p} = \overrightarrow{p}^2$이라 쓰자.

두 벡터 $\overrightarrow{p}, \overrightarrow{q}$사이의 각 θ를 살펴보자. 벡터 $\overrightarrow{p}, \overrightarrow{q}$에 평행인 직선 l_p, l_q를 생각하자. 이때, 직선 l_p, l_q에 방향을 추가하여 유향직선이라 하자. 벡터 $\overrightarrow{p}, \overrightarrow{q}$와 같은 방향이며 평행인 유향직선 l_p, l_q사이의 각을 벡터 $\overrightarrow{p}, \overrightarrow{q}$사이의 각 θ로 정의한다. 이때, θ는 $0 \le \theta \le \pi$이다. 벡터 $\overrightarrow{p}, \overrightarrow{q}$가 평행이며 같은 방향이면 벡터 $\overrightarrow{p}, \overrightarrow{q}$사이의 각 θ는 0이며, 반대방향이면 각 θ는 π가 된다.

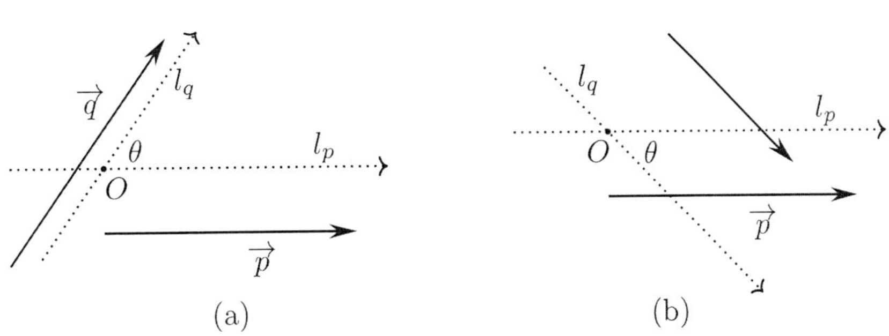

그림 7.1

가령, 그림 7.1(a)와 같이 벡터 $\overrightarrow{p}, \overrightarrow{q}$가 주어졌다고 하자. 주어진 벡터와 평행이며 점 O를 공유하는 유향직선을 생각하자. 점 O를 지나며 벡터 $\overrightarrow{p}$와 평행한 유향직선 l_p, 점 O를 지나며 벡터 $\overrightarrow{q}$와 평행한 유향직선 l_q는 그림 7.1(a)와 같다. 이때, 유향직선 l_p, l_q사이의 각 θ가 벡터 $\overrightarrow{p}, \overrightarrow{q}$사이의 각 θ이다.

그림 7.1(b)와 같이 벡터 $\overrightarrow{p}, \overrightarrow{q}$가 주어진 경우에도 같은 방법으로 생각할 수 있다. $\overrightarrow{p}, \overrightarrow{q}$와 평행하며 점 O를 공유하는 유향직선 l_p, l_q를 생각하여, 이들사이의 각을 이용하여 벡터 $\overrightarrow{p}, \overrightarrow{q}$사이의 각 θ를 구할 수 있다.

벡터사이의 각을 생각할 때, 벡터와 같은 방향의 유향직선을 이용한다는 것을 기억해야 한다. 가령, 삼각형 ABC가 주어졌고, 삼각형의 변에 벡터 $\overrightarrow{AB}, \overrightarrow{BC}, \overrightarrow{AC}$를 잡았다고 하자(그림 7.2(a)). 이때, 벡터 $\overrightarrow{AB}, \overrightarrow{BC}$사이의 각을 구하자. 이를 위해, 교점 O를 가지며 벡터 $\overrightarrow{AB}, \overrightarrow{BC}$와 평행한 유향직선 l_1, l_2를 생각하자(그림 7.2(b)). 그러면, 유향직선 l_1, l_2사이의 각 θ는 $\angle ABC$가 아니라 각 $\pi - \angle ABC$가 된다.

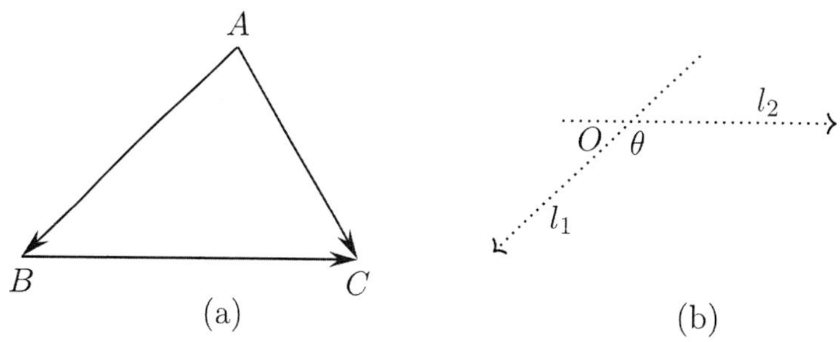

그림 7.2

정리 7.1. 삼각형 ABC의 변에 벡터 $\overrightarrow{BA} = \overrightarrow{c}, \overrightarrow{BC} = \overrightarrow{a}$를 잡았다. $(\overrightarrow{a} - \overrightarrow{c})^2 = \overrightarrow{a}^2 + \overrightarrow{c}^2 - 2\overrightarrow{a} \cdot \overrightarrow{c}$이다.

$\overrightarrow{BA} = \overrightarrow{c}, \overrightarrow{BC} = \overrightarrow{a}$이면 $\overrightarrow{AC} = \overrightarrow{a} - \overrightarrow{c}$이므로, $(\overrightarrow{a} - \overrightarrow{c})^2 = |\overrightarrow{AC}|^2$이다(그림 7.3). $|\overrightarrow{AC}|^2$을 구하기 위해, 꼭짓점 A에서 변 BC에 수선을 내려 그 발을 P라 하자. 그러면, 피타고라스 정리에 의해 $\overline{AP}^2 + \overline{PC}^2 = |\overrightarrow{AC}|^2$이다.

한편, $\overline{BP} = |\overrightarrow{c}| \cos \angle ABC$이므로, 직각삼각형 ABP에서 피타고라스 정리에 의

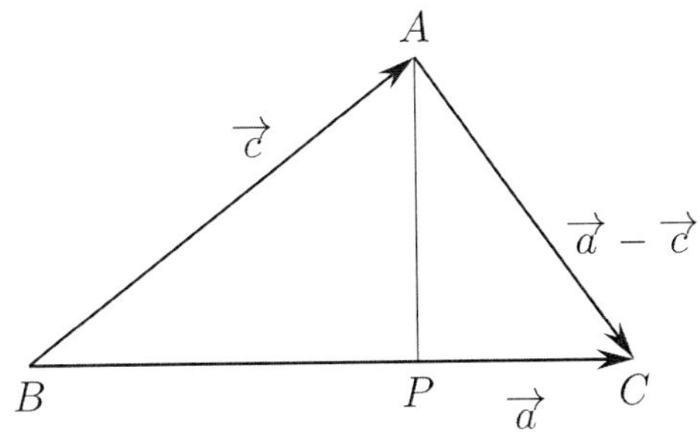

그림 7.3

해 $\overline{AP}^2 = |\vec{c}|^2 - |\vec{c}|^2\cos^2\angle ABC$이다. 그리고 $\overline{PC} = \overline{BC} - \overline{BP}$이므로 $\overline{PC}^2 = (|\vec{a}| - |\vec{c}|\cos\angle ABC)^2$이다. 이때, $|\vec{a}|, |\vec{c}|\cos\angle ABC$는 실수이므로, 곱셈공식 $(m-n)^2 = m^2 - 2mn + n^2$을 이용할 수 있다. 즉, $\overline{PC}^2 = |\vec{a}|^2 - 2|\vec{a}||\vec{c}|\cos\angle ABC + |\vec{c}|^2\cos^2\angle ABC$이다.

얻어진 식들을 $|\overrightarrow{AC}|^2 = \overline{AP}^2 + \overline{PC}^2$에 대입하여 정리하자. 그러면 $|\overrightarrow{AC}|^2 = (|\vec{c}|^2 - |\vec{c}|^2\cos^2\angle ABC) + (|\vec{a}|^2 - 2|\vec{a}||\vec{c}|\cos\angle ABC + |\vec{c}|^2\cos^2\angle ABC)$이 성립하며, $|\overrightarrow{AC}|^2 = |\vec{c}|^2 + |\vec{a}|^2 - 2|\vec{a}||\vec{c}|\cos\angle ABC = \vec{a}^2 + \vec{c}^2 - 2\vec{a}\cdot\vec{c}$를 얻을 수 있다. 이제, $(\vec{a} - \vec{c})^2 = |\overrightarrow{AC}|^2$을 생각하면 정리가 증명된다. □

살펴본 정리 7.1은 코사인 정리를 나타낸다. $|\vec{a} - \vec{c}| = |\overrightarrow{AC}| = b, |\overrightarrow{BC}| = |\vec{a}| = a, |\overrightarrow{AB}| = |\vec{c}| = c$라 놓으면, $b^2 = a^2 + c^2 - 2ac\cos\angle ABC$가 된다.

벡터 $\vec{p}, \vec{q}$의 내적을 좌표로 나타내자. 이를 위해, 다음 정리를 살펴보자.

정리 7.2. 벡터 $\vec{p}, \vec{q}$가 주어졌고, 원점이 O인 공간좌표계에서 $\vec{p} = \overrightarrow{OP}, \vec{q} = \overrightarrow{OQ}$라 하자. 점 P의 좌표를 (x_1, y_1, z_1), 점 Q의 좌표를 (x_2, y_2, z_2)라 하면, 벡터 $\vec{p}, \vec{q}$의 내적 $\vec{p}\cdot\vec{q} = x_1x_2 + y_1y_2 + z_1z_2$이다.

벡터 $\vec{p}, \vec{q}$가 한 직선에 속하지 않는 경우와 한 직선에 속하는 경우로 나누어 증명을 살펴보자. 우선, 벡터 $\vec{p}, \vec{q}$가 한 직선에 속하지 않는 경우를 살펴보자.

원점이 O인 공간좌표계에서 벡터 $\overrightarrow{OP} = (x_1, y_1, z_1), \overrightarrow{OQ} = (x_2, y_2, z_2)$에 대해 삼각형 OPQ를 생각하자(그림 7.4). 삼각형 OPQ에서 코사인 정리에 의해 $\overline{PQ}^2 =$

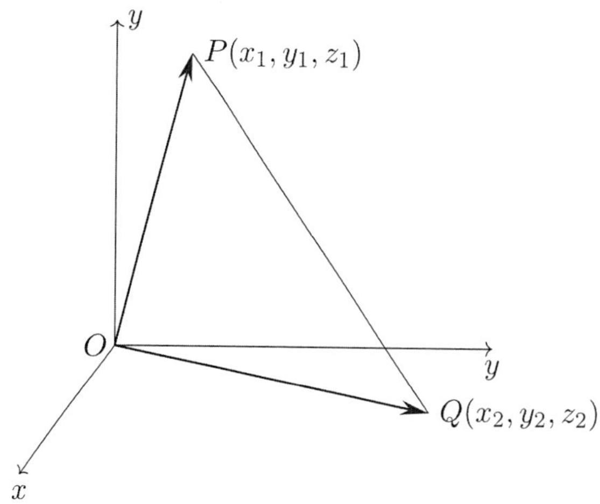

그림 7.4

$\overline{OP}^2 + \overline{OQ}^2 - 2\overline{OP} \times \overline{OQ} \times \cos\angle POQ$이다. 이때, $\overline{OP} \times \overline{OQ} \times \cos\angle POQ = |\overrightarrow{OP}| \times |\overrightarrow{OQ}| \times \cos\angle POQ = \overrightarrow{OP} \cdot \overrightarrow{OQ}$이다. 이로부터 $\overrightarrow{OP} \cdot \overrightarrow{OQ} = \frac{1}{2}\left(\overline{OP}^2 + \overline{OQ}^2 - \overline{PQ}^2\right)$이다.

두 점사이의 거리 공식에 의해, $\overline{OP}^2 = x_1^2 + y_1^2 + z_1^2, \overline{OQ}^2 = x_2^2 + y_2^2 + z_2^2, \overline{PQ}^2 = (x_2 - x_1)^2 + (y_2 - y_1)^2 + (z_2 - z_1)^2$이다. 얻어진 식을 $\overline{OP}^2 + \overline{OQ}^2 - \overline{PQ}^2$에 대입하여 정리하자. 그러면, $\overline{OP}^2 + \overline{OQ}^2 - \overline{PQ}^2 = 2x_1x_2 + 2y_1y_2 + 2z_1z_2$가 된다. 그러므로, $\overrightarrow{OP} \cdot \overrightarrow{OQ} = x_1x_2 + y_1y_2 + z_1z_2$이다.

이제, 벡터 $\overrightarrow{p}, \overrightarrow{q}$가 같은 직선에 속하는 경우를 살펴보자. 벡터 $\overrightarrow{OP}, \overrightarrow{OQ}$가 같은 직선에 속하므로, $\overrightarrow{OP} = (x_1, y_1, z_1)$이라 놓으면 $\overrightarrow{OQ} = (tx_1, ty_1, tz_1)$이라 놓을 수 있다. 이때, $\overrightarrow{OP} \cdot \overrightarrow{OQ} = tx_1^2 + ty_1^2 + tz_1^2$을 증명하면 된다.

첫째, 벡터 $\overrightarrow{OP}, \overrightarrow{OQ}$가 같은 방향이라 하자. 그러면, 벡터 $\overrightarrow{OP}, \overrightarrow{OQ}$사이의 각의 코사인 값은 1이며 $\overrightarrow{OP} \cdot \overrightarrow{OQ} = |\overrightarrow{OP}||\overrightarrow{OQ}|$이다. 이때, $|\overrightarrow{OP}| = \sqrt{x_1^2 + y_1^2 + z_1^2}$이고 $|\overrightarrow{OQ}| = \sqrt{t^2x_1^2 + t^2y_1^2 + t^2z_1^2} = |t|\sqrt{x_1^2 + y_1^2 + z_1^2}$이다. 그리고 벡터 $\overrightarrow{OP}, \overrightarrow{OQ}$가 같은 방향이므로 $t > 0$이며, $|\overrightarrow{OQ}| = t\sqrt{x_1^2 + y_1^2 + z_1^2}$이다. 결국, $\overrightarrow{OP} \cdot \overrightarrow{OQ} = |\overrightarrow{OP}||\overrightarrow{OQ}| = t(x_1^2 + y_1^2 + z_1^2)$이며, 정리가 증명된다.

둘째, 벡터 $\overrightarrow{OP}, \overrightarrow{OQ}$가 반대 방향이라 하자. 그러면, 벡터 $\overrightarrow{OP}, \overrightarrow{OQ}$사이의 각의 코

사인 값은 -1이며 $\overrightarrow{OP}\cdot\overrightarrow{OQ} = -|\overrightarrow{OP}||\overrightarrow{OQ}|$가 된다.

$\overrightarrow{OP}\cdot\overrightarrow{OQ} = -\sqrt{x_1^2+y_1^2+z_1^2}\times|t|\sqrt{x_1^2+y_1^2+z_1^2}$인데, 벡터 $\overrightarrow{OP}, \overrightarrow{OQ}$가 반대 방향이므로 $t<0$이며 $|t| = -t$이다. 결국 $\overrightarrow{OP}\cdot\overrightarrow{OQ} = \sqrt{x_1^2+y_1^2+z_1^2}\times t\sqrt{x_1^2+y_1^2+z_1^2} = t(x_1^2+y_1^2+z_1^2)$이 성립하며, 정리가 증명된다. □

정리 7.3. 벡터 $\vec{p}, \vec{q}, \vec{r}$에서 분배법칙 $\vec{p}\cdot(\vec{q}+\vec{r}) = \vec{p}\cdot\vec{q}+\vec{p}\cdot\vec{r}$이 성립한다.

벡터 $\vec{p}, \vec{q}, \vec{r}$에 대해 $\vec{p} = \overrightarrow{OP} = (x_1, y_1, z_1), \vec{q} = \overrightarrow{OQ} = (x_2, y_2, z_2), \vec{r} = \overrightarrow{OR} = (x_3, y_3, z_3)$이라 하자. 그러면, $\vec{q}+\vec{r} = (x_2+x_3, y_2+y_3, z_2+z_3)$이며, $\vec{p}\cdot(\vec{q}+\vec{r}) = x_1(x_2+x_3)+y_1(y_2+y_3)+z_1(z_2+z_3) = (x_1x_2+x_1x_3)+(y_1y_2+y_1y_3)+(z_1z_2+z_1z_3) = (x_1x_2+y_1y_2+z_1z_2)+(x_1x_3+y_1y_3+z_1z_3) = \vec{p}\cdot\vec{q}+\vec{p}\cdot\vec{r}$이 성립한다. □

벡터의 내적을 이용한 문제해결의 한 예를 살펴보자. 삼각형 ABC에서 꼭짓점 A에서 변 BC에 중선 AM을 그었다. 이때, 중선 AM의 길이를 벡터를 이용하여 구해보자.

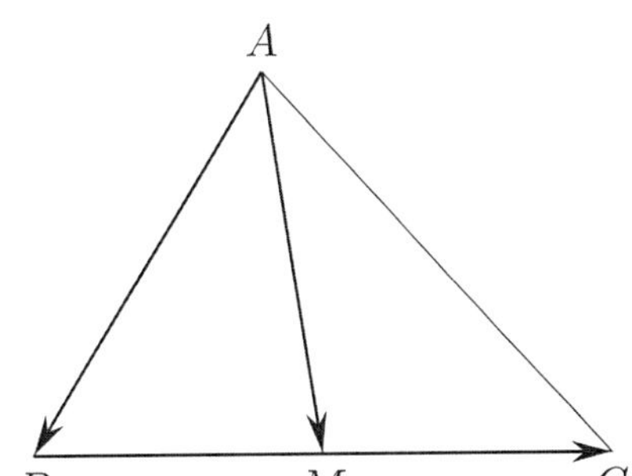

그림 7.5

그림 7.5와 같이 벡터 $\overrightarrow{AB}, \overrightarrow{BC}, \overrightarrow{AM}$을 생각하자. 그러면, $\overrightarrow{AM} = \overrightarrow{AB}+\overrightarrow{BM} = \overrightarrow{AB}+\frac{1}{2}\overrightarrow{BC}$이다. $\overrightarrow{AM}\cdot\overrightarrow{AM} = |\overrightarrow{AM}|^2$이므로, $\overrightarrow{AM}\cdot\overrightarrow{AM}$을 계산하자.

$\overrightarrow{AM}\cdot\overrightarrow{AM} = \left(\overrightarrow{AB}+\frac{1}{2}\overrightarrow{BC}\right)\cdot\left(\overrightarrow{AB}+\frac{1}{2}\overrightarrow{BC}\right) = \overrightarrow{AB}\cdot\overrightarrow{AB}+\frac{1}{2}\overrightarrow{AB}\cdot\overrightarrow{BC}+\frac{1}{2}\overrightarrow{AB}\cdot\overrightarrow{BC}+\frac{1}{4}\overrightarrow{BC}\cdot\overrightarrow{BC} = |\overrightarrow{AB}|^2+\overrightarrow{AB}\cdot\overrightarrow{BC}+\frac{1}{4}|\overrightarrow{BC}|^2$이다. 이제, $\overrightarrow{AB}\cdot\overrightarrow{BC} = |\overrightarrow{AB}||\overrightarrow{BC}|\cos(\pi -$

$\angle ABC) = -|\overrightarrow{AB}||\overrightarrow{BC}|\cos\angle ABC$임을 생각하자.

$\cos\angle ABC$를 삼각형 ABC에서 코사인 정리를 이용하여 구하면, $\cos\angle ABC = \frac{\overline{BC}^2+\overline{AB}^2-\overline{AC}^2}{2\overline{BC}\times\overline{AB}}$이다. 이것을 $\overrightarrow{AB}\cdot\overrightarrow{BC} = -|\overrightarrow{AB}||\overrightarrow{BC}|\cos\angle ABC$에 대입하여 정리하면, $\overrightarrow{AB}\cdot\overrightarrow{BC} = \frac{\overline{AC}^2-\overline{BC}^2-\overline{AB}^2}{2}$이다.

그러므로 $\overrightarrow{AM}\cdot\overrightarrow{AM} = |\overrightarrow{AB}|^2 + \overrightarrow{AB}\cdot\overrightarrow{BC} + \frac{1}{4}|\overrightarrow{BC}|^2 = \frac{2\overline{AC}^2+2\overline{AB}^2-\overline{BC}^2}{4}$이다. 이로부터 $\overline{AM} = \frac{\sqrt{2\overline{AC}^2+2\overline{AB}^2-\overline{BC}^2}}{2}$이 된다. 이때, $\overline{AM} = m_a, \overline{BC} = a, \overline{AC} = b, \overline{AB} = c$라 놓으면, $m_a = \frac{\sqrt{2b^2+2c^2-a^2}}{2}$으로 간단히 나타낼 수 있다.

이제, 벡터의 중요한 성질의 하나인 벡터의 분해에 대한 정리를 살펴보자. 이와 관련하여 공선벡터와 공면벡터를 살펴보자. 두 벡터 $\overrightarrow{p}, \overrightarrow{q}$ 모두에 평행한 직선이 존재하면, 벡터 $\overrightarrow{p}, \overrightarrow{q}$를 공선벡터라고 한다. 예를 들어, 평행인 두 벡터 $\overrightarrow{p}, \overrightarrow{q}$, 즉 영벡터가 아니며 영이 아닌 실수 k에 대해 $\overrightarrow{q} = k\overrightarrow{p}$를 만족하는 벡터 $\overrightarrow{p}, \overrightarrow{q}$는 공선벡터이다. 그리고 영벡터는 임의의 다른 벡터와 공선벡터이다. 한편, 공선벡터가 아닌 두 벡터 $\overrightarrow{p}, \overrightarrow{q}$를 비공선벡터라고 말한다.

유사한 방법으로, 세 벡터 $\overrightarrow{p}, \overrightarrow{q}, \overrightarrow{r}$에 대한 공면성을 생각할 수 있다. 세 벡터 $\overrightarrow{p}, \overrightarrow{q}, \overrightarrow{r}$ 모두에 평행한 평면이 존재하면, 벡터 $\overrightarrow{p}, \overrightarrow{q}, \overrightarrow{r}$을 공면벡터라고 하며, 그렇지 않은 경우에는 비공면벡터라고 한다.

가령, 공면벡터 $\overrightarrow{p}, \overrightarrow{q}, \overrightarrow{r}$이 주어졌다고 하자. 공간에서 점 U를 시점으로 하여 $\overrightarrow{p}, \overrightarrow{q}, \overrightarrow{r}$과 같은 벡터 $\overrightarrow{p_1}, \overrightarrow{q_1}, \overrightarrow{r_1}$을 놓으면, 벡터 $\overrightarrow{p_1}, \overrightarrow{q_1}, \overrightarrow{r_1}$을 한 평면에 놓을 수 있다. 이것이 $\overrightarrow{p}, \overrightarrow{q}, \overrightarrow{r}$을 공면벡터라고 부르는 이유가 될 것이다. 결국, 공면벡터 $\overrightarrow{p}, \overrightarrow{q}, \overrightarrow{r}$은 한 평면에 놓여있거나 평행인 평면들에 놓여있다.

정리 7.4. 세 벡터 $\overrightarrow{p}, \overrightarrow{q}, \overrightarrow{r}$ 중 임의의 두 벡터는 비공선벡터이다. 벡터 $\overrightarrow{p}, \overrightarrow{q}, \overrightarrow{r}$이 공면벡터일 필요충분조건은 $\overrightarrow{r} = a\overrightarrow{p} + b\overrightarrow{q}$인 실수 a, b가 존재하는 것이다.

[충분조건의 증명] 벡터 $\overrightarrow{p}, \overrightarrow{q}, \overrightarrow{r}$이 공면벡터라 하자. 임의의 점 U에 대해 $\overrightarrow{US} = \overrightarrow{p}, \overrightarrow{UT} = \overrightarrow{q}, \overrightarrow{UV} = \overrightarrow{r}$이 되도록 벡터 $\overrightarrow{US}, \overrightarrow{UT}, \overrightarrow{UV}$를 잡자. 그러면 벡터 $\overrightarrow{US}, \overrightarrow{UT}, \overrightarrow{UV}$는 한 평면에 놓이게 된다.

점 V를 지나 직선 UT, US와 평행한 직선 m, n을 각각 작도하여, 직선 US, UT와의 교점을 S_1, T_1이라 하자(그림 7.6). 그러면, $\overrightarrow{US_1} = a\overrightarrow{US} = a\overrightarrow{p}, \overrightarrow{UT_1} = b\overrightarrow{UT} = b\overrightarrow{q}$인 실수 a, b가 존재한다. 그리고 $\overrightarrow{UV} = \overrightarrow{US_1} + \overrightarrow{UT_1} = a\overrightarrow{p} + b\overrightarrow{q}$이다.

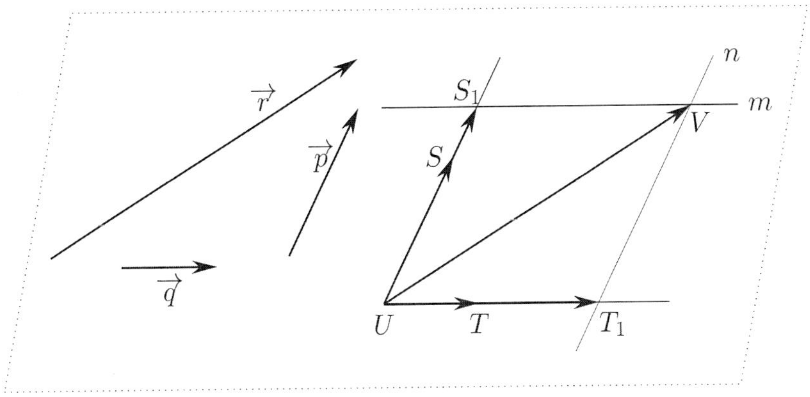

그림 7.6

[필요조건의 증명] $\overrightarrow{r} = a\overrightarrow{p} + b\overrightarrow{q}$인 실수 a, b가 존재한다고 가정하고, $\overrightarrow{p}$, $\overrightarrow{q}$, $\overrightarrow{r}$이 공면벡터라는 것을 증명하자. $\overrightarrow{p}$, $\overrightarrow{q}$이 비공선벡터이므로, $a\overrightarrow{p}, b\overrightarrow{q}$도 비공선벡터이다.

이제, 임의의 점 U를 잡아 점 U가 시점이 되도록 $a\overrightarrow{p}, b\overrightarrow{q}$를 놓으면, $a\overrightarrow{p}, b\overrightarrow{q}$는 평면 α를 결정한다. 그리고 식 $\overrightarrow{r} = a\overrightarrow{p} + b\overrightarrow{q}$는 $a\overrightarrow{p}, b\overrightarrow{q}$를 평행사변형의 인접한 변에 놓으면 $\overrightarrow{r}$은 평행사변형의 대각선에 놓인다는 것을 의미한다. 그러므로, $\overrightarrow{r}$도 평면 α에 속한다. 이로부터 $\overrightarrow{p}$, $\overrightarrow{q}$, $\overrightarrow{r}$이 공면벡터라는 것이 증명된다. □

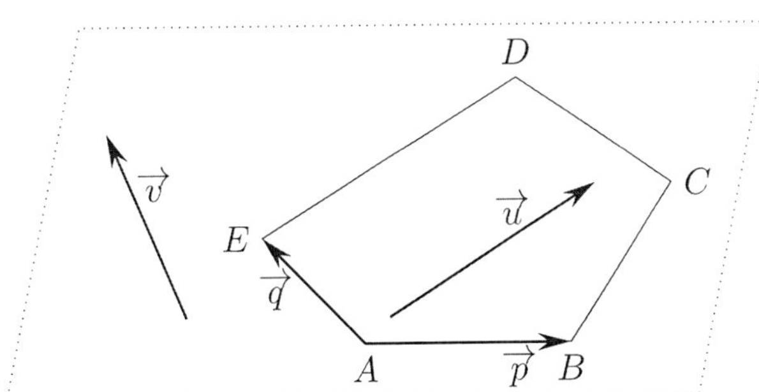

그림 7.7

그림 7.7과 같이 오각형 $ABCDE$가 주어졌고, 오각형의 변 AB, AE에 벡터 $\overrightarrow{p}$,

$\overrightarrow{q}$를 잡자. 그리고 오각형 $ABCDE$를 지나는 평면 α 또는 평면 α와 평행한 평면 β에 속하는 임의의 벡터 $\overrightarrow{u}, \overrightarrow{v}$를 잡자. 그러면 정리 7.4에 의해, 벡터 $\overrightarrow{u}, \overrightarrow{v}$를 $\overrightarrow{p}$, $\overrightarrow{q}$를 이용하여 $\overrightarrow{u} = a_1\overrightarrow{p} + b_1\overrightarrow{q}, \overrightarrow{v} = a_2\overrightarrow{p} + b_2\overrightarrow{q}$와 같이 나타낼(분해할) 수 있다.

정리 7.4를 공간으로 확장하여, 공간에서 벡터를 분해하는 것을 생각해 보자.

정리 7.5. $\overrightarrow{p}$, $\overrightarrow{q}$, $\overrightarrow{r}$은 비공면벡터이다. 그러면, 공간의 임의의 벡터 $\overrightarrow{u}$를 $\overrightarrow{u} = a\overrightarrow{p} + b\overrightarrow{q} + c\overrightarrow{r}$로 분해할 수 있으며, 이러한 분해는 유일하다.

벡터 $\overrightarrow{u}$가 $\overrightarrow{p}$, $\overrightarrow{q}$, $\overrightarrow{r}$ 중의 하나와 공선적이면, 가령 $\overrightarrow{p}$와 공선적이라 하면 $\overrightarrow{u} = a\overrightarrow{p} + 0 \cdot \overrightarrow{q} + 0 \cdot \overrightarrow{r}$과 같이 나타낼 수 있으며, 정리가 증명된다.

벡터 $\overrightarrow{u}$가 $\overrightarrow{p}$, $\overrightarrow{q}$, $\overrightarrow{r}$과 비공선적이라 하자(그림 7.8(a)). 공간의 임의의 점 U에 대해 $\overrightarrow{UP} = \overrightarrow{p}, \overrightarrow{UQ} = \overrightarrow{q}, \overrightarrow{UR} = \overrightarrow{r}$이 되도록 벡터 $\overrightarrow{UP}, \overrightarrow{UQ}, \overrightarrow{UR}$을 잡자.

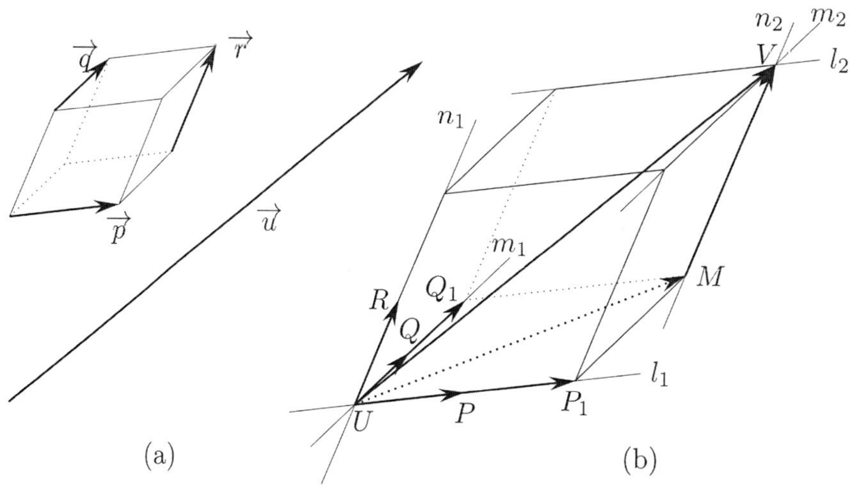

그림 7.8

정리 7.4의 증명과 유사한 방법을 살펴보자. $\overrightarrow{UP}$를 지나는 직선 l_1을 긋고, 점 V를 지나 $\overrightarrow{UP}$와 평행한 직선 l_2을 긋자. 그리고 $\overrightarrow{UQ}$를 지나는 직선 m_1을 긋고, 점 V를 지나 $\overrightarrow{UQ}$와 평행한 직선 m_2을 긋자. 마지막으로 $\overrightarrow{UR}$을 지나는 직선 n_1을 긋고, 점 V를 지나 $\overrightarrow{UR}$과 평행한 직선 n_2을 긋자(그림 7.8(b)).

직선 l_1, m_1은 한 평면을 결정하며, 이 평면과 직선 n_2의 교점을 M이라 하자. 그리고 직선 m_2, n_2에 의해 결정된 평면과 직선 l_1의 교점을 P_1, 직선 l_2, n_2에 의해 결정된 평면과 직선 m_1의 교점을 Q_1이라 하자.

그림 7.8(b)에서 $\overrightarrow{UV} = \overrightarrow{UM} + \overrightarrow{MV}$이다. 이때, $\overrightarrow{UM} = \overrightarrow{UP_1} + \overrightarrow{UQ_1}$이며 $\overrightarrow{UP_1} = a\,\overrightarrow{p}, \overrightarrow{UQ_1} = b\,\overrightarrow{q}, \overrightarrow{MV} = c\,\overrightarrow{r}$이다. 그러므로 $\overrightarrow{UV} = \overrightarrow{u} = a\,\overrightarrow{p} + b\,\overrightarrow{q} + c\,\overrightarrow{r}$로 나타낼 수 있다.

이제, 벡터 $\overrightarrow{u}$를 $\overrightarrow{u} = a\,\overrightarrow{p} + b\,\overrightarrow{q} + c\,\overrightarrow{r}$과 같이 $\overrightarrow{p}, \overrightarrow{q}, \overrightarrow{r}$로 분해하는 것이 유일하다는 것을 증명하자. 가령, $\overrightarrow{u}$를 $\overrightarrow{u} = a_1\,\overrightarrow{p} + b_1\,\overrightarrow{q} + c_1\,\overrightarrow{r}$과 같이 다른 방법으로 분해할 수 있다고 가정하자. $\overrightarrow{u} = a\,\overrightarrow{p} + b\,\overrightarrow{q} + c\,\overrightarrow{r}$에서 $\overrightarrow{u} = a_1\,\overrightarrow{p} + b_1\,\overrightarrow{q} + c_1\,\overrightarrow{r}$를 빼자. $(a - a_1)\overrightarrow{p} + (b - b_1)\overrightarrow{q} + (c - c_1)\overrightarrow{r} = 0$이며 $\overrightarrow{p} = -\frac{b-b_1}{a-a_1}\overrightarrow{q} - \frac{c-c_1}{a-a_1}\overrightarrow{r}$이 된다. 그러면, 정리 7.4에 의해 $\overrightarrow{p}, \overrightarrow{q}, \overrightarrow{r}$은 공면벡터이다. 이것은 정리의 가정에 모순된다. 이로부터 벡터 $\overrightarrow{u}$의 분해 $\overrightarrow{u} = a\,\overrightarrow{p} + b\,\overrightarrow{q} + c\,\overrightarrow{r}$이 유일하다는 것이 증명된다. □

벡터 $\overrightarrow{u}$를 $\overrightarrow{u} = a\,\overrightarrow{p} + b\,\overrightarrow{q} + c\,\overrightarrow{r}$과 같이 분해했을 때, 비공면벡터 $\overrightarrow{p}, \overrightarrow{q}, \overrightarrow{r}$을 기저라고 부르며, 벡터 $\overrightarrow{p}, \overrightarrow{q}, \overrightarrow{r}$ 각각을 기저벡터라 부른다.

가령, 정사각뿔 $SABCD$가 주어졌다고 하자. 기저로 정사각뿔의 모서리에 기저벡터 $\overrightarrow{p}, \overrightarrow{q}, \overrightarrow{r}$을 잡자. 이 벡터들을 모서리 AB, AD, AS에 잡을 수도 있고(그림 7.9(a)), 모서리 SA, SB, SC에 $\overrightarrow{u}, \overrightarrow{u}, \overrightarrow{w}$를 잡을 수도 있다(그림 7.9(b)). 어느 모서리에 벡터를 잡을지는 문제 상황에 따라 다를 수 있다.

그림 7.9(a)에서 모서리 BC의 중점을 M, 선분 SM의 중점을 N이라 할 때, 벡터 $\overrightarrow{AN}$을 $\overrightarrow{p}, \overrightarrow{q}, \overrightarrow{r}$로 나타내자. $\overrightarrow{AN} = \overrightarrow{AS} + \overrightarrow{SN}$이다. 이때, $\overrightarrow{SN} = \frac{1}{2}\overrightarrow{SM}$이며 $\overrightarrow{SM} = \frac{1}{2}\left(\overrightarrow{SB} + \overrightarrow{SC}\right)$이므로, $\overrightarrow{SN} = \frac{1}{4}\left(\overrightarrow{SB} + \overrightarrow{SC}\right)$이다.

$\overrightarrow{SB}, \overrightarrow{SC}$를 $\overrightarrow{p}, \overrightarrow{q}, \overrightarrow{r}$로 나타내자. $\overrightarrow{SB} = \overrightarrow{AB} - \overrightarrow{AS} = \overrightarrow{p} - \overrightarrow{r}$이다. 그리고 $\overrightarrow{AB} + \overrightarrow{BC} + \overrightarrow{CS} = \overrightarrow{AS}$인데, $\overrightarrow{BC} = \overrightarrow{AD}$이고 $\overrightarrow{SC} = -\overrightarrow{CS}, \overrightarrow{AS} = -\overrightarrow{SA}$이므로, $\overrightarrow{SC} = \overrightarrow{p} + \overrightarrow{q} - \overrightarrow{r}$이다.

결국, $\overrightarrow{SN} = \frac{1}{4}\left(\overrightarrow{SB} + \overrightarrow{SC}\right) = \frac{1}{4}(\overrightarrow{p} - \overrightarrow{r} + \overrightarrow{p} + \overrightarrow{q} - \overrightarrow{r}) = \frac{1}{4}(2\overrightarrow{p} + \overrightarrow{q} - 2\overrightarrow{r})$이 되며, $\overrightarrow{AN} = \overrightarrow{AS} + \overrightarrow{SN} = \overrightarrow{r} + \frac{1}{4}(2\overrightarrow{p} + \overrightarrow{q} - 2\overrightarrow{r}) = \frac{1}{2}\overrightarrow{p} + \frac{1}{4}\overrightarrow{q} + \frac{1}{2}\overrightarrow{r}$이다.

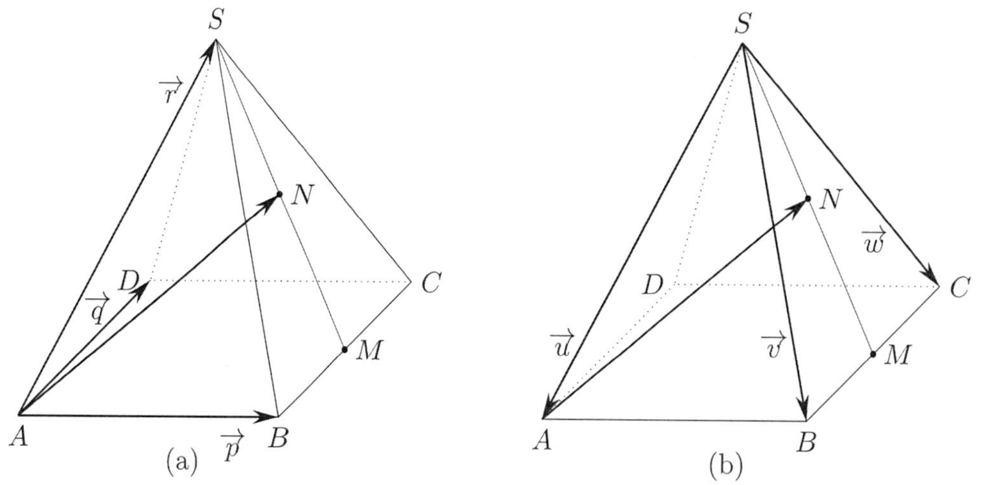

그림 7.9

이제, 그림 7.9(b)에서 $\overrightarrow{AN}$을 $\overrightarrow{u}, \overrightarrow{u}, \overrightarrow{w}$로 나타내자. $\overrightarrow{AN} = \overrightarrow{AS} + \overrightarrow{SN} = -\overrightarrow{u} + \frac{1}{2}\overrightarrow{SM} = -\overrightarrow{u} + \frac{1}{4}(\overrightarrow{v} + \overrightarrow{w})$이다. 살펴본 것과 같이, 정사각뿔의 어느 모서리에 기저벡터를 잡느냐에 따라 $\overrightarrow{AN}$을 나타내는 방법에 차이가 생긴다.

정사각뿔이나 다른 다면체의 어느 모서리에 벡터를 잡고 문제해결을 시작할지는 문제상황에 따라 다르다. 그림 7.9에서 $\overrightarrow{AN}$을 나타내기 위해서는 그림 7.9(b)와 같이 잡는 것이 쉬웠지만, 벡터의 내적을 계산해야 하는 문제에서는 일반적으로 그림 7.9(a)와 같이 벡터를 잡고 문제해결을 시작하게 된다. 왜냐 하면, 정사각뿔 $ABCD$의 각 꼭짓점의 각이 직각이므로, 그림 7.9(a)에서 $\overrightarrow{p} \cdot \overrightarrow{q} = 0$이 되며 이러한 경우에 문제해결이 간단해지는 경우가 있기 때문이다.

1. 점과 직선사이의 거리

직선 l이 주어졌고, 직선 l의 점 P, 직선 l 밖의 점 Q가 주어졌다. 직선 l의 방향벡터[1]로 $\overrightarrow{d}$를 생각하자. 이제, 점 Q와 직선 l사이의 거리를 살펴보자(그림 7.10).

[1]직선 l에 속한 벡터(직선 l의 점 M, N에 대해 $\overrightarrow{MN}$) 또는 직선 l과 평행한 벡터는 직선 l의 방향을 나타내므로, 이러한 벡터를 직선 l의 방향벡터라 부른다.

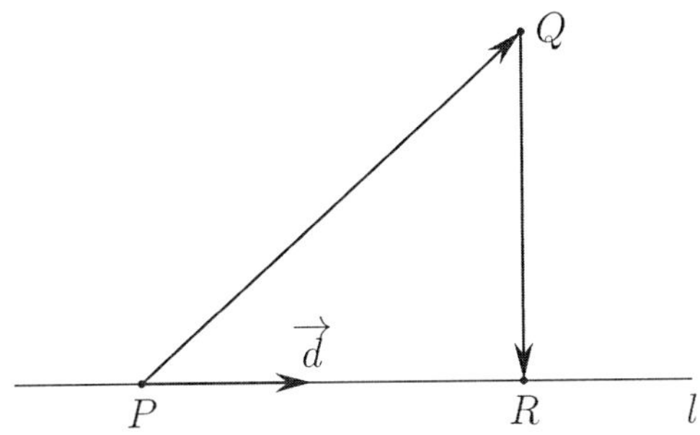

그림 7.10

$\overrightarrow{PQ} = \overrightarrow{p}$라 하고, 점 Q에서 직선 l에 수선 QR을 긋자. 그러면, $\overrightarrow{PQ} + \overrightarrow{QR} = \overrightarrow{PR}$이고 $\overrightarrow{PR} = t\overrightarrow{d}$이므로 $\overrightarrow{QR} = \overrightarrow{PR} - \overrightarrow{PQ} = t\overrightarrow{d} - \overrightarrow{p}$가 된다.

한편, 벡터 $\overrightarrow{QR}$과 $\overrightarrow{d}$가 수직이므로, $\overrightarrow{QR} \cdot \overrightarrow{d} = 0$이며 $(t\overrightarrow{d} - \overrightarrow{p}) \cdot \overrightarrow{d} = 0$이다. $(t\overrightarrow{d} - \overrightarrow{p}) \cdot \overrightarrow{d} = 0$에서 t값을 구할 수 있으며, 이로부터 $\overrightarrow{QR}$과 $|\overrightarrow{QR}|$을 구할 수 있다.

예를 들어, 정삼각기둥 $ABCA_1B_1C_1$이 주어졌고, $\overline{AB} = 2, \overline{AA_1} = 1$이라 하자. 꼭짓점 A에서 모서리 B_1C_1까지의 거리를 구해보자. 이를 위해, 정삼각기둥의 모서리 B_1A_1, B_1B, B_1C_1에 기저 $\overrightarrow{a}, \overrightarrow{b}, \overrightarrow{c}$를 도입하자(그림 7.11(a)). 즉, $\overrightarrow{B_1A_1} = \overrightarrow{a}, \overrightarrow{B_1B} = \overrightarrow{b}, \overrightarrow{B_1C_1} = \overrightarrow{c}$라 하자.

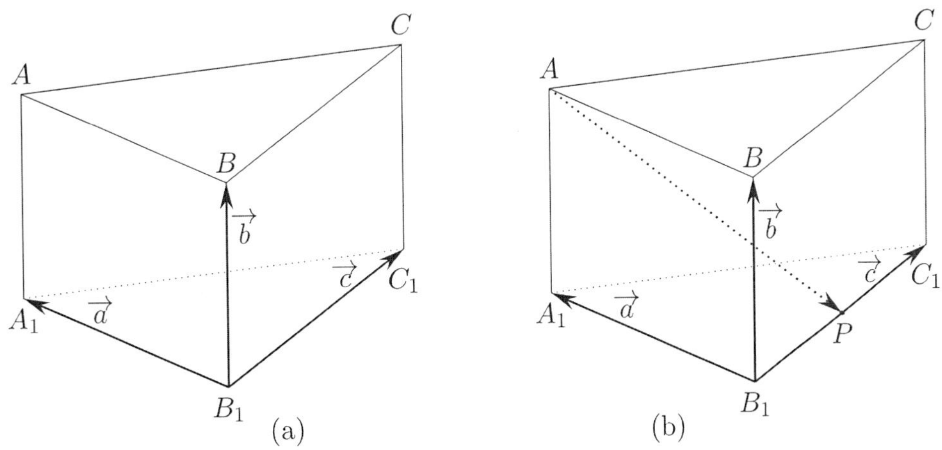

그림 7.11

꼭짓점 A에서 직선 B_1C_1에 내린 수선의 발을 P라 하자(그림 7.11(b)). 직선 B_1C_1

에서 점 P의 위치는 아직 모르지만, 점 P가 직선 B_1C_1에 속하므로 $\overrightarrow{B_1P} = t\overrightarrow{B_1C_1} = t\overrightarrow{c}$라 놓을 수 있다. $\overrightarrow{AP} = \overrightarrow{AB} + \overrightarrow{BB_1} + \overrightarrow{B_1P}$라 놓으면, $\overrightarrow{AP} = -\overrightarrow{a} - \overrightarrow{b} + t\overrightarrow{c}$이다.

이제, $\overrightarrow{AP}$가 $\overrightarrow{c}$와 수직인 것을 생각하면, $(-\overrightarrow{a} - \overrightarrow{b} + t\overrightarrow{c}) \cdot \overrightarrow{c} = 0$이 얻어진다. $(-\overrightarrow{a} - \overrightarrow{b} + t\overrightarrow{c}) \cdot \overrightarrow{c} = -\overrightarrow{a} \cdot \overrightarrow{c} - \overrightarrow{b} \cdot \overrightarrow{c} + t\overrightarrow{c} \cdot \overrightarrow{c} = 0$이다. $\overrightarrow{a}$와 $\overrightarrow{b}$, $\overrightarrow{b}$와 $\overrightarrow{c}$는 직각을 이루므로 $\overrightarrow{a} \cdot \overrightarrow{b} = 0$, $\overrightarrow{b} \cdot \overrightarrow{c} = 0$이다. 그리고 밑면인 삼각형 $A_1B_1C_1$은 정삼각형이므로, $\angle A_1B_1C_1 = \frac{\pi}{3}$이다. 그러므로 $\overrightarrow{a} \cdot \overrightarrow{c} = \overrightarrow{c} \cdot \overrightarrow{a} = 2$이다. 살펴본 $\overrightarrow{a}, \overrightarrow{b}, \overrightarrow{c}$의 내적을 표로 정리하면, 표 7.1과 같다.

$\cdot$	$\overrightarrow{a}$	$\overrightarrow{b}$	$\overrightarrow{c}$
$\overrightarrow{a}$	4	0	2
$\overrightarrow{b}$	0	1	0
$\overrightarrow{c}$	2	0	4

표 7.1

$-\overrightarrow{a} \cdot \overrightarrow{c} - \overrightarrow{b} \cdot \overrightarrow{c} + t\overrightarrow{c} \cdot \overrightarrow{c} = 0$에서 표 7.1을 이용하여 계산하면, $t = \frac{1}{2}$이다. 그러므로, $\overrightarrow{AP} = -\overrightarrow{a} - \overrightarrow{b} + \frac{1}{2}\overrightarrow{c}$이다. 이제, $|\overrightarrow{AP}| = \sqrt{\overrightarrow{AP} \cdot \overrightarrow{AP}}$를 계산하자.

$$\left(-\overrightarrow{a} - \overrightarrow{b} + \frac{1}{2}\overrightarrow{c}\right) \cdot \left(-\overrightarrow{a} - \overrightarrow{b} + \frac{1}{2}\overrightarrow{c}\right) = \overrightarrow{a} \cdot \overrightarrow{a} + \overrightarrow{b} \cdot \overrightarrow{b} + \frac{1}{4}\overrightarrow{c} \cdot \overrightarrow{c} - \overrightarrow{a} \cdot \overrightarrow{c}$$

결국, $|\overrightarrow{AP}| = 2$를 얻을 수 있다. 이로부터, 꼭짓점 A에서 모서리 B_1C_1까지의 거리는 2이다.

벡터를 이용한 문제해결 방법의 장점 중 하나는 문제상황에 따라 다양하게 기저벡터를 도입할 수 있다는 것이다. 그림 7.11(a)에서는 $\overrightarrow{B_1A_1} = \overrightarrow{a}, \overrightarrow{B_1B} = \overrightarrow{b}, \overrightarrow{B_1C_1} = \overrightarrow{c}$인 기저벡터 $\overrightarrow{a}, \overrightarrow{b}, \overrightarrow{c}$를 도입하였다. 그러나, 정삼각기둥에서 다른 기저벡터를 이용하여 문제를 해결할 수도 있다.

가령, $\overrightarrow{A_1B_1} = \overrightarrow{u}, \overrightarrow{A_1A} = \overrightarrow{v}, \overrightarrow{A_1C_1} = \overrightarrow{w}$인 기저 $\overrightarrow{u}, \overrightarrow{v}, \overrightarrow{w}$를 도입하였다고 하자 (그림 7.12(a)). 먼저, $\overrightarrow{u}, \overrightarrow{v}, \overrightarrow{w}$의 내적을 표로 정리하면, 표 7.2와 같다.

$\overrightarrow{AP} = \overrightarrow{AA_1} + \overrightarrow{A_1B_1} + \overrightarrow{B_1P}$라 놓을 수 있다. 이때, $\overrightarrow{B_1C_1} = \overrightarrow{A_1C_1} - \overrightarrow{A_1B_1} = \overrightarrow{w} - \overrightarrow{u} =$

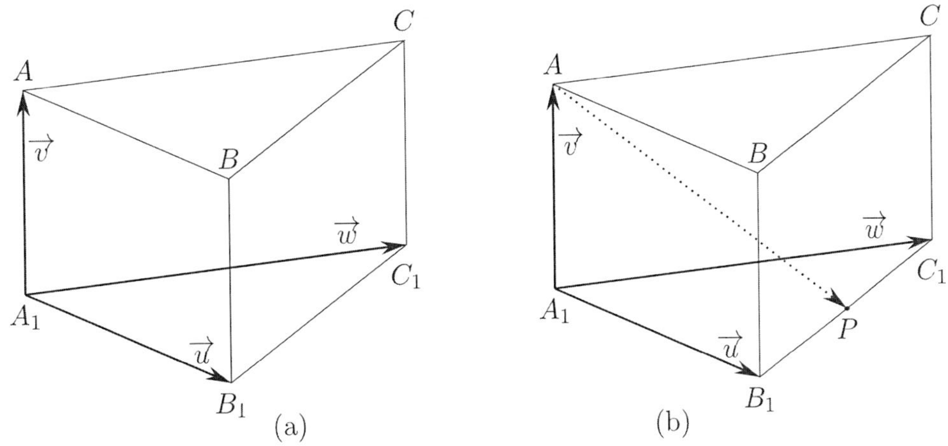

그림 7.12

$\cdot$	$\overrightarrow{u}$	$\overrightarrow{v}$	$\overrightarrow{w}$
$\overrightarrow{u}$	4	0	2
$\overrightarrow{v}$	0	1	0
$\overrightarrow{w}$	2	0	4

표 7.2

$-\overrightarrow{u}+\overrightarrow{w}$이므로, $\overrightarrow{B_1P}=t(-\overrightarrow{u}+\overrightarrow{w})$이다. 그러므로 $\overrightarrow{AP}=-\overrightarrow{v}+\overrightarrow{u}+t(-\overrightarrow{u}+\overrightarrow{w})=(1-t)\overrightarrow{u}-\overrightarrow{v}+t\overrightarrow{w}$이다. 이제, $\overrightarrow{AP}$가 $\overrightarrow{B_1C_1}=-\overrightarrow{u}+\overrightarrow{w}$와 수직인 것을 생각하면, $((1-t)\overrightarrow{u}-\overrightarrow{v}+t\overrightarrow{w})\cdot(-\overrightarrow{u}+\overrightarrow{w})=0$이다.

이 식을 전개하여 표 7.2를 이용하여 계산하면, $t=\frac{1}{2}$이다. 그러므로, $\overrightarrow{AP}=\frac{1}{2}\overrightarrow{u}-\overrightarrow{v}+\frac{1}{2}\overrightarrow{w}$이다. 이제, $|\overrightarrow{AP}|=\sqrt{\overrightarrow{AP}\cdot\overrightarrow{AP}}$를 계산하면 2를 얻을 수 있다.

이제, 좌표 방법으로 문제를 해결해 보자. 공간에 점 $P(a,b,c)$와 직선 l이 주어졌다고 하자. 점 P에서 직선 l사이의 거리를 구하는 방법을 살펴보자. 점 P에서 직선 l 사이의 거리를 구하려면, 점 P에서 직선 l에 내린 수선의 발을 찾아야 한다.

수선의 발의 좌표를 어떻게 찾을 수 있을까? 이를 위해, 점 P를 지나며 직선 l에 수직인 평면 α를 생각하자. 직선 l과 평면 α의 교점을 Q라 하자. 직선 l이 평면 α와 수직이므로, 직선 l은 평면 α에 놓인 직선과 수직을 이룬다. 즉 직선 l과 직선 PQ도 수직이 된다. 그러므로, 점 Q는 점 P에서 직선 l에 내린 수선의 발이 된다. 점 P, Q 사이의 거리가 점 P와 직선 l사이의 거리이다.

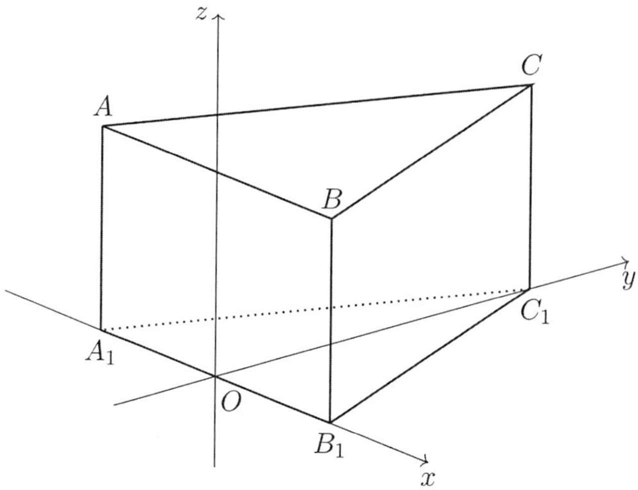

그림 7.13

정삼각기둥의 모서리 A_1B_1의 중점을 원점 O로 하고, 직선 OC_1을 y축, 점 O를 지나며 모서리 A_1A에 평행한 직선을 z축으로 하는 직교좌표계를 도입하자(그림 7.13). $\overline{AB} = 2, \overline{AA_1} = 1$이므로, 꼭짓점 A_1의 좌표는 $(-1, 0, 0)$이고 꼭짓점 B_1의 좌표는 $(1, 0, 0)$이다. 직각삼각형 B_1OC_1에서 $\overline{OC_1} = \sqrt{3}$이므로, 꼭짓점 C_1의 좌표는 $(0, \sqrt{3}, 0)$이다. 그리고 $A(-1, 0, 1), B(1, 0, 1), C(0, \sqrt{3}, 1)$이다.

직선 B_1C_1의 방정식을 구하자. 점 $B_1(1, 0, 0)$, $C_1(0, \sqrt{3}, 0)$을 지나는 직선 B_1C_1의 방정식은 $\frac{x-1}{-1} = \frac{y}{\sqrt{3}}, z = 0$이다. 점 $A(-1, 0, 1)$을 지나며 직선 B_1C_1과 수직인 평면 α의 방정식을 구하자. 평면 α의 법선벡터가 $(-1, \sqrt{3}, 0)$이므로, 평면 α의 방정식은 $-(x+1) + \sqrt{3}y = 0, -x + \sqrt{3}y - 1 = 0$이다.

평면 $-x + \sqrt{3}y - 1 = 0$와 직선 $\frac{x-1}{-1} = \frac{y}{\sqrt{3}}, z = 0$의 교점을 구하자. 이를 위해, $x = -t + 1, y = \sqrt{3}t$를 $-x + \sqrt{3}y - 1 = 0$에 대입하면 $t = \frac{1}{2}$이다. 그러므로, 평면 $-x + \sqrt{3}y - 1 = 0$와 직선 $\frac{x-1}{-1} = \frac{y}{\sqrt{3}}, z = 0$의 교점 Q는 $\left(\frac{1}{2}, \frac{\sqrt{3}}{2}, 0\right)$이다. 이제, 점

$A(-1,0,1)$와 $Q\left(\frac{1}{2},\frac{\sqrt{3}}{2},0\right)$사이의 거리를 구하면 2가 된다.

예제 7.1. 정삼각기둥 $ABCA_1B_1C_1$이 주어졌고, $\overline{AB}=2, \overline{AA_1}=1$이다. 모서리 A_1B_1의 중점을 P라 할 때, 꼭짓점 B와 직선 PC사이의 거리를 구하여라.

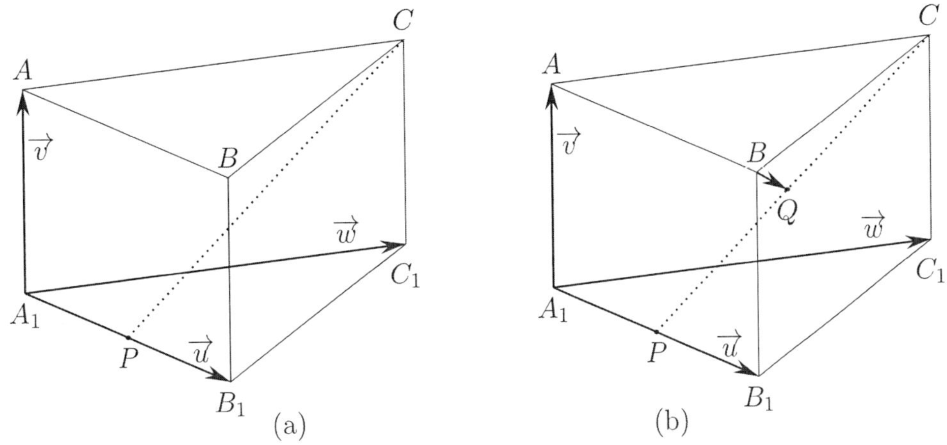

그림 7.14

그림 7.14(a)와 같이 정삼각기둥의 모서리에 기저벡터를 도입했다고 하자. 점 B에서 직선 PC에 내린 수선의 발을 Q라 하고 $\overrightarrow{BQ}$를 구하자(그림 7.14(b)). $\overrightarrow{BQ}=\overrightarrow{BB_1}+\overrightarrow{B_1P}+\overrightarrow{PQ}$인데 $\overrightarrow{PQ}=t\overrightarrow{PC}$, $\overrightarrow{PC}=\overrightarrow{PA_1}+\overrightarrow{A_1A}+\overrightarrow{AC}=-\frac{1}{2}\overrightarrow{u}+\overrightarrow{v}+\overrightarrow{w}$이므로, $\overrightarrow{BQ}=-\overrightarrow{v}-\frac{1}{2}\overrightarrow{u}+t\left(-\frac{1}{2}\overrightarrow{u}+\overrightarrow{v}+\overrightarrow{w}\right)=-\frac{(t+1)}{2}\overrightarrow{u}+(t-1)\overrightarrow{v}+t\overrightarrow{w}$이다.

이제, $\overrightarrow{BQ}\cdot\overrightarrow{PC}=0$임을 이용하자. $\overrightarrow{u},\overrightarrow{v},\overrightarrow{w}$에 대한 내적을 계산한 표 7.2를 이용하여, 다음을 계산하자.

$$\left(-\frac{(t+1)}{2}\overrightarrow{u}+(t-1)\overrightarrow{v}+t\overrightarrow{w}\right)\cdot\left(-\frac{1}{2}\overrightarrow{u}+\overrightarrow{v}+\overrightarrow{w}\right)=0$$

이 식을 전개하여 정리하면, $t=\frac{1}{4}$이다. 그러므로 $\overrightarrow{BQ}=-\frac{5}{8}\overrightarrow{u}-\frac{3}{4}\overrightarrow{v}+\frac{1}{4}\overrightarrow{w}$이다. 이제, $|\overrightarrow{BQ}|=\sqrt{\overrightarrow{BQ}\cdot\overrightarrow{BQ}}$를 계산하면 $\frac{\sqrt{7}}{2}$을 얻을 수 있다. 결국, 꼭짓점 B와 직선 PC 사이의 거리는 $\frac{\sqrt{7}}{2}$이다.

이제, 좌표 방법을 이용하여 구해보자. 그림 7.13과 같이 좌표계를 잡으면, 점 P는 원점이 되며, 점 C의 좌표는 $(0,\sqrt{3},1)$이다. 그러므로, 직선 PC의 방정식은

$x = 0, \frac{y}{\sqrt{3}} = \frac{z}{1}$이다. 직선 PC와 수직인 평면 α의 법선벡터는 $(0, \sqrt{3}, 1)$이므로, 점 $B(1, 0, 1)$을 지나는 평면 α의 방정식은 $\sqrt{3}y + (z - 1) = 0$이다.

직선 $x = 0, \frac{y}{\sqrt{3}} = \frac{z}{1}$와 평면 $\sqrt{3}y + z - 1 = 0$의 교점 Q를 구하자. 이를 위해, $y = \sqrt{3}t, z = t$를 대입하면, $t = \frac{1}{4}$이다. 즉 교점 Q의 좌표는 $Q\left(0, \frac{\sqrt{3}}{4}, \frac{1}{4}\right)$이다. 이로부터 점 B, Q사이의 거리를 구하면 $\frac{\sqrt{7}}{2}$이다. 이것은 꼭짓점 B와 직선 PC사이의 거리는 $\frac{\sqrt{7}}{2}$이라는 것을 의미한다. □

이제, 정삼각뿔에서 점과 직선사이의 거리를 구하는 문제를 살펴보자. 정삼각뿔 $SABC$에서 $\overline{SA} = 2, \angle ASB = \frac{\pi}{4}$라 할 때, 정삼각뿔 $SABC$의 꼭짓점 S에서 밑면 ABC에 그은 수선의 길이를 구해보자. 그림 7.15(a)와 같이 모서리 SA, SB, SC에 기저벡터 $\overrightarrow{SA} = \overrightarrow{a}, \overrightarrow{SB} = \overrightarrow{b}, \overrightarrow{SC} = \overrightarrow{c}$를 잡자.

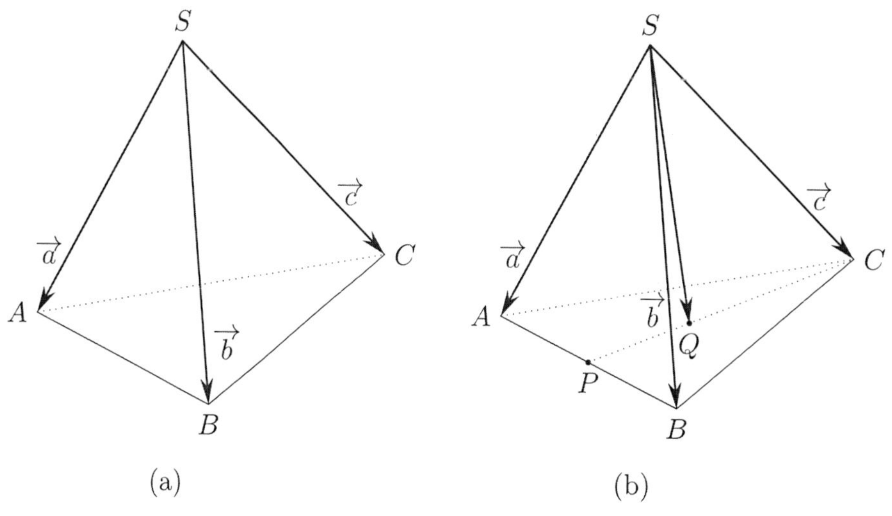

그림 7.15

꼭짓점 S에서 밑면 ABC에 내린 수선의 길이를 구하는 문제는 점과 평면사이의 거리 문제로 생각할 수도 있다. 그러나 꼭짓점 S에서 밑면 ABC에 내린 수선의 발이 밑면 ABC의 중심에 놓인다는 것을 생각하면, 모서리 AB의 중점 P에 대해 꼭짓점 S에서 직선 PC사이의 거리를 구하는 문제로도 생각할 수 있다. 우선, $\overrightarrow{a}, \overrightarrow{b}, \overrightarrow{c}$의 내적을 계산하여 정리하자(표 7.3).

$\cdot$	$\vec{a}$	$\vec{b}$	$\vec{c}$
$\vec{a}$	4	$2\sqrt{2}$	$2\sqrt{2}$
$\vec{b}$	$2\sqrt{2}$	4	$2\sqrt{2}$
$\vec{c}$	$2\sqrt{2}$	$2\sqrt{2}$	4

표 7.3

그림 7.15(b)에서 $\overrightarrow{SQ} = \overrightarrow{SP} + \overrightarrow{PQ}$인데, $\overrightarrow{SP} = \overrightarrow{SA} + \overrightarrow{AP}$이다. $\overrightarrow{AP} = \frac{1}{2}\overrightarrow{AB} = \frac{1}{2}\left(\overrightarrow{SB} - \overrightarrow{SA}\right) = \frac{1}{2}\left(\vec{b} - \vec{a}\right)$인 것을 생각하면, $\overrightarrow{SP} = \frac{1}{2}\left(\vec{a} + \vec{b}\right)$이다. 그리고 $\overrightarrow{PC} = \overrightarrow{PA} + \overrightarrow{AS} + \overrightarrow{SC} = \frac{1}{2}\left(\vec{a} - \vec{b}\right) - \vec{a} + \vec{c} = -\frac{1}{2}\vec{a} - \frac{1}{2}\vec{b} + \vec{c}$이므로, $\overrightarrow{PQ} = t\overrightarrow{PC} = -\frac{t}{2}\vec{a} - \frac{t}{2}\vec{b} + t\vec{c}$이다. 결국 $\overrightarrow{SQ} = \frac{(1-t)}{2}\vec{a} + \frac{(1-t)}{2}\vec{b} + t\vec{c}$이다.

$\overrightarrow{SQ}$와 $\overrightarrow{PC}$가 수직이라는 것을 생각하면, 다음으로부터 t값을 구할 수 있다.

$$\overrightarrow{SQ} \cdot \overrightarrow{PC} = \left(\frac{(1-t)}{2}\vec{a} + \frac{(1-t)}{2}\vec{b} + t\vec{c}\right) \cdot \left(-\frac{1}{2}\vec{a} - \frac{1}{2}\vec{b} + \vec{c}\right) = 0$$

이 식에서 t값을 구하면 $t = \frac{1}{3}$이다. 이로부터, $\overrightarrow{SQ} = \frac{1}{3}\vec{a} + \frac{1}{3}\vec{b} + \frac{1}{3}\vec{c}$가 얻어진다.

그러나 정삼각뿔에서는 다른 방법으로 $\overrightarrow{SQ}$를 구할 수 있다. 가령 $\overrightarrow{UV} = \vec{v}, \overrightarrow{UW} = \vec{w}$라 하자. 이때, 선분 VW를 $m : n$으로 내분하는 점 X에 대해 $\overrightarrow{UX} = \frac{m\vec{w} + n\vec{v}}{m+n}$가 성립한다(그림 7.16).

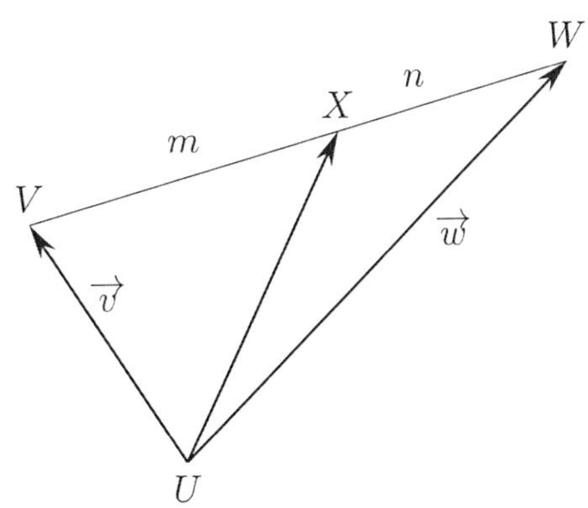

그림 7.16

왜냐 하면, $\overrightarrow{UX} = \overrightarrow{UV} + \overrightarrow{VX}$인데, $\overrightarrow{VX} = \frac{m}{m+n}\overrightarrow{VW} = \frac{m}{m+n}\left(\overrightarrow{UW} - \overrightarrow{UV}\right) =$

$\frac{m}{m+n}(\overrightarrow{w} - \overrightarrow{v})$이다. 이로부터 $\overrightarrow{UX} = \overrightarrow{v} + \frac{m}{m+n}(\overrightarrow{w} - \overrightarrow{v}) = \frac{m\overrightarrow{w}+n\overrightarrow{v}}{m+n}$가 성립한다.

이제, 그림 7.15(b)에서 $\overrightarrow{SQ}$를 위의 식을 이용하여 구해보자. 삼각형 SAB에서 점 P는 선분 AB의 중점이므로, $\overrightarrow{SP} = \frac{1}{2}\overrightarrow{a} + \frac{1}{2}\overrightarrow{b}$이다. 그리고 점 Q는 삼각형 ABC의 무게중심이므로 점 Q는 선분 CP를 $2:1$로 나눈다. 그러므로, 삼각형 SPC에서 $\overrightarrow{SQ} = \frac{1}{3}\overrightarrow{c} + \frac{2}{3}\overrightarrow{SP} = \frac{1}{3}\overrightarrow{c} + \frac{1}{3}\overrightarrow{a} + \frac{1}{3}\overrightarrow{b}$가 된다.

표 7.3을 이용하여 $|\overrightarrow{SQ}| = \sqrt{\overrightarrow{SQ} \cdot \overrightarrow{SQ}}$를 계산하면, $\frac{2\sqrt{3+3\sqrt{2}}}{3}$가 얻어진다. 결국, 꼭짓점 S에서 밑면 ABC에 그은 수선의 길이는 $\frac{2\sqrt{3+3\sqrt{2}}}{3}$이다.

정삼각뿔 $SABC$에서 다른 거리를 구해보자. 가령, 점 P와 모서리 SC사이의 거리를 구한다고 하자. 점 P에서 모서리 SC에 내린 수선의 발을 R이라 하고, $\overrightarrow{PR}$을 구하자. 그림 7.15(b)에서 $\overrightarrow{PR} = \overrightarrow{PA} + \overrightarrow{AS} + \overrightarrow{SR}$로 나타낼 수 있으며, $\overrightarrow{SR} = t\overrightarrow{SC} = t\overrightarrow{c}$이다. 그러므로 $\overrightarrow{PR} = \frac{1}{2}\left(\overrightarrow{a} - \overrightarrow{b}\right) - \overrightarrow{a} + t\overrightarrow{c} = -\frac{1}{2}\overrightarrow{a} - \frac{1}{2}\overrightarrow{b} + t\overrightarrow{c}$이다.

$\overrightarrow{PR}$과 $\overrightarrow{SC}$가 수직이라는 것을 이용하여 t값을 구하자. $\left(-\frac{1}{2}\overrightarrow{a} - \frac{1}{2}\overrightarrow{b} + t\overrightarrow{c}\right)\cdot\overrightarrow{c} = 0$이므로, $t = \frac{\sqrt{2}}{2}$이다. 결국 $\overrightarrow{PR} = -\frac{1}{2}\overrightarrow{a} - \frac{1}{2}\overrightarrow{b} + \frac{\sqrt{2}}{2}\overrightarrow{c}$이다.

이제, $|\overrightarrow{PR}| = \sqrt{\overrightarrow{PR} \cdot \overrightarrow{PR}}$을 계산하면 $\sqrt[4]{2}$가 얻어진다. 결국, 점 P와 모서리 SC 사이의 거리는 $\sqrt[4]{2}$이다.

2. 점과 평면사이의 거리

평면 α가 주어졌고, 평면 α에 속하지 않는 점 Q가 있다. 점 Q와 평면 α사이의 거리를 구한다고 하자. 점 Q와 평면 α사이의 거리는 점 Q에서 평면 α에 내린 수선의 길이로 정의하였다. 이것을 벡터의 언어로 번역하자. 점 Q에서 평면 α에 내린 수선의 발을 R라 하자. 이때, $\overrightarrow{QR}$을 구해 $|\overrightarrow{QR}| = \sqrt{\overrightarrow{QR} \cdot \overrightarrow{QR}}$을 계산하면, $|\overrightarrow{QR}|$이 점 Q와 평면 α 사이의 거리가 된다.

$\overrightarrow{QR}$을 구하는 방법을 살펴보자. 평면 α에 점 P, U, V가 주어졌고, 평면 α에 속하지 않는 점 Q, 점 Q에서 평면 α에 내린 수선의 발 R이 있다고 하자. 이때, $\overrightarrow{PU} = \overrightarrow{u}, \overrightarrow{PV} = \overrightarrow{v}, \overrightarrow{PR} = \overrightarrow{r}, \overrightarrow{PQ} = \overrightarrow{q}$라 하자(그림 7.17).

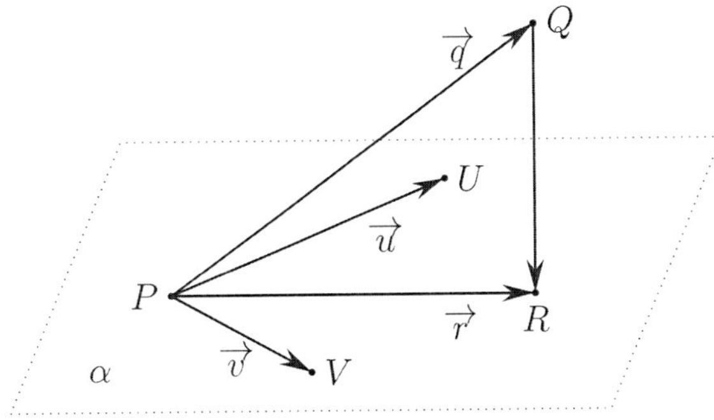

그림 7.17

$\overrightarrow{QR} = \overrightarrow{PR} - \overrightarrow{PQ} = \vec{r} - \vec{q}$이다. 이때, 평면 α에 속한 벡터 $\vec{r}$은 평면 α의 두 벡터 $\vec{u}, \vec{v}$의 일차결합으로 나타낼 수 있다. 즉, $\vec{r} = x\vec{u} + y\vec{v}$로 쓸 수 있다. 그러므로, $\overrightarrow{QR} = x\vec{u} + y\vec{v} - \vec{q}$가 된다. 이때, x, y를 구하면, $\overrightarrow{QR}$이 결정된다.

x, y를 구하기 위해, 두 개의 식이 필요하다. $\overrightarrow{QR}$이 평면 α와 수직이므로, 첫 번째 식은 $\overrightarrow{QR}$이 $\vec{u}$와 수직이라는 것에서, 두 번째 식은 $\overrightarrow{QR}$이 $\vec{v}$와 수직이라는 것에서 얻어질 수 있다. 이제, 얻어진 두 식을 연립하면, x, y를 구할 수 있다.

벡터 방법을 이용하여 점과 평면사이의 거리를 구해보자. 정사각뿔 $SABCD$가 주어졌고, $\overline{AB} = 1, \overline{SA} = 2$이다. 모서리 BC의 중점을 P라 할 때, 꼭짓점 A와 면 SPD사이의 거리를 구해보자(그림 7.18(a)).

정사각뿔 $SABCD$의 모서리에 3개의 벡터를 잡아보자. 어느 모서리에 잡을까? 정삼각뿔에서와 같이 꼭짓점 S를 중심으로 기저벡터를 $\overrightarrow{SA} = \vec{a}, \overrightarrow{SB} = \vec{b}, \overrightarrow{SC} = \vec{c}$로 잡을 수도 있다. 다른 방법으로 잡을 수는 없을까? 가령, 꼭짓점 A를 중심으로 $\overrightarrow{AB} = \vec{u}, \overrightarrow{AD} = \vec{v}, \overrightarrow{AS} = \vec{w}$로 잡을 수도 있을 것이다.

기저벡터를 $\overrightarrow{SA} = \vec{a}, \overrightarrow{SB} = \vec{b}, \overrightarrow{SC} = \vec{c}$로 잡는 것과 $\overrightarrow{AB} = \vec{u}, \overrightarrow{AD} = \vec{v}, \overrightarrow{AS} = \vec{w}$로 잡는 것은 어떤 차이가 있을까? 점과 평면사이의 거리를 구할 때에 계산 과정에서 벡터의 내적을 이용하게 된다. 정사각뿔의 밑면 $ABCD$에서 각 A가 직각이므로, $\overrightarrow{AB} = \vec{u}, \overrightarrow{AD} = \vec{v}, \overrightarrow{AS} = \vec{w}$로 잡으면 $\vec{u} \cdot \vec{v} = 0$이 된다. 그래서 계산 과정에서 식의 계산이 간단해질 가능성이 있다. 여기서는 $\overrightarrow{AB} = \vec{u}, \overrightarrow{AD} = \vec{v}, \overrightarrow{AS} = \vec{w}$로 놓고

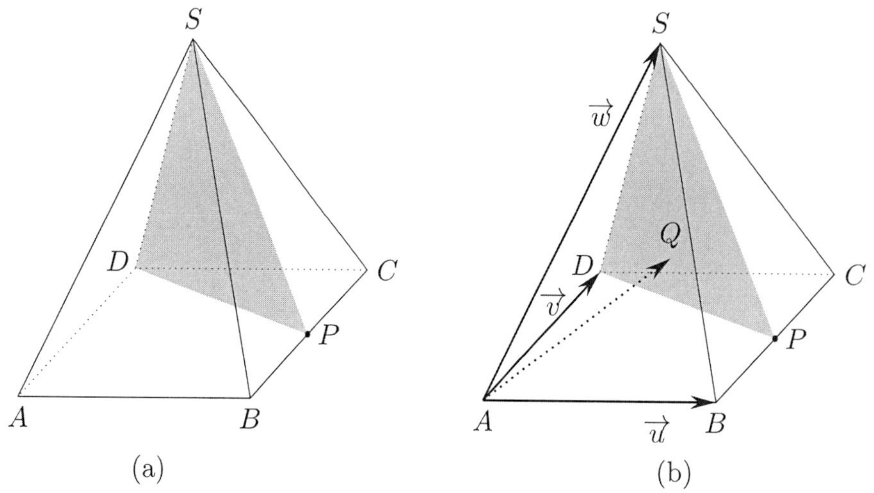

그림 7.18

문제를 풀어보자(그림 7.18(b)).

$\overrightarrow{u}, \overrightarrow{v}, \overrightarrow{w}$의 내적을 표로 정리하자(표 7.4). 삼각형 SAD에서 $\overline{SA} = \overline{SB} = \overline{SD} = 2, \overline{AB} = \overline{AD} = 1$이므로, 코사인 정리에 의해 $\cos\angle SAB = \cos\angle SAD = \frac{1}{4}$이다. 그러므로 $\overrightarrow{u}\cdot\overrightarrow{w} = \overrightarrow{w}\cdot\overrightarrow{u} = \overrightarrow{v}\cdot\overrightarrow{w} = \overrightarrow{w}\cdot\overrightarrow{v} = \frac{1}{2}$이 된다.

$\cdot$	$\overrightarrow{u}$	$\overrightarrow{v}$	$\overrightarrow{w}$
$\overrightarrow{u}$	1	0	$\frac{1}{2}$
$\overrightarrow{v}$	0	1	$\frac{1}{2}$
$\overrightarrow{w}$	$\frac{1}{2}$	$\frac{1}{2}$	4

표 7.4

꼭짓점 A에서 면 SPD에 내린 수선의 발을 Q라 하고, $\overrightarrow{AQ}$를 생각하자(벡터를 이용한 방법에서는 점 Q가 실제로 어디에 있는지를 고민할 필요는 없다. 계산을 통해 점 Q의 위치를 찾을 수 있다).

$\overrightarrow{AQ} = \overrightarrow{AS} + \overrightarrow{SQ}$이며, $\overrightarrow{SQ} = x\overrightarrow{SD} + y\overrightarrow{SP}$로 나타낼 수 있다. 이때, $\overrightarrow{SD} = \overrightarrow{AD} - \overrightarrow{AS} = \overrightarrow{v} - \overrightarrow{w}$이다. 그리고 $\overrightarrow{SP} = \overrightarrow{SA} + \overrightarrow{AB} + \overrightarrow{BP}$인데, $\overrightarrow{BP} = \frac{1}{2}\overrightarrow{AD} = \frac{1}{2}\overrightarrow{v}$이다. 그러

므로 $\overrightarrow{SP} = -\overrightarrow{w}+\overrightarrow{u}+\frac{1}{2}\overrightarrow{v}$이다. 이로부터, $\overrightarrow{SQ} = x(\overrightarrow{v} - \overrightarrow{w})+y\left(-\overrightarrow{w} + \overrightarrow{u} + \frac{1}{2}\overrightarrow{v}\right) = y\overrightarrow{u}+(x+\frac{y}{2})\overrightarrow{v}-(x+y)\overrightarrow{w}$이다. 결국, $\overrightarrow{AQ} = \overrightarrow{AS}+\overrightarrow{SQ} = y\overrightarrow{u}+(x+\frac{y}{2})\overrightarrow{v}+(1-x-y)\overrightarrow{w}$가 된다.

$\overrightarrow{AQ}$와 $\overrightarrow{SD}$, $\overrightarrow{AQ}$와 $\overrightarrow{SP}$가 수직이라는 것을 이용하여 x, y를 구하자. $\overrightarrow{AQ}$와 $\overrightarrow{SD}$가 수직이므로, $(y\overrightarrow{u} + (x + \frac{y}{2})\overrightarrow{v} + (1 - x - y)\overrightarrow{w}) \cdot (\overrightarrow{v} - \overrightarrow{w}) = 0$이다. 얻어진 식을 전개하여 정리하면, $16x + 13y - 14 = 0$을 얻을 수 있다. $\overrightarrow{AQ}$와 $\overrightarrow{SP}$가 수직이라는 것으로부터 $(y\overrightarrow{u} + (x + \frac{y}{2})\overrightarrow{v} + (1 - x - y)\overrightarrow{w}) \cdot \left(-\overrightarrow{w} + \overrightarrow{u} + \frac{1}{2}\overrightarrow{v}\right) = 0$이며, 이로부터 $13x + 15y - 13 = 0$이 얻어진다.

$16x+13y-14 = 0$과 $13x+15y-13 = 0$을 만족시키는 해를 구하면, $x = \frac{41}{71}, y = \frac{26}{71}$이다. 이를 이용해 $\overrightarrow{AQ}$를 구하자. $\overrightarrow{AQ} = y\overrightarrow{u}+(x+\frac{y}{2})\overrightarrow{v}+(1-x-y)\overrightarrow{w} = \frac{26}{71}\overrightarrow{u}+\frac{54}{71}\overrightarrow{v}+\frac{4}{71}\overrightarrow{w}$이다. 이제, $|\overrightarrow{AQ}| = \sqrt{\overrightarrow{AQ}\cdot\overrightarrow{AQ}}$를 계산하면, $\frac{2\sqrt{994}}{71}$가 얻어진다. 결국, 꼭짓점 A와 면 SPD사이의 거리는 $\frac{2\sqrt{994}}{71}$이다.

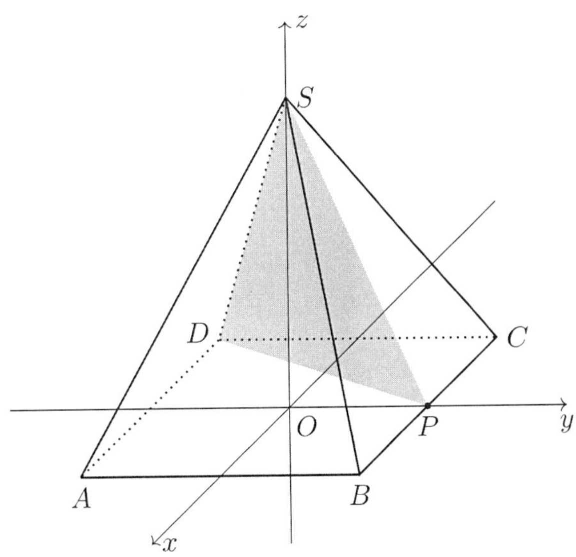

그림 7.19

이제, 정사각뿔 $SABCD$에서 꼭짓점 A와 면 SPD사이의 거리를 구하는 문제를 좌표 방법을 이용하여 풀어보자. 이를 위해, 정사각뿔 $SABCD$에서 정사각형 $ABCD$

의 중심을 원점 O로 하는 좌표계를 생각하자. x축은 점 O를 지나며 모서리 AD에 평행한 직선이며, y축은 점 O를 지나며 모서리 AB에 평행한 직선이다. 그리고 z축은 점 O를 지나며 밑면 $ABCD$에 수직인 직선이다(그림 7.19).

점 A의 좌표는 $\left(\frac{1}{2}, -\frac{1}{2}, 0\right)$, 점 B의 좌표는 $\left(\frac{1}{2}, \frac{1}{2}, 0\right)$, 점 C의 좌표는 $\left(-\frac{1}{2}, \frac{1}{2}, 0\right)$, 점 D의 좌표는 $\left(-\frac{1}{2}, -\frac{1}{2}, 0\right)$이다. 그리고 점 P의 좌표는 $\left(0, \frac{1}{2}, 0\right)$이다. 점 S의 좌표를 구하자. $\overline{OA} = \frac{\sqrt{2}}{2}$, $\overline{AS} = 2$이므로 직각삼각형 SOA에서 $\overline{SO} = \frac{\sqrt{14}}{2}$이다. 그러므로 점 S의 좌표는 $\left(0, 0, \frac{\sqrt{14}}{2}\right)$이다.

세 점 $S\left(0, 0, \frac{\sqrt{14}}{2}\right)$, $D\left(-\frac{1}{2}, -\frac{1}{2}, 0\right)$, $P\left(0, \frac{1}{2}, 0\right)$을 지나는 평면의 방정식을 구하자. 평면의 방정식 $ax + by + cz + d = 0$에 $S\left(0, 0, \frac{\sqrt{14}}{2}\right)$를 대입하면, $\frac{\sqrt{14}}{2}c + d = 0, c = -\frac{\sqrt{14}}{7}d$가 된다. $P\left(0, \frac{1}{2}, 0\right)$을 대입하면, $\frac{b}{2} + d = 0, b = -2d$가 얻어진다. 그리고 $D\left(-\frac{1}{2}, -\frac{1}{2}, 0\right)$을 대입하면 $-\frac{1}{2}a - \frac{1}{2}b + d = 0$이 되며, 여기에 $b = -2d$를 대입하면 $a = 4d$가 얻어진다. 이로부터 세 점 S, D, P를 지나는 평면의 방정식은 $4x - 2y - \frac{\sqrt{14}}{7}z + 1 = 0$이라는 것을 알 수 있다. 점과 평면사이의 거리 공식을 이용하여 점 A와 평면 $4x - 2y - \frac{\sqrt{14}}{7}z + 1 = 0$사이의 거리를 계산하면, 이들사이의 거리는 $\frac{2\sqrt{994}}{71}$이다.

예제 7.2. 정육각뿔 $SABCDEF$에서 $\overline{AB} = 1, \overline{SA} = 2$이다(그림 7.20(a)). 꼭짓점 A와 다음 평면사이의 거리를 벡터 방법을 이용하여 구하여라.

(1) 면 SED

(2) 옆모서리 SC의 중점을 R이라 할 때, 평면 BRE

(3) 옆모서리 SE의 중점을 T라 할 때, 평면 FDT

정육각뿔 $SABCDEF$의 모서리에 기저벡터 $\overrightarrow{AB} = \vec{u}, \overrightarrow{AF} = \vec{v}, \overrightarrow{AS} = \vec{w}$를 잡자. 먼저, $\vec{u}, \vec{v}, \vec{w}$의 내적을 표로 정리하자(표 7.5). 삼각형 SAB에서 코사인 정리를 이용하면 $\cos\angle SAB = \frac{1}{4}$이다. 그러므로 $\vec{w} \cdot \vec{u} = \vec{w} \cdot \vec{v} = \frac{1}{2}$이다. 그리고 $\angle BAF = \frac{2\pi}{3}$이므로 $\vec{u} \cdot \vec{v} = \vec{v} \cdot \vec{u} = -\frac{1}{2}$이다.

(1) 정육각뿔의 밑면 $ABCDEF$가 정육각형이므로, 사각형 $ABPF$는 평행사변형이다(그림 7.20(b)). 그러므로 $\vec{u} + \vec{v} = \overrightarrow{AP} = \overrightarrow{BC} = \overrightarrow{FE}$가 된다. 그리고 $\overrightarrow{AF} =$

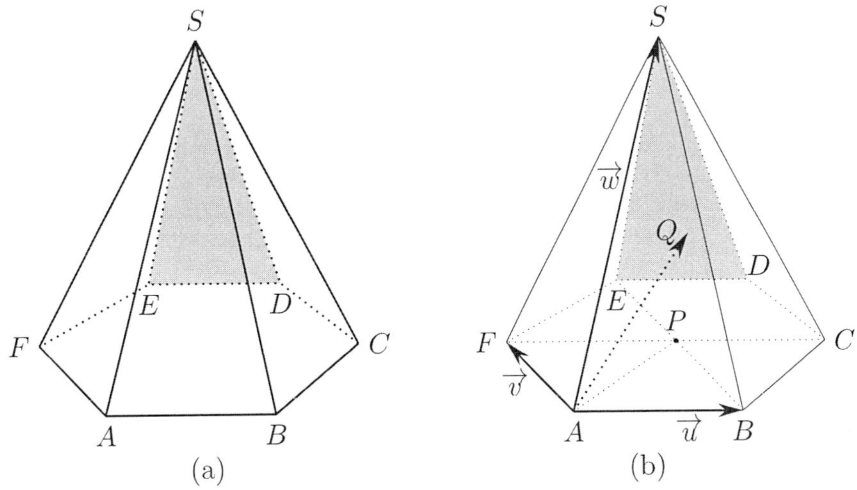

그림 7.20

$\cdot$	$\overrightarrow{u}$	$\overrightarrow{v}$	$\overrightarrow{w}$
$\overrightarrow{u}$	1	$-\frac{1}{2}$	$\frac{1}{2}$
$\overrightarrow{v}$	$-\frac{1}{2}$	1	$\frac{1}{2}$
$\overrightarrow{w}$	$\frac{1}{2}$	$\frac{1}{2}$	4

표 7.5

$\overrightarrow{AS} + \overrightarrow{SE} + \overrightarrow{EF}$이므로, $\overrightarrow{SE} = \overrightarrow{u} + 2\overrightarrow{v} - \overrightarrow{w}$이다. 한편, $\overrightarrow{AS} + \overrightarrow{SD} = \overrightarrow{AD}$인데, $\overrightarrow{AD} = 2\overrightarrow{AP} = 2(\overrightarrow{u} + \overrightarrow{v})$이다. 그러므로, $\overrightarrow{SD} = 2\overrightarrow{u} + 2\overrightarrow{v} - \overrightarrow{w}$가 된다.

이제, 꼭짓점 A에서 면 SED에 내린 수선의 발을 Q라 하고(여기서 점 Q의 위치가 삼각형 SED의 내부에 있는지 그렇지 않은지를 조사할 필요는 없다), $\overrightarrow{AQ}$를 $\overrightarrow{u}, \overrightarrow{v}, \overrightarrow{w}$로 나타내자. $\overrightarrow{AQ} = \overrightarrow{AS} + \overrightarrow{SQ}$이며 $\overrightarrow{SQ} = x\overrightarrow{SE} + y\overrightarrow{SD}$로 나타낼 수 있다. 그러므로, $\overrightarrow{AQ} = \overrightarrow{w} + \left(x\overrightarrow{SE} + y\overrightarrow{SD}\right) = \overrightarrow{w} + x(\overrightarrow{u} + 2\overrightarrow{v} - \overrightarrow{w}) + y(2\overrightarrow{u} + 2\overrightarrow{v} - \overrightarrow{w}) = (x + 2y)\overrightarrow{u} + (2x + 2y)\overrightarrow{v} + (1 - x - y)\overrightarrow{w}$가 된다.

$\overrightarrow{AQ} \perp \overrightarrow{SE}, \overrightarrow{AQ} \perp \overrightarrow{SD}$를 이용하여 x, y를 구하자. $\overrightarrow{AQ} \perp \overrightarrow{SE}$이므로, $\overrightarrow{AQ} \cdot \overrightarrow{SE} = 0$이며 $((x + 2y)\overrightarrow{u} + (2x + 2y)\overrightarrow{v} + (1 - x - y)\overrightarrow{w}) \cdot (\overrightarrow{u} + 2\overrightarrow{v} - \overrightarrow{w}) = 0$이다. 표 7.5를 이용하여 이 식을 정리하면, $8x + 7y - 5 = 0$이다. 그리고 $\overrightarrow{AQ} \perp \overrightarrow{SD}$로부터 얻어지

는 식 $((x+2y)\overrightarrow{u}+(2x+2y)\overrightarrow{v}+(1-x-y)\overrightarrow{w})\cdot(2\overrightarrow{u}+2\overrightarrow{v}-\overrightarrow{w})=0$을 정리하면 $7x+8y-4=0$이 얻어진다. $8x+7y-5=0$과 $7x+8y-4=0$을 연립하면, $x=\frac{4}{5}, y=-\frac{1}{5}$이다.

결국, $\overrightarrow{AQ}=(x+2y)\overrightarrow{u}+(2x+2y)\overrightarrow{v}+(1-x-y)\overrightarrow{w}=\frac{2}{5}\overrightarrow{u}+\frac{6}{5}\overrightarrow{v}+\frac{2}{5}\overrightarrow{w}$이다. 이제, $|\overrightarrow{AQ}|=\sqrt{\overrightarrow{AQ}\cdot\overrightarrow{AQ}}=\sqrt{\left(\frac{2}{5}\overrightarrow{u}+\frac{6}{5}\overrightarrow{v}+\frac{2}{5}\overrightarrow{w}\right)\cdot\left(\frac{2}{5}\overrightarrow{u}+\frac{6}{5}\overrightarrow{v}+\frac{2}{5}\overrightarrow{w}\right)}$를 계산하면, $|\overrightarrow{AQ}|=\frac{2\sqrt{15}}{5}$이다. 즉, 점 A와 면 SED사이의 거리는 $\frac{2\sqrt{15}}{5}$이다.

(2) 평면 BRE를 생각하자. 점 R이 옆모서리 SC의 중점이므로, 평면 BRE는 옆모서리 SD의 중점 T를 지나는 평면이다. 꼭짓점 A에서 평면 BRE에 수선을 그으면 수선의 발 Q는 정육각뿔의 밑면 $ABCDEF$의 아래에 놓이게 된다. 이제, 벡터 $\overrightarrow{AQ}$를 $\overrightarrow{u}, \overrightarrow{v}, \overrightarrow{w}$를 이용해 나타내자.

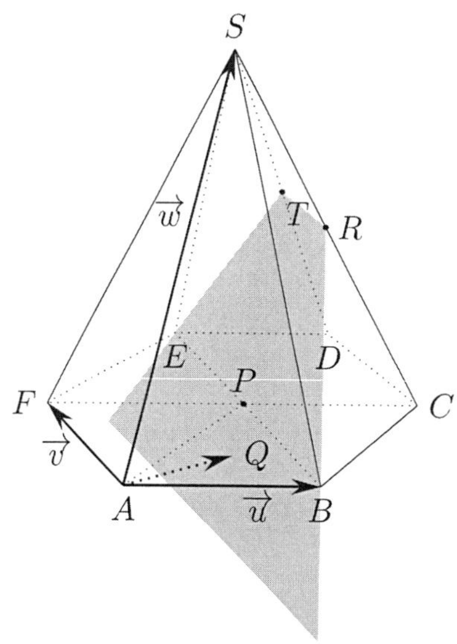

그림 7.21

$\overrightarrow{AQ}=\overrightarrow{AB}+\overrightarrow{BQ}$이며, $\overrightarrow{BQ}=x\overrightarrow{BP}+y\overrightarrow{BR}$로 나타낼 수 있다(그림 7.21). 이때, $\overrightarrow{BP}=\overrightarrow{v}$이다. 그리고 $\overrightarrow{BC}=\overrightarrow{u}+\overrightarrow{v}, \overrightarrow{BS}=\overrightarrow{w}-\overrightarrow{u}$이므로, $\overrightarrow{BR}=\frac{1}{2}(\overrightarrow{v}+\overrightarrow{w})$이다. 그러므로, $\overrightarrow{AQ}=\overrightarrow{AB}+\overrightarrow{BQ}=\overrightarrow{u}+x\overrightarrow{v}+\frac{y}{2}(\overrightarrow{v}+\overrightarrow{w})=\overrightarrow{u}+(x+\frac{y}{2})\overrightarrow{v}+\frac{y}{2}\overrightarrow{w}$이다.

$\overrightarrow{AQ}\perp\overrightarrow{BP}, \overrightarrow{AQ}\perp\overrightarrow{BR}$을 이용하여 x, y를 구하자. $\overrightarrow{AQ}\perp\overrightarrow{BP}$이므로, $\overrightarrow{AQ}\cdot\overrightarrow{BP}=0$이며 $(\overrightarrow{u}+(x+\frac{y}{2})\overrightarrow{v}+\frac{y}{2}\overrightarrow{w})\cdot\overrightarrow{v}=0$이다. 표 7.5를 이용하여 이 식을 정리하면,

$4x+3y-2=0$이다. 그리고 $\overrightarrow{AQ} \perp \overrightarrow{BR}$로부터 얻어지는 식 $(\overrightarrow{u} + (x+\frac{y}{2})\overrightarrow{v} + \frac{y}{2}\overrightarrow{w}) \cdot \frac{1}{2}(\overrightarrow{v} + \overrightarrow{w}) = 0$을 정리하면 $x+2y=0$이 얻어진다. $4x+3y-2=0$과 $x+2y=0$을 연립하면, $x=\frac{4}{5}, y=-\frac{2}{5}$이다.

결국, $\overrightarrow{AQ} = \overrightarrow{u} + (x+\frac{y}{2})\overrightarrow{v} + \frac{y}{2}\overrightarrow{w} = \overrightarrow{u} + \frac{3}{5}\overrightarrow{v} - \frac{1}{5}\overrightarrow{w}$이다. 이제, $|\overrightarrow{AQ}| = \sqrt{\overrightarrow{AQ} \cdot \overrightarrow{AQ}} = \sqrt{\left(\overrightarrow{u} + \frac{3}{5}\overrightarrow{v} - \frac{1}{5}\overrightarrow{w}\right) \cdot \left(\overrightarrow{u} + \frac{3}{5}\overrightarrow{v} - \frac{1}{5}\overrightarrow{w}\right)}$를 계산하면, $|\overrightarrow{AQ}| = \frac{\sqrt{15}}{5}$이다. 즉, 점 A와 면 BRE사이의 거리는 $\frac{\sqrt{15}}{5}$이다.

(3) 평면 FDT에 대해 생각하자. 평면 FDT의 특성을 찾을 수 있으면 문제를 쉽게 해결할 수 있지만, 그렇지 않으면 앞에서와 같이 내적을 이용하여 계산해야 한다. 여기서는 두 가지 방법으로 살펴보자. 첫째는 평면 FDT의 특성을 이용하는 방법이고, 둘째는 벡터 $\overrightarrow{AQ}$를 $\overrightarrow{u}, \overrightarrow{v}, \overrightarrow{w}$로 나타낸 후에 내적을 이용하는 방법이다.

첫 번째 방법으로 접근하기 위해, 평면 FDT의 특성을 조사하자(그림 7.22(a)).

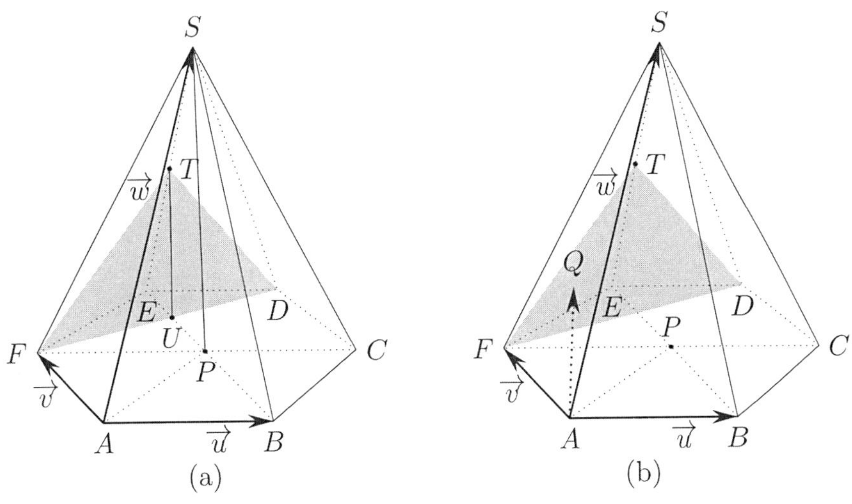

그림 7.22

꼭짓점 S에서 밑면 $ABCDEF$에 수선 SP를 긋고, 이등변삼각형 TFD에서 중선 TU를 긋자. 이때, 밑면의 사각형 $FPDE$는 마름모이므로 $\overline{PU} = \overline{UE}$가 된다. 그러면, 직각삼각형 SEP에서 선분 TU는 변 SE, EP의 중점을 연결한 선분이므로, $\overline{TU} \parallel \overline{SP}$가 되며, 선분 TU는 밑면 $ABCDEF$에 대한 수선이 된다. 그러므로, 선분 TU는 밑면

$ABCDEF$의 선분 AF와 수직이다.

한편, 사각형 $AFDC$는 직사각형이다. 왜냐 하면, $\overline{AF} \parallel \overline{CD}, \overline{AF} = \overline{CD}$이고 $\angle AFP + \angle PFU = \frac{\pi}{3} + \frac{\pi}{6} = \frac{\pi}{2}$가 되기 때문이다. 이로부터 $\overline{AF} \perp \overline{FD}$가 된다. 결국, $\overline{AF} \perp \overline{TU}, \overline{AF} \perp \overline{FD}$이므로, 선분 AF는 평면 TFD와 수직이다.

이로부터 벡터 $\overrightarrow{AF}$와 평면 FDT가 수직이며, 꼭짓점 A로부터 평면 FDT에 내린 수선의 발은 점 F라는 것을 알 수 있다. 그러므로 꼭짓점 A와 평면 FDT사이의 거리는 1이다.

두 번째 방법을 살펴보자. 가령, 꼭짓점 A로부터 평면 FDT에 수직이 되도록 벡터 $\overrightarrow{AQ}$를 작도하자. 이때 점 Q의 위치를 임의로 잡아 $\overrightarrow{AQ}$를 작도하였다(그림 7.22(b)). 이제, $\overrightarrow{AQ}$를 $\overrightarrow{u}, \overrightarrow{v}, \overrightarrow{w}$를 이용해 나타내자.

$\overrightarrow{AQ} = \overrightarrow{AF} + \overrightarrow{FQ}$이며, $\overrightarrow{FQ} = x\overrightarrow{FD} + y\overrightarrow{FT}$로 나타낼 수 있다. 이때, $\overrightarrow{AF} = \overrightarrow{v}$이다. 그리고 $\overrightarrow{FD} = \overrightarrow{AC} = \overrightarrow{AB} + \overrightarrow{AP} = \overrightarrow{u} + (\overrightarrow{u} + \overrightarrow{v}) = 2\overrightarrow{u} + \overrightarrow{v}, \overrightarrow{FT} = \frac{1}{2}\left(\overrightarrow{FE} + \overrightarrow{FS}\right)$이다. 이때, $\overrightarrow{FE} = \overrightarrow{AP} = \overrightarrow{u} + \overrightarrow{v}, \overrightarrow{FS} = \overrightarrow{w} - \overrightarrow{v}$이므로, $\overrightarrow{FT} = \frac{1}{2}(\overrightarrow{u} + \overrightarrow{w})$이다. 이로부터 $\overrightarrow{AQ} = \overrightarrow{AF} + \overrightarrow{FQ} = \overrightarrow{v} + x(2\overrightarrow{u} + \overrightarrow{v}) + \frac{y}{2}(\overrightarrow{u} + \overrightarrow{w}) = (2x + \frac{y}{2})\overrightarrow{u} + (x+1)\overrightarrow{v} + \frac{y}{2}\overrightarrow{w}$ 이다.

$\overrightarrow{AQ} \perp \overrightarrow{FD}, \overrightarrow{AQ} \perp \overrightarrow{FT}$를 이용하여 x, y를 구하자. $\overrightarrow{AQ} \perp \overrightarrow{FD}$이므로, $\overrightarrow{AQ} \cdot \overrightarrow{FD} = 0$이며 $((2x + \frac{y}{2})\overrightarrow{u} + (x+1)\overrightarrow{v} + \frac{y}{2}\overrightarrow{w}) \cdot (2\overrightarrow{u} + \overrightarrow{v}) = 0$이다. 표 7.5를 이용하여 이 식을 정리하면, $2x + y = 0$이다. 그리고 $\overrightarrow{AQ} \perp \overrightarrow{FT}$로부터 얻어지는 식 $((2x + \frac{y}{2})\overrightarrow{u} + (x+1)\overrightarrow{v} + \frac{y}{2}\overrightarrow{w}) \cdot \frac{1}{2}(\overrightarrow{u} + \overrightarrow{w}) = 0$을 정리하면 $12x + 11y = 0$이 얻어진다. $2x + y = 0$과 $12x + 11y = 0$을 연립하면, $x = 0, y = 0$이다. 결국, $\overrightarrow{AQ} = \overrightarrow{v}$가 되며, $|\overrightarrow{AQ}| = \sqrt{\overrightarrow{v} \cdot \overrightarrow{v}} = 1$이다. □

3. 꼬인 위치의 직선사이의 거리

꼬인 위치에 있는 직선 l, m이 주어지면, 꼬인 위치에 있는 직선 l, m사이의 거리를 직선 l, m의 공통수선 UV로 정의하였다. 공통수선의 길이를 벡터를 이용하여 구하는 방법을 살펴보자.

꼬인 위치에 있는 직선 l, m의 방향벡터 $\overrightarrow{p}, \overrightarrow{q}$가 주어졌고, 선분 UV를 직선 l, m의 공통수선이라 하자. 직선 l에 속하는 점 U_1, 직선 m에 속하는 점 V_1을 잡자(그림 7.23). 이제, 벡터 $\overrightarrow{U_1V_1} = \overrightarrow{r}$을 생각하면, $\overrightarrow{UV} = \overrightarrow{UU_1} + \overrightarrow{r} + \overrightarrow{V_1V}$가 된다.

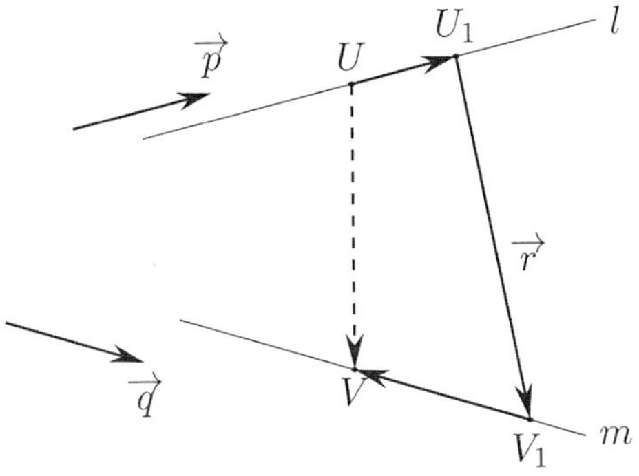

그림 7.23

이때, 직선 l, m의 방향벡터가 $\overrightarrow{p}, \overrightarrow{q}$이므로, $\overrightarrow{UU_1} = x\overrightarrow{p}, \overrightarrow{V_1V} = y\overrightarrow{q}$이다. 그러므로 $\overrightarrow{UV} = x\overrightarrow{p} + \overrightarrow{r} + y\overrightarrow{q}$이다. 그런데, $\overrightarrow{UV}$가 $\overrightarrow{p}$와 수직이므로, $\overrightarrow{UV} \cdot \overrightarrow{p} = (x\overrightarrow{p} + \overrightarrow{r} + y\overrightarrow{q}) \cdot \overrightarrow{p} = 0$이다. 그리고 $\overrightarrow{UV}$가 $\overrightarrow{q}$와 수직이라는 것으로부터 $\overrightarrow{UV} \cdot \overrightarrow{q} = (x\overrightarrow{p} + \overrightarrow{r} + y\overrightarrow{q}) \cdot \overrightarrow{q} = 0$이 된다. 이로부터 x, y에 대한 연립방정식을 얻을 수 있으며 x, y를 구할 수 있다. 결국, $\overrightarrow{UV}$를 구할 수 있으며, $|\overrightarrow{UV}| = \sqrt{\overrightarrow{UV} \cdot \overrightarrow{UV}}$라는 것을 이용하여, 꼬인 위치에 있는 직선 l, m사이의 거리를 구할 수 있다.

정삼각뿔에서 꼬인 위치에 있는 직선사이의 거리를 구하자. 정삼각뿔 $SABC$에서 $\overline{SA} = 2, \overline{AB} = 1$이다. 모서리 AB, BC의 중점을 P, Q라 할 때, 꼬인 위치에 있는 직선 SP와 AQ사이의 거리를 벡터 방법으로 구해보자.

꼬인 위치에 있는 직선 SP와 AQ사이의 거리는 직선 SP와 AQ의 공통수선 UV이다(그림 7.24(a)). 벡터 방법을 이용하기 위해 정삼각뿔 $SABC$의 모서리 AB, AC, AS에 기저 $\overrightarrow{u}, \overrightarrow{v}, \overrightarrow{w}$를 잡자(그림 7.24(b)). $\overrightarrow{u}, \overrightarrow{v}, \overrightarrow{w}$의 내적을 구하자. 삼각형 SAB, SAC에서 코사인 정리를 이용하면 $\cos\angle SAB = \cos\angle SAC = \frac{1}{4}$이며, 밑면 ABC는 정삼각형이다. 그러므로, $\overrightarrow{u}, \overrightarrow{v}, \overrightarrow{w}$의 내적을 정리하면 표 7.6과 같다.

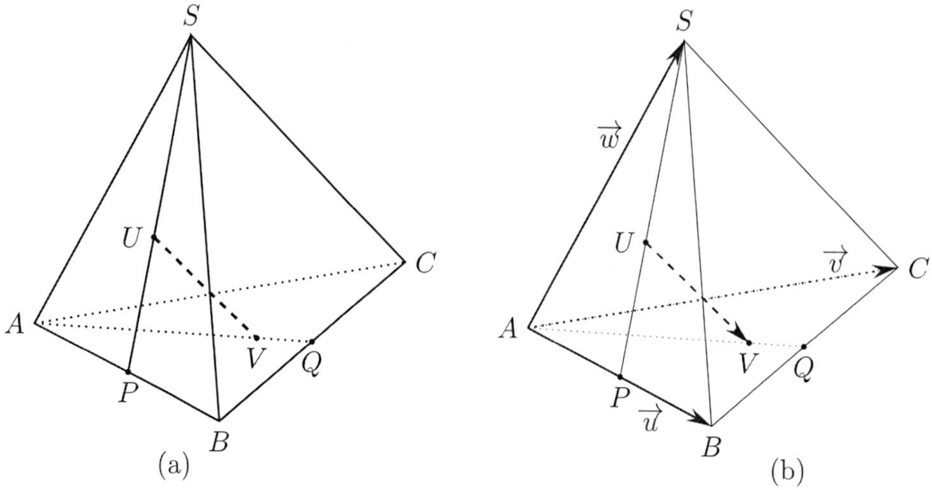

그림 7.24

$\cdot$	$\overrightarrow{u}$	$\overrightarrow{v}$	$\overrightarrow{w}$
$\overrightarrow{u}$	1	$\frac{1}{2}$	$\frac{1}{2}$
$\overrightarrow{v}$	$\frac{1}{2}$	1	$\frac{1}{2}$
$\overrightarrow{w}$	$\frac{1}{2}$	$\frac{1}{2}$	4

표 7.6

$\overrightarrow{UV} = \overrightarrow{US} + \overrightarrow{SA} + \overrightarrow{AV}$이다. 그런데 $\overrightarrow{US} = x\overrightarrow{SP}, \overrightarrow{AV} = y\overrightarrow{AQ}$이므로 $\overrightarrow{UV} = x\overrightarrow{SP} + \overrightarrow{SA} + y\overrightarrow{AQ}$이다. 이때, $\overrightarrow{SP} = \overrightarrow{SA} + \overrightarrow{AP} = -\overrightarrow{w} + \frac{1}{2}\overrightarrow{u}$이고 $\overrightarrow{AQ} = \frac{1}{2}(\overrightarrow{u} + \overrightarrow{v})$이다. 그러므로 $\overrightarrow{UV} = x\left(-\overrightarrow{w} + \frac{1}{2}\overrightarrow{u}\right) - \overrightarrow{w} + \frac{y}{2}(\overrightarrow{u} + \overrightarrow{v}) = \left(\frac{x}{2} + \frac{y}{2}\right)\overrightarrow{u} + \frac{y}{2}\overrightarrow{v} - (x+1)\overrightarrow{w}$이다.

이제, $\overrightarrow{UV}$와 $\overrightarrow{SP}$가 수직이라는 것을 생각하면, $\overrightarrow{UV} \cdot \overrightarrow{SP} = 0$가 된다. 이로부터 $\left(\left(\frac{x}{2} + \frac{y}{2}\right)\overrightarrow{u} + \frac{y}{2}\overrightarrow{v} - (x+1)\overrightarrow{w}\right) \cdot \left(-\overrightarrow{w} + \frac{1}{2}\overrightarrow{u}\right) = 0$가 되며, 이 식을 표 7.6을 이용하여 정리하자. 그러면 $30x - y + 30 = 0$이 된다. 그리고 $\overrightarrow{UV}$와 $\overrightarrow{AQ}$가 수직이라는 것으로부터 $\overrightarrow{UV} \cdot \overrightarrow{AQ} = 0$이다. 그러므로 $\left(\left(\frac{x}{2} + \frac{y}{2}\right)\overrightarrow{u} + \frac{y}{2}\overrightarrow{v} - (x+1)\overrightarrow{w}\right) \cdot \left(\frac{1}{2}(\overrightarrow{u} + \overrightarrow{v})\right) = 0$이다. 이 식을 정리하면, $x - 6y + 4 = 0$이다.

방정식 $30x - y + 30 = 0$과 $x - 6y + 4 = 0$을 연립하면, $x = -\frac{176}{179}, y = \frac{90}{176}$이

얻어진다. 이 값을 $\overrightarrow{UV} = (\frac{x}{2} + \frac{y}{2})\,\overrightarrow{u} + \frac{y}{2}\overrightarrow{v} - (x+1)\overrightarrow{w}$에 대입하면, $\overrightarrow{UV} = -\frac{43}{179}\overrightarrow{u} + \frac{45}{179}\overrightarrow{v} - \frac{3}{179}\overrightarrow{w}$가 된다.

$|\overrightarrow{UV}| = \sqrt{\overrightarrow{UV} \cdot \overrightarrow{UV}}$을 이용하여 $|\overrightarrow{UV}|$를 계산하자. 그러면,

$$|\overrightarrow{UV}| = \frac{1}{179}\sqrt{(-43\overrightarrow{u} + 45\overrightarrow{v} - 3\overrightarrow{w}) \cdot (-43\overrightarrow{u} + 45\overrightarrow{v} - 3\overrightarrow{w})}$$

이다. 얻어진 식을 표 7.6을 이용하여 정리하면, $|\overrightarrow{UV}| = \frac{\sqrt{1969}}{179}$이다. 결국, 꼬인 위치에 있는 직선 SP와 AQ사이의 거리는 $\frac{\sqrt{1969}}{179}$이다.

살펴본 꼬인 위치에 있는 직선 SP와 AQ사이의 거리를 좌표 방법을 이용하여 구해보자. 이를 위해, 정삼각뿔 $SABC$에 그림 7.25와 같이 좌표계를 도입하자. 이때, 모서리 BC의 중점 P를 원점으로 잡고, 모서리 AB를 지나는 직선을 x축으로 잡았다. 그리고 삼각형 ABC가 정삼각형이므로 $\overline{CP} \perp \overline{AB}$가 성립한다는 것을 감안하여 $\overline{CP}$를 포함하는 직선을 y축으로 잡았다.

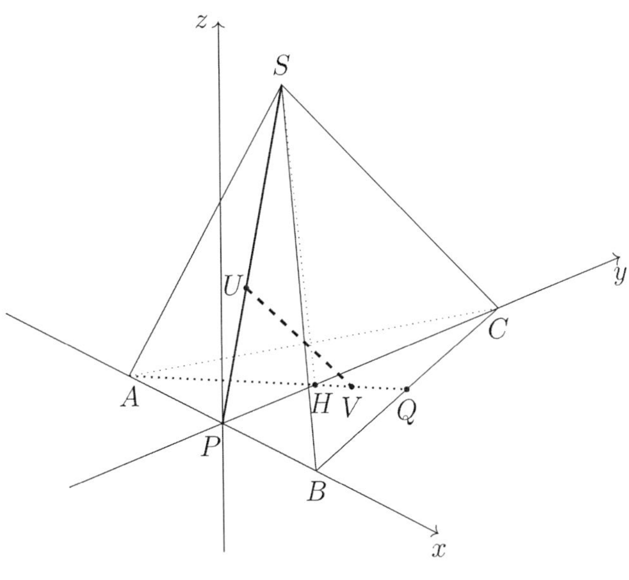

그림 7.25

정삼각뿔의 각 꼭짓점의 좌표를 구해보자. x축에 있는 점 A의 좌표는 $\left(-\frac{1}{2}, 0, 0\right)$이고 점 B의 좌표는 $\left(\frac{1}{2}, 0, 0\right)$이다. 점 C는 y축에 속하며, 직각삼각형 BPC에서 $\overline{PC} = \frac{\sqrt{3}}{2}$이다. 그러므로, 점 C의 좌표는 $\left(0, \frac{\sqrt{3}}{2}, 0\right)$이다.

점 S에서 밑면 ABC에 내린 수선의 발 H는 정삼각형 ABC의 중심이므로, $\overline{PH}:\overline{HC}=1:2$이다. 그러므로 $\overline{PH}=\frac{\sqrt{3}}{2}\times\frac{1}{3}=\frac{\sqrt{3}}{6}$이며, 점 S의 y좌표는 $\frac{\sqrt{3}}{6}$이다. 그리고 직각삼각형 HCS에서 $\overline{CH}=\frac{\sqrt{3}}{3}$이므로 $\overline{SH}=\frac{\sqrt{33}}{3}$이다. 즉, 점 S의 좌표는 $\left(0,\frac{\sqrt{3}}{6},\frac{\sqrt{33}}{3}\right)$이다.

이제, 꼬인 위치에 있는 직선 SP와 AQ의 공통수선 UV를 생각하자. 점 U는 직선 SP에 속한다는 것을 이용하여 점 U의 좌표를 구하자. 이를 위해, 직선 SP의 방정식을 구하면 $x=0,\frac{y}{\frac{\sqrt{3}}{6}}=\frac{z}{\frac{\sqrt{33}}{3}}$이다. 그러므로, 점 U의 좌표는 $\left(0,\frac{\sqrt{3}}{6}m,\frac{\sqrt{33}}{3}m\right)$으로 놓을 수 있다. 점 V가 직선 AQ에 속한다는 것을 이용하여 점 V의 좌표를 구하자. 점 Q의 좌표가 $\left(\frac{1}{4},\frac{\sqrt{3}}{4},0\right)$이므로 직선 AQ의 방정식은 $\frac{x+\frac{1}{2}}{\frac{3}{4}}=\frac{y}{\frac{\sqrt{3}}{4}},z=0$이다. 그러므로, 점 V의 좌표는 $\left(\frac{3}{4}n-\frac{1}{2},\frac{\sqrt{3}}{4}n,0\right)$으로 놓을 수 있다.

$\overrightarrow{UV}$와 $\overrightarrow{SP}$가 수직이므로 $\overrightarrow{UV}\cdot\overrightarrow{SP}=0$이다. $\overrightarrow{UV}=\overrightarrow{PV}-\overrightarrow{PU}$이므로 $\overrightarrow{UV}$의 x성분은 $\left(\frac{3}{4}n-\frac{1}{2}\right)$이며, y성분은 $\left(\frac{\sqrt{3}}{4}n-\frac{\sqrt{3}}{6}m\right)$, z성분은 $-\frac{\sqrt{33}}{3}m$이다. 그러므로 $\overrightarrow{UV}=\left(\frac{3}{4}n-\frac{1}{2},\frac{\sqrt{3}}{4}n-\frac{\sqrt{3}}{6}m,-\frac{\sqrt{33}}{3}m\right)$이다. 이제, $\overrightarrow{UV}\cdot\overrightarrow{SP}=0$으로부터 다음 식을 얻을 수 있다.

$$\frac{\sqrt{3}}{6}\left(\frac{\sqrt{3}}{4}n-\frac{\sqrt{3}}{6}m\right)+\frac{\sqrt{33}}{3}\left(-\frac{\sqrt{33}}{3}m\right)=0$$

이 식을 전개하여 정리하면 $n=30m$이다.

$\overrightarrow{UV}$와 $\overrightarrow{AQ}$가 수직이므로 $\overrightarrow{UV}\cdot\overrightarrow{AQ}=0$이다. $\overrightarrow{AQ}=\overrightarrow{PQ}-\overrightarrow{PA}$이며, 점 Q의 좌표는 $\left(\frac{1}{4},\frac{\sqrt{3}}{4},0\right)$이므로 $\overrightarrow{AQ}$의 x성분은 $\frac{3}{4}$, y성분은 $\frac{\sqrt{3}}{4}$, z성분은 0이다. 즉 $\overrightarrow{AQ}=\left(\frac{3}{4},\frac{\sqrt{3}}{4},0\right)$이다. 이제, $\overrightarrow{UV}\cdot\overrightarrow{AQ}=0$으로부터 다음 식을 얻을 수 있다.

$$\frac{3}{4}\left(\frac{3}{4}n-\frac{1}{2}\right)+\frac{\sqrt{3}}{4}\left(\frac{\sqrt{3}}{4}n-\frac{\sqrt{3}}{6}m\right)=0$$

이 식을 전개하여 정리하면 $6n-m-3=0$이다.

$n=30m$과 $6n-m-3=0$을 연립하면, $m=\frac{3}{179},n=\frac{90}{179}$이다. 이로부터 $\overrightarrow{UV}=\left(-\frac{22}{179},\frac{22\sqrt{3}}{179},-\frac{\sqrt{33}}{179}\right)$이며, $|\overrightarrow{UV}|=\frac{\sqrt{1969}}{179}$이다. 결국, 꼬인 위치에 있는 직선 SP와 AQ사이의 거리는 $\frac{\sqrt{1969}}{179}$이다.

예제 7.3. 한 모서리의 길이가 1인 정육면체 $ABCDA_1B_1C_1D_1$에서 다음 두 직선사이의 거리를 벡터 방법과 좌표 방법으로 구하여라.

(1) 직선 A_1B와 B_1C

(2) 직선 AC_1과 BD

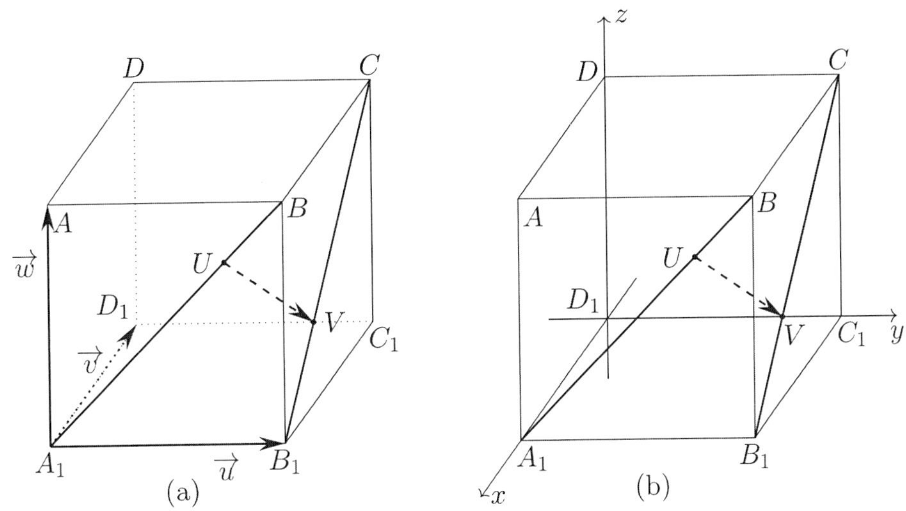

그림 7.26

(1) 벡터 방법이나 좌표 방법을 이용하기 쉬운 다면체가 정육면체일 것이다. 정육면체의 모서리 A_1B_1, A_1D_1, A_1A에 기저벡터 $\overrightarrow{u}, \overrightarrow{v}, \overrightarrow{w}$를 잡자(그림 7.26(a)). 먼저, $\overrightarrow{u}, \overrightarrow{v}, \overrightarrow{w}$의 내적을 정리하면 표 7.7과 같다.

$\cdot$	$\overrightarrow{u}$	$\overrightarrow{v}$	$\overrightarrow{w}$
$\overrightarrow{u}$	1	0	0
$\overrightarrow{v}$	0	1	0
$\overrightarrow{w}$	0	0	1

표 7.7

꼬인 위치에 있는 두 직선 A_1B와 B_1C의 공통수선 UV를 작도하자. $\overrightarrow{UV} = \overrightarrow{UA_1} + \overrightarrow{A_1B_1} + \overrightarrow{B_1V}$인데, $\overrightarrow{UA_1} = x\overrightarrow{A_1B}, \overrightarrow{B_1V} = y\overrightarrow{B_1C}$이다. 그러므로, $\overrightarrow{UV} = x\overrightarrow{A_1B} + \overrightarrow{u} +$

$y\overrightarrow{B_1C}$이다. 이때, $\overrightarrow{A_1B} = \overrightarrow{A_1A} + \overrightarrow{A_1B_1} = \overrightarrow{w} + \overrightarrow{u}$이고, $\overrightarrow{B_1C} = \overrightarrow{B_1B} + \overrightarrow{B_1C_1} = \overrightarrow{w} + \overrightarrow{v}$ 이다. 결국, $\overrightarrow{UV} = x(\overrightarrow{w} + \overrightarrow{u}) + \overrightarrow{u} + y(\overrightarrow{w} + \overrightarrow{v}) = (x+1)\overrightarrow{u} + y\overrightarrow{v} + (x+y)\overrightarrow{w}$이다.

벡터 $\overrightarrow{UV}$와 $\overrightarrow{A_1B}$가 수직이므로, $\overrightarrow{UV} \cdot \overrightarrow{A_1B} = ((x+1)\overrightarrow{u} + y\overrightarrow{v} + (x+y)\overrightarrow{w}) \cdot (\overrightarrow{w} + \overrightarrow{u}) = 0$이다. 표 7.7을 이용하여 식을 정리하면, $2x + y + 1 = 0$이다. 그리고 $\overrightarrow{UV}$와 $\overrightarrow{B_1C}$가 수직이므로, $\overrightarrow{UV} \cdot \overrightarrow{B_1C} = ((x+1)\overrightarrow{u} + y\overrightarrow{v} + (x+y)\overrightarrow{w}) \cdot (\overrightarrow{w} + \overrightarrow{v}) = 0$ 이다. 이 식을 정리하면, $x + 2y = 0$이다.

방정식 $2x + y + 1 = 0$, $x + 2y = 0$을 연립하면, $x = -\frac{2}{3}, y = \frac{1}{3}$이다. 이로부터 $\overrightarrow{UV} = \frac{1}{3}\overrightarrow{u} + \frac{1}{3}\overrightarrow{v} - \frac{1}{3}\overrightarrow{w}$가 된다. $|\overrightarrow{UV}| = \sqrt{\overrightarrow{UV} \cdot \overrightarrow{UV}}$을 이용하여 $|\overrightarrow{UV}|$를 계산하자. 그러면, $|\overrightarrow{UV}| = \frac{\sqrt{3}}{3}$이다. 결국, 꼬인 위치에 있는 직선 A_1B와 B_1C사이의 거리는 $\frac{\sqrt{3}}{3}$ 이다.

이제, 이 문제를 좌표 방법으로 풀어보자. 정육면체에서는 좌표계를 어려움없이 도입할 수 있다. 여기서는 꼭짓점 D_1을 원점으로 하고, 모서리 D_1A_1을 지나는 직선을 x축, 모서리 D_1C_1을 지나는 직선을 y축, 모서리 D_1D를 지나는 직선을 z축으로 잡았다(그림 7.26(b)).

꼬인 위치에 있는 직선 A_1B와 B_1C의 공통수선 UV를 생각하자. 점 U는 직선 A_1B에 속한다는 것을 이용하여 점 U의 좌표를 구하자. 이를 위해, 직선 A_1B의 방정식을 구하자. 점 A_1의 좌표는 $(1,0,0)$이고 점 B의 좌표가 $(1,1,1)$이므로, 직선 A_1B의 방정식은 $x = 1, y = z$이다. 그러므로, 점 U의 좌표는 $(1,m,m)$으로 놓을 수 있다. 점 V가 직선 B_1C에 속한다는 것을 이용하여 점 V의 좌표를 구하자. 점 B_1의 좌표가 $(1,1,0)$이고 점 C의 좌표가 $(0,1,1)$이므로, 직선 B_1C의 방정식은 $\frac{x-1}{-1} = z, y = 1$ 이다. 그러므로, 점 V의 좌표는 $(-n+1,1,n)$으로 놓을 수 있다.

$\overrightarrow{UV}$와 $\overrightarrow{A_1B}$가 수직이므로 $\overrightarrow{UV} \cdot \overrightarrow{A_1B} = 0$이다. $\overrightarrow{UV} = \overrightarrow{D_1V} - \overrightarrow{D_1U}$이므로 $\overrightarrow{UV}$의 x 성분은 $-n$이며, y성분은 $1-m$, z성분은 $n-m$이다. 그러므로 $\overrightarrow{UV} = (-n, 1-m, n-m)$ 이며, 같은 방법으로 $\overrightarrow{A_1B} = (0,1,1)$이다. 이제, $\overrightarrow{UV} \cdot \overrightarrow{A_1B} = 0$으로부터 $1-m+n-m = 0, n-2m+1 = 0$을 얻을 수 있다.

$\overrightarrow{UV}$와 $\overrightarrow{B_1C}$가 수직이므로 $\overrightarrow{UV} \cdot \overrightarrow{B_1C} = 0$이다. $\overrightarrow{B_1C} = (-1,0,1)$이므로, $\overrightarrow{UV} \cdot$

$\overrightarrow{B_1C} = n+n-m = 2n-m = 0$이다. 방정식 $n-2m+1=0$과 $2n=m$을 연립하면, $m=\frac{2}{3}, n=\frac{1}{3}$이다. 결국, $\overrightarrow{UV} = \left(-\frac{1}{3}, \frac{1}{3}, -\frac{1}{3}\right)$이며, $|\overrightarrow{UV}| = \frac{\sqrt{3}}{3}$이다. 결국, 꼬인 위치에 있는 직선 A_1B와 B_1C사이의 거리는 $\frac{\sqrt{3}}{3}$이다.

(2) 정육면체에서 직선 AC_1과 BD사이의 거리를 구하자. 꼬인 위치에 있는 두 직선 AC_1과 BD의 공통수선 UV를 작도하자(그림 7.27). $\overrightarrow{UV} = \overrightarrow{UA} + \overrightarrow{AB} + \overrightarrow{BV}$인데, $\overrightarrow{UA} = x\overrightarrow{AC_1}, \overrightarrow{BV} = y\overrightarrow{BD}$이다. 그러므로, $\overrightarrow{UV} = x\overrightarrow{AC_1} + \overrightarrow{u} + y\overrightarrow{BD}$이다. 이때, $\overrightarrow{AC_1} = \overrightarrow{AA_1} + \overrightarrow{A_1B_1} + \overrightarrow{B_1C_1} = -\overrightarrow{w} + \overrightarrow{u} + \overrightarrow{v}$이고, $\overrightarrow{BD} = \overrightarrow{BA} + \overrightarrow{AD} = -\overrightarrow{u} + \overrightarrow{v}$이다. 결국, $\overrightarrow{UV} = x(-\overrightarrow{w} + \overrightarrow{u} + \overrightarrow{v}) + \overrightarrow{u} + y(-\overrightarrow{u} + \overrightarrow{v}) = (x+1-y)\overrightarrow{u} + (x+y)\overrightarrow{v} - x\overrightarrow{w}$ 이다.

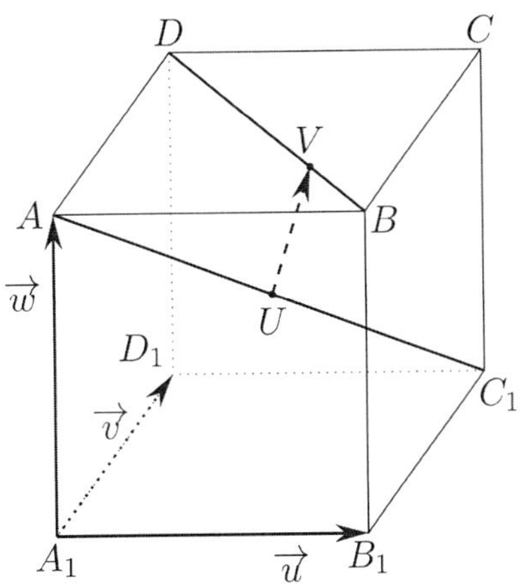

그림 7.27

$\overrightarrow{UV}$와 $\overrightarrow{AC_1}$이 수직이라는 것을 생각하면, 다음이 성립한다.

$$\overrightarrow{UV} \cdot \overrightarrow{AC_1} = ((x+1-y)\overrightarrow{u} + (x+y)\overrightarrow{v} - x\overrightarrow{w}) \cdot (-\overrightarrow{w} + \overrightarrow{u} + \overrightarrow{v}) = 0$$

표 7.7을 이용하여 식을 정리하면, $3x+1=0, x=-\frac{1}{3}$이다. 그리고 $\overrightarrow{UV}$와 $\overrightarrow{BD}$가 수직이므로, $\overrightarrow{UV} \cdot \overrightarrow{BD} = ((x+1-y)\overrightarrow{u} + (x+y)\overrightarrow{v} - x\overrightarrow{w}) \cdot (-\overrightarrow{u} + \overrightarrow{v}) = 0$이다. 이 식을 정리하면, $2y-1=0, y=\frac{1}{2}$이다. 이로부터 $\overrightarrow{UV} = \frac{1}{6}\overrightarrow{u} + \frac{1}{6}\overrightarrow{v} + \frac{1}{3}\overrightarrow{w}$가 된다. $|\overrightarrow{UV}| = \sqrt{\overrightarrow{UV} \cdot \overrightarrow{UV}}$을 이용하여 $|\overrightarrow{UV}|$를 계산하자. 그러면, $|\overrightarrow{UV}| = \frac{\sqrt{6}}{6}$이다. 결국, 꼬인 위치에 있는 직선 AC_1과 BD사이의 거리는 $\frac{\sqrt{6}}{6}$이다.

이 문제를 좌표 방법을 이용하여 접근하자. 여기서는 (1)에서와는 다른 방법으로 문제를 해결할 것이다. 우선, 꼭짓점 D_1을 원점으로 하는 좌표계를 잡고, 꼬인 위치에 있는 두 직선 AC_1과 BD의 공통수선 UV를 작도하자(그림 7.28(a)).

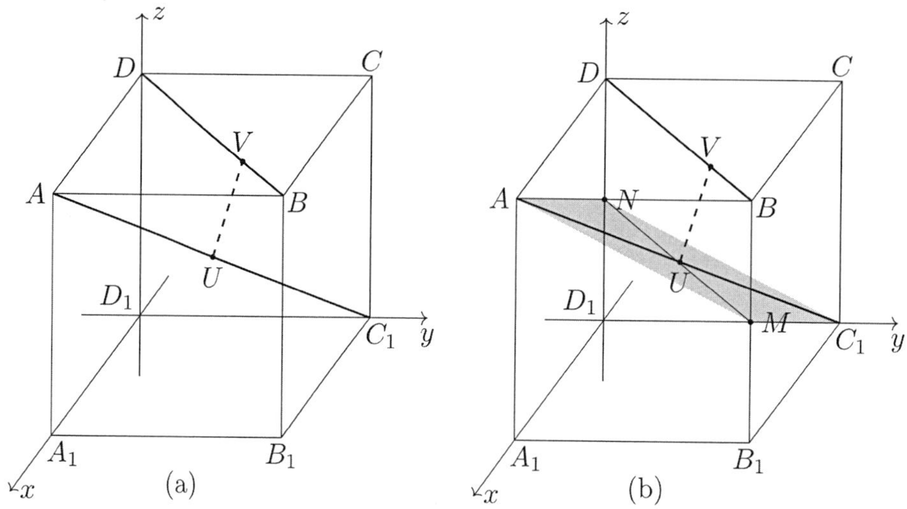

그림 7.28

직선 AC_1을 지나며 직선 BD와 평행한 평면 α를 생각하자. 그러면 공통수선 UV는 직선 BD와 평면 α사이의 거리가 된다. 이때, 평면 α는 직선 BD에 평행한 직선과 직선 AC_1을 지나면 된다.

여기서는 직선 BD에 평행한 직선으로, 모서리 BB_1의 중점 M, 모서리 DD_1의 중점 N을 지나는 직선 MN을 생각하자. 그러면, 직선 AC_1과 MN은 정육면체의 중심에서 만나므로 평면 α를 결정하게 된다(그림 7.28(b)).

평면 α의 방정식을 구하자. 점 A의 좌표는 $(1, 0, 1)$, M의 좌표는 $\left(1, 1, \frac{1}{2}\right)$, 점 C_1의 좌표는 $(0, 1, 0)$, N의 좌표는 $\left(0, 0, \frac{1}{2}\right)$이다. 평면의 방정식 $ax + by + cz + d = 0$에 점 N의 좌표를 대입하면 $\frac{c}{2} + d = 0, c = -2d$가 되며, 점 C_1의 좌표를 대입하면 $b + d = 0, b = -d$이다. 그리고 점 A의 좌표를 대입하면 $a + c + d = 0$인데, 여기에 $c = -2d$를 대입하면 $a - d = 0, a = d$가 된다.

얻어진 식을 $ax + by + cz + d = 0$에 대입하면, $dx - dy - 2dz + d = 0$이며 양변을

d로 나누면 평면 α의 방정식 $x-y-2z+1=0$이 얻어진다. 이제, 직선 BD의 임의의 점과 평면 α사이의 거리를 구하면 된다. 직선 BD의 점으로 점 B를 잡자. 점 B의 좌표가 $(1,1,1)$이므로, 점 B와 평면 α사이의 거리는 $\frac{|1-1-2+1|}{\sqrt{1+1+4}}=\frac{\sqrt{6}}{6}$이다. 결국, 꼬인 위치에 있는 직선 AC_1과 BD사이의 거리는 $\frac{\sqrt{6}}{6}$이다. □

살펴본 것과 같이, 정육면체에서 꼬인 위치에 있는 직선사이의 거리를 구할 때에 벡터나 좌표의 방법은 효과적인 문제해결의 도구가 될 수 있다. 특히, 정육면체의 모서리가 서로 수직을 이루기 때문에, 모서리에 기저벡터를 잡으면 이들의 내적이 0이 되기 때문에 문제해결 과정에서 계산이 간단하게 수행될 수 있었다.

정육각뿔에서 꼬인 위치에 있는 직선사이의 각을 구해보자. 정육각뿔 $SABCDEF$에서 $\overline{AB}=1, \overline{SA}=2$이다. 이때, 직선 SB와 AD사이의 거리를 구하자(그림 7.29(a)).

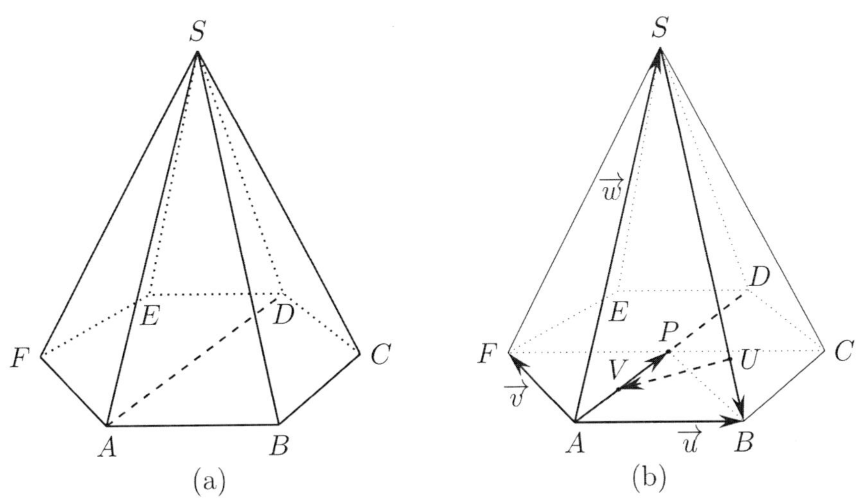

그림 7.29

정육각뿔 $SABCDEF$의 모서리에 기저벡터 $\overrightarrow{AB}=\vec{u}, \overrightarrow{AF}=\vec{v}, \overrightarrow{AS}=\vec{w}$를 잡고, $\vec{u}, \vec{v}, \vec{w}$의 내적을 표로 정리하자(표 7.8).

정육각뿔에서 꼬인 위치에 있는 직선 SB와 AD사이의 거리를 구하기 위해, 직선 SB와 AD의 공통수선 UV를 작도하자(그림 7.29(b)). 꼭짓점 S에서 밑면 $ABCDEF$에 내린 수선의 발을 P라 하자.

$\cdot$	$\overrightarrow{u}$	$\overrightarrow{v}$	$\overrightarrow{w}$
$\overrightarrow{u}$	1	$-\frac{1}{2}$	$\frac{1}{2}$
$\overrightarrow{v}$	$-\frac{1}{2}$	1	$\frac{1}{2}$
$\overrightarrow{w}$	$\frac{1}{2}$	$\frac{1}{2}$	4

표 7.8

$\overrightarrow{UV} = \overrightarrow{US} + \overrightarrow{SA} + \overrightarrow{AV}$인데, $\overrightarrow{US} = x\overrightarrow{SB}, \overrightarrow{AV} = y\overrightarrow{AP}$이다. 그러므로, $\overrightarrow{UV} = x\overrightarrow{SB} - \overrightarrow{w} + y\overrightarrow{AP}$이다. 이때, $\overrightarrow{SB} = \overrightarrow{AB} - \overrightarrow{AS} = \overrightarrow{u} - \overrightarrow{w}$이고, $\overrightarrow{AP} = \overrightarrow{AB} + \overrightarrow{AF} = \overrightarrow{u} + \overrightarrow{v}$이다. 결국, $\overrightarrow{UV} = x(\overrightarrow{u} - \overrightarrow{w}) - \overrightarrow{w} + y(\overrightarrow{u} + \overrightarrow{v}) = (x+y)\overrightarrow{u} + y\overrightarrow{v} - (x+1)\overrightarrow{w}$이다.

$\overrightarrow{UV}$와 $\overrightarrow{SB}$가 수직이라는 것을 생각하면, 다음을 얻을 수 있다.

$$\overrightarrow{UV} \cdot \overrightarrow{SB} = ((x+y)\overrightarrow{u} + y\overrightarrow{v} - (x+1)\overrightarrow{w}) \cdot (\overrightarrow{u} - \overrightarrow{w}) = 0$$

표 7.8을 이용하여 식을 정리하면, $8x - y + 7 = 0$이다. 그리고 $\overrightarrow{UV}$와 $\overrightarrow{AP}$가 수직이므로, $\overrightarrow{UV} \cdot \overrightarrow{AP} = ((x+y)\overrightarrow{u} + y\overrightarrow{v} - (x+1)\overrightarrow{w}) \cdot (\overrightarrow{u} + \overrightarrow{v}) = 0$이다. 이 식을 정리하면, $x - 2y + 2 = 0$이다.

방정식 $8x - y + 7 = 0$과 $x - 2y + 2 = 0$을 연립하여 풀면, $x = -\frac{4}{5}, y = \frac{3}{5}$가 된다. 이로부터 $\overrightarrow{UV} = -\frac{1}{5}\overrightarrow{u} + \frac{3}{5}\overrightarrow{v} - \frac{1}{5}\overrightarrow{w}$가 된다. $|\overrightarrow{UV}| = \sqrt{\overrightarrow{UV} \cdot \overrightarrow{UV}}$을 이용하여 $|\overrightarrow{UV}|$를 계산하자. 그러면, $|\overrightarrow{UV}| = \frac{\sqrt{15}}{5}$이다. 결국, 꼬인 위치에 있는 직선 SB과 AD사이의 거리는 $\frac{\sqrt{15}}{5}$이다.

이제, 이 문제를 좌표 방법으로 풀어보자. 정육각뿔 $SABCDEF$에서 SP에서 밑면 $ABCDEF$에 내린 수선의 발 P를 원점으로 하고, 모서리 FC를 지나는 직선을 y축, 모서리 AB의 중점과 P를 지나는 직선을 x축, 선분 PS를 지나는 직선을 z축으로 잡았다(그림 7.30(a)).

점 F의 좌표는 $(0, -1, 0)$이며, 직각삼각형 PAM에서 $\overline{AP} = 1, \overline{AM} = \frac{1}{2}$이므로 $\overline{PM} = \frac{\sqrt{3}}{2}$이고, 점 M의 좌표는 $\left(\frac{\sqrt{3}}{2}, 0, 0\right)$이다. 이로부터 점 A의 좌표는 $\left(\frac{\sqrt{3}}{2}, -\frac{1}{2}, 0\right)$이고, 점 B의 좌표는 $\left(\frac{\sqrt{3}}{2}, \frac{1}{2}, 0\right)$, 점 D의 좌표는 $\left(-\frac{\sqrt{3}}{2}, \frac{1}{2}, 0\right)$이다(그림 7.30(b)). 한

편, 직각삼각형 SPA에서 $\overline{AS} = 2, \overline{AP} = 1$이므로 $\overline{PS} = \sqrt{3}$이며, 점 S의 좌표는 $(0, 0, \sqrt{3})$이다.

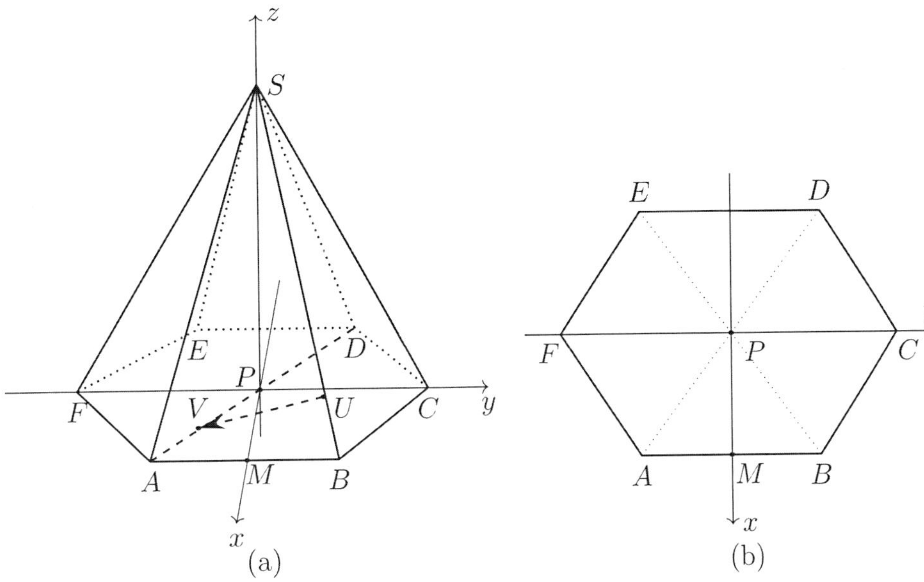

그림 7.30

꼬인 위치에 있는 직선 SB와 AD의 공통수선 UV를 생각하자. 점 U는 직선 SB에 속한다는 것을 이용하여 점 U의 좌표를 구하자. 이를 위해, 직선 SB의 방정식을 구하자. 점 S의 좌표는 $(0, 0, \sqrt{3})$이고 점 B의 좌표가 $\left(\frac{\sqrt{3}}{2}, \frac{1}{2}, 0\right)$이므로, 직선 SB의 방정식은 $\frac{x}{\frac{\sqrt{3}}{2}} = \frac{y}{\frac{1}{2}} = \frac{z-\sqrt{3}}{-\sqrt{3}}$이다. 그러므로, 점 U의 좌표는 $\left(\frac{\sqrt{3}}{2}m, \frac{1}{2}m, -\sqrt{3}m + \sqrt{3}\right)$으로 놓을 수 있다.

점 V가 직선 AD에 속한다는 것을 이용하여 점 V의 좌표를 구하자. 점 A의 좌표가 $\left(\frac{\sqrt{3}}{2}, -\frac{1}{2}, 0\right)$이고 점 D의 좌표가 $\left(-\frac{\sqrt{3}}{2}, \frac{1}{2}, 0\right)$이므로, 직선 AD의 방정식은 $\frac{x-\frac{\sqrt{3}}{2}}{-\sqrt{3}} = \frac{y+\frac{1}{2}}{1}, z = 0$이다. 그러므로, 점 V의 좌표는 $\left(-\sqrt{3}n + \frac{\sqrt{3}}{2}, n - \frac{1}{2}, 0\right)$이다.

$\overrightarrow{UV} = \overrightarrow{PV} - \overrightarrow{PU}$이며, $\overrightarrow{PV}$, $\overrightarrow{PU}$의 좌표를 알고 있기 때문에, 이로부터 $\overrightarrow{UV}$의 좌표를 구할 수 있다. $\overrightarrow{UV}$의 좌표는 $\left(-\sqrt{3}n + \frac{\sqrt{3}}{2} - \frac{\sqrt{3}}{2}m, n - \frac{1}{2} - \frac{1}{2}m, \sqrt{3}m - \sqrt{3}\right)$이다. 그리고 $\overrightarrow{SB} = \overrightarrow{PB} - \overrightarrow{PS}$이므로, $\overrightarrow{SB}$의 좌표를 구하면 $\left(\frac{\sqrt{3}}{2}, \frac{1}{2}, -\sqrt{3}\right)$이다. 이제, $\overrightarrow{UV}$와 $\overrightarrow{SB}$가 수직이라는 것, 즉 $\overrightarrow{UV} \cdot \overrightarrow{SB} = 0$을 생각하자.

$\overrightarrow{UV}$와 $\overrightarrow{SB}$의 좌표를 내적하면, 다음을 얻을 수 있다.

$$\overrightarrow{UV}\cdot\overrightarrow{SB}=\left(-\sqrt{3}n+\frac{\sqrt{3}}{2}-\frac{\sqrt{3}}{2}m, n-\frac{1}{2}-\frac{1}{2}m, \sqrt{3}m-\sqrt{3}\right)\cdot\left(\frac{\sqrt{3}}{2},\frac{1}{2},-\sqrt{3}\right)$$

이 식을 정리하면 $8m+2n-7$이며, $\overrightarrow{UV}\cdot\overrightarrow{SB}=0$이므로 $8m+2n-7=0$이다.

$\overrightarrow{AD}=\overrightarrow{PD}-\overrightarrow{PA}$이므로, $\overrightarrow{AD}$의 좌표를 구하면 $(-\sqrt{3},1,0)$이다. 이제, $\overrightarrow{UV}$와 $\overrightarrow{AD}$가 수직이라는 것, 즉 $\overrightarrow{UV}\cdot\overrightarrow{AD}=0$을 생각하자. $\overrightarrow{UV}$와 $\overrightarrow{AD}$의 좌표를 내적하면, 다음을 얻을 수 있다.

$$\overrightarrow{UV}\cdot\overrightarrow{AD}=\left(-\sqrt{3}n+\frac{\sqrt{3}}{2}-\frac{\sqrt{3}}{2}m, n-\frac{1}{2}-\frac{1}{2}m, \sqrt{3}m-\sqrt{3}\right)\cdot(-\sqrt{3},1,0)=0$$

이 식을 정리하면 $m+4n-2=0$이 얻어진다.

방정식 $8m+2n-7=0$과 $m+4n-2=0$을 연립하면, $m=\frac{4}{5}, n=\frac{3}{10}$이다. 이로부터 $\overrightarrow{UV}$의 좌표를 구하면 $\left(-\frac{\sqrt{3}}{5},-\frac{3}{5},-\frac{\sqrt{3}}{5}\right)$이며, $|\overrightarrow{UV}|=\frac{\sqrt{15}}{5}$이다. 결국, 꼬인 위치에 있는 직선 SB와 AD사이의 거리는 $\frac{\sqrt{15}}{5}$이다.

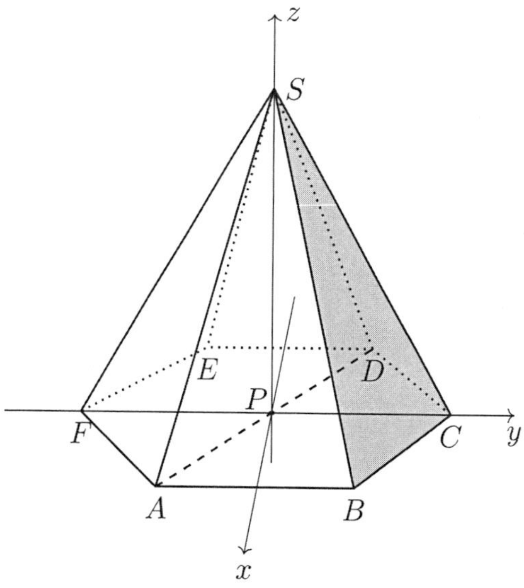

그림 7.31

이제, 정육각뿔 $SABCDEF$의 꼬인 위치에 있는 직선 SB와 AD사이의 거리를 직선 AD와 평행하며 직선 SB를 지나는 평면 α를 이용하여 구해보자. 그림 7.31에서 직선 AD와 평행한 직선 BC를 생각하면, 평면 α로 면 SBC를 생각할 수 있다.

평면 SBC의 방정식을 구하자. 점 S의 좌표는 $(0,0,\sqrt{3})$이고 점 B의 좌표는 $\left(\frac{\sqrt{3}}{2},\frac{1}{2},0\right)$이며, 점 C의 좌표는 $(0,1,0)$이다. 평면의 방정식 $ax+by+cz+d=0$에 점 S의 좌표를 대입하면, $\sqrt{3}c+d=0, c=-\frac{1}{\sqrt{3}}d$이다. 점 C의 좌표를 대입하면, $b+d=0, b=-d$이다. 점 B의 좌표를 대입하면, $\frac{\sqrt{3}}{2}a+\frac{1}{2}b+d=0$이다. 이때, $b=-d$이므로 $\frac{\sqrt{3}}{2}a-\frac{1}{2}d+d=0$이며, $a=-\frac{1}{\sqrt{3}}d$가 된다.

$c=-\frac{1}{\sqrt{3}}d$, $b=-d$, $a=-\frac{1}{\sqrt{3}}d$를 평면의 방정식 $ax+by+cz+d=0$에 대입하여 정리하면, 평면 α의 방정식 $\frac{x}{\sqrt{3}}+y+\frac{z}{\sqrt{3}}-1=0$이 얻어진다. 직선 AD의 점 $A\left(\frac{\sqrt{3}}{2},-\frac{1}{2},0\right)$과 평면 α사이의 거리를 점과 평면사이의 거리 공식을 이용하여 다음과 같이 구할 수 있다.

$$\frac{\left|\frac{1}{2}-\frac{1}{2}-1\right|}{\sqrt{\frac{1}{3}+1+\frac{1}{3}}}=\frac{\sqrt{3}}{\sqrt{5}}=\frac{\sqrt{15}}{5}$$

결국, 꼬인 위치에 있는 직선 SB와 AD사이의 거리는 $\frac{\sqrt{15}}{5}$이다.

제 8 장.

벡터, 좌표와 각

1. 공간에서 두 직선사이의 각

직선 m, n이 이루는 각 θ를 벡터 방법이나 좌표 방법으로 구하기 위해 벡터의 내적을 이용한다. 우선, 직선 m, n의 방향벡터가 $\overrightarrow{p}, \overrightarrow{q}$로 주어진 경우를 살펴보자.

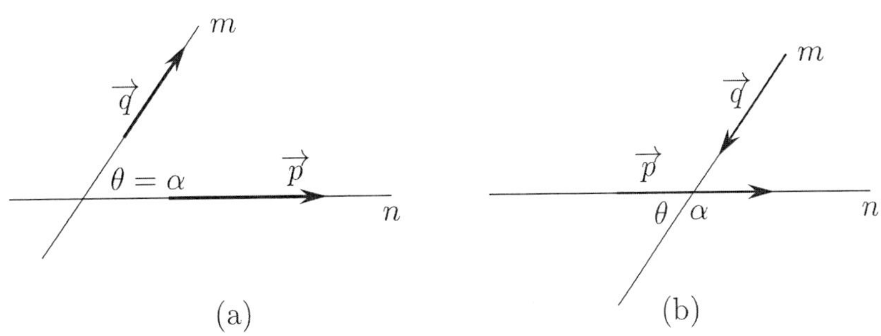

그림 8.1

직선 m, n사이의 각 θ는 방향벡터 $\overrightarrow{p}, \overrightarrow{q}$사이의 각 α를 이용하여 구할 수 있다. 방향벡터 $\overrightarrow{p}, \overrightarrow{q}$사이의 각 α는 내적 $\overrightarrow{p} \cdot \overrightarrow{q} = |\overrightarrow{p}||\overrightarrow{q}| \cos\alpha$를 이용하여 구할 수 있으며, $\cos\alpha = \frac{\overrightarrow{p} \cdot \overrightarrow{q}}{|\overrightarrow{p}||\overrightarrow{q}|}$이다.

그림 8.1(a)와 같이 직선 m, n의 방향벡터 $\overrightarrow{p}, \overrightarrow{q}$를 잡자. 그러면, $0 \le \alpha \le \frac{\pi}{2}$이며, $\alpha = \theta$가 된다. 그런데, 그림 8.1(b)와 같이 직선 m, n의 방향벡터 $\overrightarrow{p}, \overrightarrow{q}$를 잡으면, α는

둔각이 되므로, $\theta = \pi - \alpha$가 된다. 왜냐 하면, 두 직선 m, n이 이루는 각은 두 직선이 만나서 생기는 교각들 중에서 가장 작은 각으로 정의했기 때문이다.

일반적으로 $\beta + \gamma = \pi$이면 $\gamma = \pi - \beta$이며, 코사인의 성질에 의해 $\cos\gamma = \cos(\pi - \beta) = -\cos\beta$, $\cos\gamma = -\cos\beta$가 성립한다. 그러므로, 그림 8.1(b)와 같이 α가 둔각이면 $\theta = \pi - \alpha$이며 $\cos\theta = -\cos\alpha$가 된다. 결국, 내적을 이용하여 계산한 방향벡터 $\overrightarrow{p}, \overrightarrow{q}$사이의 각의 코사인 값이 음수인 경우에는 얻어진 코사인 값에 절댓값을 취하면 직선 m, n사이의 각 θ의 코사인 값이 된다.

이제, 직선 m, n에 속하는 점의 좌표가 주어진 경우를 살펴보자. 직선 m에 속하는 점 $M_1(p_1, q_1, r_1), M_2(p_2, q_2, r_2)$가 주어졌고, 직선 n에 속하는 점 $N_1(u_1, v_1, w_1)$, $N_2(u_2, v_2, w_2)$가 주어졌다고 하자. 직선 m의 방향벡터를 구하자.

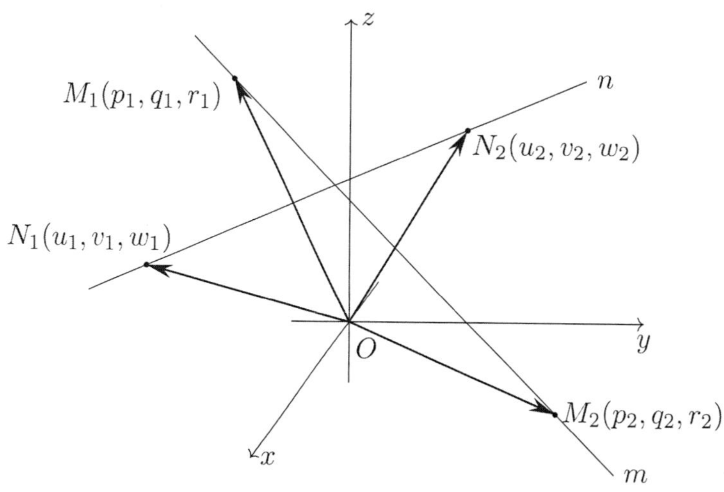

그림 8.2

직선 m의 점 M_1, M_2가 주어졌다. 그러면 직선 m의 방향벡터로 벡터 $\overrightarrow{M_1M_2}$를 잡을 수 있다. 그림 8.2에서 $\overrightarrow{M_1M_2} = \overrightarrow{OM_2} - \overrightarrow{OM_1}$이므로, 직선 m의 방향벡터는 $\overrightarrow{M_1M_2} = (p_2 - p_1, q_2 - q_1, r_2 - r_1) = (p, q, r)$이 된다. 같은 방법으로 직선 n의 방향벡터로 벡터 $\overrightarrow{N_1N_2}$를 잡을 수 있으며, 벡터 $\overrightarrow{N_1N_2}$의 좌표를 구하면 $\overrightarrow{N_1N_2} = (u_2 - u_1, v_2 - v_1, w_2 - w_1) = (u, v, w)$이다.

결국, 두 직선 m, n이 이루는 각 θ는 직선 m, n의 방향벡터 $\overrightarrow{M_1M_2}$와 $\overrightarrow{N_1N_2}$가 이

루는 각 α를 이용하여 구할 수 있다. $\cos\alpha = \frac{\overrightarrow{M_1M_2}\cdot\overrightarrow{N_1N_2}}{|\overrightarrow{M_1M_2}||\overrightarrow{N_1N_2}|}$이므로, 이것을 다음과 같이 나타낼 수 있다.

$$\cos\alpha = \frac{\overrightarrow{M_1M_2}\cdot\overrightarrow{N_1N_2}}{|\overrightarrow{M_1M_2}||\overrightarrow{N_1N_2}|} = \frac{|pu+qv+rw|}{\sqrt{p^2+q^2+r^2}\cdot\sqrt{u^2+v^2+w^2}}$$

얻어진 $\cos\alpha$에 절댓값을 취하면, 직선 m, n이 이루는 각 θ의 코사인 값을 얻을 수 있으며 직선 m, n이 이루는 각을 구할 수 있다.

예를 들어, 한 모서리의 길이가 1인 정육면체 $ABCDA_1B_1C_1D_1$을 생각하자. 모서리 CD의 중점을 M이라 할 때, 직선 A_1B와 B_1M사이의 각을 구한다고 하자.

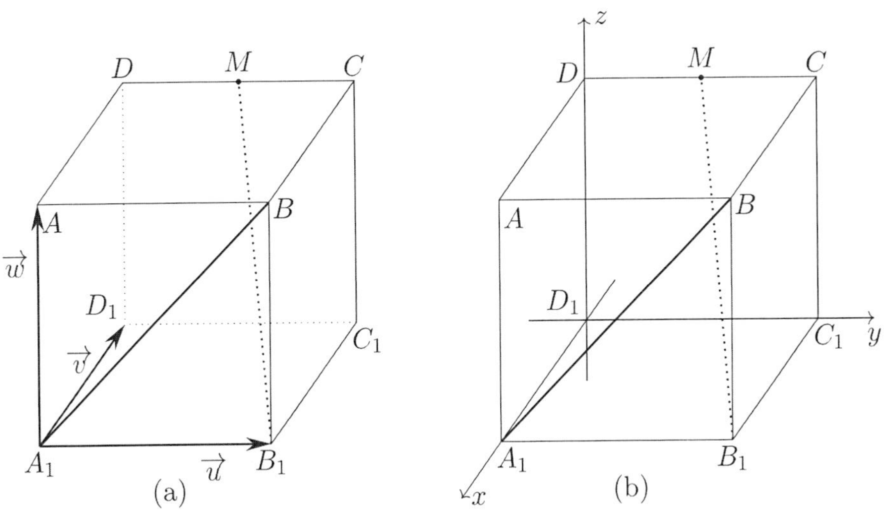

그림 8.3

우선, 정육면체의 모서리 A_1B_1, A_1D_1, A_1A에 기저벡터 $\overrightarrow{u}, \overrightarrow{v}, \overrightarrow{w}$를 잡자(그림 8.3(a)). $\overrightarrow{u}, \overrightarrow{v}, \overrightarrow{w}$의 내적을 정리하면 표 8.1과 같다.

직선 A_1B, B_1M의 방향벡터로 $\overrightarrow{A_1B}, \overrightarrow{B_1M}$을 잡자. $\overrightarrow{A_1B}$를 벡터 $\overrightarrow{u}, \overrightarrow{v}, \overrightarrow{w}$로 나타내자. $\overrightarrow{A_1B} = \overrightarrow{A_1B_1} + \overrightarrow{B_1B} = \overrightarrow{u} + \overrightarrow{w}$이다. 그리고 $\overrightarrow{B_1M} = \overrightarrow{B_1C_1} + \overrightarrow{C_1C} + \overrightarrow{CM} = \overrightarrow{B_1C_1} + \overrightarrow{C_1C} + \frac{1}{2}\overrightarrow{CD} = \overrightarrow{v} + \overrightarrow{w} - \frac{1}{2}\overrightarrow{u}$이다.

표 8.1을 이용하여 내적 $\overrightarrow{A_1B}\cdot\overrightarrow{B_1M}$를 구하자. 다음을 얻을 수 있다.

$$\overrightarrow{A_1B}\cdot\overrightarrow{B_1M} = (\overrightarrow{u}+\overrightarrow{w})\cdot\left(\overrightarrow{v}+\overrightarrow{w}-\frac{1}{2}\overrightarrow{u}\right) = \frac{1}{2}$$

$\cdot$	$\overrightarrow{u}$	$\overrightarrow{v}$	$\overrightarrow{w}$
$\overrightarrow{u}$	1	0	0
$\overrightarrow{v}$	0	1	0
$\overrightarrow{w}$	0	0	1

표 8.1

그리고 $|\overrightarrow{A_1B}| = \sqrt{(\overrightarrow{u}+\overrightarrow{w})\cdot(\overrightarrow{u}+\overrightarrow{w})} = \sqrt{2}$이다. 같은 방법으로 $\overrightarrow{B_1M}$의 크기를 구하자. 그러면, $|\overrightarrow{B_1M}| = \sqrt{\left(\overrightarrow{v}+\overrightarrow{w}-\frac{1}{2}\overrightarrow{u}\right)\cdot\left(\overrightarrow{v}+\overrightarrow{w}-\frac{1}{2}\overrightarrow{u}\right)} = \frac{3}{2}$이다.

결국, $\overrightarrow{A_1B}$과 $\overrightarrow{B_1M}$사이의 각 α는 $\cos\alpha = \frac{\overrightarrow{A_1B}\cdot\overrightarrow{B_1M}}{|\overrightarrow{A_1B}||\overrightarrow{B_1M}|} = \frac{\sqrt{2}}{6}$이며, $\alpha = \arccos\frac{\sqrt{2}}{6}$이다. 이로부터 직선 A_1B와 B_1M사이의 각은 $\arccos\frac{\sqrt{2}}{6}$라는 것을 알 수 있다.

살펴본 풀이 과정에서 직선 A_1B의 방향벡터로 $\overrightarrow{A_1B}$대신에 $\overrightarrow{BA_1}$을 잡아서 문제를 풀어보자. 그러면, $\overrightarrow{BA_1} = \overrightarrow{BB_1} + \overrightarrow{B_1A_1} = -\overrightarrow{w} - \overrightarrow{u}$이다. 이때, 내적 $\overrightarrow{BA_1}\cdot\overrightarrow{B_1M}$은 $(-\overrightarrow{u}-\overrightarrow{w})\cdot\left(\overrightarrow{v}+\overrightarrow{w}-\frac{1}{2}\overrightarrow{u}\right) = -\frac{1}{2}$이 된다. 그리고 $|\overrightarrow{BA_1}| = \sqrt{2}, |\overrightarrow{B_1M}| = \frac{3}{2}$이므로, $\cos\alpha = \frac{\overrightarrow{BA_1}\cdot\overrightarrow{B_1M}}{|\overrightarrow{A_1B}||\overrightarrow{B_1M}|} = -\frac{\sqrt{2}}{6}$가 된다. 방향벡터 $\overrightarrow{BA_1}$, $\overrightarrow{B_1M}$사이의 각의 코사인 값이 음수이므로, 직선 A_1B, B_1M사이의 각의 코사인 값은 $\left|-\frac{\sqrt{2}}{6}\right| = \frac{\sqrt{2}}{6}$이다. 이로부터 직선 A_1B와 B_1M사이의 각은 $\arccos\frac{\sqrt{2}}{6}$이 된다.

이제, 좌표 방법으로 직선 A_1B와 B_1M사이의 각을 구하자. 꼭짓점 D_1을 원점으로 하고, 모서리 D_1A_1을 지나는 직선을 x축, 모서리 D_1C_1을 지나는 직선을 y축, 모서리 D_1D를 지나는 직선을 z축으로 잡자(그림 8.3(b)).

점 A_1의 좌표는 $(1,0,0)$, 점 B의 좌표는 $(1,1,1)$, 점 B_1의 좌표는 $(1,1,0)$, 점 M의 좌표는 $\left(0,\frac{1}{2},1\right)$이다. 그러므로 직선 A_1B의 방향벡터는 $(0,1,1)$이다. 그리고 직선 B_1M의 방향벡터는 $\left(-1,-\frac{1}{2},1\right)$이다. 이로부터 두 직선이 이루는 각의 코사인 값은 $\cos\theta = \frac{|-\frac{1}{2}+1|}{\sqrt{1+1}\cdot\sqrt{1+\frac{1}{4}+1}} = \frac{\sqrt{2}}{6}$이다. 이로부터 직선 A_1B와 B_1M사이의 각은 $\arccos\frac{\sqrt{2}}{6}$이다.

한 모서리의 길이가 2인 정육면체 $ABCDA_1B_1C_1D_1$을 생각하자. 정육면체의 각 면의 중심을 $U_1, U_2, V_1, V_2, V_3, V_4$라 하면, 다면체 $U_1V_1V_2V_3V_4U_2$는 정팔면체가 된다

(그림 8.4). 이 정팔면체는 한 모서리의 길이가 $\sqrt{2}$이다. 이제, 정팔면체의 모서리사이의 각을 구해보자.

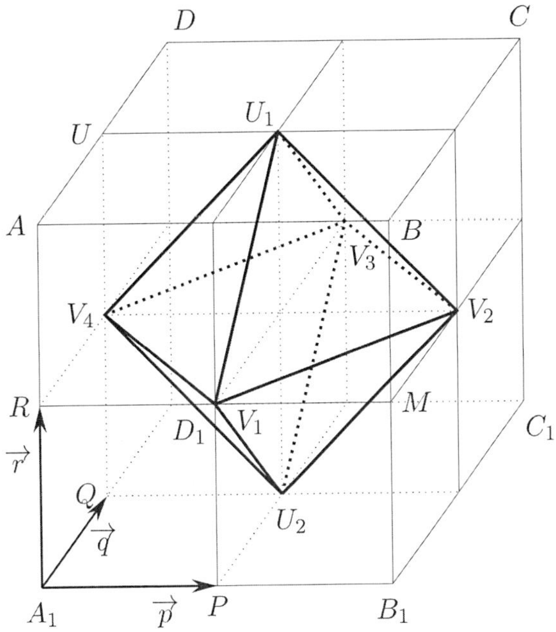

그림 8.4

정육면체 $ABCDA_1B_1C_1D_1$의 모서리 A_1B_1, A_1D_1, A_1A의 중점을 P, Q, R이라 하고, 기저벡터 $\overrightarrow{A_1P} = \overrightarrow{p}, \overrightarrow{A_1Q} = \overrightarrow{q}, \overrightarrow{A_1R} = \overrightarrow{r}$을 잡자. 정팔면체 $U_1V_1V_2V_3V_4U_2$의 각 면은 정삼각형이므로, 인접한 모서리사이의 각은 $\frac{\pi}{3}$라는 것을 쉽게 알 수 있다.

정팔면체의 모서리 U_2V_4와 V_1V_2사이의 각을 구해보자. $\overrightarrow{U_2V_4} = \overrightarrow{U_2Q} + \overrightarrow{QV_4} = -\overrightarrow{p} + \overrightarrow{r}$이며, $\overrightarrow{V_1V_2} = \overrightarrow{V_1M} + \overrightarrow{MV_2} = \overrightarrow{p} + \overrightarrow{q}$이다. 우선 내적 $\overrightarrow{U_2V_4} \cdot \overrightarrow{V_1V_2}$를 구하면, $\overrightarrow{U_2V_4} \cdot \overrightarrow{V_1V_2} = (-\overrightarrow{p} + \overrightarrow{r}) \cdot (\overrightarrow{p} + \overrightarrow{q}) = -1$이다.

$|\overrightarrow{U_2V_4}| = \sqrt{(-\overrightarrow{p} + \overrightarrow{r}) \cdot (-\overrightarrow{p} + \overrightarrow{r})} = \sqrt{2}$이다. 그리고 벡터 $\overrightarrow{V_1V_2}$의 크기를 구하면 $|\overrightarrow{V_1V_2}| = \sqrt{(\overrightarrow{p} + \overrightarrow{q}) \cdot (\overrightarrow{p} + \overrightarrow{q})} = \sqrt{2}$이다. 그러므로, $\overrightarrow{U_2V_4}$와 $\overrightarrow{V_1V_2}$사이의 각 α는 $\cos\alpha = \frac{\overrightarrow{U_2V_4} \cdot \overrightarrow{V_1V_2}}{|\overrightarrow{U_2V_4}||\overrightarrow{V_1V_2}|} = -\frac{1}{2}$이다. 그러므로 모서리 U_2V_4와 V_1V_2사이의 각은 $\frac{\pi}{3}$라는 것을 알 수 있다. 이것은 모서리 U_2V_4와 V_2U_1이 평행이라는 것을 생각하면, 쉽게 확인할 수 있다.

정팔면체의 모서리 U_1V_4와 V_4U_2사이의 각을 구해보자. $\overrightarrow{U_1V_4} = \overrightarrow{U_1U} + \overrightarrow{UV_4} = -\overrightarrow{p} - \overrightarrow{r}$이며, $\overrightarrow{V_4U_2} = \overrightarrow{V_4Q} + \overrightarrow{QU_2} = -\overrightarrow{r} + \overrightarrow{p}$이다. 내적 $\overrightarrow{U_1V_4} \cdot \overrightarrow{V_4U_2}$를 구하면, $\overrightarrow{U_1V_4} \cdot \overrightarrow{V_4U_2} = (-\overrightarrow{p} - \overrightarrow{r}) \cdot (-\overrightarrow{r} + \overrightarrow{p}) = 0$이다. 그러므로 모서리 U_1V_4와 V_4U_2는 수직을 이룬다는 것을 알 수 있다.

이것은 어렵지 않게 확인할 수 있다. 삼각형 U_1UV_4가 직각이등변삼각형이므로 $\angle U_1V_4U = \frac{\pi}{4}$이며, 같은 이유로 $\angle U_2V_4Q = \frac{\pi}{4}$가 된다. 그러므로 $\angle U_1V_4U_2 = \frac{\pi}{2}$가 된다는 것을 알 수 있다. 살펴본 것은 방법으로 그림 8.4에 있는 정팔면체의 모서리사이의 각을 구할 수 있다.

이제, 그림 8.4의 정팔면체에서 모서리를 지나는 직선사이의 거리를 구해보자. 가령, 직선 U_2V_2와 U_1V_1사이의 거리를 구한다고 하자. 이를 위해, 직선 U_2V_2와 U_1V_1에 공통수선 EF를 작도하자. 이때, 점 E는 직선 U_2V_2에 속하며, 점 F는 직선 U_1V_1에 속한다고 하자(그림 8.5).

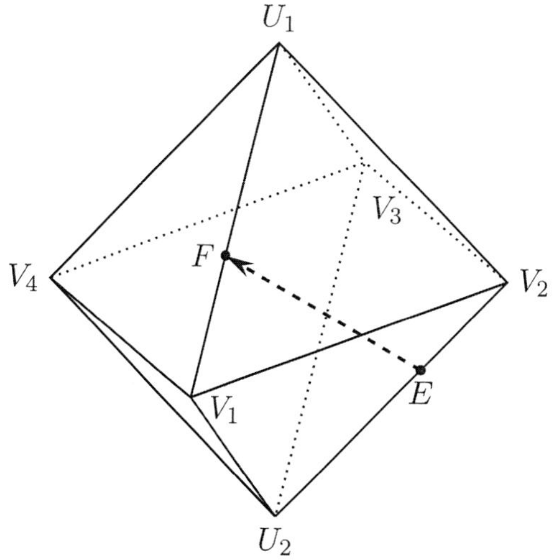

그림 8.5

$\overrightarrow{EF} = \overrightarrow{EV_2} + \overrightarrow{V_2V_1} + \overrightarrow{V_1F}$이다. 벡터 $\overrightarrow{EV_2}, \overrightarrow{V_2V_1}, \overrightarrow{V_1F}$를 그림 8.4에 있는 $\overrightarrow{p}, \overrightarrow{q}, \overrightarrow{r}$로 나타내자. $\overrightarrow{EV_2} = x\overrightarrow{U_2V_2} = x(\overrightarrow{p} + \overrightarrow{r})$이며, $\overrightarrow{V_2V_1} = -\overrightarrow{q} - \overrightarrow{p}$, $\overrightarrow{V_1F} = y\overrightarrow{V_1U_1} = y(\overrightarrow{q} + \overrightarrow{r})$이다. 이로부터 $\overrightarrow{EF} = x(\overrightarrow{p} + \overrightarrow{r}) - \overrightarrow{q} - \overrightarrow{p} + y(\overrightarrow{q} + \overrightarrow{r}) = (x-1)\overrightarrow{p} +$

$(y-1)\overrightarrow{q}+(x+y)\overrightarrow{r}$이다.

이제, $\overrightarrow{EF}\perp\overrightarrow{V_1U_1}$으로부터 $\overrightarrow{EF}\cdot\overrightarrow{V_1U_1}=0$이 성립하며, 다음을 얻을 수 있다.

$$((x-1)\overrightarrow{p}+(y-1)\overrightarrow{q}+(x+y)\overrightarrow{r})\cdot(\overrightarrow{q}+\overrightarrow{r})=0$$

이 식을 계산하면, $x+2y-1=0$이다. 그리고 $\overrightarrow{EF}\perp\overrightarrow{U_2V_2}$로부터 $\overrightarrow{EF}\cdot\overrightarrow{U_2V_2}=0$이 성립하며, $((x-1)\overrightarrow{p}+(y-1)\overrightarrow{q}+(x+y)\overrightarrow{r})\cdot(\overrightarrow{p}+\overrightarrow{r})=0$이며 $2x+y-1=0$ 이다.

연립방정식 $x+2y-1=0,\ 2x+y-1=0$을 풀면, $x=\frac{1}{3}, y=\frac{1}{3}$을 얻을 수 있다. 이로부터 $\overrightarrow{EF}=(x-1)\overrightarrow{p}+(y-1)\overrightarrow{q}+(x+y)\overrightarrow{r}=\frac{2}{3}(-\overrightarrow{p}-\overrightarrow{q}+\overrightarrow{r})$이다. 이제, $|\overrightarrow{EF}|=\sqrt{\overrightarrow{EF}\cdot\overrightarrow{EF}}=\frac{2}{3}\sqrt{(-\overrightarrow{p}-\overrightarrow{q}+\overrightarrow{r})\cdot(-\overrightarrow{p}-\overrightarrow{q}+\overrightarrow{r})}=\frac{2\sqrt{3}}{3}$이 된다. 결국, 직선 U_2V_2와 U_1V_1사이의 거리는 $\frac{2\sqrt{3}}{3}$이다.

그림 8.4에서 살펴본 것과 같이, 정육면체의 각 면의 중심을 연결하여 정팔면체가 얻어진다는 것을 이용하면 정팔면체의 모서리들을 서로 수직을 이루는 벡터 $\overrightarrow{p},\overrightarrow{q},\overrightarrow{r}$로 어렵지 않게 나타낼 수 있다. 이로부터 정팔면체의 모서리사이의 각, 모서리사이의 거리를 구할 수 있다.

예제 8.1. 정육각기둥 $ABCDEFA_1B_1C_1D_1E_1F_1$에서 $\overline{AB}=1, \overline{AA_1}=2$이다(그림 8.6(a)). 다음 직선사이의 각을 구하여라.

(1) 직선 A_1C_1과 AD_1

(2) 직선 A_1B와 B_1C

(1) 벡터 방법으로 직선사이의 각을 구하기 위해, 모서리에 기저벡터 $\overrightarrow{u},\overrightarrow{v},\overrightarrow{w}$를 잡자. 다양하게 기저벡터 $\overrightarrow{u},\overrightarrow{v},\overrightarrow{w}$를 잡을 수 있다. 예를 들어, 모서리 A_1B_1, A_1F_1, A_1A에 기저벡터 $\overrightarrow{u},\overrightarrow{v},\overrightarrow{w}$를 잡는 경우가 종종 있다.

여기서는 선분 A_1B_1, A_1E_1, A_1A에 기저벡터 $\overrightarrow{u},\overrightarrow{v},\overrightarrow{w}$를 잡아 문제를 해결해 보자(그림 8.6(b)). 이와 같이 기저벡터 $\overrightarrow{u},\overrightarrow{v},\overrightarrow{w}$를 잡으면, $\overrightarrow{u},\overrightarrow{v},\overrightarrow{w}$가 서로 수직을 이루며 내적을 간단하게 계산할 수 있다.

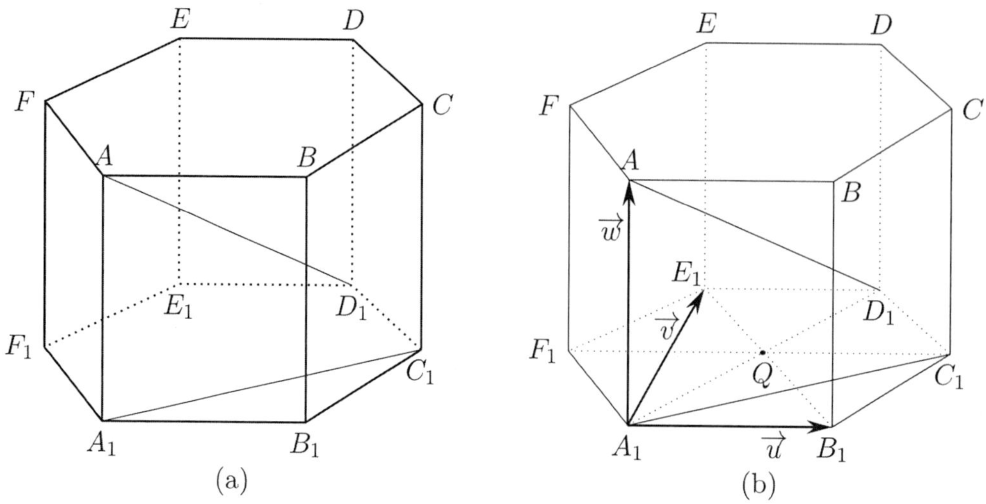

그림 8.6

정육각기둥의 밑면 $A_1B_1C_1D_1E_1F_1$에서 삼각형 $F_1A_1E_1$을 살펴보자. $\overline{A_1F_1} = \overline{F_1E_1} = 1, \angle A_1F_1E_1 = \frac{2\pi}{3}$이므로, 코사인 정리에 의해 $\overline{A_1E_1} = \sqrt{3}$이다. 그러므로 $\vec{v} \cdot \vec{v} = 3$이며, $\vec{u} \cdot \vec{u} = 1, \vec{w} \cdot \vec{w} = 4$이다. 그리고 벡터 $\vec{u}, \vec{v}, \vec{w}$가 수직이라는 것을 감안하여 $\vec{u}, \vec{v}, \vec{w}$의 내적을 정리하면, 표 8.2와 같다.

$\cdot$	$\vec{u}$	$\vec{v}$	$\vec{w}$
$\vec{u}$	1	0	0
$\vec{v}$	0	3	0
$\vec{w}$	0	0	4

표 8.2

$\overrightarrow{A_1F_1}, \overrightarrow{F_1E_1}$을 $\vec{u}, \vec{v}, \vec{w}$로 어떻게 나타내는지 살펴보자. 정육면체의 밑면인 육각형 $A_1B_1C_1D_1E_1F_1$은 정육각형이다. 그러므로, $\overline{A_1Q} \parallel \overline{F_1E_1}$이며 $\overline{A_1Q} = \overline{F_1E_1}$이 되며, $\overrightarrow{A_1Q} = \overrightarrow{F_1E_1}$이고 $\overrightarrow{A_1Q} = \overrightarrow{B_1C_1}$이다. 같은 이유로 $\overrightarrow{B_1Q} = \overrightarrow{A_1F_1} = \overrightarrow{C_1D_1}$이다.

$\overrightarrow{A_1Q} = \frac{1}{2}(\vec{u} + \vec{v})$이며 $\overrightarrow{B_1Q} = \overrightarrow{A_1Q} - \overrightarrow{A_1B_1}$이므로, $\overrightarrow{B_1Q} = \frac{1}{2}(\vec{v} - \vec{u})$이다. 그러므로 $\overrightarrow{A_1F_1} = \overrightarrow{C_1D_1} = \frac{1}{2}(\vec{v} - \vec{u})$이다. 그리고 $\overrightarrow{F_1E_1} = \overrightarrow{B_1C_1} = \frac{1}{2}(\vec{u} + \vec{v})$

이다.

이제, $\overrightarrow{A_1C_1}, \overrightarrow{AD_1}$을 $\overrightarrow{u}, \overrightarrow{v}, \overrightarrow{w}$로 나타내자. $\overrightarrow{A_1C_1} = \overrightarrow{A_1B_1} + \overrightarrow{B_1C_1}$이므로 $\overrightarrow{A_1C_1} = \overrightarrow{u} + \frac{1}{2}(\overrightarrow{u} + \overrightarrow{v}) = \frac{3}{2}\overrightarrow{u} + \frac{1}{2}\overrightarrow{v}$이다. 그리고 $\overrightarrow{AD_1} = \overrightarrow{AC} + \overrightarrow{CD} + \overrightarrow{DD_1}$이므로 $\overrightarrow{AD_1} = \left(\frac{3}{2}\overrightarrow{u} + \frac{1}{2}\overrightarrow{v}\right) + \overrightarrow{CD} - \overrightarrow{w}$이다. 이때 $\overrightarrow{CD} = \overrightarrow{A_1F_1} = \frac{1}{2}(\overrightarrow{v} - \overrightarrow{u})$이므로, $\overrightarrow{AD_1} = \left(\frac{3}{2}\overrightarrow{u} + \frac{1}{2}\overrightarrow{v}\right) + \frac{1}{2}(\overrightarrow{v} - \overrightarrow{u}) - \overrightarrow{w} = \overrightarrow{u} + \overrightarrow{v} - \overrightarrow{w}$이다.

직선 A_1C_1과 AD_1사이의 각을 구하자. 우선, $\overrightarrow{A_1C_1}, \overrightarrow{AD_1}$의 내적을 구하자.

$$\overrightarrow{A_1C_1} \cdot \overrightarrow{AD_1} = \left(\frac{3}{2}\overrightarrow{u} + \frac{1}{2}\overrightarrow{v}\right) \cdot (\overrightarrow{u} + \overrightarrow{v} - \overrightarrow{w}) = 3$$

그리고 $|\overrightarrow{A_1C_1}| = \sqrt{\overrightarrow{A_1C_1} \cdot \overrightarrow{A_1C_1}} = \sqrt{\left(\frac{3}{2}\overrightarrow{u} + \frac{1}{2}\overrightarrow{v}\right) \cdot \left(\frac{3}{2}\overrightarrow{u} + \frac{1}{2}\overrightarrow{v}\right)} = \sqrt{3}$이다. 한편, $|\overrightarrow{AD_1}| = \sqrt{\overrightarrow{AD_1} \cdot \overrightarrow{AD_1}} = \sqrt{(\overrightarrow{u} + \overrightarrow{v} - \overrightarrow{w}) \cdot (\overrightarrow{u} + \overrightarrow{v} - \overrightarrow{w})} = 2\sqrt{2}$이다. 그러므로, $\overrightarrow{A_1C_1}$과 $\overrightarrow{AD_1}$사이의 각 α는 $\cos\alpha = \frac{\overrightarrow{A_1C_1} \cdot \overrightarrow{AD_1}}{|\overrightarrow{A_1C_1}||\overrightarrow{AD_1}|} = \frac{\sqrt{6}}{4}$이다. 그러므로 직선 A_1C_1과 AD_1사이의 각은 $\arccos\frac{\sqrt{6}}{4}$이라는 것을 알 수 있다.

(2) $\overrightarrow{A_1B}, \overrightarrow{B_1C}$를 $\overrightarrow{u}, \overrightarrow{v}, \overrightarrow{w}$로 나타내자. $\overrightarrow{A_1B} = \overrightarrow{A_1B_1} + \overrightarrow{B_1B} = \overrightarrow{u} + \overrightarrow{w}$이고, $\overrightarrow{B_1C} = \overrightarrow{B_1C_1} + \overrightarrow{C_1C} = \frac{1}{2}(\overrightarrow{u} + \overrightarrow{v}) + \overrightarrow{w}$이다. $\overrightarrow{A_1B}, \overrightarrow{B_1C}$의 내적을 구하자. $\overrightarrow{A_1B} \cdot \overrightarrow{B_1C} = (\overrightarrow{u} + \overrightarrow{w}) \cdot \left(\frac{1}{2}\overrightarrow{u} + \frac{1}{2}\overrightarrow{v} + \overrightarrow{w}\right) = \frac{9}{2}$이다.

한편, $|\overrightarrow{A_1B}| = \sqrt{\overrightarrow{A_1B} \cdot \overrightarrow{A_1B}} = \sqrt{(\overrightarrow{u} + \overrightarrow{w}) \cdot (\overrightarrow{u} + \overrightarrow{w})} = \sqrt{5}$이며, $|\overrightarrow{B_1C}| = \sqrt{\overrightarrow{B_1C} \cdot \overrightarrow{B_1C}} = \sqrt{\left(\frac{1}{2}\overrightarrow{u} + \frac{1}{2}\overrightarrow{v} + \overrightarrow{w}\right) \cdot \left(\frac{1}{2}\overrightarrow{u} + \frac{1}{2}\overrightarrow{v} + \overrightarrow{w}\right)} = \sqrt{5}$이다. 그러므로, $\overrightarrow{A_1B}$와 $\overrightarrow{B_1C}$사이의 각 α는 $\cos\alpha = \frac{\overrightarrow{A_1B} \cdot \overrightarrow{B_1C}}{|\overrightarrow{A_1B}||\overrightarrow{B_1C}|} = \frac{9}{10}$이다. 그러므로 직선 A_1B와 B_1C 사이의 각은 $\arccos\frac{9}{10}$라는 것을 알 수 있다. □

정육각뿔을 살펴보자. 앞 장에서 $\overline{AB} = 1, \overline{SA} = 2$인 정육각뿔 $SABCDEF$에서 직선사이의 거리를 구하면서 그림 8.7(a)와 같이 기저벡터 $\overrightarrow{u}, \overrightarrow{v}, \overrightarrow{w}$를 잡아 문제를 해결하였다. 여기서는 예제 8.1과 유사한 방법으로 기저벡터 $\overrightarrow{u}, \overrightarrow{v}, \overrightarrow{w}$를 잡아보자. $\overrightarrow{AB} = \overrightarrow{u}, \overrightarrow{AE} = \overrightarrow{v}$로 잡자. 그리고 꼭짓점 S에서 밑면인 정육각형 $ABCDEF$에 내린 수선의 발을 Q라 할 때, $\overrightarrow{QS} = \overrightarrow{AS_1}$이 되도록 S_1을 잡아 $\overrightarrow{AS_1} = \overrightarrow{w}$로 잡자(그림 8.7(b)).

$\overrightarrow{u}, \overrightarrow{v}, \overrightarrow{w}$의 내적을 살펴보자. 직각삼각형 AQS에서 $\overline{AQ} = 1, \overline{AS} = 2$이므로

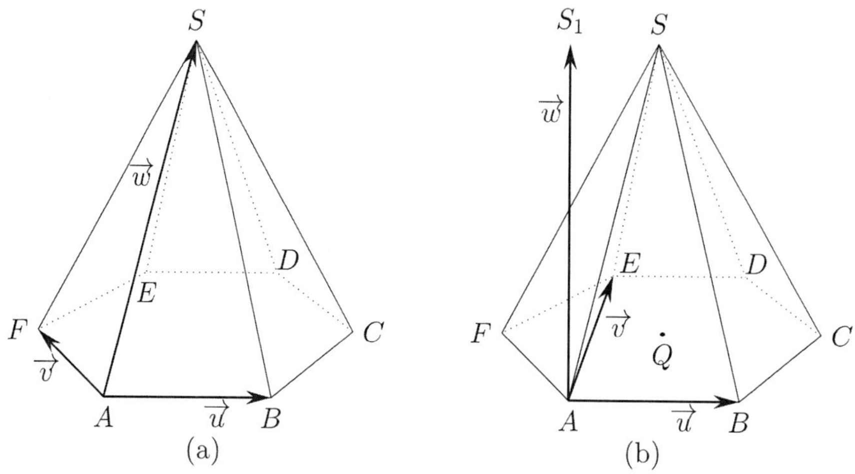

그림 8.7

$\overline{QS} = \sqrt{3}$이다. 그리고 $\overrightarrow{u}, \overrightarrow{v}, \overrightarrow{w}$가 서로 수직이라는 것을 생각하여 내적을 구하면, 표 8.3을 얻을 수 있다.

$\cdot$	$\overrightarrow{u}$	$\overrightarrow{v}$	$\overrightarrow{w}$
$\overrightarrow{u}$	1	0	0
$\overrightarrow{v}$	0	3	0
$\overrightarrow{w}$	0	0	3

표 8.3

예제 8.1의 결과를 이용하면, $\overrightarrow{AS} = \overrightarrow{AQ} + \overrightarrow{QS} = \frac{1}{2}(\overrightarrow{u} + \overrightarrow{v}) + \overrightarrow{w} = \frac{1}{2}\overrightarrow{u} + \frac{1}{2}\overrightarrow{v} + \overrightarrow{w}$로 나타낼 수 있다. 비슷한 방법으로, $\overrightarrow{BS}, \overrightarrow{CS}$ 등을 $\overrightarrow{u}, \overrightarrow{v}, \overrightarrow{w}$로 나타낼 수 있다.

가령, 모서리 SA의 중점을 P라 할 때, 직선 BP와 SD가 이루는 각을 구한다고 하자. 벡터 $\overrightarrow{BP}$와 $\overrightarrow{SD}$를 생각하자(그림 8.8). $\overrightarrow{BP} = \frac{1}{2}\left(\overrightarrow{BA} + \overrightarrow{BS}\right)$인데, $\overrightarrow{BS} = \overrightarrow{BQ} + \overrightarrow{QS}$이다. 예제 8.1에서 $\overrightarrow{BQ} = \frac{1}{2}(\overrightarrow{v} - \overrightarrow{u})$이므로 $\overrightarrow{BS} = \frac{1}{2}\overrightarrow{v} - \frac{1}{2}\overrightarrow{u} + \overrightarrow{w}$이며, $\overrightarrow{BP} = \frac{1}{2}\left(-\overrightarrow{u} + \frac{1}{2}\overrightarrow{v} - \frac{1}{2}\overrightarrow{u} + \overrightarrow{w}\right) = -\frac{3}{4}\overrightarrow{u} + \frac{1}{4}\overrightarrow{v} + \frac{1}{2}\overrightarrow{w}$이다.

$\overrightarrow{SD} = \overrightarrow{AD} - \overrightarrow{AS}$인데, $\overrightarrow{AD} = \overrightarrow{u} + \overrightarrow{v}$이며 $\overrightarrow{SD} = \overrightarrow{u} + \overrightarrow{v} - \left(\frac{1}{2}\overrightarrow{u} + \frac{1}{2}\overrightarrow{v} + \overrightarrow{w}\right) = \frac{1}{2}\overrightarrow{u} + \frac{1}{2}\overrightarrow{v} - \overrightarrow{w}$이다. $\overrightarrow{BP} \cdot \overrightarrow{SD} = \left(-\frac{3}{4}\overrightarrow{u} + \frac{1}{4}\overrightarrow{v} + \frac{1}{2}\overrightarrow{w}\right) \cdot \left(\frac{1}{2}\overrightarrow{u} + \frac{1}{2}\overrightarrow{v} - \overrightarrow{w}\right) = -\frac{3}{2}$이다.

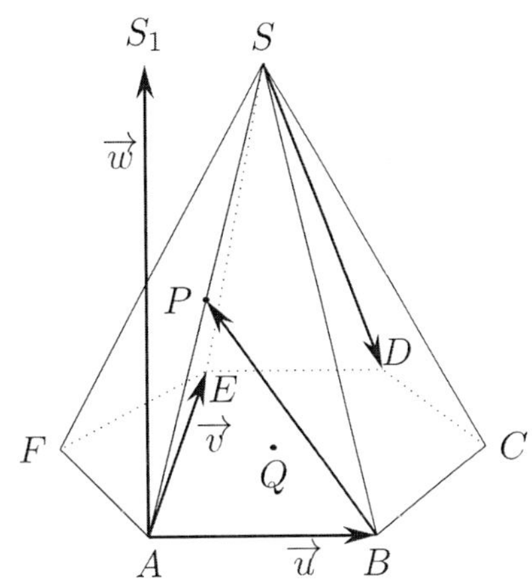

그림 8.8

$|\overrightarrow{BP}| = \sqrt{\overrightarrow{BP}\cdot\overrightarrow{BP}} = \sqrt{\left(-\frac{3}{4}\overrightarrow{u}+\frac{1}{4}\overrightarrow{v}+\frac{1}{2}\overrightarrow{w}\right)\cdot\left(-\frac{3}{4}\overrightarrow{u}+\frac{1}{4}\overrightarrow{v}+\frac{1}{2}\overrightarrow{w}\right)} = \frac{\sqrt{6}}{2}$이며, $|\overrightarrow{SD}| = \sqrt{\overrightarrow{SD}\cdot\overrightarrow{SD}} = \sqrt{\left(\frac{1}{2}\overrightarrow{u}+\frac{1}{2}\overrightarrow{v}-\overrightarrow{w}\right)\cdot\left(\frac{1}{2}\overrightarrow{u}+\frac{1}{2}\overrightarrow{v}-\overrightarrow{w}\right)} = 2$이다. 그러므로, $\overrightarrow{BP}$와 $\overrightarrow{SD}$사이의 각 α는 $\cos\alpha = \frac{\overrightarrow{BP}\cdot\overrightarrow{SD}}{|\overrightarrow{BP}||\overrightarrow{SD}|} = -\frac{\sqrt{6}}{4}$이다. 직선 BP와 SD사이의 각은 $\arccos\frac{\sqrt{6}}{4}$이라는 것을 알 수 있다.

2. 직선과 평면사이의 각

직선 l의 평면 α에 대한 정사영을 직선 m이라 하자. 직선 l과 평면 α사이의 각을 직선 l과 m사이의 각으로 정의하였다. 직선 l, m사이의 각을 벡터를 이용하여 구하자. 직선 l의 점 R을 평면 α에 정사영시킨 점을 Q라 하자. 직선 l에서 벡터 $\overrightarrow{PR}$을 생각하고, 직선 m의 벡터 $\overrightarrow{PQ}$를 생각하자(그림 8.9).

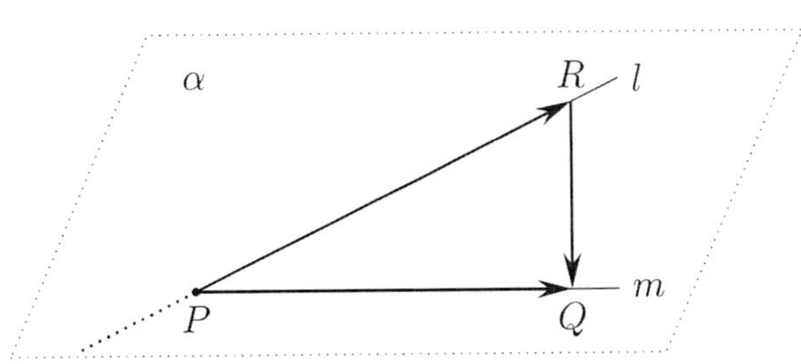

그림 8.9

벡터 $\overrightarrow{PR}, \overrightarrow{PQ}$의 내적을 이용하면, 벡터 $\overrightarrow{PR}, \overrightarrow{PQ}$사이의 각을 구할 수 있으며, 이로부터 직선 l, m사이의 각, 즉 직선 l과 평면 α사이의 각을 구할 수 있다. $\overrightarrow{PR} \cdot \overrightarrow{PQ} = |\overrightarrow{PR}||\overrightarrow{PQ}| \cos \angle QPR$로부터 $\cos \angle QPR = \frac{\overrightarrow{PR} \cdot \overrightarrow{PQ}}{|\overrightarrow{PR}||\overrightarrow{PQ}|}$가 얻어진다. 만약, $\cos \angle QPR$의 값이 음수이면, $\angle QPR$이 둔각인 경우이다(그림 8.10).

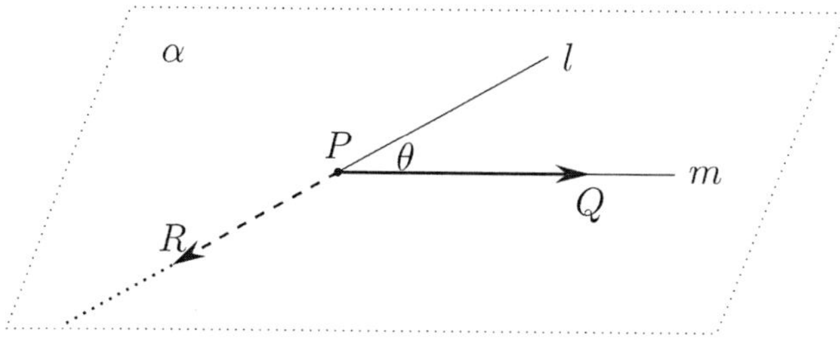

그림 8.10

직선 l과 평면 α사이의 각을 직선 l과 m사이의 각을 이용하여 정의하였고(이때 직선 m은 평면 α에 대한 직선 l의 정사영이다), 직선 l과 m사이의 각은 l, m이 만나 생기는 교각 중 가장 작은 각(예각)으로 정의하였다. 그러므로, 그림 8.10에서 직선 l과 평면 α사이의 각 θ는 $\theta = \pi - \angle QPR$이 된다. 그런데, 벡터 $\overrightarrow{PR}, \overrightarrow{PQ}$의 내적에서 얻어진 값은 $\cos \angle QPR$이다. 그러므로, $\cos \angle QPR = \cos(\pi - \theta) = -\cos\theta$임을 생각하면, 벡터 $\overrightarrow{PR}, \overrightarrow{PQ}$의 내적에서 얻어진 $\cos \angle QPR$값에 절댓값을 취해 직선 l과 평면 α사이의 각 θ의 $\cos\theta$의 값으로 하면 된다.

한편, 문제에서는 직선 l과 평면 α가 주어지므로, 실제로는 직선 m의 벡터 $\overrightarrow{PQ}$를 구하는 것이 직선 l과 평면 α사이의 각을 구하는데 중요하다. 벡터 $\overrightarrow{PQ}$를 구하기 위해 평면 α의 알려진 두 벡터 $\overrightarrow{u}, \overrightarrow{v}$를 생각한다. 그러면 벡터 $\overrightarrow{PQ}, \overrightarrow{u}, \overrightarrow{v}$는 공면벡터이므로, $\overrightarrow{PQ} = a\overrightarrow{u} + b\overrightarrow{v}$로 나타낼 수 있다.

그림 8.9에서 $\overrightarrow{RQ} = \overrightarrow{PQ} - \overrightarrow{PR} = a\overrightarrow{u} + b\overrightarrow{v} - \overrightarrow{PR}$로 분해할 수 있다는 것을 생각하자. 직선 RQ와 평면 α가 수직이므로, $\overrightarrow{RQ}$는 평면 α의 벡터 $\overrightarrow{u}, \overrightarrow{v}$와 수직이다. 이로부터 $\overrightarrow{RQ} \cdot \overrightarrow{u} = 0, \overrightarrow{RQ} \cdot \overrightarrow{v} = 0$이며, $\left(a\overrightarrow{u} + b\overrightarrow{v} - \overrightarrow{PR}\right) \cdot \overrightarrow{u} = 0, \left(a\overrightarrow{u} + b\overrightarrow{v} - \overrightarrow{PR}\right) \cdot \overrightarrow{v} = 0$이 유도된다. 이 식을 정리하여 a, b의 값을 얻을 수 있으며, $\overrightarrow{PQ} = a\overrightarrow{u} + b\overrightarrow{v}$를 구할 수 있다. 이제, 내적을 이용하여 벡터 $\overrightarrow{PR}, \overrightarrow{PQ}$사이의 각을 구하면 된다.

예를 들어, 한 모서리의 길이가 1인 정육면체 $ABCDA_1B_1C_1D_1$가 주어졌다고 하자. 이제, 모서리 CD의 중점을 M이라 할 때, 직선 B_1M과 평면 BA_1C_1사이의 각을 구한다고 하자(그림 8.11(a)).

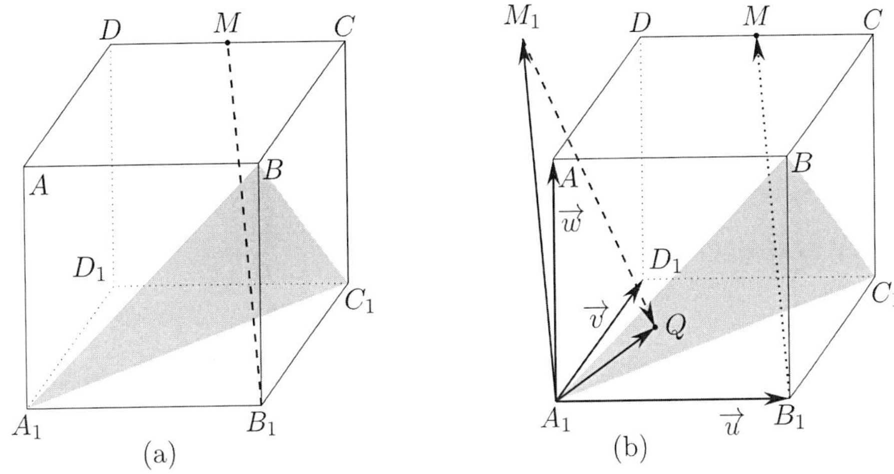

그림 8.11

정육면체의 모서리 A_1B_1, A_1D_1, A_1A에 기저벡터 $\overrightarrow{u}, \overrightarrow{v}, \overrightarrow{w}$를 잡자(그림 8.11(b)). 그리고 벡터 $\overrightarrow{B_1M}$을 생각하자. 문제해결을 위해, 점 A_1을 시점으로 하며 $\overrightarrow{B_1M}$과 같은 벡터 $\overrightarrow{A_1M_1}$을 작도하자. 그리고 점 M_1에서 평면 BA_1C_1에 수선 M_1Q를 작도하자. 이제, 벡터 $\overrightarrow{A_1M_1}$과 $\overrightarrow{A_1Q}$사이의 각을 구하면 된다.

$\overrightarrow{A_1Q} = a\overrightarrow{A_1B} + b\overrightarrow{A_1C_1}$이라 놓자. $\overrightarrow{A_1B} = \overrightarrow{AA_1} + \overrightarrow{AB} = \overrightarrow{w} + \overrightarrow{u}$, $\overrightarrow{A_1C_1} = \overrightarrow{A_1B_1} + \overrightarrow{B_1C_1} = \overrightarrow{u} + \overrightarrow{v}$이므로, $\overrightarrow{A_1Q} = a(\overrightarrow{w} + \overrightarrow{u}) + b(\overrightarrow{u} + \overrightarrow{v}) = (a+b)\overrightarrow{u} + b\overrightarrow{v} + a\overrightarrow{w}$이다.

한편, $\overrightarrow{M_1Q} = \overrightarrow{A_1Q} - \overrightarrow{A_1M_1}$이다. $\overrightarrow{A_1M_1} = \overrightarrow{B_1M} = \overrightarrow{B_1C_1} + \overrightarrow{C_1C} + \frac{1}{2}\overrightarrow{CD} = \overrightarrow{v} + \overrightarrow{w} - \frac{1}{2}\overrightarrow{u}$이므로, $\overrightarrow{M_1Q} = (a+b)\overrightarrow{u} + b\overrightarrow{v} + a\overrightarrow{w} - \left(\overrightarrow{v} + \overrightarrow{w} - \frac{1}{2}\overrightarrow{u}\right) = \left(a+b+\frac{1}{2}\right)\overrightarrow{u} + (b-1)\overrightarrow{v} + (a-1)\overrightarrow{w}$이다.

a, b를 구하기 위해, $\overrightarrow{M_1Q} \perp \overrightarrow{A_1B}, \overrightarrow{M_1Q} \perp \overrightarrow{A_1C_1}$인 것을 이용하자. $\overrightarrow{M_1Q} \perp \overrightarrow{A_1B}$로부터 $\overrightarrow{M_1Q} \cdot \overrightarrow{A_1B} = 0$이며 $\left(\left(a+b+\frac{1}{2}\right)\overrightarrow{u} + (b-1)\overrightarrow{v} + (a-1)\overrightarrow{w}\right) \cdot (\overrightarrow{u} + \overrightarrow{w}) = a + b + \frac{1}{2} + a - 1 = 2a + b - \frac{1}{2} = 0$이 된다. 그리고 $\overrightarrow{M_1Q} \perp \overrightarrow{A_1C_1}$으로부터

$\left(\left(a+b+\frac{1}{2}\right)\vec{u}+(b-1)\vec{v}+(a-1)\vec{w}\right)\cdot(\vec{u}+\vec{v}) = a+b+\frac{1}{2}+b-1 = a+2b-\frac{1}{2} = 0$ 이 된다.

연립방정식 $2a+b-\frac{1}{2}=0$, $a+2b-\frac{1}{2}=0$을 풀면, $a=\frac{1}{6}, b=\frac{1}{6}$이다. 그러므로, $\overrightarrow{A_1Q} = \frac{1}{3}\vec{u}+\frac{1}{6}\vec{v}+\frac{1}{6}\vec{w}$이다. 이로부터 $\overrightarrow{A_1M_1}$과 $\overrightarrow{A_1Q}$의 내적을 구하면, $\overrightarrow{A_1M_1}\cdot\overrightarrow{A_1Q} = \left(\vec{v}+\vec{w}-\frac{1}{2}\vec{u}\right)\cdot\left(\frac{1}{3}\vec{u}+\frac{1}{6}\vec{v}+\frac{1}{6}\vec{w}\right) = \frac{1}{6}$이다.

$|\overrightarrow{A_1M_1}| = \sqrt{\overrightarrow{A_1M_1}\cdot\overrightarrow{A_1M_1}} = \sqrt{\left(\vec{v}+\vec{w}-\frac{1}{2}\vec{u}\right)\cdot\left(\vec{v}+\vec{w}-\frac{1}{2}\vec{u}\right)} = \frac{3}{2}$이며, $|\overrightarrow{A_1Q}| = \sqrt{\overrightarrow{A_1Q}\cdot\overrightarrow{A_1Q}} = \sqrt{\left(\frac{1}{3}\vec{u}+\frac{1}{6}\vec{v}+\frac{1}{6}\vec{w}\right)\cdot\left(\frac{1}{3}\vec{u}+\frac{1}{6}\vec{v}+\frac{1}{6}\vec{w}\right)} = \frac{\sqrt{6}}{6}$이다. 그러므로, $\overrightarrow{A_1M_1}$과 $\overrightarrow{A_1Q}$사이의 각 α는 $\cos\alpha = \frac{\overrightarrow{A_1M_1}\cdot\overrightarrow{A_1Q}}{|\overrightarrow{A_1M_1}||\overrightarrow{A_1Q}|} = \frac{\sqrt{6}}{9}$이다. 그러므로 직선 B_1M과 평면 BA_1C_1사이의 각은 $\arccos\frac{\sqrt{6}}{9}$이라는 것을 알 수 있다.

이제, 법선을 이용하여 직선 l과 평면 α사이의 각을 구하는 방법을 살펴보자. 평면의 방정식은 법선벡터를 이용하여 나타낸다. 즉, 평면 α가 점 $A(x_0, y_0, z_0)$를 지나며 평면 α의 법선벡터를 $\vec{n}=(a,b,c)$라 하면, 평면 α의 방정식은 $a(x-x_0)+b(y-y_0)+c(z-z_0)=0$이다. 그리고 평면 α에 속한 세 점이 주어지면, 평면 α의 방정식을 구할 수 있으며 평면 α의 법선벡터도 알 수 있다.

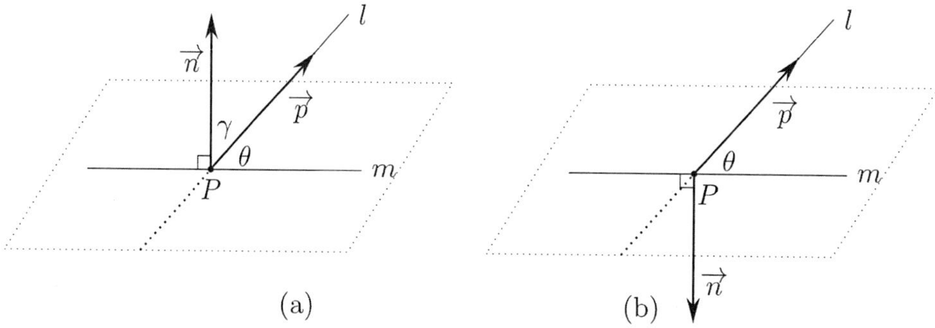

그림 8.12

가령, 평면 α의 법선벡터 $\vec{n}$을 안다고 하자. 직선 l과 평면 α사이의 각 θ를 구해보자. 직선 l의 방향벡터를 $\vec{p}$라 하면, 벡터 $\vec{n}, \vec{p}$의 내적을 이용하여 $\cos\gamma$의 값을 구할 수 있다(그림 8.12). 이때, 그림 8.12(a)와 같이 γ가 예각이면, $\gamma = \frac{\pi}{2}-\theta$이므로 $\cos\gamma = \cos\left(\frac{\pi}{2}-\theta\right) = \sin\theta$가 된다. 예를 들어, $\vec{n}, \vec{p}$의 내적을 이용하여 $\cos\gamma = \frac{1}{5}$을

얻으면 직선 l과 평면 α사이의 각 θ는 $\sin\theta = \frac{1}{5}$을 만족하며 $\theta = \arcsin\frac{1}{5}$이 된다.

그림 8.12(b)와 같이 γ가 둔각이면, $\gamma = \frac{\pi}{2}+\theta$이므로 $\cos\gamma = \cos\left(\frac{\pi}{2}+\theta\right) = -\sin\theta$가 된다. 예를 들어, $\overrightarrow{n}, \overrightarrow{p}$의 내적을 이용하여 $\cos\gamma = -\frac{1}{5}$을 얻으면 직선 l과 평면 α사이의 각 θ는 $\sin\theta = \frac{1}{5}$을 만족하며 $\theta = \arcsin\frac{1}{5}$이 된다.

이제, 그림 8.11에서 직선 B_1M과 평면 BA_1C_1사이의 각을 법선벡터를 이용하여 구해보자. 이를 위해, 정육면체 $ABCDA_1B_1C_1D_1$에 점 D_1을 원점으로 하는 좌표계를 도입하자(그림 8.13(a)). 이때, 점 B의 좌표는 $(1,1,1)$, 점 A_1의 좌표는 $(1,0,0)$, 점 C_1의 좌표는 $(0,1,0)$이며, 점 B, A_1, C_1의 좌표를 방정식 $ax+by+cz+d=0$에 대입하여 정리하자. 그러면 평면 BA_1C_1의 방정식 $x+y-z-1=0$을 얻을 수 있다. 즉 평면 BA_1C_1의 법선벡터 $\overrightarrow{n}$은 $(1,1,-1)$이다.

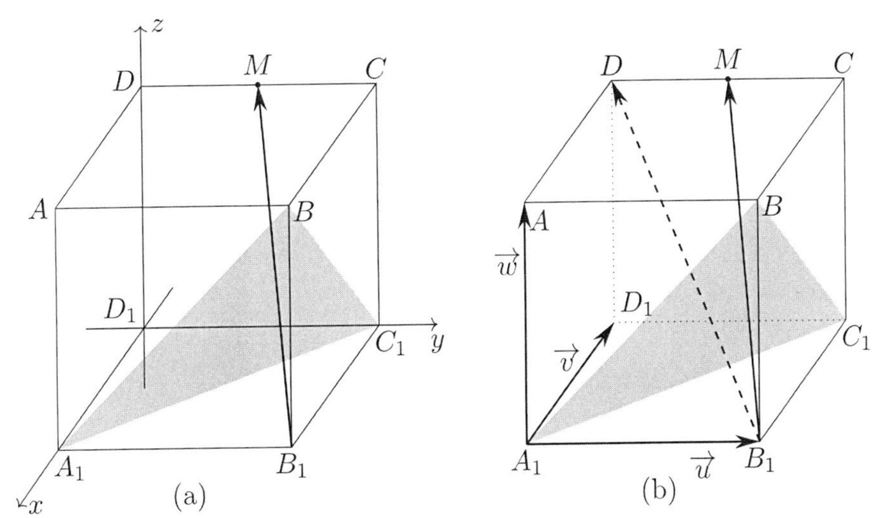

그림 8.13

한편, $\overrightarrow{B_1M} = \overrightarrow{D_1M} - \overrightarrow{D_1B_1}$인데, B_1의 좌표는 $(1,1,0)$, M의 좌표는 $\left(0,\frac{1}{2},1\right)$이다. 그러므로 $\overrightarrow{B_1M} = \left(-1,-\frac{1}{2},1\right)$이다. 이제, $\overrightarrow{n}$과 $\overrightarrow{B_1M}$사이의 각을 구하자. $\overrightarrow{n}\cdot\overrightarrow{B_1M} = -\frac{5}{2}$이며, $|\overrightarrow{n}| = \sqrt{3}, |\overrightarrow{B_1M}| = \frac{3}{2}$이므로, $\overrightarrow{n}$과 $\overrightarrow{B_1M}$사이의 각 γ는 $\cos\gamma = \frac{\overrightarrow{n}\cdot\overrightarrow{B_1M}}{|\overrightarrow{n}||\overrightarrow{B_1M}|} = -\frac{5\sqrt{3}}{9}$이다. 이때, γ는 둔각이므로, 직선 B_1M과 평면 BA_1C_1사이의 각 θ는 $\arcsin\frac{5\sqrt{3}}{9}$이다.

앞에서는 직선 B_1M과 평면 BA_1C_1사이의 각으로 $\arccos\frac{\sqrt{6}}{9}$을 얻었다. $\arccos\frac{\sqrt{6}}{9}$과 $\arcsin\frac{5\sqrt{3}}{9}$이 같다는 것은 어렵지 않게 확인할 수 있다. 가령, $\theta = \arccos\frac{\sqrt{6}}{9}$은 $\cos\theta = \frac{\sqrt{6}}{9}$이라는 것을 의미한다. $\cos\theta = \frac{\sqrt{6}}{9}$으로부터 $\sin\theta = \sqrt{1-\cos^2\theta} = \frac{5\sqrt{3}}{9}$이 되며, $\theta = \arcsin\frac{5\sqrt{3}}{9}$이 된다.

벡터들의 좌표를 이용하지 않고, 직선 B_1M과 평면 BA_1C_1사이의 각을 구해보자. 그림 8.13(b)와 같이 기저벡터 $\vec{u}, \vec{v}, \vec{w}$를 잡았다고 하자. 예제 4.2에서 평면 BA_1C_1과 선분 B_1D가 수직을 이룬다는 것을 증명하였다. 이것을 이용하자. 즉 선분 B_1D에 $\overrightarrow{B_1D}$을 생각하면 $\overrightarrow{B_1D}$는 평면 BA_1C_1의 법선벡터가 된다.

$\overrightarrow{B_1M} = \vec{v}+\vec{w}-\frac{1}{2}\vec{u}$이며, $\overrightarrow{B_1D} = \overrightarrow{B_1C_1}+\overrightarrow{C_1D_1}+\overrightarrow{D_1D} = \vec{v}-\vec{u}+\vec{w}$이다. 그러므로, $\overrightarrow{B_1M}$과 $\overrightarrow{B_1D}$의 내적을 구하면, $\overrightarrow{B_1M}\cdot\overrightarrow{B_1D} = \left(\vec{v}+\vec{w}-\frac{1}{2}\vec{u}\right)\cdot(\vec{v}-\vec{u}+\vec{w}) = \frac{5}{2}$이다.

$|\overrightarrow{B_1M}| = \sqrt{\overrightarrow{B_1M}\cdot\overrightarrow{B_1M}} = \sqrt{\left(\vec{v}+\vec{w}-\frac{1}{2}\vec{u}\right)\cdot\left(\vec{v}+\vec{w}-\frac{1}{2}\vec{u}\right)} = \frac{3}{2}$이며, 그리고 $|\overrightarrow{B_1D}| = \sqrt{\overrightarrow{B_1D}\cdot\overrightarrow{B_1D}} = \sqrt{(\vec{v}-\vec{u}+\vec{w})\cdot(\vec{v}-\vec{u}+\vec{w})} = \sqrt{3}$이다. 그러므로, $\overrightarrow{B_1M}$과 $\overrightarrow{B_1D}$사이의 각 α는 $\cos\alpha = \frac{\overrightarrow{B_1M}\cdot\overrightarrow{B_1Q}}{|\overrightarrow{B_1M}||\overrightarrow{B_1D}|} = \frac{5\sqrt{3}}{9}$이다. 그러므로 직선 B_1M과 평면 BA_1C_1사이의 각은 $\arcsin\frac{5\sqrt{3}}{9}$이라는 것을 알 수 있다.

예제 8.2. 정삼각뿔 $SABC$에서 $\overline{SA} = 2, \overline{AB} = 1$이다(그림 8.14(a)). 모서리 SC의 중점을 M이라 할 때, 모서리 SA와 면 AMB사이의 각을 구하여라.

벡터 방법에서는 기저벡터를 어떻게 잡을 것인가를 고민해야 한다. 이 문제에서는 $\overrightarrow{AB} = \vec{u}, \overrightarrow{AC} = \vec{v}, \overrightarrow{AS} = \vec{w}$로 기저벡터를 생각할 수 있다(그림 8.14(b)). 이때, $\vec{u}, \vec{v}, \vec{w}$의 내적을 정리하면 표 8.4와 같다.

꼭짓점 S에서 면 ABM에 내린 수선의 발을 Q라 하면, $\overrightarrow{SQ} = \overrightarrow{AQ}-\overrightarrow{AS} = a\overrightarrow{AM}+b\overrightarrow{AB}-\vec{w} = a\overrightarrow{AM}+b\vec{u}-\vec{w}$이다. 이때, $\overrightarrow{AM} = \frac{1}{2}(\vec{v}+\vec{w})$이므로, $\overrightarrow{SQ} = \frac{a}{2}\vec{v}+\frac{a}{2}\vec{w}+b\vec{u}-\vec{w} = b\vec{u}+\frac{a}{2}\vec{v}+\left(\frac{a}{2}-1\right)\vec{w}$이다.

a, b를 구하기 위해, $\overrightarrow{SQ}\perp\overrightarrow{AM}, \overrightarrow{SQ}\perp\overrightarrow{AB}$인 것을 이용하자. $\overrightarrow{SQ}\perp\overrightarrow{AM}$으로부터 $\overrightarrow{SQ}\cdot\overrightarrow{AM} = 0$이며 $\left(b\vec{u}+\frac{a}{2}\vec{v}+\left(\frac{a}{2}-1\right)\vec{w}\right)\cdot\left(\frac{1}{2}\vec{v}+\frac{1}{2}\vec{w}\right) = \frac{3a}{2}+\frac{b}{2}-\frac{9}{4} =$

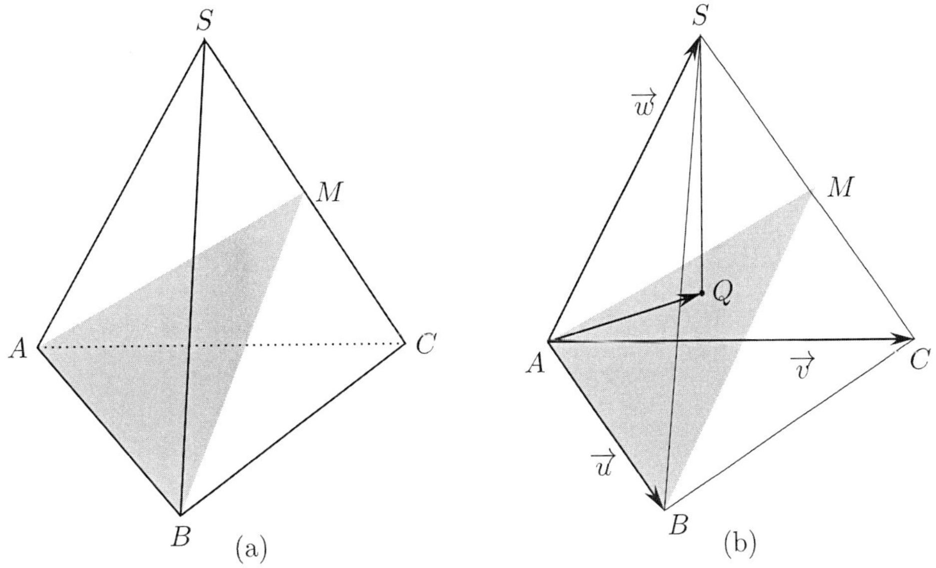

그림 8.14

$\cdot$	$\overrightarrow{u}$	$\overrightarrow{v}$	$\overrightarrow{w}$
$\overrightarrow{u}$	1	$\frac{1}{2}$	$\frac{1}{2}$
$\overrightarrow{v}$	$\frac{1}{2}$	1	$\frac{1}{2}$
$\overrightarrow{w}$	$\frac{1}{2}$	$\frac{1}{2}$	4

표 8.4

$0, 6a+2b-9=0$이 된다. 그리고 $\overrightarrow{SQ} \perp \overrightarrow{AB}$으로부터 $(b\overrightarrow{u}+\frac{a}{2}\overrightarrow{v}+(\frac{a}{2}-1)\overrightarrow{w})\cdot\overrightarrow{u} = a+2b-1=0$이 된다.

연립방정식 $6a+2b-9=0$, $a+2b-1=0$을 풀면, $a=\frac{8}{5}, b=-\frac{3}{10}$이다. 그러므로, $\overrightarrow{AQ} = b\overrightarrow{u}+\frac{a}{2}\overrightarrow{v}+\frac{a}{2}\overrightarrow{w} = -\frac{3}{10}\overrightarrow{u}+\frac{4}{5}\overrightarrow{v}+\frac{4}{5}\overrightarrow{w}$이다. 이로부터 $\overrightarrow{AS}$와 $\overrightarrow{AQ}$의 내적을 구하면, $\overrightarrow{AS}\cdot\overrightarrow{AQ} = \overrightarrow{w}\cdot\left(-\frac{3}{10}\overrightarrow{u}+\frac{4}{5}\overrightarrow{v}+\frac{4}{5}\overrightarrow{w}\right) = \frac{69}{20}$이다.

$|\overrightarrow{AQ}| = \sqrt{\overrightarrow{AQ}\cdot\overrightarrow{AQ}} = \sqrt{\left(-\frac{3}{10}\overrightarrow{u}+\frac{4}{5}\overrightarrow{v}+\frac{4}{5}\overrightarrow{w}\right)\cdot\left(-\frac{3}{10}\overrightarrow{u}+\frac{4}{5}\overrightarrow{v}+\frac{4}{5}\overrightarrow{w}\right)} = \frac{\sqrt{69}}{\sqrt{20}}$이며, $|\overrightarrow{AS}| = 2$이다. 그러므로, $\overrightarrow{AS}$와 $\overrightarrow{AQ}$사이의 각 α는 $\cos\alpha = \frac{\overrightarrow{AS}\cdot\overrightarrow{AQ}}{|\overrightarrow{AS}||\overrightarrow{AQ}|} = \frac{\sqrt{345}}{20}$이다. 그러므로 직선 AS와 평면 AMB사이의 각은 $\arccos\frac{\sqrt{345}}{20}$이라는 것을 알 수 있다.

그림 8.14(b)에서는 기저벡터 $\overrightarrow{AB} = \overrightarrow{u}, \overrightarrow{AC} = \overrightarrow{v}, \overrightarrow{AS} = \overrightarrow{w}$를 정삼각뿔의 옆모서리에 잡았다. 기저벡터를 잡는 다른 방법으로, 기저벡터 $\overrightarrow{u}, \overrightarrow{v}, \overrightarrow{w}$가 서로 수직이 되도록 할 수도 있다.

가령, 그림 8.15와 같이 기저벡터 $\overrightarrow{u}, \overrightarrow{v}, \overrightarrow{w}$를 잡아보자. 이때, 원점 Q는 모서리 AC의 중점이다. 그리고 모서리 AC를 y축으로 잡고, 모서리 AC에 수직이 되게 평면 ABC에 x축을 잡고, 점 Q를 지나 평면 ABC에 수직인 직선에 z축을 잡았다. 그리고 $|\overrightarrow{u}| = \overline{BQ} = \frac{\sqrt{3}}{2}, |\overrightarrow{v}| = \frac{1}{2}$이며, 꼭짓점 S에서 밑면 ABC에 내린 수선의 발을 H라 할 때 $|\overrightarrow{w}| = \overline{SH} = \frac{\sqrt{33}}{3}$이다.

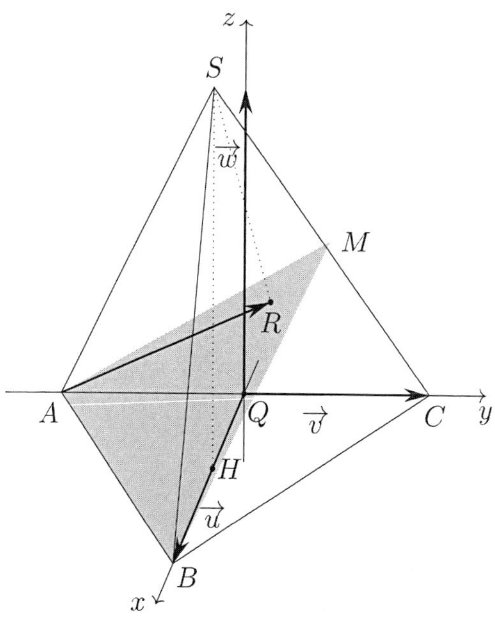

그림 8.15

$|\overrightarrow{u}| = \frac{\sqrt{3}}{2}, |\overrightarrow{v}| = \frac{1}{2}, |\overrightarrow{w}| = \frac{\sqrt{33}}{3}$이므로 벡터의 내적을 정리하면, 표 8.5와 같다.

벡터 $\overrightarrow{AS}$를 기저벡터 $\overrightarrow{u}, \overrightarrow{v}, \overrightarrow{w}$로 나타내자. $\overrightarrow{AS} = \overrightarrow{AH} + \overrightarrow{HS} = \overrightarrow{AH} + \overrightarrow{w}$인데, 점 H는 선분 QB를 $1:2$로 내분하는 점이다. $\overrightarrow{AQ} = \overrightarrow{v}, \overrightarrow{AB} = \overrightarrow{u} + \overrightarrow{v}$임을 생각하면 $\overrightarrow{AH} = \frac{1}{3}(\overrightarrow{u} + 3\overrightarrow{v})$이다. 그러므로 $\overrightarrow{AS} = \frac{1}{3}\overrightarrow{u} + \overrightarrow{v} + \overrightarrow{w}$이다.

이제, $\overrightarrow{AR} = a\overrightarrow{AM} + b\overrightarrow{AB}$를 이용하여 $\overrightarrow{AR}$을 구하자. $\overrightarrow{AM} = \frac{1}{2}\left(\overrightarrow{AS} + \overrightarrow{AC}\right) =$

$\cdot$	$\overrightarrow{u}$	$\overrightarrow{v}$	$\overrightarrow{w}$
$\overrightarrow{u}$	$\frac{3}{4}$	0	0
$\overrightarrow{v}$	0	$\frac{1}{4}$	0
$\overrightarrow{w}$	0	0	$\frac{11}{3}$

표 8.5

$\frac{1}{2}\left(\frac{1}{3}\overrightarrow{u}+\overrightarrow{v}+\overrightarrow{w}+2\overrightarrow{v}\right)=\frac{1}{6}\overrightarrow{u}+\frac{3}{2}\overrightarrow{v}+\frac{1}{2}\overrightarrow{w}$이다. 즉 $\overrightarrow{AR}=a\left(\frac{1}{6}\overrightarrow{u}+\frac{3}{2}\overrightarrow{v}+\frac{1}{2}\overrightarrow{w}\right)+b\left(\overrightarrow{u}+\overrightarrow{v}\right)=\left(\frac{a}{6}+b\right)\overrightarrow{u}+\left(\frac{3a}{2}+b\right)\overrightarrow{v}+\frac{a}{2}\overrightarrow{w}$이다.

$\overrightarrow{SR}=\overrightarrow{AR}-\overrightarrow{AS}=\left(\left(\frac{a}{6}+b\right)\overrightarrow{u}+\left(\frac{3a}{2}+b\right)\overrightarrow{v}+\frac{a}{2}\overrightarrow{w}\right)-\left(\frac{1}{3}\overrightarrow{u}+\overrightarrow{v}+\overrightarrow{w}\right)$이다. 이것을 계산하면, $\overrightarrow{SR}=\left(\frac{a}{6}+b-\frac{1}{3}\right)\overrightarrow{u}+\left(\frac{3a}{2}+b-1\right)\overrightarrow{v}+\left(\frac{a}{2}-1\right)\overrightarrow{w}$이다.

$\overrightarrow{SR}\perp\overrightarrow{AM}$이므로, $\overrightarrow{SR}\cdot\overrightarrow{AM}=0$으로부터 다음을 얻을 수 있다.

$$\left(\left(\frac{a}{6}+b-\frac{1}{3}\right)\overrightarrow{u}+\left(\frac{3a}{2}+b-1\right)\overrightarrow{v}+\left(\frac{a}{2}-1\right)\overrightarrow{w}\right)\cdot\left(\frac{1}{6}\overrightarrow{u}+\frac{3}{2}\overrightarrow{v}+\frac{1}{2}\overrightarrow{w}\right)=0$$

얻어진 식을 정리하면, $6a+2b-9=0$이 된다. 한편, $\overrightarrow{SR}\perp\overrightarrow{AB}$이므로, $\overrightarrow{SR}\cdot\overrightarrow{AB}=0$이며, $\left(\left(\frac{a}{6}+b-\frac{1}{3}\right)\overrightarrow{u}+\left(\frac{3a}{2}+b-1\right)\overrightarrow{v}+\left(\frac{a}{2}-1\right)\overrightarrow{w}\right)\cdot\left(\overrightarrow{u}+\overrightarrow{v}\right)=0$이다. 이 식을 정리하면, $a+2b-1=0$이다.

연립방정식 $6a+2b-9=0$, $a+2b-1=0$을 풀면, $a=\frac{8}{5}, b=-\frac{3}{10}$이다. 이로부터 $\overrightarrow{AR}=-\frac{1}{30}\overrightarrow{u}+\frac{21}{10}\overrightarrow{v}+\frac{4}{5}\overrightarrow{w}$이다. $\overrightarrow{AS}$와 $\overrightarrow{AR}$의 내적을 구하면, $\overrightarrow{AS}\cdot\overrightarrow{AR}=\left(\frac{1}{3}\overrightarrow{u}+\overrightarrow{v}+\overrightarrow{w}\right)\cdot\left(-\frac{1}{30}\overrightarrow{u}+\frac{21}{10}\overrightarrow{v}+\frac{4}{5}\overrightarrow{w}\right)=\frac{69}{20}$이다.

$|\overrightarrow{AR}|=\sqrt{\overrightarrow{AR}\cdot\overrightarrow{AR}}=\sqrt{\left(-\frac{1}{30}\overrightarrow{u}+\frac{21}{10}\overrightarrow{v}+\frac{4}{5}\overrightarrow{w}\right)\cdot\left(-\frac{1}{30}\overrightarrow{u}+\frac{21}{10}\overrightarrow{v}+\frac{4}{5}\overrightarrow{w}\right)}=\frac{\sqrt{69}}{\sqrt{20}}$이며, $|\overrightarrow{AS}|=\sqrt{\overrightarrow{AS}\cdot\overrightarrow{AS}}=\sqrt{\left(\frac{1}{3}\overrightarrow{u}+\overrightarrow{v}+\overrightarrow{w}\right)\cdot\left(\frac{1}{3}\overrightarrow{u}+\overrightarrow{v}+\overrightarrow{w}\right)}=2$이다. 그러므로, $\overrightarrow{AR}$과 $\overrightarrow{AS}$사이의 각 α는 $\cos\alpha=\frac{\overrightarrow{AR}\cdot\overrightarrow{AS}}{|\overrightarrow{AR}||\overrightarrow{AS}|}=\frac{\sqrt{345}}{20}$이다. 그러므로 직선 AS와 평면 AMB사이의 각은 $\arccos\frac{\sqrt{345}}{20}$이라는 것을 알 수 있다.

정삼각뿔 $SABC$에서 두 가지 방법으로 기저벡터를 잡아 문제를 풀었다. 기저벡터는 문제해결 과정의 복잡성에 영향을 미치므로, 문제에 따라 적절하게 기저벡터를 잡을 수 있는 능력을 갖는 것은 중요할 것이다.

예제 8.3. 정육각뿔 $SABCDEF$에서 $\overline{AB}=1$, $\overline{SA}=2$이다(그림 8.16(a)). 직선 SA와 면 SBC사이의 각을 구하여라.

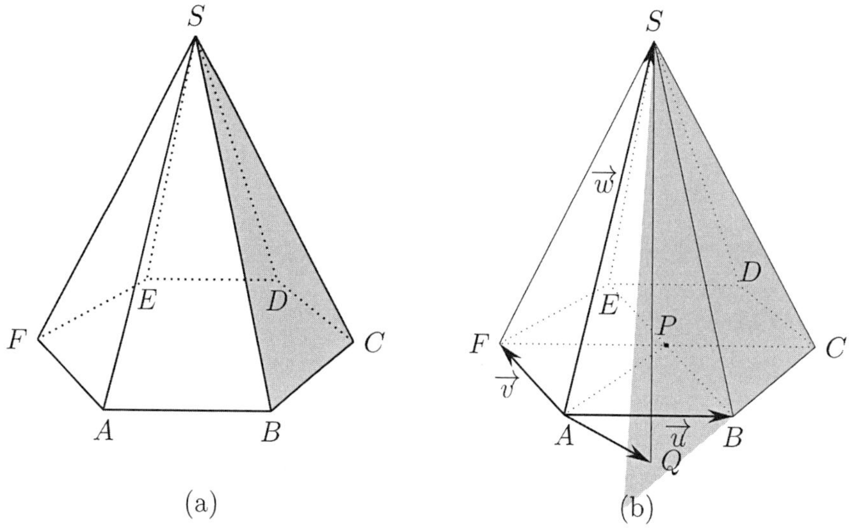

그림 8.16

정육각뿔 $SABCDEF$의 모서리에 기저벡터 $\overrightarrow{AB}=\overrightarrow{u}, \overrightarrow{AF}=\overrightarrow{v}, \overrightarrow{AS}=\overrightarrow{w}$를 잡자(그림 8.16(b)). $\overrightarrow{u}, \overrightarrow{v}, \overrightarrow{w}$의 내적을 표로 정리하면, 표 8.6과 같다.

$\cdot$	$\overrightarrow{u}$	$\overrightarrow{v}$	$\overrightarrow{w}$
$\overrightarrow{u}$	1	$-\frac{1}{2}$	$\frac{1}{2}$
$\overrightarrow{v}$	$-\frac{1}{2}$	1	$\frac{1}{2}$
$\overrightarrow{w}$	$\frac{1}{2}$	$\frac{1}{2}$	4

표 8.6

점 A에서 평면 SBC에 수선 AQ를 긋자. 그러면 $\overrightarrow{AQ}=\overrightarrow{AS}+\overrightarrow{SQ}$이며, $\overrightarrow{SQ}=a\overrightarrow{SB}+b\overrightarrow{SC}$이므로 $\overrightarrow{AQ}=\overrightarrow{w}+a\overrightarrow{SB}+b\overrightarrow{SC}$이다. $\overrightarrow{SB}=\overrightarrow{AB}-\overrightarrow{AS}=\overrightarrow{u}-\overrightarrow{w}$, $\overrightarrow{SC}=\overrightarrow{BC}-\overrightarrow{BS}$이다. 이때, $\overrightarrow{BC}=\overrightarrow{AP}=\overrightarrow{u}+\overrightarrow{v}$이므로 $\overrightarrow{SC}=\overrightarrow{u}+\overrightarrow{v}+\overrightarrow{u}-\overrightarrow{w}=2\overrightarrow{u}+\overrightarrow{v}-\overrightarrow{w}$이다. 결국, $\overrightarrow{AQ}=\overrightarrow{w}+a(\overrightarrow{u}-\overrightarrow{w})+b(2\overrightarrow{u}+\overrightarrow{v}-\overrightarrow{w})=(a+2b)\overrightarrow{u}+b\overrightarrow{v}+(1-a-b)\overrightarrow{w}$이다.

$\overrightarrow{AQ} \perp \overrightarrow{SB} = 0$으로부터 $((a+2b)\overrightarrow{u} + b\overrightarrow{v} + (1-a-b)\overrightarrow{w}) \cdot (\overrightarrow{u} - \overrightarrow{w}) = 0, 8a + 7b - 7 = 0$이다. 그리고 $\overrightarrow{AQ} \perp \overrightarrow{SC} = 0$으로부터 $((a+2b)\overrightarrow{u} + b\overrightarrow{v} + (1-a-b)\overrightarrow{w}) \cdot (2\overrightarrow{u} + \overrightarrow{v} - \overrightarrow{w}) = 0, 7a + 8b - 5 = 0$이다.

연립방정식 $8a + 7b - 7 = 0$, $7a + 8b - 5 = 0$을 풀면, $a = \frac{7}{5}, b = -\frac{3}{5}$이다. 이로부터 $\overrightarrow{SQ} = \frac{7}{5}\overrightarrow{SB} - \frac{3}{5}\overrightarrow{SC} = \frac{7}{5}(\overrightarrow{u} - \overrightarrow{w}) - \frac{3}{5}(2\overrightarrow{u} + \overrightarrow{v} - \overrightarrow{w}) = \frac{1}{5}\overrightarrow{u} - \frac{3}{5}\overrightarrow{v} - \frac{4}{5}\overrightarrow{w}$이다. 그리고 $\overrightarrow{SA} = -\overrightarrow{w}$이다. 이로부터 $\overrightarrow{SA}$와 $\overrightarrow{SQ}$의 내적을 구하면, $\overrightarrow{SA} \cdot \overrightarrow{SQ} = (-\overrightarrow{w}) \cdot \left(\frac{1}{5}\overrightarrow{u} - \frac{3}{5}\overrightarrow{v} - \frac{4}{5}\overrightarrow{w}\right) = \frac{17}{5}$이다.

$|\overrightarrow{SA}| = \sqrt{\overrightarrow{SA} \cdot \overrightarrow{SA}} = \sqrt{(-\overrightarrow{w}) \cdot (-\overrightarrow{w})} = 2$이다. 그리고 $|\overrightarrow{SQ}| = \sqrt{\overrightarrow{SQ} \cdot \overrightarrow{SQ}} = \sqrt{\left(\frac{1}{5}\overrightarrow{u} - \frac{3}{5}\overrightarrow{v} - \frac{4}{5}\overrightarrow{w}\right) \cdot \left(\frac{1}{5}\overrightarrow{u} - \frac{3}{5}\overrightarrow{v} - \frac{4}{5}\overrightarrow{w}\right)} = \frac{\sqrt{85}}{5}$이다. 그러므로, $\overrightarrow{SA}$와 $\overrightarrow{SQ}$사이의 각 α는 $\cos\alpha = \frac{\overrightarrow{SA} \cdot \overrightarrow{SQ}}{|\overrightarrow{SA}||\overrightarrow{SQ}|} = \frac{\sqrt{85}}{10}$이다. 그러므로 직선 SA와 평면 SBC사이의 각은 $\arccos\frac{\sqrt{85}}{10}$이라는 것을 알 수 있다.

이 문제를 좌표 방법을 이용해서 해결하자. 여기서는 좌표축의 원점 P를 정육각뿔의 밑면의 중심으로 잡고, 대각선 FC를 y축으로, 모서리 AB와 DE의 중점을 지나는 직선을 x축으로, 꼭짓점 S에서 내린 수선을 z축으로 하여 좌표계를 생각하자(그림 8.17(a)).

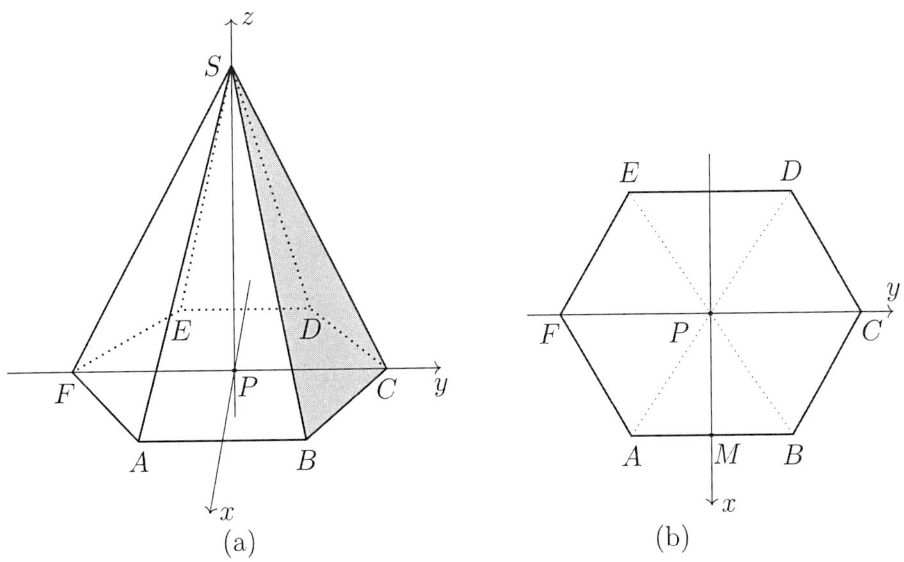

그림 8.17

점 C의 좌표는 $(0,1,0)$이며, 직각삼각형 PAM에서 $\overline{AP} = 1, \overline{AM} = \frac{1}{2}$이므로 $\overline{PM} = \frac{\sqrt{3}}{2}$이고, 점 M의 좌표는 $\left(\frac{\sqrt{3}}{2}, 0, 0\right)$이다. 이로부터 점 A의 좌표는 $\left(\frac{\sqrt{3}}{2}, -\frac{1}{2}, 0\right)$이고, 점 B의 좌표는 $\left(\frac{\sqrt{3}}{2}, \frac{1}{2}, 0\right)$이다(그림 8.17(b)). 한편, 직각삼각형 SPA에서 $\overline{AS} = 2, \overline{AP} = 1$이므로 $\overline{PS} = \sqrt{3}$이며, 점 S의 좌표는 $(0,0,\sqrt{3})$이다.

세 점 S, B, C를 지나는 평면의 방정식을 구하자. $ax+by+cz+d=0$에 $S(0,0,\sqrt{3})$을 대입하면, $\sqrt{3}c+d=0, c=-\frac{d}{\sqrt{3}}$이다. $B\left(\frac{\sqrt{3}}{2}, \frac{1}{2}, 0\right)$을 대입하면, $\frac{\sqrt{3}}{2}a+\frac{1}{2}b+d=0$이며, $C(0,1,0)$을 대입하면 $b=-d$이다. $c=-\frac{d}{\sqrt{3}}, b=-d$를 $\frac{\sqrt{3}}{2}a+\frac{1}{2}b+d=0$에 대입하면, $a=-\frac{d}{\sqrt{3}}$가 된다. 얻어진 a, b, c를 $ax+by+cz+d=0$에 대입한 다음 양변에 $\left(-\frac{\sqrt{3}}{d}\right)$을 곱하여 정리하면, 평면 SBC의 방정식 $x+\sqrt{3}y+z-\sqrt{3}=0$을 얻을 수 있다. 그리고 평면 SBC의 법선벡터 $\overrightarrow{n}$은 $(1,\sqrt{3},1)$임을 알 수 있다.

한편, $\overrightarrow{SA} = \overrightarrow{PA} - \overrightarrow{PS}$이므로 $\overrightarrow{SA} = \left(\frac{\sqrt{3}}{2}, -\frac{1}{2}, 0\right) - (0,0,\sqrt{3}) = \left(\frac{\sqrt{3}}{2}, -\frac{1}{2}, -\sqrt{3}\right)$이다. 이제, $\overrightarrow{n}$과 $\overrightarrow{SA}$사이의 각을 구하자. $\overrightarrow{n} \cdot \overrightarrow{SA} = -\sqrt{3}$이며, $|\overrightarrow{n}| = \sqrt{5}, |\overrightarrow{SA}| = 2$이므로, $\overrightarrow{n}$과 $\overrightarrow{SA}$사이의 각 γ는 $\cos\gamma = \frac{\overrightarrow{n}\cdot\overrightarrow{SA}}{|\overrightarrow{n}||\overrightarrow{SA}|} = -\frac{\sqrt{15}}{10}$이다. 이때, γ는 둔각이므로, 직선 SA와 평면 SBC사이의 각 θ는 $\arcsin\frac{\sqrt{15}}{10}$이다. $\arcsin\frac{\sqrt{15}}{10}$를 앞에서와 같이 arccos값으로 고치면, $\arccos\frac{\sqrt{85}}{10}$가 된다. □

정육각뿔에서 벡터 방법과 좌표 방법을 이용하여 직선과 평면사이의 거리를 구했다. 정육각뿔에서 세 점이 주어졌을 때 절단면을 작도하고, 얻어진 절단면과 직선사이의 거리를 구해보자.

$\overline{AB} = 1, \overline{SA} = 2$인 정육각뿔 $SABCDEF$이 주어졌다. 이때, 모서리 SD의 중점을 P, 모서리 SC에서 $3\overline{CQ} = \overline{QS}$인 점을 Q, 모서리 BC의 중점을 R이라 할 때(그림 8.18), 점 P, Q, R을 지나는 절단평면 α에 의한 정육각뿔의 절단면을 작도하고, 직선 SE와 절단면사이의 각을 구해보자.

우선, 점 P, Q, R을 지나는 절단평면 α에 의한 정육각뿔의 절단면을 작도하자. 직선 PQ와 밑면 $ABCDEF$의 교점을 구하기 위해, 직선 PQ와 모서리 CD의 연장선의 교점 L을 작도하자. 그러면, 절단평면 α와 밑면의 두 교점 L, R이 주어지게 되므로,

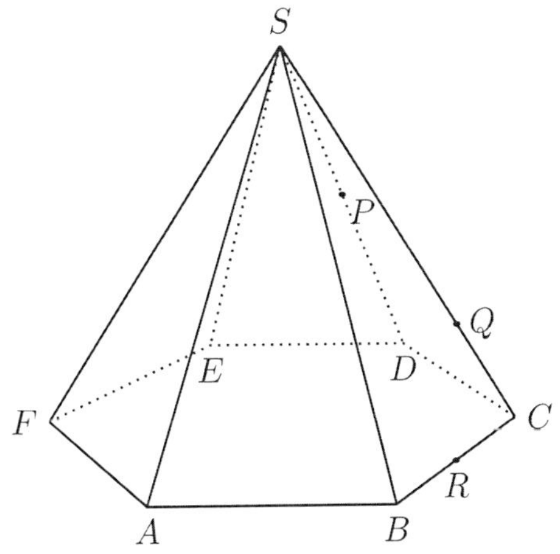

그림 8.18

절단평면 α와 밑면의 교선 LR을 작도할 수 있다. 직선 LR과 모서리 AF의 교점을 T라 하자(그림 8.19).

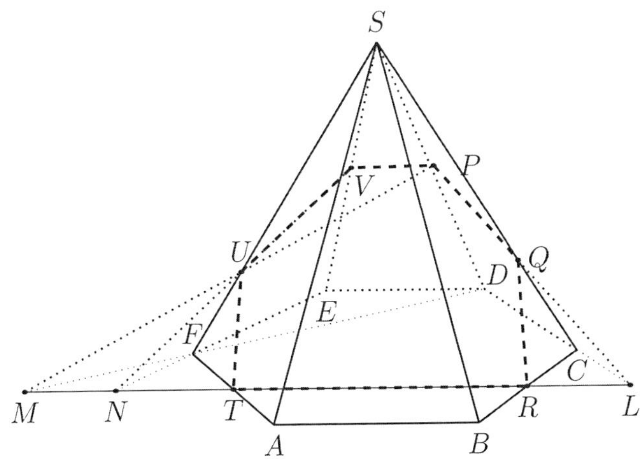

그림 8.19

절단평면 α와 모서리 SF의 교점을 구하자. 이 문제에서는 평면 α가 모서리 AF와 만나므로, 절단평면 α가 모서리 SF, SE와 만난다는 것을 어렵지 않게 추측할 수 있다.

가령, 절단평면 α와 모서리 SF의 교점을 U라고 가정하자. 점 P, U를 꼭짓점 S에 대해 밑면 $ABCDEF$에 사영시킨 점 D, F를 생각하면, 직선 PU와 DF의 교점은 평면 α와 밑면 $ABCDEF$의 교선인 직선 LR에 속한다. 이로부터 절단평면 α와 모서리 SF의 교점의 작도 방법을 생각할 수 있다. 직선 DF와 직선 LR의 교점을 M이라 하자. 그리고 직선 MP와 모서리 SF의 교점을 U라 하면, 점 U가 절단평면 α와 모서리 SF의 교점이 된다.

절단평면 α와 모서리 SE의 교점을 구하자. 절단평면 α와 밑면 $ABCDEF$의 교선 LR과 모서리 EF의 교점을 N이라 하자. 직선 NU와 모서리 SE의 교점 V가 절단평면 α와 모서리 SE의 교점이 된다. 이로부터 절단면인 육각형 $PQRTUV$가 얻어진다.

이제, 절단면 $PQRTUV$와 직선 SE사이의 각을 구하자. 여기서는 좌표 방법을 이용할 것이다. 이를 위해, 점 P, Q, R의 좌표를 구해 절단면 $PQRTUV$의 방정식을 구하자. 점 P는 모서리 SD의 중점이므로, 점 D의 좌표를 구해야 한다.

그림 8.17(b)에서 점 B의 좌표가 $\left(\frac{\sqrt{3}}{2}, \frac{1}{2}, 0\right)$이므로 점 D의 좌표는 $\left(-\frac{\sqrt{3}}{2}, \frac{1}{2}, 0\right)$이다. 점 S의 좌표가 $(0, 0, \sqrt{3})$이므로, 모서리 SD의 중점 P의 좌표는 $\left(-\frac{\sqrt{3}}{4}, \frac{1}{4}, \frac{\sqrt{3}}{2}\right)$이다. 한편, 점 C의 좌표는 $(0, 1, 0)$이므로, 모서리 SC를 $3 : 1$로 내분하는 점 Q의 좌표는 $\left(0, \frac{3}{4}, \frac{\sqrt{3}}{4}\right)$이다. 그리고 모서리 BC의 중점 R의 좌표는 $\left(\frac{\sqrt{3}}{4}, \frac{3}{4}, 0\right)$이다.

평면의 방정식 $ax+by+cz+d=0$에 $P\left(-\frac{\sqrt{3}}{4}, \frac{1}{4}, \frac{\sqrt{3}}{2}\right), Q\left(0, \frac{3}{4}, \frac{\sqrt{3}}{4}\right), R\left(\frac{\sqrt{3}}{4}, \frac{3}{4}, 0\right)$을 대입하여 a, b, c를 구하자. 점 $P\left(-\frac{\sqrt{3}}{4}, \frac{1}{4}, \frac{\sqrt{3}}{2}\right)$를 대입하면 $-\sqrt{3}a+b+2\sqrt{3}c+4d=0$이며, 점 $Q\left(0, \frac{3}{4}, \frac{\sqrt{3}}{4}\right)$를 대입하면 $3b+\sqrt{3}c+4d=0$이며, 점 $R\left(\frac{\sqrt{3}}{4}, \frac{3}{4}, 0\right)$을 대입하면 $\sqrt{3}a+3b+4d=0$이다. 얻어진 식들을 연립하면 $a=c=-\frac{4}{\sqrt{3}}d, b=0$이 얻어지며, 이로부터 절단면의 방정식 $4x+4z-\sqrt{3}=0$을 구할 수 있다.

절단면의 방정식 $4x+4z-\sqrt{3}=0$에서 절단면의 법선벡터 $\overrightarrow{n}$는 $(4, 0, 4)$이다. 그리고 그림 8.17(b)에서 점 E의 좌표는 $\left(-\frac{\sqrt{3}}{2}, -\frac{1}{2}, 0\right)$이므로 $\overrightarrow{SE}=\left(-\frac{\sqrt{3}}{2}, -\frac{1}{2}, -\sqrt{3}\right)$이다.

이제, $\overrightarrow{n}$과 $\overrightarrow{SE}$사이의 각을 구하자. $\overrightarrow{n} \cdot \overrightarrow{SE} = -6\sqrt{3}$이며, $|\overrightarrow{n}| = 4\sqrt{2}, |\overrightarrow{SE}| = 2$이므로, $\overrightarrow{n}$과 $\overrightarrow{SE}$사이의 각 γ는 $\cos\gamma = \frac{\overrightarrow{n}\cdot\overrightarrow{SE}}{|\overrightarrow{n}||\overrightarrow{SE}|} = -\frac{3\sqrt{6}}{8}$이다. 이때, γ는 둔각이므로, 직선 SE와 절단면 $PQRTUV$사이의 각 θ는 $\arcsin\frac{3\sqrt{6}}{8}$이다.

3. 평면과 평면사이의 각

벡터를 이용하여 평면 α와 β사이의 각을 구하자. 이를 위해, 평면 α와 β의 법선벡터 $\overrightarrow{m}, \overrightarrow{n}$을 생각하자. 법선벡터 $\overrightarrow{m}, \overrightarrow{n}$사이의 각 γ가 예각인 경우에 평면 α와 β사이의 각 θ를 살펴보자(그림 8.20(a)). 직선 l_1과 법선벡터 $\overrightarrow{m}$이 수직을 이루며 직선 l_2와 법선벡터 $\overrightarrow{n}$이 수직을 이루므로, 직선 l_1과 l_2가 이루는 선각 θ는 법선벡터 $\overrightarrow{m}, \overrightarrow{n}$사이의 각 γ와 같게 된다. 즉, 평면 α와 β사이의 각 θ는 법선벡터 $\overrightarrow{m}, \overrightarrow{n}$사이의 각 γ와 같다.

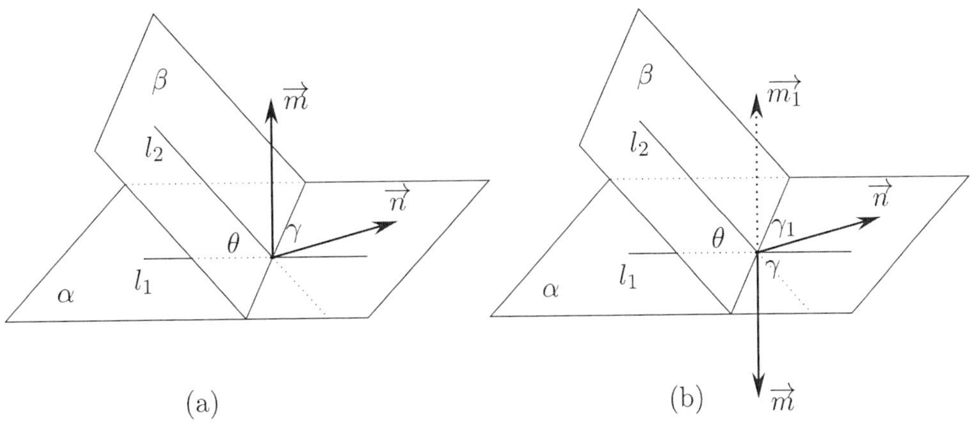

그림 8.20

법선벡터 $\overrightarrow{m}, \overrightarrow{n}$사이의 각 γ가 둔각인 경우에 평면 α와 β사이의 각 θ를 살펴보자(그림 8.20(b)). $\overrightarrow{m_1} = -\overrightarrow{m}$이라 하고, $\overrightarrow{m_1}, \overrightarrow{n}$사이의 각을 γ_1이라 하자. 그러면, γ_1은 예각이며 $\gamma_1 + \gamma = \pi$이다. 앞에서 $\gamma_1 = \theta$임을 보였으므로, $\theta + \gamma = \pi$, $\theta = \pi - \gamma$가 된다. 그런데, $\cos(\pi - \gamma) = -\cos\gamma$이므로, $\cos\theta = \cos(\pi - \gamma) = -\cos\gamma$이다. 그러므로, 법선벡터 $\overrightarrow{m}, \overrightarrow{n}$이 이루는 각 γ의 코사인 값 $\cos\gamma = \frac{\overrightarrow{m}\cdot\overrightarrow{n}}{|\overrightarrow{m}||\overrightarrow{n}|}$을 계산하여 음수가 나오면 ($\overrightarrow{m}, \overrightarrow{n}$이 이루는 각이 둔각이므로), $\cos\theta = |\cos\gamma|$을 이용하여 평면 α와 β사이의 각 θ를 구할 수 있다.

평면 α의 법선벡터를 구하는 방법은 이미 살펴보았다. 가령, 한 모서리의 길이가 1인 정육면체 $ABCDA_1B_1C_1D_1$이 주어졌다고 하자. 모서리 CD, AD의 중점을 P, Q라 할 때, 세 점 P, Q, B_1을 지나는 절단평면에 의한 정육면체의 절단면 α를 작도하고,

절단면 α의 법선벡터를 구해보자.

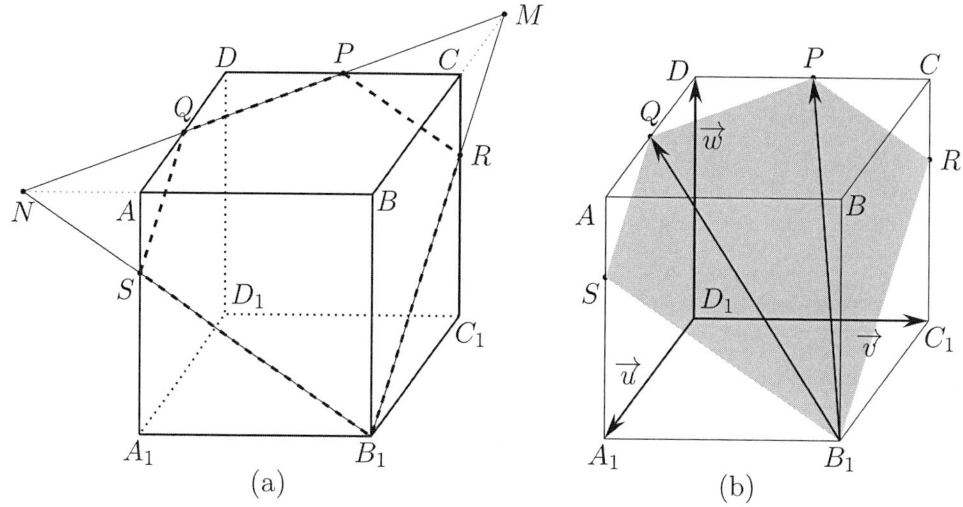

그림 8.21

점 P, Q, B_1에 의한 정육면체의 절단면 α를 작도하자. 점 P, Q가 평면 $ABCD$에 속하므로, 모서리 BC의 연장선과 직선 PQ의 교점을 M이라 하자. 직선 B_1M을 작도하여 모서리 CC_1과의 교점을 R이라 하자. 한편, 직선 PQ와 모서리 AB의 연장선의 교점을 N이라 하고, 직선 B_1N과 모서리 AA_1과의 교점을 S라 하자. 그러면, 절단면 α로 오각형 PRB_1SQ를 얻을 수 있다(그림 8.21(a)).

벡터를 이용한 방법과 좌표를 이용한 방법으로 절단면 PRB_1SQ의 법선벡터를 구해보자. 우선, 벡터 방법을 살펴보자. 정육면체의 모서리 D_1A_1, D_1C_1, D_1D에 기저벡터 $\overrightarrow{u}, \overrightarrow{v}, \overrightarrow{w}$를 잡자(그림 8.21(b)). 정리 7.5에 의하면, 비공면벡터 $\overrightarrow{u}$, $\overrightarrow{v}$, $\overrightarrow{w}$에 대해 공간의 임의의 벡터 $\overrightarrow{p}$를 $\overrightarrow{p} = a\overrightarrow{u} + b\overrightarrow{v} + c\overrightarrow{w}$와 같이 $\overrightarrow{u}$, $\overrightarrow{v}$, $\overrightarrow{w}$의 일차결합으로 나타낼 수 있다.

절단면 PRB_1SQ의 법선벡터를 $\overrightarrow{n}$이라 하면, $\overrightarrow{n} = a\overrightarrow{u} + b\overrightarrow{v} + c\overrightarrow{w}$와 같이 나타낼 수 있다. 한편, 절단면 PRB_1SQ에 속하는 벡터 $\overrightarrow{B_1P}, \overrightarrow{B_1Q}$를 구할 수 있다. 그리고 법선벡터 $\overrightarrow{n}$은 절단면 PRB_1SQ와 수직이므로, $\overrightarrow{n} \perp \overrightarrow{B_1P}, \overrightarrow{n} \perp \overrightarrow{B_1Q}$이다. 이것을 이용하면 a, b, c값을 결정할 수 있다.

$\overrightarrow{B_1P} = \overrightarrow{B_1C_1} + \overrightarrow{C_1C} + \frac{1}{2}\overrightarrow{CD} = -\overrightarrow{u} + \overrightarrow{w} - \frac{1}{2}\overrightarrow{v}$이며, $\overrightarrow{B_1Q} = \overrightarrow{B_1B} + \overrightarrow{BA} + \frac{1}{2}\overrightarrow{AD} = \overrightarrow{w} - \overrightarrow{v} - \frac{1}{2}\overrightarrow{u}$이다. 그리고 절단면 PRB_1SQ의 법선벡터 $\overrightarrow{n}$은 $\overrightarrow{n} = a\overrightarrow{u} + b\overrightarrow{v} + c\overrightarrow{w}$이다.

$\overrightarrow{n} \perp \overrightarrow{B_1P}$로부터 $\overrightarrow{n} \cdot \overrightarrow{B_1P} = 0$이며 $(a\overrightarrow{u} + b\overrightarrow{v} + c\overrightarrow{w}) \cdot \left(-\overrightarrow{u} - \frac{1}{2}\overrightarrow{v} + \overrightarrow{w}\right) = -a - \frac{b}{2} + c = 0$이다. 그리고 $\overrightarrow{n} \perp \overrightarrow{B_1Q}$로부터 $\overrightarrow{n} \cdot \overrightarrow{B_1Q} = 0$이며 $(a\overrightarrow{u} + b\overrightarrow{v} + c\overrightarrow{w}) \cdot \left(-\frac{1}{2}\overrightarrow{u} - \overrightarrow{v} + \overrightarrow{w}\right) = -\frac{a}{2} - b + c = 0$이다.

연립방정식 $-a - \frac{b}{2} + c = 0$, $-\frac{a}{2} - b + c = 0$을 풀면, $a = \frac{2}{3}c, b = \frac{2}{3}c$가 얻어진다. 이때, $\overrightarrow{n} = \frac{2}{3}c\overrightarrow{u} + \frac{2}{3}c\overrightarrow{v} + c\overrightarrow{w} = c\left(\frac{2}{3}\overrightarrow{u} + \frac{2}{3}\overrightarrow{v} + \overrightarrow{w}\right)$이며, $\overrightarrow{n}$은 벡터 $\frac{2}{3}\overrightarrow{u} + \frac{2}{3}\overrightarrow{v} + \overrightarrow{w}$에 실수 c를 곱한 모든 벡터와 평행이다(만약 $c = 0$이면 영벡터가 되므로, $c \neq 0$이다). 결국, 평면 PRB_1SQ의 법선벡터로 벡터 $\frac{2}{3}\overrightarrow{u} + \frac{2}{3}\overrightarrow{v} + \overrightarrow{w}$에 임의의 실수 c를 곱한 벡터를 잡을 수 있다. 가령, $\overrightarrow{n} = \frac{2}{3}c\overrightarrow{u} + \frac{2}{3}c\overrightarrow{v} + c\overrightarrow{w}$에서 $c = 3$인 경우에 평면 PRB_1SQ에 대한 법선벡터는 $\overrightarrow{n} = 2\overrightarrow{u} + 2\overrightarrow{v} + 3\overrightarrow{w}$이며, $c = 1$인 경우에 법선벡터는 $\overrightarrow{n} = \frac{2}{3}\overrightarrow{u} + \frac{2}{3}\overrightarrow{v} + \overrightarrow{w}$가 된다.

당연한 이야기지만, 정육면체 $ABCDA_1B_1C_1D_1$에서 기저벡터를 다르게 잡아 법선벡터 $\overrightarrow{n}$을 기저벡터의 일차결합으로 나타내면, 기저벡터뿐만 아니라 기저벡터의 계수인 a, b, c의 값도 달라진다. 그러나 얻어진 법선벡터의 좌표를 생각하면 결국엔 같은 벡터라는 것을 확인할 수 있다. 가령, 정육면체 $ABCDA_1B_1C_1D_1$의 모서리 A_1B_1, A_1D_1, A_1A에 기저벡터 $\overrightarrow{u_1}, \overrightarrow{v_1}, \overrightarrow{w_1}$을 잡는다고 하자(그림 8.22(a)).

그러면, $\overrightarrow{B_1P} = \overrightarrow{B_1C_1} + \overrightarrow{C_1C} + \frac{1}{2}\overrightarrow{CD} = \overrightarrow{v_1} + \overrightarrow{w_1} - \frac{1}{2}\overrightarrow{u_1}$이며, $\overrightarrow{B_1Q} = \overrightarrow{B_1B} + \overrightarrow{BA} + \frac{1}{2}\overrightarrow{AD} = \overrightarrow{w_1} - \overrightarrow{u_1} + \frac{1}{2}\overrightarrow{v_1}$이다. $\overrightarrow{n} \perp \overrightarrow{B_1P}$로부터 $(a\overrightarrow{u_1} + b\overrightarrow{v_1} + c\overrightarrow{w_1}) \cdot \left(-\frac{1}{2}\overrightarrow{u_1} + \overrightarrow{v_1} + \overrightarrow{w_1}\right) = -\frac{a}{2} + b + c = 0$이다. 그리고 $\overrightarrow{n} \perp \overrightarrow{B_1Q}$로부터 $(a\overrightarrow{u_1} + b\overrightarrow{v_1} + c\overrightarrow{w_1}) \cdot \left(-\overrightarrow{u_1} + \frac{1}{2}\overrightarrow{v_1} + \overrightarrow{w_1}\right) = -a + \frac{b}{2} + c = 0$이다.

연립방정식 $-\frac{a}{2} + b + c = 0$, $-a + \frac{b}{2} + c = 0$을 풀면, $a = \frac{2}{3}c, b = -\frac{2}{3}c$가 얻어진다. 이때, $\overrightarrow{n} = \frac{2}{3}c\overrightarrow{u_1} - \frac{2}{3}c\overrightarrow{v_1} + c\overrightarrow{w_1} = c\left(\frac{2}{3}\overrightarrow{u_1} - \frac{2}{3}\overrightarrow{v_1} + \overrightarrow{w_1}\right)$이다. $c = 3$인 경우에 평면 PRB_1SQ에 대한 법선벡터는 $\overrightarrow{n} = 2\overrightarrow{u_1} - 2\overrightarrow{v_1} + 3\overrightarrow{w_1}$이다.

이제, 기저벡터를 그림 8.21(b)와 같이 잡아 얻어진 법선벡터 $\overrightarrow{n} = 2\overrightarrow{u} + 2\overrightarrow{v} + 3\overrightarrow{w}$

와 $2\overrightarrow{u_1}-2\overrightarrow{v_1}+3\overrightarrow{w_1}$을 비교해 보자. 정육면체에 그림 8.22(b)와 같이 좌표계를 잡아서 벡터 $2\overrightarrow{u_1}-2\overrightarrow{v_1}+3\overrightarrow{w_1}$과 $2\overrightarrow{u}+2\overrightarrow{v}+3\overrightarrow{w}$의 좌표를 구하자.

$\overrightarrow{u}=(1,0,0)$, $\overrightarrow{v}=(0,1,0)$, $\overrightarrow{w}=(0,0,1)$이므로, $2\overrightarrow{u}+2\overrightarrow{v}+3\overrightarrow{w}=(2,2,3)$이 된다. 한편, $\overrightarrow{u_1}=\overrightarrow{D_1C_1}=(0,1,0)$이고 $\overrightarrow{v_1}=\overrightarrow{A_1D_1}$에서 시점 A_1을 좌표계의 원점 D_1으로 옮기면 $\overrightarrow{v_1}=(-1,0,0)$이 된다. 그리고 $\overrightarrow{w}=(0,0,1)$이므로, $2\overrightarrow{u_1}-2\overrightarrow{v_1}+3\overrightarrow{w_1}=(2,2,3)$이다. 결국, $2\overrightarrow{u_1}-2\overrightarrow{v_1}+3\overrightarrow{w_1}$과 $2\overrightarrow{u}+2\overrightarrow{v}+3\overrightarrow{w}$는 같은 좌표를 가진다.

이제, 그림 8.22(b)의 좌표계에서 평면 PRB_1SQ의 법선벡터를 좌표 방법으로 구해보자.

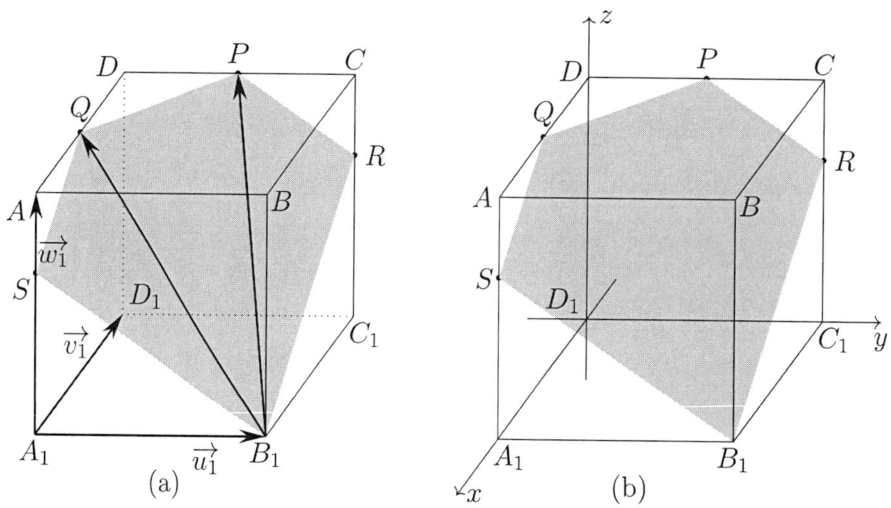

그림 8.22

점 P가 모서리 CD의 중점이므로 점 P의 좌표는 $\left(0,\frac{1}{2},1\right)$이고, 점 Q는 모서리 AD의 중점이므로 점 Q의 좌표는 $\left(\frac{1}{2},0,1\right)$이다. 그리고 점 B_1의 좌표는 $(1,1,0)$이다. 이제, 세 점 P,Q,B_1을 지나는 평면의 방정식을 구하자.

$ax+by+cz+d=0$에 점 $P\left(0,\frac{1}{2},1\right)$을 대입하면, $\frac{b}{2}+c+d=0, b+2c+2d=0$이다. 점 $Q\left(\frac{1}{2},0,1\right)$을 대입하면 $\frac{a}{2}+c+d=0, a+2c+2d=0$이며, 점 $B_1(1,1,0)$을 대입하면 $a+b+d=0$이다. 얻어진 방정식 $b+2c+2d=0, a+2c+2d=0, a+b+d=0$을 연립하여 풀면, $a=b=-\frac{d}{2}, c=-\frac{3}{4}d$이다. 이로부터 평면 PRB_1SQ의 방정식은

$2x + 2y + 3z - 4 = 0$이며, 평면 PRB_1SQ의 법선벡터는 $(2, 2, 3)$이다.

예제 8.4. 그림 8.22(b)에서 한 모서리의 길이가 1인 정육면체 $ABCDA_1B_1C_1D_1$의 모서리 BB_1의 중점을 M이라 하자. 이때 평면 MA_1C_1과 평면 PRB_1SQ가 이루는 각을 구하여라.

그림 8.22(b)에 제시된 평면 PRB_1SQ와 평면 MA_1C_1을 같이 작도하면 그림 8.23(a)와 같다. 여기서는 그림 8.23(b)와 같은 좌표계를 생각하여, 좌표 방법을 이용하여 평면 MA_1C_1의 법선벡터를 구하자.

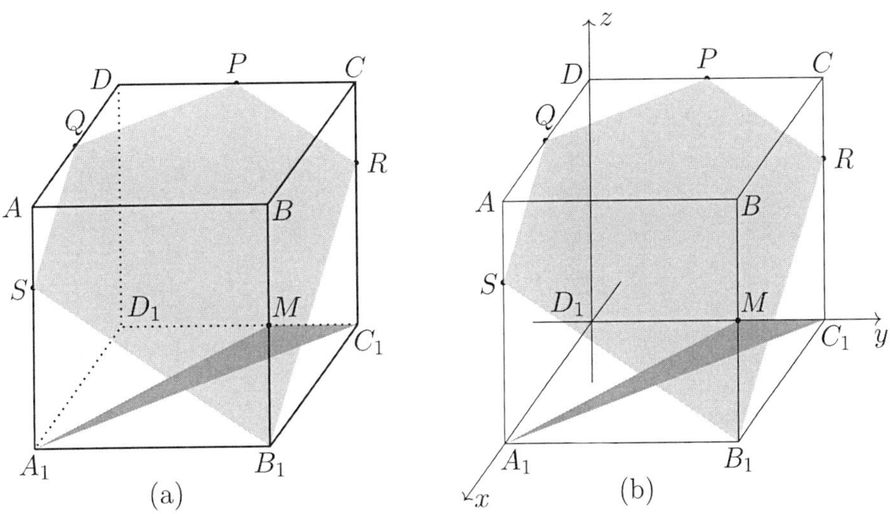

그림 8.23

점 M의 좌표는 $\left(1, 1, \frac{1}{2}\right)$, 점 A_1의 좌표는 $(1, 0, 0)$, 점 C_1의 좌표는 $(0, 1, 0)$이다. 점 M의 좌표를 평면의 방정식 $ax+by+cz+d=0$에 대입하면, $a+b+\frac{1}{2}c+d=0$, 점 A_1의 좌표를 대입하면 $a+d=0$, 점 C_1의 좌표를 대입하면 $b+d=0$이다. 이로부터 $a=-d, b=-d, c=2d$이다. 이로부터 평면의 방정식은 $-x-y+2z+1=0$이 되며, 평면의 법선벡터는 $\overrightarrow{m}=(-1, -1, 2)$이다.

이제, 평면 PRB_1SQ의 법선벡터 $\overrightarrow{n}=(2, 2, 3)$와 평면 MA_1C_1의 법선벡터 $\overrightarrow{m}=(-1, -1, 2)$를 이용하여 평면 MA_1C_1와 PRB_1SQ사이의 각을 구하자. 법선벡터 $\overrightarrow{m}, \overrightarrow{n}$이 이루는 각 γ의 코사인 값은 $\cos\gamma = \frac{\overrightarrow{m}\cdot\overrightarrow{n}}{|\overrightarrow{m}||\overrightarrow{n}|}$이다. 이때, $\overrightarrow{m}\cdot\overrightarrow{n}=2$, $|\overrightarrow{m}|=\sqrt{6}$, $|\overrightarrow{n}|=$

$\sqrt{17}$이다. 그러므로 $\cos\gamma = \frac{2}{\sqrt{102}} = \frac{\sqrt{102}}{51}$이며, 평면 PRB_1SQ와 평면 MA_1C_1사이의 각은 $\arccos\frac{\sqrt{102}}{51}$이다. □

다면체를 하나 살펴보자. 한 모서리의 길이가 2인 정육면체 $ABCDA_1B_1C_1D_1$을 생각하자. 정육면체의 각 모서리의 중점을 잡자. 가령, 모서리 AD, AA_1, AB의 중점 U, R, V를 생각하자(그림 8.24). 이제, 정육면체에서 점 A, U, R, V로 만들어지는 삼각뿔을 잘라내자. 이와 같은 방법으로, 정육면체의 각 꼭짓점에서 삼각뿔을 잘라내자. 그러면, 그림 8.24에 표면이 정사각형 6개, 정삼각형 8개로 구성된 14면체인 준정다면체가 얻어지며, 준정다면체의 한 모서리의 길이는 $\sqrt{2}$이다.

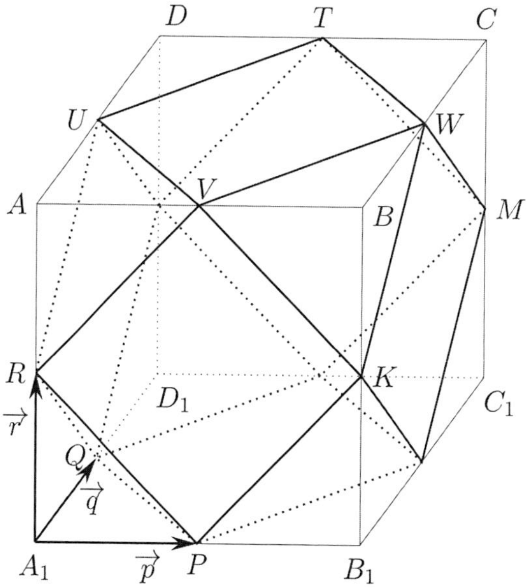

그림 8.24

우선, 준정다면체의 모서리사이의 각을 살펴보자. 가령, 직선 RU와 UT가 이루는 각을 구한다고 하자. 이 각은 벡터의 내적을 이용하지 않고도 구할 수 있다. $\overline{RU} = \overline{UT} = \sqrt{2}$이며, 직각삼각형 ADT에서 $\overline{AT} = \sqrt{5}$이며 직각삼각형 RAT에서 $\overline{RT} = \sqrt{6}$이다. 그러므로, 삼각형 RUT에서 코사인 정리에 의해 $\cos\angle RUT = -\frac{1}{2}$이며 $\angle RUT = \frac{2\pi}{3}$이다. 이로부터 직선 RU와 UT가 이루는 각은 $\frac{\pi}{3}$이라는 것을 알 수 있다.

이제, 준정다면체의 면들사이의 각을 구하자. 면 UVR과 $UVWT$가 이루는 각을 구한다고 하자. 이를 위해, 정육면체의 모서리에 기저벡터 $\overrightarrow{A_1P} = \vec{p}, \overrightarrow{A_1Q} = \vec{q}, \overrightarrow{A_1R} = \vec{r}$을 잡자.

면 UVR의 법선벡터 $\vec{n}$을 구하자. 여기서는 벡터 방법을 이용하자. $\vec{n} = a\vec{p} + b\vec{q} + c\vec{r}$이라 놓자. 그리고 $\vec{n}$이 벡터 $\overrightarrow{RV}, \overrightarrow{RU}$와 수직이라는 것을 이용하자.

$\overrightarrow{RV} = \overrightarrow{RA} + \overrightarrow{AV} = \vec{r} + \vec{p}$이며, $\overrightarrow{RU} = \overrightarrow{RA} + \overrightarrow{AU} = \vec{r} + \vec{q}$이다. $\vec{n} \perp \overrightarrow{RV}$로부터 $(a\vec{p} + b\vec{q} + c\vec{r}) \cdot (\vec{r} + \vec{p}) = 0$이며 $a + c = 0$이다. 그리고 $\vec{n} \perp \overrightarrow{RU}$로부터 $(a\vec{p} + b\vec{q} + c\vec{r}) \cdot (\vec{r} + \vec{q}) = 0$이며 $b + c = 0$이다. 이로부터 $a = -c, b = -c$이며, $c = 1$을 대입하면 $\vec{n} = -\vec{p} - \vec{q} + \vec{r}$이다. 한편, 평면 $UVWT$는 $\vec{v}$와 수직이므로, $\vec{r}$은 면 $UVWT$의 법선벡터이다.

법선벡터 $\vec{n}, \vec{r}$이 이루는 각 γ를 구하자. $\cos\gamma = \frac{\vec{n} \cdot \vec{r}}{|\vec{n}||\vec{r}|}$이다. 이때, $\vec{n} \cdot \vec{r} = (-\vec{p} - \vec{q} + \vec{r}) \cdot \vec{r} = 1$, $|\vec{n}| = \sqrt{3}, |\vec{r}| = 1$이다. 그러므로 $\cos\gamma = \frac{\sqrt{3}}{3}$이며, 면 UVR과 $UVWT$사이의 각은 $\arccos\frac{\sqrt{3}}{3}$이다.

한편, 면 RUV와 면 TWM사이의 각을 구해보자. 면 TWM의 법선벡터를 m이라 하면, $\vec{m} = a\vec{p} + b\vec{q} + c\vec{r}$이라 놓을 수 있다. 그리고 $\vec{m}$이 벡터 $\overrightarrow{TW}, \overrightarrow{WM}$과 수직이라는 것을 이용하자.

$\overrightarrow{TW} = \overrightarrow{TC} + \overrightarrow{CW} = \vec{p} - \vec{q}$이며, $\overrightarrow{WM} = \overrightarrow{WC} + \overrightarrow{CM} = \vec{q} - \vec{r}$이다. $\vec{m} \perp \overrightarrow{TW}$로부터 $(a\vec{p} + b\vec{q} + c\vec{r}) \cdot (\vec{p} - \vec{q}) = 0$이며 $a - b = 0$이다. 그리고 $\vec{m} \perp \overrightarrow{WM}$으로부터 $(a\vec{p} + b\vec{q} + c\vec{r}) \cdot (\vec{q} - \vec{r}) = 0$이며 $b - c = 0$이다. 이로부터 $a = b, b = c$이며, $c = 1$을 대입하면 $\vec{m} = \vec{p} + \vec{q} + \vec{r}$이다. 한편, 평면 RUV의 법선벡터는 $\vec{n} = -\vec{p} - \vec{q} + \vec{r}$이다.

법선벡터 $\vec{m}, \vec{n}$이 이루는 각 γ를 구하자. $\cos\gamma = \frac{\vec{m} \cdot \vec{n}}{|\vec{m}||\vec{n}|}$이다. 이때, $\vec{m} \cdot \vec{n} = (\vec{p} + \vec{q} + \vec{r}) \cdot (-\vec{p} - \vec{q} + \vec{r}) = -1$, $|\vec{m}| = \sqrt{3}, |\vec{n}| = \sqrt{3}$이다. 그러므로 $\cos\gamma = -\frac{1}{3}$이며, 면 RUV와 TWM사이의 각은 $\arccos\frac{1}{3}$이다.

살펴본 방법을 이용하여 그림 8.24의 준정다면체의 다른 면들사이의 각을 조사하자. 예를 들어, 면 RUV와 면 VKW사이의 각을 구할 수 있다. 이것은 독자에게 남긴다.

예제 8.5. 정육각뿔 $SABCDEF$에서 $\overline{AB} = 1$, $\overline{SA} = 2$이다. 다음 면들사이의 각을 구하여라.

(1) 면 SAB와 SBC

(2) 면 SAB와 SCD

(3) 면 SAC와 SCD

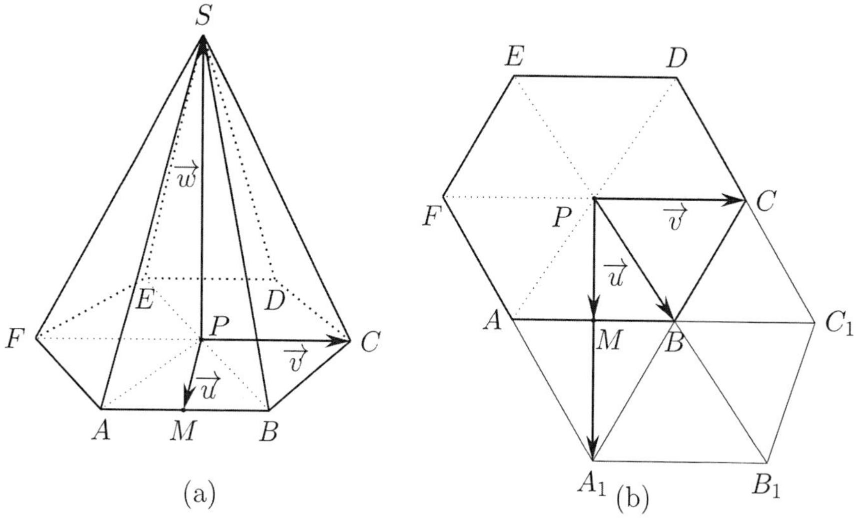

그림 8.25

정육각뿔 $SABCDEF$에서 기저벡터 $\vec{u}, \vec{v}, \vec{w}$를 어떻게 잡을지 생각해 보자. 모서리 AB의 중점을 M이라 할 때, $\overrightarrow{PM} = \vec{u}, \overrightarrow{PC} = \vec{v}, \overrightarrow{PS} = \vec{w}$로 잡아보자(그림 8.25(a)). 그러면, 벡터 $\vec{u}, \vec{v}, \vec{w}$가 서로 수직을 이루므로, 내적을 계산하는 과정이 쉬워질 수 있다.

(1) $\overrightarrow{PA}, \overrightarrow{PB}$를 $\vec{u}, \vec{v}$로 나타내자. 이를 위해, 밑면 $ABCDEF$와 모서리의 연장선을 작도하였다(그림 8.25(b)). 우선 $\overrightarrow{PB}$를 나타내자. $\overrightarrow{PB} = \frac{1}{2}\left(\overrightarrow{PA_1} + \overrightarrow{PC}\right) = \frac{1}{2}(2\vec{u} + \vec{v}) = \vec{u} + \frac{1}{2}\vec{v}$이다. 한편 $\overrightarrow{PA} = \overrightarrow{PB} + \overrightarrow{BA}$인데 $\overrightarrow{AB} = \overrightarrow{PC}$이므로, $\overrightarrow{PA} = \vec{u} - \frac{1}{2}\vec{v}$이다. 이와 같은 방법으로, $\overrightarrow{PD}, \overrightarrow{PE}$ 등도 나타낼 수 있다.

한편, $\overline{PC} = 1, \overline{PM} = \frac{\sqrt{3}}{2}, \overline{PS} = \sqrt{3}$이므로 $|\vec{u}| = \frac{\sqrt{3}}{2}, |\vec{v}| = 1, |\vec{w}| = \sqrt{3}$이다. 이로부터 기저벡터 $\vec{u}, \vec{v}, \vec{w}$의 내적을 정리하면, 표 8.7과 같다.

$\cdot$	$\vec{u}$	$\vec{v}$	$\vec{w}$
$\vec{u}$	$\frac{3}{4}$	0	0
$\vec{v}$	0	1	0
$\vec{w}$	0	0	3

표 8.7

면 SAB의 법선벡터를 $\vec{m}$이라 하면, $\vec{m} = a_1\vec{u} + b_1\vec{v} + c_1\vec{w}$라 놓을 수 있다. 그리고 법선벡터 $\vec{m}$은 면 SAB와 수직이므로, $\vec{m} \perp \overrightarrow{AB}, \vec{m} \perp \overrightarrow{AS}$이다. $\overrightarrow{AB} = \vec{v}$이며, $\overrightarrow{AS} = \overrightarrow{PS} - \overrightarrow{PA} = \vec{w} - \overrightarrow{PA}$이다. $\overrightarrow{PA} = \vec{u} - \frac{1}{2}\vec{v}$이므로, $\overrightarrow{AS} = \vec{w} - \vec{u} + \frac{1}{2}\vec{v}$이다.

$\vec{m} \perp \overrightarrow{AB}$로부터 $(a_1\vec{u} + b_1\vec{v} + c_1\vec{w}) \cdot \vec{v} = b_1 = 0$이다. 그리고 $\vec{m} \perp \overrightarrow{AS}$로부터 $(a_1\vec{u} + b_1\vec{v} + c_1\vec{w}) \cdot \left(-\vec{u} + \frac{1}{2}\vec{v} + \vec{w}\right) = -\frac{3}{4}a_1 + \frac{1}{2}b_1 + 3c_1 = 0$이다. $-\frac{3}{4}a_1 + \frac{1}{2}b_1 + 3c_1 = 0$에 $b_1 = 0$을 대입하면, $\frac{3}{4}a_1 = 3c_1, a_1 = 4c_1$이다. 이때, $c_1 = 1$을 대입하면, $a_1 = 4, b_1 = 0, c_1 = 1$이다. 이로부터 법선벡터는 $\vec{m} = 4\vec{u} + \vec{w}$이다.

면 SBC의 법선벡터를 $\vec{n}$이라 하면, $\vec{n} = a_2\vec{u} + b_2\vec{v} + c_2\vec{w}$라 놓을 수 있다. 그리고 법선벡터 $\vec{n}$은 면 SBC와 수직이므로, $\vec{n} \perp \overrightarrow{BC}, \vec{m} \perp \overrightarrow{BS}$이다. $\overrightarrow{BC} = \overrightarrow{PC} - \overrightarrow{PB} = \vec{v} - \vec{u} - \frac{1}{2}\vec{v} = -\vec{u} + \frac{1}{2}\vec{v}$이며, $\overrightarrow{BS} = \overrightarrow{PS} - \overrightarrow{PB} = \vec{w} - \overrightarrow{PB}$이다. $\overrightarrow{PB} = \vec{u} + \frac{1}{2}\vec{v}$이므로, $\overrightarrow{BS} = \vec{w} - \vec{u} - \frac{1}{2}\vec{v}$이다.

$\vec{n} \perp \overrightarrow{BC}$로부터 $(a_2\vec{u} + b_2\vec{v} + c_2\vec{w}) \cdot \left(-\vec{u} + \frac{1}{2}\vec{v}\right) = -\frac{3}{4}a_2 + \frac{1}{2}b_2 = 0, a_2 = \frac{2}{3}b_2$이다. 그리고 $\vec{n} \perp \overrightarrow{BS}$로부터 $(a_2\vec{u} + b_2\vec{v} + c_2\vec{w}) \cdot \left(-\vec{u} - \frac{1}{2}\vec{v} + \vec{w}\right) = -\frac{3}{4}a_2 - \frac{1}{2}b_2 + 3c_2 = 0, 3a_2 + 2b_2 - 12c_2 = 0$이다. $3a_2 + 2b_2 - 12c_2 = 0$에 $a_2 = \frac{2}{3}b_2$를 대입하면, $b_2 = 3c_2$이다. 이때, $c_2 = 1$을 대입하면, $a_2 = 2, b_2 = 3, c_2 = 1$이다. 이로부터 법선벡터는 $\vec{n} = 2\vec{u} + 3\vec{v} + \vec{w}$이다.

법선벡터 $\vec{m}, \vec{n}$이 이루는 각 γ를 구하자. $\cos\gamma = \frac{\vec{m} \cdot \vec{n}}{|\vec{m}||\vec{n}|}$이다. 이때, $\vec{m} \cdot \vec{n} =$

$(4\vec{u}+\vec{w})\cdot(2\vec{u}+3\vec{v}+\vec{w})=9$, $|\vec{m}|=\sqrt{15}, |\vec{n}|=\sqrt{15}$이다. 그러므로 $\cos\gamma=\frac{3}{5}$이며, 면 SAB와 SBC사이의 각은 $\arccos\frac{3}{5}$이다.

(2) 면 SCD의 법선벡터 $\vec{n}$을 구하자. $\vec{n}=a\vec{u}+b\vec{v}+c\vec{w}$라 놓고, 법선벡터 $\vec{n}$이 면 SCD에 속한 벡터 $\overrightarrow{CD}, \overrightarrow{SC}$와 수직이라는 것을 이용해 식을 세우자.

$\overrightarrow{CD}=\overrightarrow{PD}-\overrightarrow{PC}$인데, $\overrightarrow{PD}=\overrightarrow{AP}=-\vec{u}+\frac{1}{2}\vec{v}$이다. 그러므로, $\overrightarrow{CD}=-\vec{u}+\frac{1}{2}\vec{v}-\vec{v}=-\vec{u}-\frac{1}{2}\vec{v}$이다. 그리고 $\overrightarrow{CS}=\overrightarrow{PS}-\overrightarrow{PC}=\vec{w}-\vec{v}$이다.

$\vec{n}\perp\overrightarrow{CD}$로부터 $(a\vec{u}+b\vec{v}+c\vec{w})\cdot\left(-\vec{u}-\frac{1}{2}\vec{v}\right)=-\frac{3}{4}a-\frac{1}{2}b=0, a=-\frac{2}{3}b$이다. 그리고 $\vec{n}\perp\overrightarrow{CS}$로부터 $(a\vec{u}+b\vec{v}+c\vec{w})\cdot(-\vec{v}+\vec{w})=-b+3c=0, b=3c$이다. $a=-\frac{2}{3}b, b=3c$에서 $c=1$을 대입하면, $a=-2, b=3, c=1$이다. 이로부터 법선벡터는 $\vec{n}=-2\vec{u}+3\vec{v}+\vec{w}$이다.

면 SAB의 법선벡터 $\vec{m}$과 면 SCD의 법선벡터 $\vec{n}$이 이루는 각 γ를 구하자. $\cos\gamma=\frac{\vec{m}\cdot\vec{n}}{|\vec{m}||\vec{n}|}$이다. 이때, $\vec{m}\cdot\vec{n}=(4\vec{u}+\vec{w})\cdot(-2\vec{u}+3\vec{v}+\vec{w})=-3$, $|\vec{m}|=\sqrt{15}, |\vec{n}|=\sqrt{15}$이다. 그러므로 $\cos\gamma=-\frac{1}{5}$이며, 면 SAB와 SCD사이의 각은 $\arccos\frac{1}{5}$이다.

(3) 면 SAC의 법선벡터 $\vec{m}$을 구하자. $\vec{m}=a\vec{u}+b\vec{v}+c\vec{w}$라 놓고, 법선벡터 $\vec{m}$이 면 SAC에 속한 벡터 $\overrightarrow{AC}, \overrightarrow{CS}$와 수직이라는 것을 이용해 식을 세우자.

$\overrightarrow{AC}=\overrightarrow{PC}-\overrightarrow{PA}$인데, $\overrightarrow{PA}=\vec{u}-\frac{1}{2}\vec{v}$이다. 그러므로, $\overrightarrow{AC}=\vec{v}-\vec{u}+\frac{1}{2}\vec{v}=-\vec{u}+\frac{3}{2}\vec{v}$이다. 그리고 $\overrightarrow{CS}=\vec{w}-\vec{v}$이다.

$\vec{m}\perp\overrightarrow{AC}$로부터 $(a\vec{u}+b\vec{v}+c\vec{w})\cdot\left(-\vec{u}+\frac{3}{2}\vec{v}\right)=-\frac{3}{4}a+\frac{3}{2}b=0, a=2b$이다. 그리고 $\vec{m}\perp\overrightarrow{CS}$로부터 $(a\vec{u}+b\vec{v}+c\vec{w})\cdot(-\vec{v}+\vec{w})=-b+3c=0, b=3c$이다. $a=2b, b=3c$에서 $c=1$을 대입하면, $a=6, b=3, c=1$이다. 이로부터 법선벡터는 $\vec{m}=6\vec{u}+3\vec{v}+\vec{w}$이다.

면 SAC의 법선벡터 $\vec{m}$과 면 SCD의 법선벡터 $\vec{n}$이 이루는 각 γ를 구하자. $\cos\gamma=\frac{\vec{m}\cdot\vec{n}}{|\vec{m}||\vec{n}|}$이다. $\vec{m}\cdot\vec{n}=(6\vec{u}+3\vec{v}+\vec{w})\cdot(-2\vec{u}+3\vec{v}+\vec{w})=3$, $|\vec{m}|=\sqrt{39}, |\vec{n}|=\sqrt{15}$이다. 결국 $\cos\gamma=\frac{\sqrt{65}}{65}$이며, 면 SAC와 SCD사이의 각은 $\arccos\frac{\sqrt{65}}{65}$이다. □

예제 8.5의 풀이 과정에서 얻어진 평면들의 법선벡터를 이용하면, 정육각뿔에서 다른 평면사이의 각을 구할 수 있다. 가령, 면 SAC와 밑면 $ABCDEF$사이의 각을 구한다고 하자. 면 SAC의 법선벡터 $\overrightarrow{m}$은 $6\overrightarrow{u} + 3\overrightarrow{v} + \overrightarrow{w}$이며, 밑면 $ABCDEF$는 $\overrightarrow{PS} = \overrightarrow{w}$와 수직이므로 밑면 $ABCDEF$의 법선벡터 $\overrightarrow{n}$은 $\overrightarrow{w}$이다.

면 SAC의 법선벡터 $\overrightarrow{m}$과 면 $ABCDEF$의 법선벡터 $\overrightarrow{n}$이 이루는 각 γ를 구하자. $\overrightarrow{m}\cdot\overrightarrow{n} = (6\overrightarrow{u} + 3\overrightarrow{v} + \overrightarrow{w})\cdot\overrightarrow{w} = 3$이며, $|\overrightarrow{m}| = \sqrt{39}, |\overrightarrow{n}| = \sqrt{3}$이다. 결국 $\cos\gamma = \frac{\sqrt{13}}{13}$이며, 면 SAC와 $ABCDEF$사이의 각은 $\arccos\frac{\sqrt{13}}{13}$이다.

이제, 정육각뿔 $SABCDEF$에서 모서리 SA의 중점 A_1을 지나 밑면 $ABCDEF$에 평행인 평면으로 정육각뿔을 절단하여 정육각뿔대 $A_1B_1C_1D_1E_1F_1ABCDEF$를 얻었다고 하자(그림 8.26).

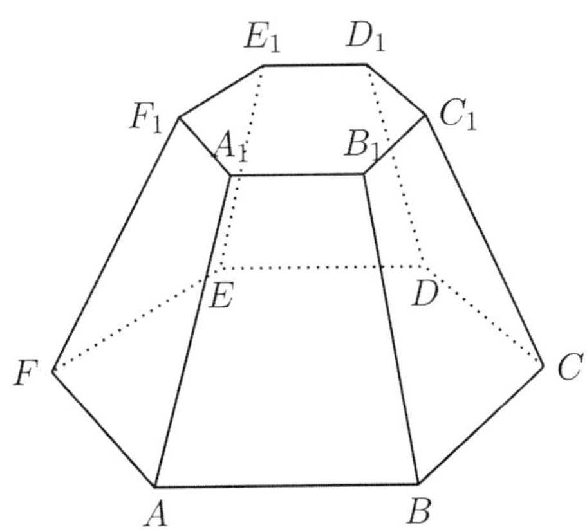

그림 8.26

정육각뿔대 $A_1B_1C_1D_1E_1F_1ABCDEF$에서 밑면 $ABCDEF$, $A_1B_1C_1D_1E_1F_1$은 서로 평행하다. 그러므로 평면 $ABCDEF$의 법선벡터는 평면 $A_1B_1C_1D_1E_1F_1$의 법선벡터가 된다. 그러므로 평면 A_1ACC_1과 밑면 $ABCDEF$사이의 각은 평면 A_1ACC_1과 밑면 $A_1B_1C_1D_1E_1F_1$사이의 각과 같다. 그리고 정육각뿔의 옆면과 밑면 $ABCDEF$사이의 각도 정육각뿔대의 옆면과 밑면 $A_1B_1C_1D_1E_1F_1$사이의 각과 같다. 결국, 정육각뿔에서 평면들사이의 각을 이용하면, 정육각뿔대에서 평면들사이의 각을 구할 수 있다.

4. 절단면의 넓이

두 평면이 이루는 이면각을 이용하여 다면체에서 절단면의 넓이를 구하자. 이를 위해, 다음 정리를 살펴보자.

정리 8.1. 평면 α에 삼각형 ABC가 주어졌고, 삼각형 ABC를 평면 β에 정사영시켜 삼각형 $A_1B_1C_1$을 얻었다. 평면 α와 β가 이루는 이면각의 크기가 θ이고 삼각형 ABC, $A_1B_1C_1$의 넓이를 S, S_1라 하자. 그러면, $S_1 = S \cdot \cos\theta$이다.

삼각형 ABC의 변들 중 하나가 평면 β와 평행한 경우와 그렇지 않은 경우로 나누어 생각하자.

(1) 삼각형 ABC의 변 BC가 평면 β와 평행하다고 하자. 그러면, 변 BC를 지나며 평면 β와 평행한 평면 β_1을 생각하자. 이때, 평면 β와 β_1에 대한 삼각형 ABC의 정사영은 같다.

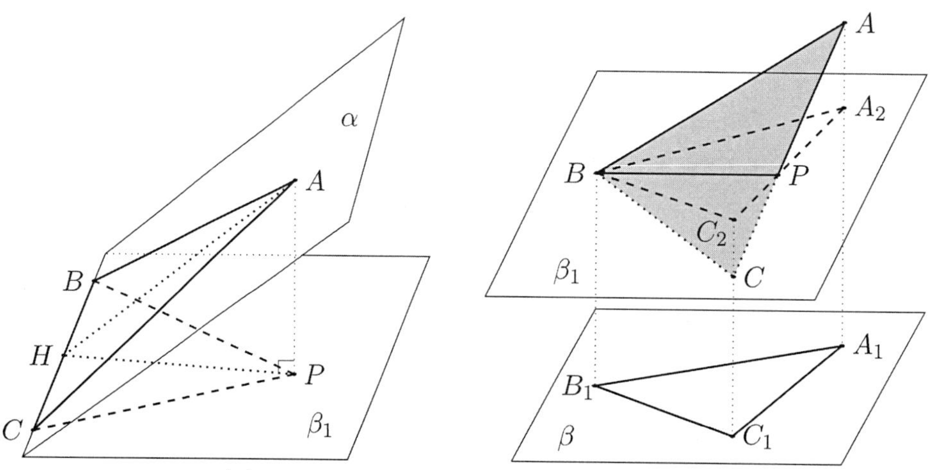

(a) (b)

그림 8.27

평면 β_1에 대한 삼각형 ABC의 정사영을 삼각형 PBC라 하자. 삼각형 PBC의 높이 PH를 작도하고, 선분 AH를 작도하자(그림 8.27(a)). 이때, 선분 AH의 정사영이 선분 PH이고 $\overline{PH} \perp \overline{BC}$이므로, 삼수선의 정리에 의해 $\overline{AH} \perp \overline{BC}$이다. 결국 각

AHP는 평면 α, β_1이 이루는 이면각의 선각이며 $\angle AHP = \theta$이다.

삼각형 AHP에서 $\overline{PH} = \overline{AH}\cos\theta$이므로, 삼각형 PBC의 넓이를 구하면 $S_1 = \frac{1}{2}\overline{BC}\cdot\overline{PH} = \frac{1}{2}\overline{BC}\cdot\overline{AH}\cos\theta = S\cdot\cos\theta$이다.

(2) 삼각형 ABC의 한 변도 β와 평행하지 않는다고 하자. 평면 β에 대한 삼각형 ABC의 정사영을 삼각형 $A_1B_1C_1$이라 하자. 그리고 $\overline{CC_1} \le \overline{BB_1} \le \overline{AA_1}$이라 하자 (그림 8.27(b)). 점 B를 지나며 평면 β와 평행한 평면 β_1을 작도하자. 평면 β와 β_1이 평행하므로, 평면 β, β_1에 대한 삼각형 ABC의 정사영은 같다.

삼각형 ABC의 변 AC와 평면 β_1의 교점을 P라 하자. 그러면 직선 BP는 평면 α와 β_1의 교선이며, (1)에서와 같이 삼각형 ABP를 평면 β_1에 정사영시켜자. 이때, 얻어진 삼각형을 A_2BP라 하자.

평면 β와 β_1은 평행이므로, α와 β_1이 이루는 이면각은 θ이다. 삼각형 ABP의 넓이를 S_{ABP}, 삼각형 A_2BP의 넓이를 S_{A_2BP}라 하면, $S_{A_2BP} = S_{ABP}\cdot\cos\theta$이다.

한편, 삼각형 ABC에서 평면 β_1의 아래쪽에 있는 삼각형 BPC를 평면 β_1에 정사영시켜 BPC_2라 하자. 앞에서와 같은 이유로, $S_{BPC_2} = S_{BPC}\cdot\cos\theta$이다. 이로부터 $S_1 = S_{A_2BP} + S_{BPC_2} = S_{ABP}\cdot\cos\theta + S_{BPC}\cdot\cos\theta = S\cdot\cos\theta$가 성립한다. □

정리 8.1을 삼각형에서 다각형으로 일반화할 수 있다. 즉, 평면 α에 주어진 다각형 U를 평면 β에 정사영시켜 다각형 U_1을 얻었다고 하자. 평면 α와 β가 이루는 이면각을 θ라 하고 다각형 U, U_1의 넓이를 S, S_1라 하면, $S_1 = S\cdot\cos\theta$가 성립한다.

이제, 다면체에서 절단면의 넓이를 정리 8.1을 이용하여 구해보자. 가령, 한 모서리의 길이가 1인 정육면체 $ABCDA_1B_1C_1D_1$이 주어졌다고 하자. 모서리 A_1B_1에 $\overline{A_1P} = 3\overline{PB_1}$인 점 P를 잡고, 모서리 D_1C_1에 $3\overline{D_1Q} = \overline{QC_1}$인 점 Q를 잡았다. 그리고 모서리 C_1C에 $\overline{C_1R} = 3\overline{RC}$인 점 R을 잡았다(그림 8.28(a)). 점 P, Q, R을 지나는 절단평면 α에 의한 절단면을 작도하고, 이때 정육면체에 생기는 절단면의 넓이를 구해보자.

점 P, Q, R을 지나는 절단평면 α에 의한 절단면을 작도하자. 점 P, Q가 같은 평면

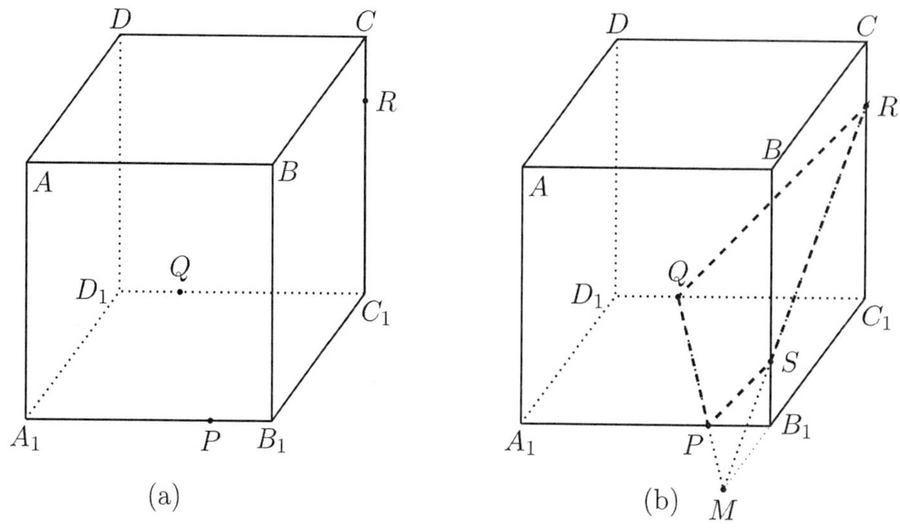

그림 8.28

에 속하므로, 직선 PQ를 작도하자. 직선 PQ와 모서리 B_1C_1의 연장선의 교점을 M이라 하자. 그러면, 점 M은 점 R과 평면 BB_1C_1C에 속하므로, 직선 MR을 작도할 수 있다(그림 8.28(b)). 직선 MR과 모서리 B_1B의 교점을 S라 하자. 이제, 점 P, Q, R, S를 연결하면, 절단면인 사각형 $PQRS$를 얻을 수 있다.

이제, 밑면 $A_1B_1C_1D_1$과 절단면 $PQRS$사이의 각을 구하자. 이를 위해, 모서리 A_1B_1, A_1D_1, A_1A에 기저벡터 $\overrightarrow{u}, \overrightarrow{v}, \overrightarrow{w}$를 잡고(그림 8.29(a)), 절단면 $PQRS$의 법선벡터를 구하자. 법선벡터를 $\overrightarrow{n} = a\overrightarrow{u} + b\overrightarrow{v} + c\overrightarrow{w}$라 놓고, 법선벡터 $\overrightarrow{n}$이 $\overrightarrow{QP}, \overrightarrow{QR}$과 수직이라는 것을 이용하자.

$\overrightarrow{QP} = \overrightarrow{QD_1} + \overrightarrow{D_1A_1} + \overrightarrow{A_1P}$인데, $\overrightarrow{QD_1} = -\frac{1}{4}\overrightarrow{u}, \overrightarrow{A_1P} = \frac{3}{4}\overrightarrow{u}$이다. 그러므로, $\overrightarrow{QP} = -\frac{1}{4}\overrightarrow{u} - \overrightarrow{v} + \frac{3}{4}\overrightarrow{u} = \frac{1}{2}\overrightarrow{u} - \overrightarrow{v}$이다. 한편, $\overrightarrow{QR} = \overrightarrow{QC_1} + \overrightarrow{C_1R}$인데, $\overrightarrow{QC_1} = \frac{3}{4}\overrightarrow{u}, \overrightarrow{C_1R} = \frac{3}{4}\overrightarrow{w}$이므로, $\overrightarrow{QR} = \frac{3}{4}\overrightarrow{u} + \frac{3}{4}\overrightarrow{w}$이다.

$\overrightarrow{n} \perp \overrightarrow{QP}$로부터 $(a\overrightarrow{u} + b\overrightarrow{v} + c\overrightarrow{w}) \cdot \left(\frac{1}{2}\overrightarrow{u} - \overrightarrow{v}\right) = \frac{a}{2} - b = 0, a = 2b$이다. 그리고 $\overrightarrow{n} \perp \overrightarrow{QR}$로부터 $(a\overrightarrow{u} + b\overrightarrow{v} + c\overrightarrow{w}) \cdot \left(\frac{3}{4}\overrightarrow{u} + \frac{3}{4}\overrightarrow{w}\right) = \frac{3}{4}a + \frac{3}{4}c = 0, a = -c$이다. 여기에 $c = 2$를 대입하면 $a = -2, b = -1, c = 2$이며, $\overrightarrow{n} = -2\overrightarrow{u} - \overrightarrow{v} + 2\overrightarrow{w}$가 된다.

한편, 밑면 $A_1B_1C_1D_1$의 법선벡터를 $\overrightarrow{m}$이라 하면, $\overrightarrow{m} = \overrightarrow{w}$이다. 이제, 법선벡터

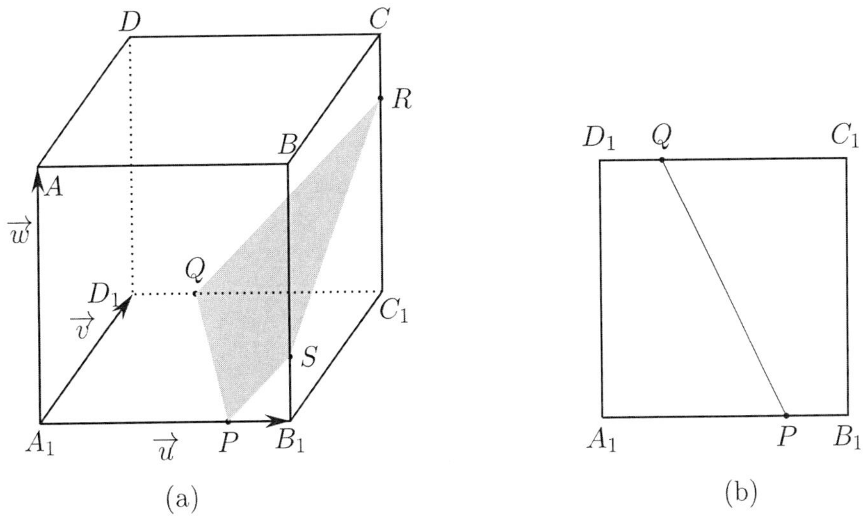

그림 8.29

$\overrightarrow{m}, \overrightarrow{n}$이 이루는 각 γ를 구하자. $\cos\gamma = \frac{\overrightarrow{m}\cdot\overrightarrow{n}}{|\overrightarrow{m}||\overrightarrow{n}|}$이며, $\overrightarrow{m}\cdot\overrightarrow{n} = \overrightarrow{w}\cdot(-2\overrightarrow{u} - \overrightarrow{v} + 2\overrightarrow{w}) = 2$, $|\overrightarrow{m}| = 1, |\overrightarrow{n}| = 3$이다. 그러므로 $\cos\gamma = \frac{2}{3}$이며, 밑면 $A_1B_1C_1D_1$과 절단면 $PQRS$ 사이의 각 γ에 대해 $\cos\gamma = \frac{2}{3}$이다.

이제, 절단면 $PQRS$를 밑면 $A_1B_1C_1D_1$에 정사영시킨 도형을 생각하자. 점 S를 밑면에 정사영시키면 B_1, 점 R을 밑면에 정사영시키면 C_1이 된다. 그러므로 절단면 $PQRS$를 밑면 $A_1B_1C_1D_1$에 정사영시키면 사각형 PB_1C_1Q가 된다(그림 8.29(b)). 사각형 PB_1C_1Q의 넓이를 구하자.

사각형 PB_1C_1Q는 사다리꼴이며, $\overline{PB_1} = \frac{1}{4}, \overline{QC_1} = \frac{3}{4}, \overline{B_1C_1} = 1$이므로, 사다리꼴 PB_1C_1Q의 넓이는 $\frac{1}{2}$이다. 그러므로, 정리 8.1에 의해 절단면 $PQRS$의 넓이를 S라 하면 $S\cdot\cos\gamma = \frac{1}{2}$이 성립한다. 이때, $\cos\gamma = \frac{2}{3}$이므로, 절단면 $PQRS$의 넓이는 $\frac{3}{4}$이다.

정육면체의 다른 절단면을 살펴보자. 가령, 한 모서리의 길이가 1인 정육면체 $ABCDA_1B_1C_1D_1$에서 모서리 AD의 연장선에 $4\overline{DP} = \overline{AD}$인 점 P를 잡고, 모서리 BC의 중점을 Q라 하고, 모서리 AA_1에 $2\overline{A_1R} = \overline{RA}$인 점 R을 잡았다. 점 P, Q, R을 지나는 절단평면 α에 의한 정육면체의 절단면을 작도하고, 그 넓이를 구해보자.

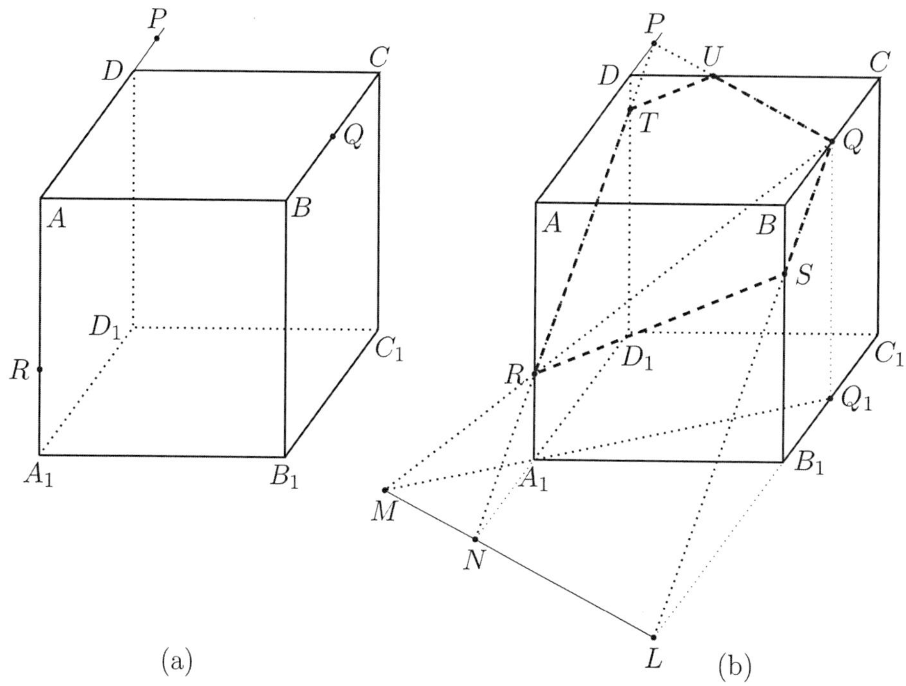

그림 8.30

절단평면 α에 의한 절단면을 작도하자. 직선 QR과 밑면 $A_1B_1C_1D_1$의 교점을 구하자. 이를 위해, 점 Q를 밑면에 정사영시키면 모서리 B_1C_1의 점 Q_1이 된다. 직선 QR과 Q_1A_1의 교점 M이 직선 QR과 밑면의 교점이다. 그리고 직선 PR과 A_1D_1의 교점 N도 절단평면 α와 밑면의 교점이다. 그러므로, 절단평면 α와 밑면의 교선은 직선 MN이다.

직선 MN과 직선 B_1C_1의 교점을 L이라 하고, 직선 QL과 모서리 BB_1의 교점을 S라 하자. 이제, 직선 PR과 모서리 DD_1의 교점을 T, 직선 PQ와 모서리 CD의 교점을 U라 하자. 그러면, 절단면인 오각형 $RSQUT$를 얻을 수 있다.

오각형 $RSQUT$를 밑면 $A_1B_1C_1D_1$에 정사영시키자. 밑면에 대한 점 P, U의 정사영을 P_1, U_1이라 하자. 그러면, 밑면 $A_1B_1C_1D_1$에 대한 오각형 $RSQUT$의 정사영은 $A_1B_1Q_1U_1D_1$이다(그림 8.31(a)). 오각형 $A_1B_1Q_1U_1D_1$의 넓이를 구하자.

삼각형 $U_1C_1Q_1$의 넓이를 구하자. $\overline{Q_1C_1} = \frac{1}{2}$이다. 삼각형 $Q_1C_1U_1$과 $P_1D_1U_1$은

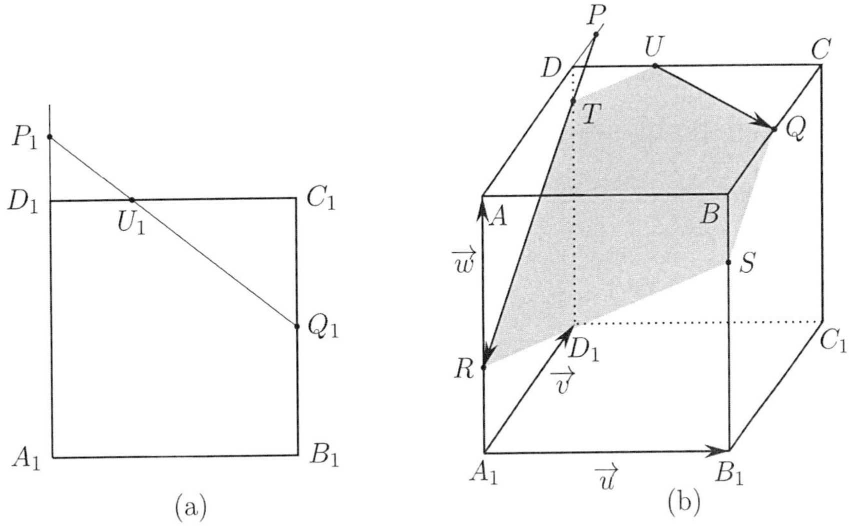

그림 8.31

닮음이며, 닮음비가 $\frac{1}{2} : \frac{1}{4} = 2 : 1$이다. 그러므로, $\overline{C_1U_1} = 2\overline{D_1U_1}$이며, $\overline{C_1U_1} = \frac{2}{3}$이다. 이로부터 삼각형 $U_1C_1Q_1$의 넓이는 $\frac{1}{6}$이며, 오각형 $A_1B_1Q_1U_1D_1$의 넓이는 $\frac{5}{6}$이다.

이제, 밑면 $A_1B_1C_1D_1$과 절단면 $RSQUT$사이의 각을 구하자. 이를 위해, 모서리 A_1B_1, A_1D_1, A_1A에 기저벡터 $\overrightarrow{u}, \overrightarrow{v}, \overrightarrow{w}$를 잡고(그림 8.31(b)), 절단면 $RSQUT$의 법선벡터를 구하자. 법선벡터를 $\overrightarrow{n} = a\overrightarrow{u} + b\overrightarrow{v} + c\overrightarrow{w}$라 놓고, 법선벡터 $\overrightarrow{n}$이 $\overrightarrow{PR}, \overrightarrow{UQ}$와 수직이라는 것을 이용하자.

$\overrightarrow{PR} = \overrightarrow{PA} + \overrightarrow{AR}$인데, $\overrightarrow{PA} = -\frac{5}{4}\overrightarrow{v}, \overrightarrow{AR} = -\frac{2}{3}\overrightarrow{w}$이다. 그러므로, $\overrightarrow{PR} = -\frac{5}{4}\overrightarrow{v} - \frac{2}{3}\overrightarrow{w}$이다. 한편, $\overrightarrow{UQ} = \overrightarrow{UC} + \overrightarrow{CQ}$인데, $\overrightarrow{UQ} = \frac{2}{3}\overrightarrow{u}, \overrightarrow{CQ} = -\frac{1}{2}\overrightarrow{v}$이므로, $\overrightarrow{UQ} = \frac{2}{3}\overrightarrow{u} - \frac{1}{2}\overrightarrow{v}$이다.

$\overrightarrow{n} \perp \overrightarrow{PR}$로부터 $(a\overrightarrow{u} + b\overrightarrow{v} + c\overrightarrow{w}) \cdot \left(-\frac{5}{4}\overrightarrow{v} - \frac{2}{3}\overrightarrow{w}\right) = -\frac{5}{4}b - \frac{2}{3}c = 0, -15b = 8c$이다. 그리고 $\overrightarrow{n} \perp \overrightarrow{UQ}$로부터 $(a\overrightarrow{u} + b\overrightarrow{v} + c\overrightarrow{w}) \cdot \left(\frac{2}{3}\overrightarrow{u} - \frac{1}{2}\overrightarrow{v}\right) = \frac{2}{3}a - \frac{1}{2}b = 0, 4a = 3b$이다. 여기에 $c = 15$를 대입하면 $a = -6, b = -8, c = 15$이며, $\overrightarrow{n} = -6\overrightarrow{u} - 8\overrightarrow{v} + 15\overrightarrow{w}$가 된다.

한편, 밑면 $A_1B_1C_1D_1$의 법선벡터를 $\overrightarrow{m}$이라 하면, $\overrightarrow{m} = \overrightarrow{w}$이다. 이제, 법선벡터 $\overrightarrow{m}, \overrightarrow{n}$이 이루는 각 γ를 구하자. $\cos\gamma = \frac{\overrightarrow{m} \cdot \overrightarrow{n}}{|\overrightarrow{m}||\overrightarrow{n}|}$이며, $\overrightarrow{m} \cdot \overrightarrow{n} = \overrightarrow{w} \cdot (-6\overrightarrow{u} - 8\overrightarrow{v} + 15\overrightarrow{w}) =$

15, $|\overrightarrow{m}| = 1, |\overrightarrow{n}| = 5\sqrt{13}$이다. 그러므로 $\cos\gamma = \frac{3}{\sqrt{13}}$이며, 밑면 $A_1B_1C_1D_1$과 절단면 $RSQUT$사이의 각 γ에 대해 $\cos\gamma = \frac{3}{\sqrt{13}}$이다.

절단면 $RSQUT$의 넓이를 S라 하면, $S \cdot \cos\gamma = \frac{5}{6}$이며 $S = \frac{5}{6} \cdot \frac{\sqrt{13}}{3} = \frac{5\sqrt{13}}{18}$이다.

예제 8.6. 한 모서리의 길이가 2인 정사면체 $SABC$에서 모서리 SA, SB의 중점을 P, Q라 하고, 모서리 BC에서 $\overline{BR} = 3\overline{CR}$인 점 R을 잡자(그림 8.32(a)). 점 P, Q, R을 지나는 절단평면 α에 의한 절단면을 작도하고, 이 절단면의 넓이를 구하여라.

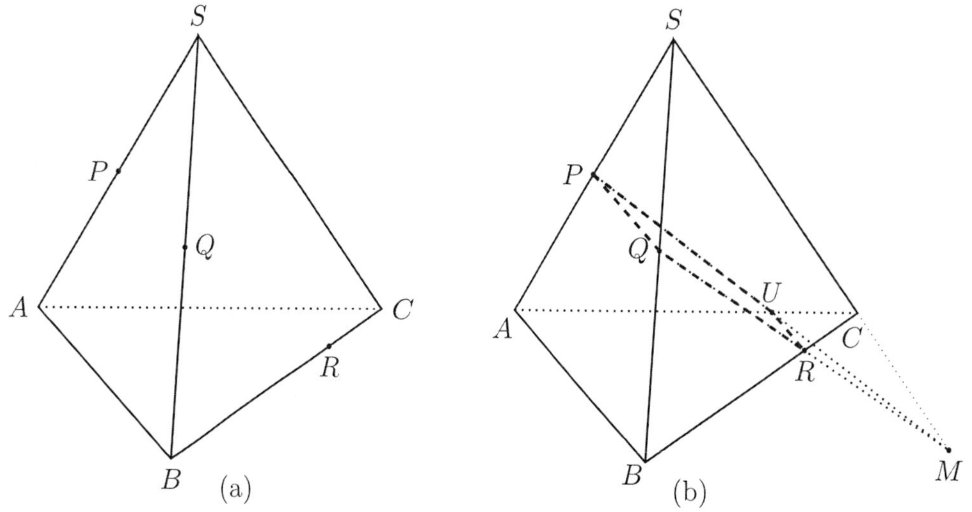

그림 8.32

정사면체의 절단면을 작도하자. 직선 QR과 SC의 교점을 M이라 하면, 점 M은 절단평면 α와 면 SAC의 교점이 된다. 이제, 점 M과 P를 연결하여 직선 MP과 모서리 AC의 교점을 U라 하자. 그러면, 절단평면 α에 의한 정사면체의 절단면 $PQRU$가 얻어진다(그림 8.32(b)).

이때, 직선 RU는 직선 AB와 평행이 된다. 그 이유를 살펴보자. 직선 AB는 직선 PQ와 평행이므로, 직선 AB는 평면 $PQRU$와 평행이다. 직선 AB는 평면 ABC에 속하며, 직선 RU는 평면 ABC와 $PQRU$의 교선이다. 그러면 정리 1.12에 의해 교선 RU와 직선 AB는 평행이다.

절단면 $PQRU$를 밑면 ABC에 정사영시켜 얻어진 도형의 넓이를 생각하자. 밑면 ABC에 대한 꼭짓점 S의 정사영은 밑면인 정삼각형 ABC의 중심 H이다. 점 P가 모서리 SA의 중점이므로, 밑면 ABC에 대한 점 P의 정사영은 선분 HA의 중점 P_1이다. 그리고 점 Q의 정사영은 선분 HB의 중점 Q_1이 된다(그림 8.33(a)). 선분 P_1Q_1은 삼각형 HAB의 중점을 연결한 선분이므로, $\overline{P_1Q_1} \parallel \overline{AB}$이고 $\overline{P_1Q_1} = \frac{1}{2}\overline{AB} = 1$이다.

한편, $\overline{RU} \parallel \overline{AB}$이며, $\overline{CR} : \overline{CB} = 1 : 4$이므로, $\overline{RU} : \overline{AB} = 1 : 4$이며 $\overline{RU} = \frac{1}{2}$이다. 결국, 사각형 UP_1Q_1R은 사다리꼴이며, $\overline{P_1Q_1} = 1, \overline{RU} = \frac{1}{2}$이다. 사다리꼴 UP_1Q_1R의 높이를 구하기 위해, 꼭짓점 C에서 변 BC에 수선 CH_1을 긋자(그림 8.33(b)).

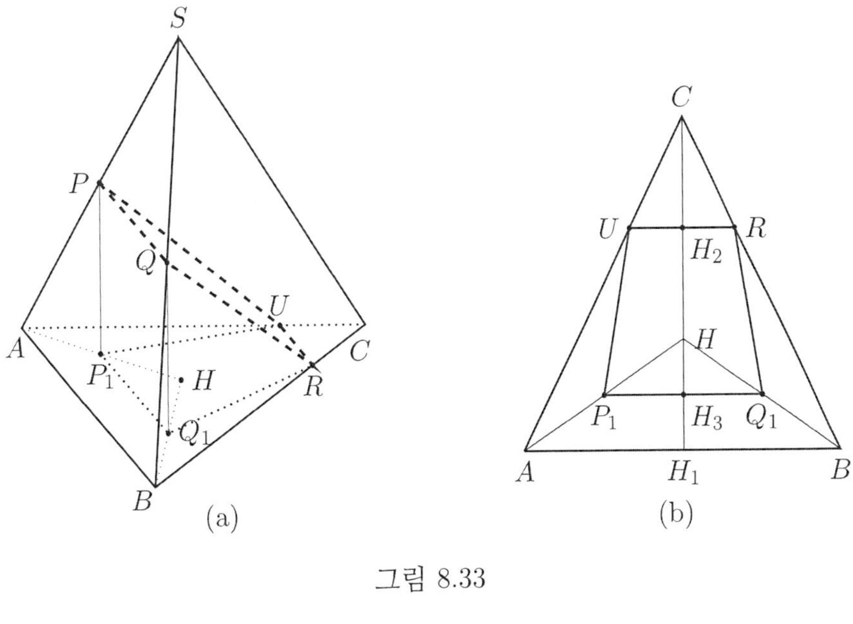

그림 8.33

삼각형 CUR과 CAB의 닮음비가 $1 : 4$이므로, 높이의 비도 $1 : 4$이다. $\overline{CH_1} = \sqrt{3}$이므로, 삼각형 CUR의 높이 $\overline{CH_2}$는 $\overline{CH_2} = \frac{\sqrt{3}}{4}$이다. 한편, $\overline{HH_1} = \frac{1}{3}\overline{CH_1}$이므로 $\overline{HH_1} = \frac{\sqrt{3}}{3}$이며, 점 H_3가 선분 HH_1의 중점이므로 $\overline{H_3H_1} = \frac{\sqrt{3}}{6}$이다. 이로부터 $\overline{H_2H_3} = \sqrt{3} - \frac{\sqrt{3}}{4} - \frac{\sqrt{3}}{6} = \frac{7\sqrt{3}}{12}$이 된다. 결국, 사다리꼴 UP_1Q_1R의 넓이는 $\frac{7\sqrt{3}}{16}$이다.

이제, 평면 $PQRU$와 밑면 ABC가 이루는 각을 구하자. 이를 위해, 기저벡터

$\overrightarrow{u}, \overrightarrow{v}, \overrightarrow{w}$를 잡자. 여기서는 모서리 AB의 중점 O를 잡아 $\overrightarrow{OB} = \overrightarrow{u}, \overrightarrow{OC} = \overrightarrow{v}$로 하자. 그리고 점 O를 지나 밑면 ABC에 수직인 직선을 그어 $\overline{OS_1} = \overline{SH} = \frac{2\sqrt{6}}{3}$인 점 S_1에 대해 $\overrightarrow{OS_1} = \overrightarrow{w}$라 하자(그림 8.34). 이와 같이 기저벡터 $\overrightarrow{u}, \overrightarrow{v}, \overrightarrow{w}$를 잡으면, 벡터 $\overrightarrow{u}, \overrightarrow{v}, \overrightarrow{w}$는 서로 수직이 된다. $\overrightarrow{u}, \overrightarrow{v}, \overrightarrow{w}$의 내적을 정리하면 표 8.8과 같다.

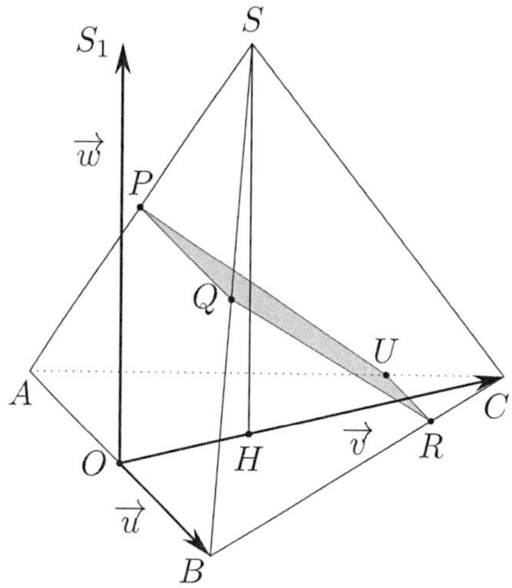

그림 8.34

$\cdot$	$\overrightarrow{u}$	$\overrightarrow{v}$	$\overrightarrow{w}$
$\overrightarrow{u}$	1	0	0
$\overrightarrow{v}$	0	3	0
$\overrightarrow{w}$	0	0	$\frac{8}{3}$

표 8.8

그림 8.34에서 사각형 $PQRU$의 변에 속한 벡터들을 살펴보자. $\overrightarrow{SB} = \overrightarrow{SH} + \overrightarrow{HO} + \overrightarrow{OB} = -\overrightarrow{w} - \frac{1}{3}\overrightarrow{v} + \overrightarrow{u}$이며, $\overrightarrow{BC} = \overrightarrow{OC} - \overrightarrow{OB} = \overrightarrow{v} - \overrightarrow{u}$이다. $\overrightarrow{QR} = \overrightarrow{QB} + \overrightarrow{BR}$인데, $\overrightarrow{QB} = \frac{1}{2}\overrightarrow{SB} = \frac{1}{2}\overrightarrow{u} - \frac{1}{6}\overrightarrow{v} - \frac{1}{2}\overrightarrow{w}, \overrightarrow{BR} = \frac{3}{4}\overrightarrow{BC} = -\frac{3}{4}\overrightarrow{u} + \frac{3}{4}\overrightarrow{v}$이다. 그러므로, $\overrightarrow{QR} = -\frac{1}{4}\overrightarrow{u} + \frac{7}{12}\overrightarrow{v} - \frac{1}{2}\overrightarrow{w}$이다. 그리고 $\overrightarrow{PQ} = \overrightarrow{u}$이다.

평면 $PQRU$의 법선벡터 $\overrightarrow{n}$를 $\overrightarrow{n} = a\overrightarrow{u} + b\overrightarrow{v} + c\overrightarrow{w}$라 놓고, $\overrightarrow{n}$이 $\overrightarrow{PQ}, \overrightarrow{QR}$과 수

직이라는 것을 이용하자. $\overrightarrow{n} \perp \overrightarrow{PQ}$로부터 $(a\overrightarrow{u} + b\overrightarrow{v} + c\overrightarrow{w}) \cdot \overrightarrow{u} = a = 0$이다. 그리고 $\overrightarrow{n} \perp \overrightarrow{QR}$로부터 $(a\overrightarrow{u} + b\overrightarrow{v} + c\overrightarrow{w}) \cdot \left(-\frac{1}{4}\overrightarrow{u} + \frac{7}{12}\overrightarrow{v} - \frac{1}{2}\overrightarrow{w}\right) = -\frac{1}{4}a + \frac{7}{4}b - \frac{4}{3}c = 0$이다. 이때, $a = 0$이므로, $c = 21$을 대입하면 $b = 16$이다. 이로부터 $\overrightarrow{n} = 16\overrightarrow{v} + 21\overrightarrow{w}$이다.

한편, 밑면 $A_1B_1C_1D_1$의 법선벡터를 $\overrightarrow{m}$이라 하면, $\overrightarrow{m} = \overrightarrow{w}$이다. 이제, 법선벡터 $\overrightarrow{m}, \overrightarrow{n}$이 이루는 각 γ를 구하자. $\cos\gamma = \frac{\overrightarrow{m}\cdot\overrightarrow{n}}{|\overrightarrow{m}||\overrightarrow{n}|}$이며, $\overrightarrow{m} \cdot \overrightarrow{n} = \overrightarrow{w} \cdot (16\overrightarrow{v} + 21\overrightarrow{w}) = 56$, $|\overrightarrow{m}| = \frac{2\sqrt{6}}{3}, |\overrightarrow{n}| = 18\sqrt{6}$이다. 그러므로 $\cos\gamma = \frac{7}{9}$이며, 밑면 ABC와 절단면 $PQRU$ 사이의 각 γ에 대해 $\cos\gamma = \frac{7}{9}$이다. 이로부터, 절단면 $PQRU$의 넓이를 S라 하면, $S \cdot \cos\gamma = \frac{7\sqrt{3}}{16}$이며, 절단면 $PQRU$의 넓이 S는 $S = \frac{9\sqrt{3}}{16}$이다.

이 문제는 다른 방법으로도 풀 수 있다. 사각형 $PQRU$가 사다리꼴이며, $\overline{P_1Q_1} = 1, \overline{RU} = \frac{1}{2}$이라는 것을 알고 있다. 사다리꼴 $PQRU$의 높이를 직접 구해보자. 즉, 직선 PQ와 RU사이의 거리를 구하자.

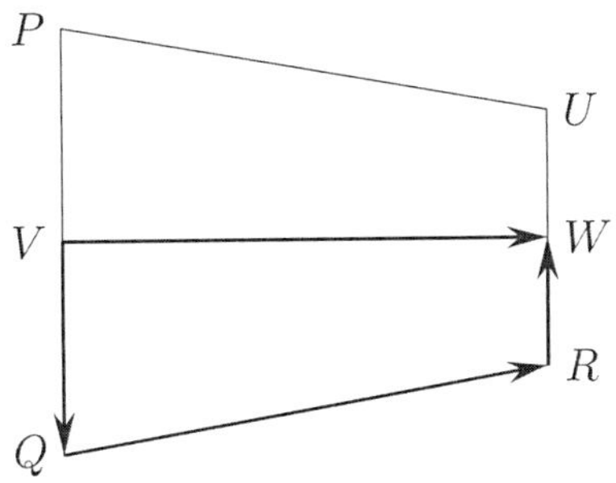

그림 8.35

직선 PQ와 RU의 공통수선을 선분 VW라 하자. 이때, 점 V는 직선 PQ에 속하며 점 W는 직선 RU에 속한다(그림 8.35). 그러면 $\overrightarrow{VW} = \overrightarrow{VQ} + \overrightarrow{QR} + \overrightarrow{RW}$가 된다. 이때, $\overrightarrow{VW} \perp \overrightarrow{PQ}, \overrightarrow{VW} \perp \overrightarrow{RU}$이다. 이때, $\overrightarrow{VQ}$는 $\overrightarrow{u}$와 평행이므로 $\overrightarrow{VQ} = x\overrightarrow{u}$라 놓을 수 있고, $\overrightarrow{RW}$도 $\overrightarrow{u}$와 평행이므로 $\overrightarrow{RW} = y\overrightarrow{u}$로 놓을 수 있다. 결국, $\overrightarrow{VW} = x\overrightarrow{u} + \left(-\frac{1}{4}\overrightarrow{u} + \frac{7}{12}\overrightarrow{v} - \frac{1}{2}\overrightarrow{w}\right) + y\overrightarrow{u} = \left(x + y - \frac{1}{4}\right)\overrightarrow{u} + \frac{7}{12}\overrightarrow{v} - \frac{1}{2}\overrightarrow{w}$가 된다.

$\overrightarrow{VW} \perp \overrightarrow{PQ}$로부터 $\left(\left(x + y - \frac{1}{4}\right)\overrightarrow{u} + \frac{7}{12}\overrightarrow{v} - \frac{1}{2}\overrightarrow{w}\right) \cdot x\overrightarrow{u} = x\left(x + y - \frac{1}{4}\right) = 0$이며, $x + y = \frac{1}{4}$이다. 결국, $\overrightarrow{VW} = \frac{7}{12}\overrightarrow{v} - \frac{1}{2}\overrightarrow{w}$이다. 이로부터 $|\overrightarrow{VW}| = \sqrt{\overrightarrow{VW} \cdot \overrightarrow{VW}} = \frac{9}{\sqrt{48}}$이다. 그러므로, 사다리꼴 $PQRU$의 넓이는 $\frac{1+\frac{1}{2}}{2} \cdot \frac{9}{\sqrt{48}} = \frac{27}{16\sqrt{3}} = \frac{9\sqrt{3}}{16}$이다. □

예제 8.7. 정육각기둥 $ABCDEFA_1B_1C_1D_1E_1F_1$에서 $\overline{AB}=1, \overline{AA_1}=2$이다(그림 8.36(a)). 모서리 DD_1에 $3\overline{DP}=\overline{PD_1}$인 점 P, 모서리 BB_1에 $3\overline{B_1Q}=\overline{QB}$인 점 Q, 모서리 FF_1에 $2\overline{F_1R}=\overline{RF}$인 점 R을 잡았다. 점 P, Q, R을 지나는 절단평면 α에 의한 정육각기둥의 절단면을 작도하고, 그 넓이를 구하여라.

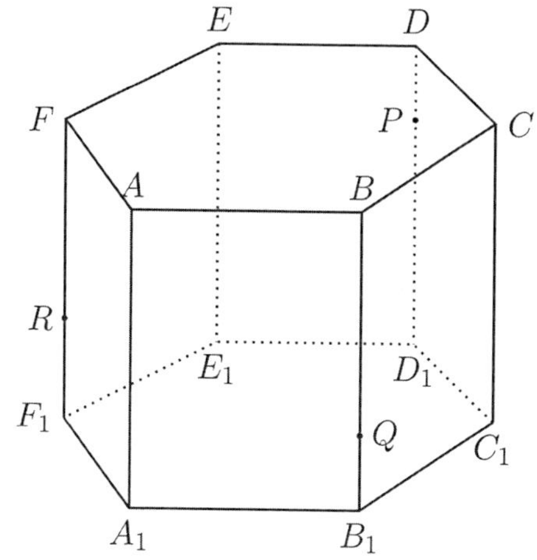

그림 8.36

평면 α에 의한 정육각기둥의 절단면을 작도하자. 직선 PQ와 B_1D_1의 교점을 M이라 하면, 점 M은 평면 α와 밑면 $A_1B_1C_1D_1E_1F_1$의 교점이다. 직선 PR과 D_1F_1의 교점을 N이라 하자. 그러면, 직선 MN은 절단평면 α와 밑면의 교선이 된다(그림 8.37).

직선 B_1C_1과 직선 MN의 교점을 L이라 하자. 점 L은 평면 BB_1C_1C에 속하므로, 직선 LQ와 모서리 CC_1의 교점을 S라 하자. 그러면, 점 S는 절단평면 α와 모서리 CC_1의 교점이 된다. 유사한 방법으로, 직선 F_1A_1과 직선 MN의 교점을 K라 하고, 직선 KR과 모서리 AA_1의 교점을 T라 하자. 그리고 직선 E_1F_1과 직선 MN의 교점을 J라 하고, 직선 JR과 모서리 EE_1의 교점을 U라 하자.

얻어진 점 R, T, Q, S, P, U를 연결하면, 절단평면 α와 정육각기둥의 절단면인 육각형 $RTQSPU$가 작도된다.

절단면 $RTQSPU$를 밑면 $A_1B_1C_1D_1E_1F_1$에 정사영시키면 밑면 $A_1B_1C_1D_1E_1F_1$

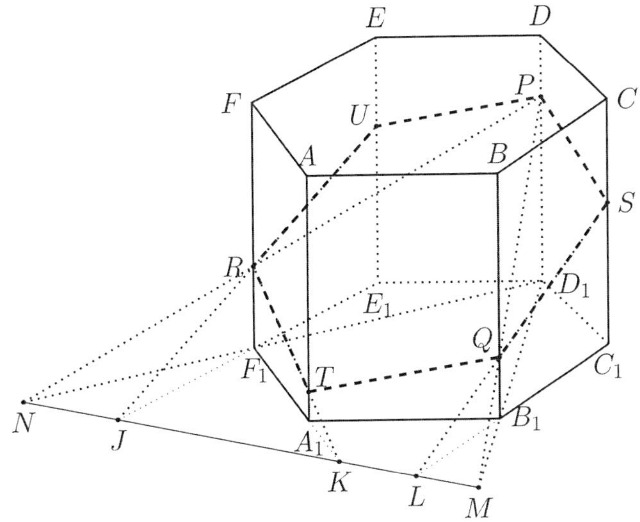

그림 8.37

과 일치한다. 밑면 $A_1B_1C_1D_1E_1F_1$은 한 변이 1인 정삼각형 6개로 이루어지므로, 밑면 $A_1B_1C_1D_1E_1F_1$의 넓이는 $\frac{3\sqrt{3}}{2}$이다.

이제, 절단면 $RTQSPU$와 밑면 $A_1B_1C_1D_1E_1F_1$사이의 각을 구하자. 이를 위해, 선분 A_1B_1, A_1E_1, A_1A에 기저벡터 $\overrightarrow{u}, \overrightarrow{v}, \overrightarrow{w}$를 잡자(그림 8.38(a)). 이때, 기저벡터 $\overrightarrow{u}, \overrightarrow{v}, \overrightarrow{w}$의 내적을 정리하면, 표 8.9와 같다.

$\cdot$	$\overrightarrow{u}$	$\overrightarrow{v}$	$\overrightarrow{w}$
$\overrightarrow{u}$	1	0	0
$\overrightarrow{v}$	0	3	0
$\overrightarrow{w}$	0	0	4

표 8.9

절단면 $RTQSPU$의 법선벡터 $\overrightarrow{n}$를 $\overrightarrow{n} = a\overrightarrow{u} + b\overrightarrow{v} + c\overrightarrow{w}$라 놓자. 그리고 $\overrightarrow{PQ}, \overrightarrow{PR}$을 기저벡터 $\overrightarrow{u}, \overrightarrow{v}, \overrightarrow{w}$로 나타내자. $\overrightarrow{PQ} = \overrightarrow{PD_1} + \overrightarrow{D_1B_1} + \overrightarrow{B_1Q} = -\frac{3}{4}\overrightarrow{w} + \overrightarrow{D_1B_1} + \frac{1}{4}\overrightarrow{w}$이다. 이때, 그림 8.38(b)에서 $\overrightarrow{D_1B_1} = -\overrightarrow{v}$이므로, $\overrightarrow{PQ} = -\overrightarrow{v} - \frac{1}{2}\overrightarrow{w}$이다. $\overrightarrow{PR} = \overrightarrow{PD_1} + \overrightarrow{D_1F_1} + \overrightarrow{F_1R} = -\frac{3}{4}\overrightarrow{w} + \overrightarrow{D_1F_1} + \frac{1}{3}\overrightarrow{w}$이다. 이때, 그림 8.38(b)에서 $\overrightarrow{D_1F_1} =$

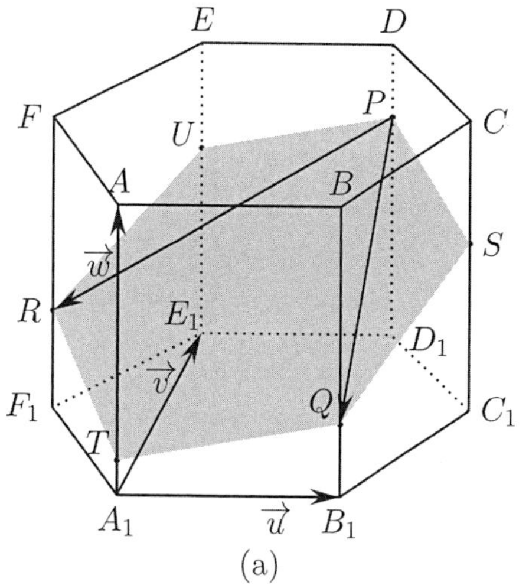

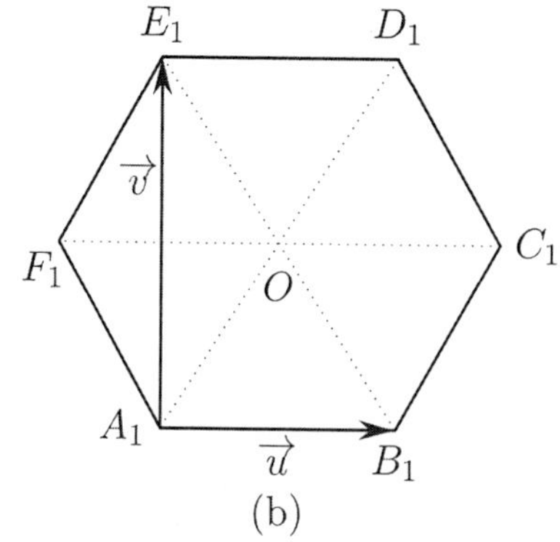

그림 8.38

$\overrightarrow{D_1O} + \overrightarrow{OF_1}$이며, $\overrightarrow{D_1O} = -\frac{1}{2}\overrightarrow{A_1D_1} = -\frac{1}{2}(\overrightarrow{u} + \overrightarrow{v})$, $\overrightarrow{OF_1} = -\overrightarrow{u}$이다. 그러므로, $\overrightarrow{D_1F_1} = -\frac{3}{2}\overrightarrow{u} - \frac{1}{2}\overrightarrow{v}$이며, $\overrightarrow{PR} = -\frac{3}{2}\overrightarrow{u} - \frac{1}{2}\overrightarrow{v} - \frac{5}{12}\overrightarrow{w}$이다.

절단면 $RTQSPU$의 법선벡터 $\overrightarrow{n}$이 $\overrightarrow{PQ}, \overrightarrow{PR}$과 수직이라는 것을 이용하자. $\overrightarrow{n} \perp \overrightarrow{PQ}$로부터 $(a\overrightarrow{u} + b\overrightarrow{v} + c\overrightarrow{w}) \cdot \left(-\overrightarrow{v} - \frac{1}{2}\overrightarrow{w}\right) = 0$이다. 이로부터 $3b = -2c$이다. 그리고 $\overrightarrow{n} \perp \overrightarrow{PR}$로부터 $(a\overrightarrow{u} + b\overrightarrow{v} + c\overrightarrow{w}) \cdot \left(-\frac{3}{2}\overrightarrow{u} - \frac{1}{2}\overrightarrow{v} - \frac{5}{12}\overrightarrow{w}\right) = 0$이며 $9a + 9b + 10c = 0$이다. $3b = -2c$와 $9a + 9b + 10c = 0$을 연립하면, $a = -\frac{4}{9}c, b = -\frac{2}{3}c$이다. $c = 9$를 대입하면 $a = -4, b = -6$이다. 이로부터 $\overrightarrow{n} = -4\overrightarrow{u} - 6\overrightarrow{v} + 9\overrightarrow{w}$이다.

밑면 $A_1B_1C_1D_1E_1F_1$의 법선벡터를 $\overrightarrow{m}$이라 하면, $\overrightarrow{m} = \overrightarrow{w}$이다. 법선벡터 $\overrightarrow{m}, \overrightarrow{n}$이 이루는 각 γ를 구하자. 이때, $\cos\gamma = \frac{\overrightarrow{m} \cdot \overrightarrow{n}}{|\overrightarrow{m}||\overrightarrow{n}|}$이며, $\overrightarrow{m} \cdot \overrightarrow{n} = \overrightarrow{w} \cdot (-4\overrightarrow{u} - 6\overrightarrow{v} + 9\overrightarrow{w}) = 36$, $|\overrightarrow{m}| = 2, |\overrightarrow{n}| = 8\sqrt{7}$이다. 그러므로 $\cos\gamma = \frac{9}{4\sqrt{7}}$이며, 밑면 $A_1B_1C_1D_1E_1F_1$과 절단면 $RTQSPU$사이의 각 γ에 대해 $\cos\gamma = \frac{9}{4\sqrt{7}}$이다. 이로부터, 절단면 $RTQSPU$의 넓이를 S라 하면, $S \cdot \cos\gamma = \frac{3\sqrt{3}}{2}$이며, 절단면 $RTQSPU$의 넓이 S는 $S = \frac{2\sqrt{21}}{3}$이다.

찾아보기

| 저자약력 |

한 인 기

경상대학교 수학교육과 교수

저서 및 역서

- 식도 배우고 수학도 알고
- 수학사도 배우고 수학도 알고
- 교사를 위한 수학사
- 대수 · 기초해석 · 조합의 탐구문제들(상, 하)
- 평면기하학의 탐구문제들(1, 2)
- 증명방법으로 보는 다양한 부등식(1 ,2)
- 뇌를 자극하는 수학공부
- 학교수학의 점프
- 놀라운 수학나라 대탐험 등 다수

수학쌤의 책꽂이 3.

다면체도 배우고 공간도 알고

초판발행 2022년 8월 1일

지은이 한인기
펴낸이 오판근
펴낸곳 (주) 교우
주　소 서울시 동대문구 약령시로 8 교우빌딩 2층 (주)교우
전　화 02-925-2861 / **팩　스** 02-925-2860, **편집부** 02-925-2825
홈페이지&북스토어 www.kyowoo.co.kr / **이메일** kyowoo@kyowoo.co.kr

등　록 1994년 3월 24일 제1994-000013호
ISBN 979-11-251-0360-8(94410) / 979-11-251-0361-5(세트)

값 28,000원

교우미디어는 (주) 교우의 Imprint 사입니다.
수학정원·과학정원은 (주) 교우의 새로운 브랜드명입니다.